ISBN 978-1-332-55688-5
PIBN 10399311

FB &c Ltd, Dalton House, 60 Windsor Avenue, London, SW19 2RR.
Company number 08720141. Registered in England and Wales.

For support please visit www.forgottenbooks.com

A Monsieur Moulton
Souvenir

[illegible]

TRAITÉ ÉLÉMENTAIRE
D'ÉLECTRICITÉ

114 88. — CORBEIL. Imprimerie CRÉTÉ.

TRAITÉ ÉLÉMENTAIRE

D'ÉLECTRICITÉ

PAR

J. JOUBERT

PROFESSEUR AU COLLÈGE ROLLIN

Avec 321 figures dans le texte

PARIS

G. MASSON, ÉDITEUR

LIBRAIRE DE L'ACADÉMIE DE MÉDECINE

120, boulevard Saint-Germain, en face de l'École de Médecine.

1889

Je me suis proposé dans ce livre d'exposer, d'une manière simple et cependant assez complète, la théorie de l'électricité et les principales applications qui s'y rattachent. J'ai eu en vue un lecteur désireux non seulement de connaître les faits, mais d'en suivre l'enchaînement logique et de se rendre un compte exact des phénomènes. Je ne lui suppose d'ailleurs d'autres connaissances que celles qui forment la base de l'enseignement élémentaire classique.

Je me suis tenu strictement sur le terrain des faits, en écartant toute hypothèse. J'ai écarté également les détails historiques : autant je les crois intéressants et profitables pour ceux qui savent, autant je les estime peu utiles pour ceux qui apprennent. C'est à ces derniers que je m'adresse.

15 juin 1888.

J. J.

TABLE DES MATIÈRES

CHAPITRE PREMIER

PHÉNOMÈNES FONDAMENTAUX

CHAPITRE II

DISTRIBUTION DE L'ÉLECTRICITÉ

CHAPITRE III

INFLUENCE ÉLECTRIQUE

CHAPITRE IV

POTENTIEL ÉLECTRIQUE

CHAPITRE V

THÉORÈMES GÉNÉRAUX

CHAPITRE VI

CAPACITÉ ÉLECTRIQUE. — CONDENSATEURS

CHAPITRE VII

EFFETS DE LA DÉCHARGE

CHAPITRE VIII

APPAREILS DE MESURE ÉLECTROSTATIQUE

CHAPITRE IX

MACHINES ÉLECTRIQUES

CHAPITRE X

PILE ÉLECTRIQUE

CHAPITRE XI

COURANTS ÉLECTRIQUES. — ACTIONS CALORIFIQUES

CHAPITRE XII

COURANTS DÉRIVÉS

CHAPITRE XIII

PHÉNOMÈNES CHIMIQUES DES COURANTS

CHAPITRE XIV

THERMOÉLECTRICITÉ

CHAPITRE XV

MAGNÉTISME. — PHÉNOMÈNES GÉNÉRAUX

CHAPITRE XVI

CONSTITUTION DES AIMANTS

CHAPITRE XVII

INFLUENCE MAGNÉTIQUE

CHAPITRE XVIII

AIMANTS PERMANENTS

CHAPITRE XIX

MAGNÉTISME TERRESTRE

CHAPITRE XX

ÉLECTROMAGNÉTISME

CHAPITRE XXI

ACTIONS ÉLECTROMAGNÉTIQUES

CHAPITRE XXII

AIMANTATION PAR LES COURANTS

CHAPITRE XXIII

INDUCTION

CHAPITRE XXIV

CAS PARTICULIERS D'INDUCTION

CHAPITRE XXV

GALVANOMÈTRE

CHAPITRE XXVI

MESURES ÉLECTROMAGNÉTIQUES

CHAPITRE XXVII

UNITÉS ÉLECTRIQUES

Pages.

CHAPITRE XXVIII

DÉTERMINATION DE L'OHM

CHAPITRE XXIX

MACHINES A COURANTS CONSTANTS

CHAPITRE XXX

MACHINES A COURANTS CONTINUS

CHAPITRE XXXI

MACHINES A COURANTS ALTERNATIFS

CHAPITRE XXXII

ÉCLAIRAGE ÉLECTRIQUE

CHAPITRE XXXIII

GALVANOPLASTIE

CHAPITRE XXXIV

TÉLÉGRAPHIE ÉLECTRIQUE

CHAPITRE XXXV

ÉLECTRICITÉ ATMOSPHÉRIQUE

FIN DE LA TABLE DES MATIÈRES

ERRATA

Page 36, ligne 12, au lieu de $m\left(\frac{1}{r}-\frac{1}{r'}+m\right)\left(\frac{1}{r'}-\frac{1}{r'}\right)$, lisez $m\left(\frac{1}{r}-\frac{1}{r'}\right)+m\left(\frac{1}{r'}-\frac{1}{r''}\right)$.

Page 37, ligne 11, au lieu de $\frac{m}{r}-\frac{m'}{r'^2}=0$, lisez $\frac{m}{r^2}-\frac{m'}{r'^2}=0$.

Page 48, ligne 6, au lieu de *peut*, lisez *pour*.
Page 167, ligne 9, au lieu de *lignes*, lisez *figures*.
Page 389, ligne 26, au lieu de *comme aucune*, lire *aucune*.

TRAITÉ ÉLÉMENTAIRE

D'ÉLECTRICITÉ

CHAPITRE PREMIER

PHÉNOMÈNES FONDAMENTAUX

1. Électrisation par frottement. — Tous les corps peuvent acquérir par simple frottement un état particulier qui les rend capables d'attirer les corps légers; on dit alors qu'ils sont *électrisés*, et on donne le nom d'*électricité* à la cause, inconnue d'ailleurs, de l'énergie qui leur a été communiquée.

Pour certains corps tels que l'ambre [1], la résine, le caoutchouc, le verre, l'expérience peut être faite en tenant le corps directement à la main; mais, pour le plus grand nombre, elle ne réussit que si le corps est tenu par un manche de verre, de résine, etc., c'est-à-dire par l'intermédiaire d'un des corps de la première catégorie.

2. Bons et mauvais conducteurs. — Le corps frotté en un point n'attire les corps légers que par ce point, s'il est

1. L'ambre, en grec *électron* (ἤλεκτρον), est la première substance sur laquelle cette propriété ait été reconnue.

de la première catégorie, et par tous ses points s'il est de la seconde. Pour les premiers, l'électricité reste donc localisée au point où elle a été développée ; pour les seconds, au contraire, elle se propage dans toute l'étendue du corps. C'est ce qu'on exprime en disant que les corps de la seconde catégorie sont *bons conducteurs de l'électricité*, et les corps de la première, *mauvais conducteurs*.

3. Communication de l'électricité par contact. — L'électricité peut passer d'un corps sur un autre par simple contact. Entre corps mauvais conducteurs, la communication se fait seulement entre les points en contact immédiat ; avec les bons conducteurs, l'électricité se partage entre les deux corps et se répand dans toute l'étendue de chacun d'eux.

En réalité, la distinction des corps en bons et mauvais conducteurs ne correspond pas à une différence absolue de propriétés; il n'y a aucun corps où avec le temps l'électricité ne se propage au delà du point où elle a été développée, ni de corps qui la laisse se diffuser dans toute son étendue d'une manière instantanée. Tous permettent la propagation de l'électricité : la différence n'est que du plus au moins, mais dans des limites immenses.

4. Corps isolants. — Isolateurs. — Le corps humain et la plupart des matériaux qui constituent le sol appartiennent à la classe des bons conducteurs. Quand on frotte une barre de métal tenue à la main, l'électricité développée se répand sur la barre, sur le corps, sur le sol, en réalité sur un conducteur indéfini et ne peut être manifestée en aucun point. L'interposition d'un corps mauvais conducteur a pour effet de *limiter* l'étendue où l'électricité peut se répandre. De là, le nom d'*isolants* donné aux corps mauvais conducteurs.

Tout corps conducteur électrisé mis en communication avec le sol par un conducteur quelconque, le doigt par exemple, perd immédiatement toute son électricité. On dit que l'électricité s'est *perdue dans le sol;* de là le nom de *réservoir commun* donné au sol par les anciens électriciens.

L'air appartient nécessairement à la classe des isolants, puisqu'un corps peut rester électrisé au milieu de l'air. Il en est de même de tous les gaz et de toutes les vapeurs, y compris la vapeur d'eau, bien qu'il soit difficile de maintenir un conducteur électrisé dans l'air humide. La cause en est due à la couche d'humidité qui se dépose à la surface des corps isolants et rend cette surface conductrice. Le verre qui, à cause de sa solidité, est le corps le plus employé comme support isolant, a le défaut d'être très hygrométrique ; on y remédie en le recouvrant d'une couche de vernis à la gomme laque et en le frottant avec un linge sec et chaud. Il faut éviter de trop chauffer le verre, une élévation notable de température augmentant sa conductibilité. Le meilleur moyen est de maintenir une partie de la tige isolante dans de l'air desséché par de l'acide sulfurique (*fig.* 1 et 2).

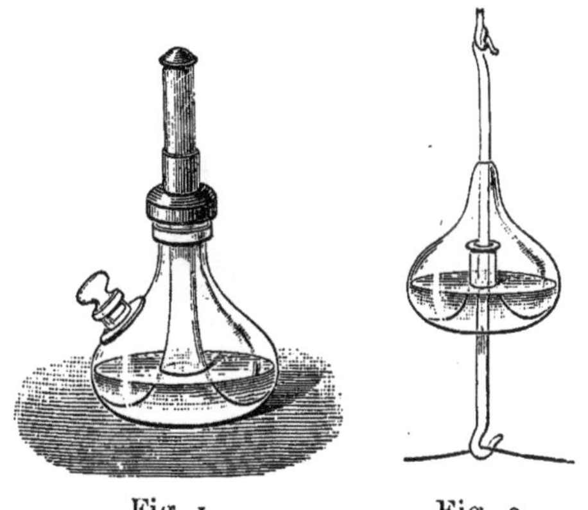

Fig. 1. Fig. 2.

5. Attraction et répulsion électriques. — Un corps léger attiré jusqu'au contact par un corps électrisé s'électrise lui-même, et l'expérience montre qu'il est aussitôt repoussé.

L'expérience se fait facilement au moyen d'un petit appareil composé d'une balle de sureau suspendue à un fil isolant, de soie par exemple, et qu'on appelle *pendule électrique* (*fig.* 3, 4, 5).

6. Deux électricités. — Soient deux pendules A et B ; on répète l'expérience qui précède avec un bâton de verre électrisé sur le pendule A et avec un bâton de résine sur le pendule B.

On constate alors que le pendule A, qui a partagé l'électricité du verre et qui est repoussé par le verre, est attiré par la résine électrisée, et que le pendule B qui a partagé l'électricité de la résine et est repoussé par elle est attiré par le verre électrisé. L'état du verre est donc autre que celui de la résine; ce qu'on exprime en disant que l'électricité du

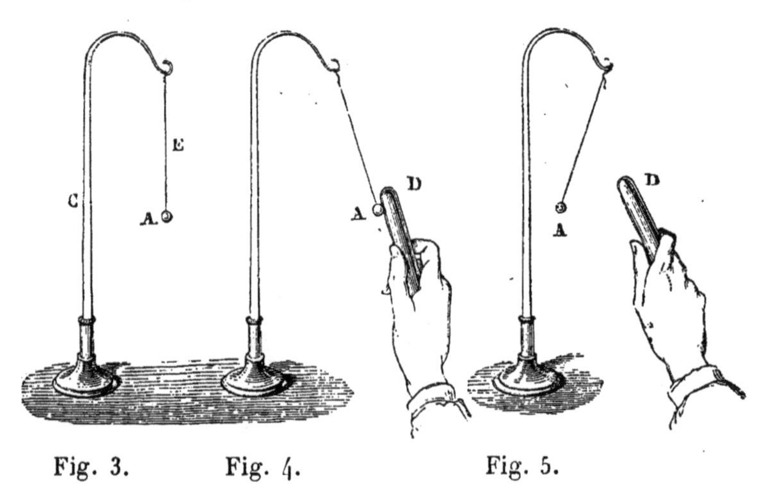

Fig. 3. Fig. 4. Fig. 5.

verre est *d'espèce différente* de celle de la résine. L'expérience montre d'ailleurs que tout autre corps électrisé se comporte ou comme le verre ou comme la résine : il attire le corps électrisé par le verre et repousse celui qui a été électrisé par la résine, ou inversement. *Il y a donc deux espèces d'électricité et il n'y en a que deux.* On les avait distinguées autrefois par les noms d'électricité *vitrée* et d'électricité *résineuse;* on se sert aujourd'hui des dénominations de *positive* pour la première et *négative* pour la seconde.

Cette expérience conduit à la loi fondamentale suivante : *deux corps chargés de même électricité se repoussent, et deux corps chargés d'électricités contraires s'attirent.*

7. Loi de Coulomb. — Balance de torsion. — Coulomb a déterminé par l'expérience la loi des attractions et répulsions électriques en mesurant, pour différentes distances, l'action qui s'exerce entre deux petites sphères électrisées.

Les deux sphères sont en moelle de sureau. L'une *b* est fixée à l'extrémité d'une aiguille de verre ou de gomme laque suspendue horizontalement à un fil métallique très fin (*fig.* 6). La position d'équilibre de l'aiguille correspond à une torsion nulle du fil; quand elle est écartée d'un angle α de la position d'équilibre, le moment du couple de torsion qui tend à l'y ramener est proportionnel à cet angle. La seconde boule *a* est portée par une tige de verre et placée à poste fixe dans la place même qu'occupait la boule mobile dans sa position d'équilibre; celle-ci, un peu déplacée, se trouve alors appliquée contre la boule fixe. Le système est renfermé dans une cage de verre. Le fil métallique est soutenu à sa partie supérieure par une pièce mobile autour de son axe et qu'on appelle le *micromètre de torsion;* elle permet de tordre le fil par sa partie supérieure quand on fait obstacle au libre déplacement de la boule mobile. Une division collée sur la cage et dont le zéro correspond au centre de la boule fixe permet de mesurer l'angle d'écart des deux boules.

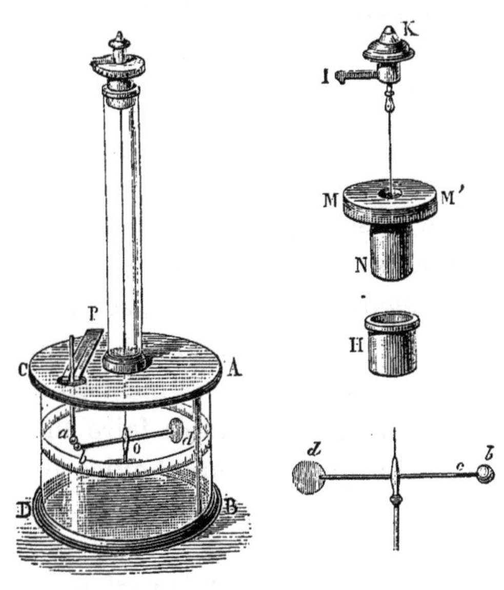

Fig. 6.

Les deux boules étant au contact, on leur communique une charge d'électricité; elles la partagent, se repoussent, et la boule mobile vient se placer à une certaine distance de la boule fixe. En tournant en sens contraire le micromètre d'un angle A, on rapproche la boule mobile de la boule fixe et on lui fait prendre une nouvelle position d'équilibre faisant un angle α avec la position initiale. La torsion totale du fil est la somme $A+\alpha$ des torsions imprimées en sens contraires aux deux extrémités, et cette torsion, qui fait équilibre à la répulsion des deux boules, mesure évidemment cette répulsion. Si on appelle A,A′,A″,... les torsions supérieures qui maintiennent la boule mobile aux distances $\alpha,\alpha',\alpha'',\ldots$ on trouve entre ces distances et les torsions totales $A+\alpha$, $A'+\alpha'$, $A''+\alpha''$... la relation

$$(A+\alpha)\,\alpha^2 = (A'+\alpha')\,\alpha'^2 = (A''+\alpha'')\,\alpha''^2 = C^{te};$$

d'où il suit que la force répulsive qui s'exerce entre deux sphères ayant des charges données de même espèce, positives ou négatives, varie en raison inverse du carré de la distance [1].

Pour les attractions, on commence, en tournant le micromètre, par changer la position d'équilibre de la boule mobile, de manière à lui faire faire un angle A avec la boule fixe. On charge les deux boules d'électricités contraires; elles s'attirent et l'écart devient α. La torsion qui fait équilibre à

1. Le calcul qui précède n'est qu'approché; en réalité la distance des

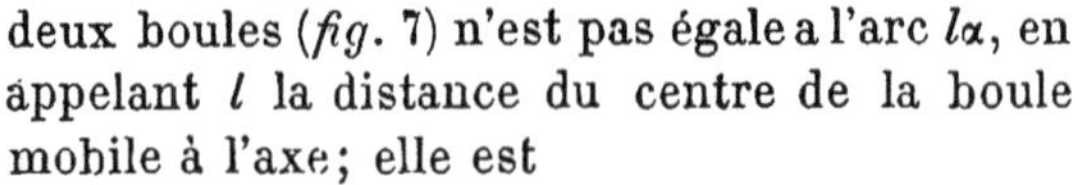

deux boules (*fig.* 7) n'est pas égale à l'arc $l\alpha$, en appelant l la distance du centre de la boule mobile à l'axe; elle est

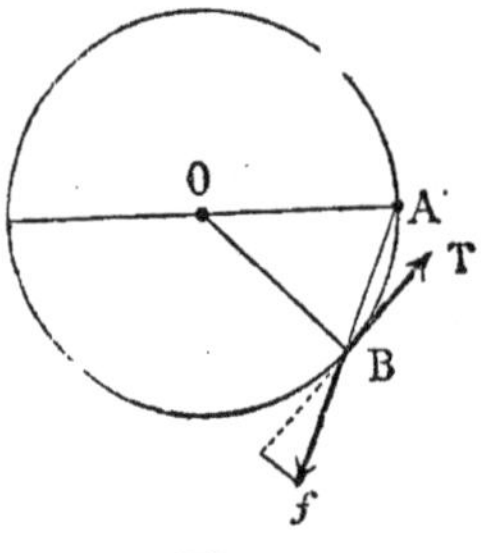

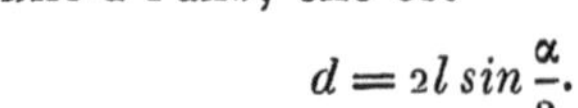

$$d = 2l\sin\frac{\alpha}{2}.$$

Fig. 7.

D'autre part l'action entre les deux boules est dirigée suivant la corde AB, et c'est sa composante suivant la tangente, ou $f\cos\frac{\alpha}{2}$, qui fait équilibre à la force de torsion $A+\alpha$. Si on appelle C le moment de torsion du fil, c'est-à-dire le moment du couple qui tend à ramener l'aiguille à sa position d'équilibre quand on tord le fil d'un arc égal à l'unité, on a

$$fl\cos\frac{\alpha}{2} = C(A+\alpha).$$

En toute rigueur, c'est le produit

$$fd^2 = 4Cl\,(A+\alpha)\sin\frac{\alpha}{2}\tang\frac{\alpha}{2}$$

qui a une valeur constante. Mais ce calcul plus compliqué est inutile, la différence avec le premier tombant le plus souvent dans les limites des erreurs des expériences.

l'attraction est alors $A - \alpha$. En faisant varier A et par suite α, on trouve encore que la quantité $(A - \alpha)\,\alpha^2$ est une constante, les charges des deux boules restant les mêmes.

Dans tous les cas, *l'action qui s'exerce entre les deux petites sphères électrisées est en raison inverse du carré de la distance.*

8. Masses électriques. — Unité d'électricité. — Nous ne jugeons et ne pouvons juger de l'électrisation d'un corps que par les actions mécaniques qu'il est capable d'exercer. Si, dans la balance de Coulomb, la charge d'une des sphères restant invariable ainsi que la distance, on fait varier la charge de l'autre sphère de manière que l'action devienne 2, 3, 4 fois plus grande, on dit que pour cette boule la charge ou la *masse électrique* est devenue 2, 3, 4 fois plus grande.

Nous conviendrons de prendre comme *unité de masse électrique* celle que doit posséder une petite sphère pour qu'agissant sur une sphère égale, également chargée et placée à l'unité de distance, elle la repousse avec une force égale à l'unité.

L'unité de masse ainsi définie est l'*unité électrostatique de quantité.* Nous l'exprimerons toujours en unités C.G.S. [1].

Nous emploierons par la suite, comme *unité pratique* de quantité, une autre unité appelée *coulomb*, laquelle correspond à une quantité d'électricité 3.10^9 fois plus grande [2].

L'expérience montre que si on touche une sphère électrisée par une seconde sphère identique à l'état neutre, chacune des charges, nécessairement égales, prises par les deux sphères, est la *moitié* de la charge primitive : l'électricité se partage

1. Dans le système C. G. S., la force égale à l'unité ou la *dyne* est celle qui, agissant sur une masse d'un gramme, lui communique en une seconde une accélération d'un centimètre. Cette masse prenant dans le vide sous l'action de la pesanteur une accélération de $g = 981$ centimètres, son poids, égal à un gramme, vaut 981 unités de force.

L'unité de travail ou l'*erg* est le travail fourni par l'unité de force quand son point d'application se déplace d'un centimètre. Un *kilogrammètre* vaut évidemment 981.10^5 ou sensiblement 10^8 *ergs*.

2. Voir le chapitre XXVII.

donc entre les deux sphères, comme le ferait un corps matériel, sans augmentation ni diminution.

Considérons maintenant deux sphères égales chargées d'électricités contraires; l'expérience montre que, si les deux masses sont égales et qu'on mette les sphères en contact, elles reviennent l'une et l'autre à l'état neutre; que, si l'une des sphères a une charge m d'électricité positive, l'autre une charge m' d'électricité négative, la charge de chacune d'elles après le contact est égale à $\frac{m-m'}{2}$. D'où il suit que les masses électriques de noms contraires se comportent comme des quantités de même espèce, mais de signes contraires, et qu'elles s'ajoutent à la manière des quantités algébriques.

Il résulte des définitions précédentes et de la loi de Coulomb, que l'action qui s'exerce entre deux masses m' et m placées à une distance r a pour expression

$$f=\frac{mm}{r^2};$$

le signe + correspond au cas où les masses sont de même signe, et par conséquent à la répulsion; le signe — au cas où les masses sont de signes contraires, et par suite à l'attraction.

9. Développement simultané des deux électricités par le frottement. — Dans l'électrisation par frottement, le corps frottant et le corps frotté sont tous deux électrisés; l'expérience montre que l'un est électrisé positivement, l'autre négativement, et que *les deux charges de signes contraires sont équivalentes.*

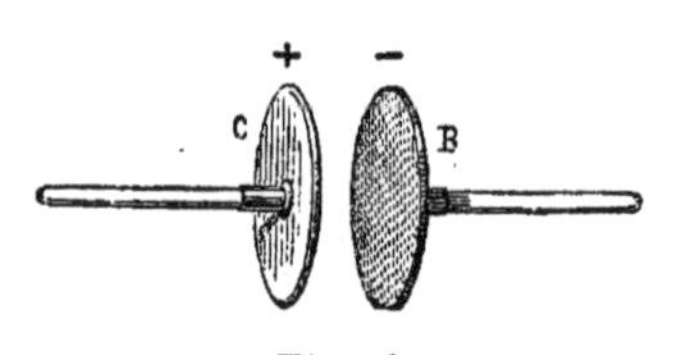

Fig. 8.

L'expérience peut se faire au moyen de deux disques (*fig.* 8), l'un de verre, l'autre de métal, le disque de métal étant isolé; si, après les avoir frottés l'un contre l'autre, on les maintient au contact, l'ensemble se comporte vis-à-vis de tout corps extérieur, électrisé ou non, comme s'il était à l'état neutre. Il suffit de séparer les deux disques pour constater qu'ils sont tous deux électrisés et en signes contraires.

Ce fait est un cas particulier d'une loi dont nous aurons à constater la généralité : *on ne peut produire ou détruire une quantité quelconque d'électricité, sans produire ou détruire une quantité équivalente d'électricité contraire.*

L'espèce d'électricité que prend un corps par le frottement dépend de la nature du corps avec lequel il est mis en contact. Les corps de la liste suivante sont rangés dans un ordre tel, qu'ils sont positifs quand on les frotte avec ceux qui les suivent et négatifs avec ceux qui les précèdent :

Poil de chat vivant	Papier
Verre poli	Soie
Étoffes de laine	Gomme laque
Plumes	Résine
Bois	Verre dépoli

L'exemple du verre, qui prend l'électricité positive quand il est poli et l'électricité négative quand il est dépoli, montre quelle peut être l'influence de l'état du corps. Il suffirait à justifier l'abandon du mot *vitrée* pour désigner l'électricité positive.

CHAPITRE II

DISTRIBUTION DE L'ÉLECTRICITÉ

10. Localisation de l'électricité à la surface extérieure des conducteurs. — Dans un conducteur en équilibre, l'électricité n'existe jamais qu'à la surface extérieure.

Voici les principales expériences qui permettent de vérifier cet important théorème :

1° Une sphère isolée étant chargée d'électricité (*fig.* 9), on

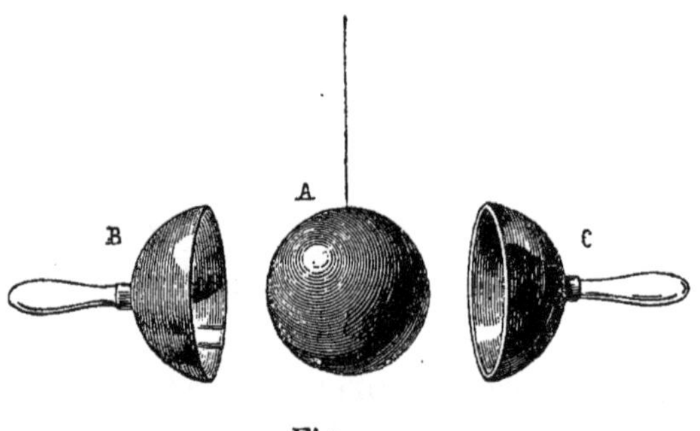

Fig. 9.

la recouvre de deux hémisphères de plus grand diamètre tenus par des manches isolants. Une fois les hémisphères réunis, on les abaisse de manière à toucher la sphère en un point, puis on les relève et on les sépare en évitant tout contact avec la sphère. On trouve les hémisphères électrisés et la sphère à l'état neutre. Au moment du contact, les hémisphères et la sphère ne formaient qu'un conducteur unique, et toute l'électricité a passé sur la surface extérieure. Cette expérience est due à Cavendish.

2° Un conducteur creux de forme quelconque (*fig.* 10) présente des ouvertures permettant d'introduire dans la cavité une *sphère d'épreuve*. On appelle ainsi un appareil formé d'une petite balle de sureau portée à l'extrémité d'une tige de verre. Le conducteur étant électrisé, on touche avec la sphère un point quelconque de la surface extérieure ; on l'emporte chargée d'électricité. Au contraire, si, à travers l'ouverture, on touche un point de la surface intérieure, on retire toujours la sphère à l'état neutre.

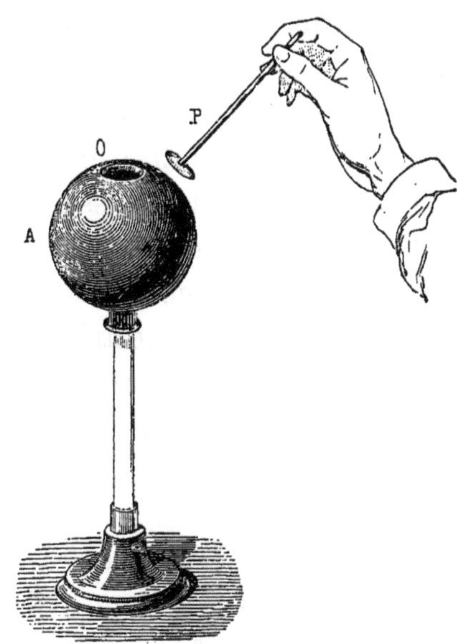

Fig. 10.

Au lieu d'une sphère, on peut fixer à l'extrémité de la tige de verre un petit disque de clinquant ou de papier doré l'instrument porte alors le nom de *plan d'épreuve*.

3° Faraday a pris comme conducteur une espèce de filet à papillons d'un tissu léger et conducteur (*fig.* 11). Un fil de soie C attaché au sommet permet de le tendre comme le représente la figure. Après avoir constaté avec le plan d'épreuve qu'il n'existe d'électricité que sur la surface extérieure du filet, on le retourne en tirant le fil en sens contraire, de manière que la surface intérieure passe à l'extérieur et réciproquement ; l'élec-

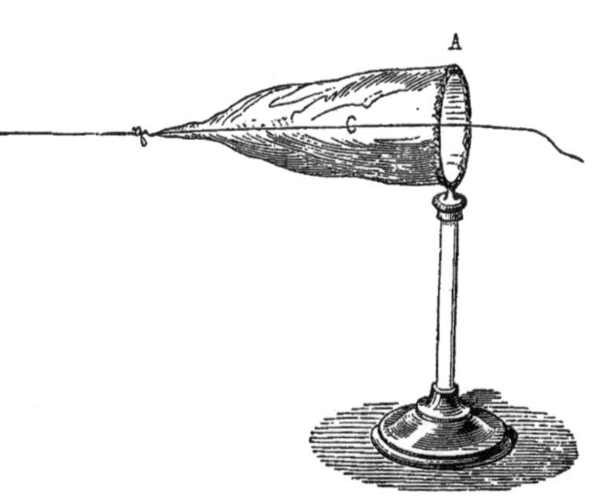

Fig. 11.

tricité quitte en même temps la première surface pour passer sur la seconde et se trouver toujours à l'extérieur.

4° Faraday avait fait construire une chambre à parois conductrices, supportée par des pieds isolants en verre et assez grande pour qu'un observateur pût s'y renfermer avec des appareils. La chambre était chargée extérieurement avec une machine électrique puissante; cependant il était impossible à l'intérieur de constater aucune trace d'électricité sur la surface, ni de déceler avec les instruments les plus délicats la moindre action électrique.

Il n'est pas nécessaire que la surface du conducteur soit parfaitement continue, et l'expérience de Faraday peut se répéter avec une cage d'oiseau, par exemple, formée d'un simple grillage.

Ainsi à l'intérieur d'un conducteur, il n'y a *ni électricité ni action électrique ;* l'électricité est tout entière sur la surface extérieure, et y forme une couche en équilibre qui est sans action sur les points intérieurs.

11. Distribution de la couche superficielle. — Méthode du plan d'épreuve. — On peut étudier facilement la distribution de cette couche sur un conducteur quelconque, par la *méthode du plan d'épreuve* de Coulomb. Si on applique le petit disque tangentiellement en un point de la surface (*fig.* 12), celui-ci se substitue momentanément à l'élément de la surface qu'il recouvre et prend la quantité d'électricité qui existait sur cet élément. Si on le retire alors bien normalement, il emporte la charge qu'il a reçue, et l'effet est le même que si l'on avait découpé sur la surface l'élément qu'il a recouvert, et qu'on l'eût emporté avec sa charge. Il ne reste qu'à mesurer la charge du plan d'épreuve. On peut se servir de la balance de torsion, en donnant à la boule mobile une charge

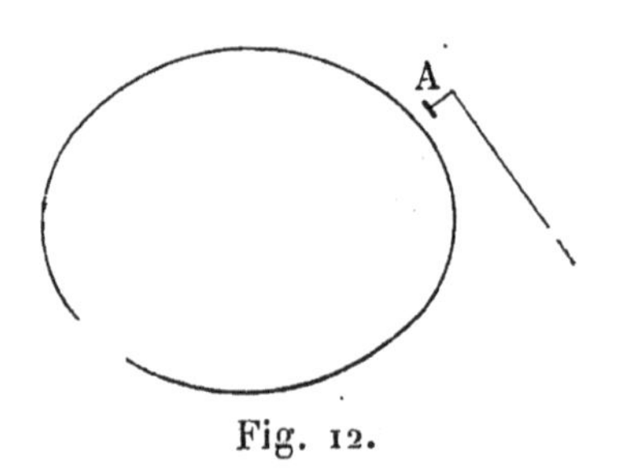

Fig. 12.

fixe et en substituant le plan d'épreuve à la boule fixe. La torsion nécessaire pour maintenir la boule mobile à une distance donnée est évidemment proportionnelle à la charge du plan d'épreuve.

12. — Une méthode plus simple et plus expéditive est celle du *cylindre de Faraday* (*fig.* 13). L'appareil se compose d'un cylindre conducteur A isolé, en communication avec le bouton B d'un électroscope à feuille d'or. Nous reviendrons plus loin en détail sur ces deux appareils; il nous suffira de dire pour le moment, relativement au cylindre lui-même, que lorsqu'on y introduit un corps chargé d'une quantité quelconque d'électricité, sa surface extérieure prend une charge exactement égale et de même signe, indépendante de la position du corps à l'intérieur; et, relativement à l'électroscope, qu'il se compose essentiellement d'une tige isolée, terminée à sa partie supérieure par un bouton B et à sa partie inférieure par deux feuilles d'or qui pendent parallèlement quand la tige est à l'état neutre, mais qui se repoussent et divergent dès qu'elles sont électrisées; enfin qu'il est facile, par une graduation préalable, de déduire la charge du cylindre de l'écart des deux feuilles d'or. Il suffit donc, dans le cas actuel, d'introduire dans le cylindre le plan d'épreuve, puis, après avoir mesuré l'écart, de le retirer sans toucher.

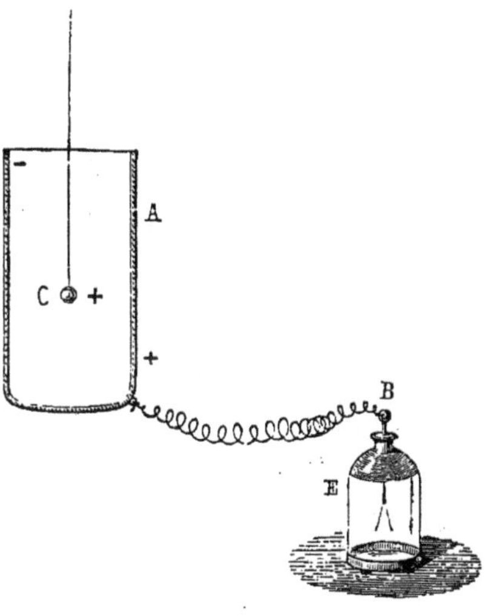

Fig. 13.

Le seule difficulté de ces expériences, dans l'une et l'autre méthode, est la déperdition progressive de l'électricité; on y remédie par la méthode des *expériences alternatives:* pour comparer les charges en deux points A et B, on fait une première mesure en A, puis une seconde en B, et enfin une troisième en A, en laissant écouler le même temps entre les contacts successifs. On compare la charge obtenue en B à la moyenne des charges obtenues au point A.

13. Distribution sur une sphère, sur un ellipsoïde. — Si on appelle *densité électrique en un point* la charge par unité de surface dans le voisinage de ce point, on trouve par la méthode du plan d'épreuve, que la densité est uniforme sur une sphère éloignée de tout autre conducteur, ce qui était évident à priori par raison de symétrie ; que pour un ellipsoïde de révolution, la densité au pôle est à la densité à l'équateur comme l'axe du pôle est à celui de l'équateur, etc.

Tous ces résultats peuvent être établis à priori si l'on assimile l'électricité à une matière dont les particules se repousseraient suivant la loi de Coulomb, et qu'on admette que l'action exercée sur une masse m par des corps électrisés quelconques est la résultante des actions qu'exercerait sur elle chacune des masses élémentaires considérée isolément, soit que ces masses appartiennent à des corps distincts ou qu'elles fassent partie de la charge d'un même corps. Nous appellerons *force électrique en un point* la valeur de cette résultante pour une masse d'électricité positive égale à l'unité placée en ce point. Le problème se pose alors de la manière suivante dans le cas que nous considérons d'un conducteur unique et isolé dans l'espace indéfini : quelle doit être en chaque point de la surface du conducteur la *densité*, ou, ce qui revient au même, l'*épaisseur* d'une couche de matière obéissant à la loi Coulomb, pour que la force soit nulle en un point quelconque de l'intérieur ?

Une couche sphérique homogène répond à cette condition il en est de même d'une couche ellipsoïdale comprise entre deux ellipsoïdes concentriques, semblables et semblablement placés et ayant, par suite, en chaque point une épaisseur proportionnelle à la distance au centre du plan tangent en ce point. Ces couches ont sur tout point intérieur une action nulle, et leur action sur un point extérieur est la même que si toute la masse était concentrée au centre.

Il en résulte qu'une sphère homogène, ou tout au moins décomposable en couches concentriques homogènes, a la même action sur un point extérieur que si toute sa masse était concentrée au centre. Quant à son action sur un point intérieur M, si on mène une sphère par ce point, toute la portion en dehors de cette sphère a une action nulle, et l'action est celle de la portion comprise dans la sphère M, laquelle agit comme si toute sa masse était au centre. Dans le cas d'une sphère homogène, si on désigne par r la distance du point M au centre, et par ρ la densité de la sphère, l'action a pour expression

$$f = \frac{\frac{4}{3}\pi r^3 \rho}{r^2} = \frac{4}{3}\pi\rho . r,$$

et est par suite proportionnelle à la distance r.

14. Pression électrostatique. — L'existence de l'électricité à la surface seulement du conducteur se présente, dans le même ordre d'idées, comme une conséquence de la répulsion mutuelle des particules, et il est clair que la distribution doit être telle, qu'en chaque point de la surface la force électrique soit normale à la surface et dirigée vers l'extérieur ; autrement le conducteur n'offrant aucun obstacle au mouvement de l'électricité, celle-ci obéirait à la force qui la sollicite, et dès lors ne serait plus en équilibre. Cette condition est précisément satisfaite par les couches qui ont une action intérieure nulle.

On est ainsi conduit à se représenter la couche superficielle comme faisant effort vers l'extérieur pour occuper un volume plus grand. L'air, qui est un corps mauvais conducteur, s'oppose à cette expansion ; mais les choses se passent comme si la couche exerçait contre lui une pression à laquelle on donne le nom de *pression électrostatique*. Ainsi une bulle de savon doit augmenter de volume quand on l'électrise, et reprendre son volume primitif quand on la ramène à l'état neutre, bien que l'effet soit en général trop petit pour être directement mesurable.

Nous verrons plus loin que la pression électrostatique est en chaque point proportionnelle au carré de la densité; elle est indépendante du signe de la charge.

15. Pouvoir des pointes. — On s'explique ainsi la propriété curieuse des pointes de laisser échapper l'électricité. Une pointe peut être assimilée à un ellipsoïde très allongé. Or, si dans l'ellipsoïde le rapport du grand axe au petit axe va en croissant indéfiniment, la densité au pôle tend à devenir infinie quelle que soit d'ailleurs la densité à l'équateur; la pression électrostatique y deviendrait de même infinie si le pouvoir isolant de l'air et la résistance qu'il oppose à l'expansion de la couche étaient eux-mêmes sans limite. L'expérience montre que lorsque, pour une pression donnée de l'air, la pression électrostatique a atteint une certaine va-

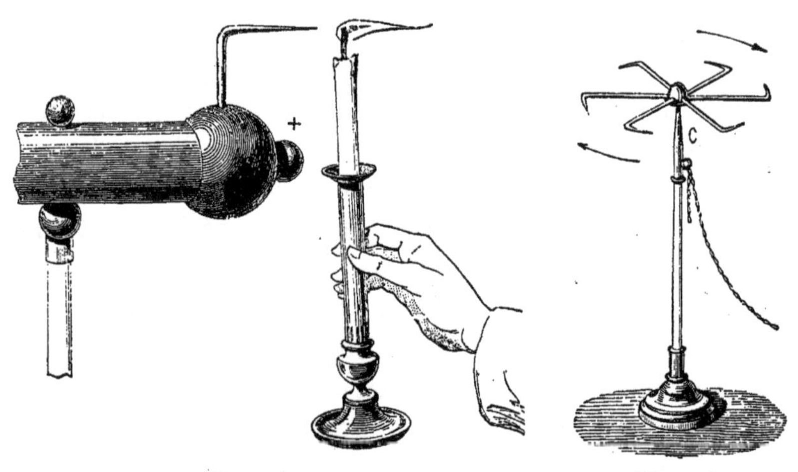

Fig. 14. Fig. 15.

leur, l'électricité passe du conducteur sur les masses d'air qui l'entourent. Avec une pointe parfaite, l'équilibre ne peut exister tant que la pointe possède de l'électricité et n'est pas ramenée à l'état neutre. Si la pointe est en communication avec une source, l'électricité passe d'une manière continue de la pointe aux masses d'air en contact; celles-ci, chargées d'électricité, sont repoussées, et il en résulte un mouvement de l'air qu'on appelle le *vent électrique*. Le vent électrique peut souffler une bougie (*fig.* 14); la répulsion qui s'exerce entre la pointe et les molécules d'air peut être également mise en évidence par l'expérience du tourniquet électrique (*fig.* 15).

Si la pointe est placée au milieu d'une masse d'air renfermant en suspension des particules solides ou liquides comme celles qui constituent la fumée, celles-ci se chargent également d'électricité; on les voit se précipiter sur un corps chargé d'électricité contraire et la fumée disparaître. Le procédé est employé industriellement pour la précipitation des poussières en suspension dans l'air. Deux conducteurs armés de pointes sont mis en communication, l'un avec une source positive, l'autre avec une source négative; les poussières électrisées par l'un viennent se précipiter sur l'autre.

La production du vent électrique est accompagnée de phénomènes lumineux visibles dans l'obscurité. Si la pointe laisse échapper de l'électricité positive, elle donne lieu à une aigrette violacée; quand l'électricité est négative, la pointe est terminée par une petite étoile brillante.

CHAPITRE III

INFLUENCE ÉLECTRIQUE

16. Électrisation par influence. — Tout corps placé dans le voisinage d'un corps électrisé devient lui-même électrisé. Ce mode d'électrisation s'appelle l'*électrisation par influence*. Le corps primitivement électrisé est dit le corps *influençant*, l'autre le corps *influencé*.

Loi générale de l'influence. — Soit A le corps influençant chargé d'une quantité m d'électricité positive (*fig.* 16); supposons-le placé à l'intérieur d'un conducteur de forme quelconque, complètement fermé, B.

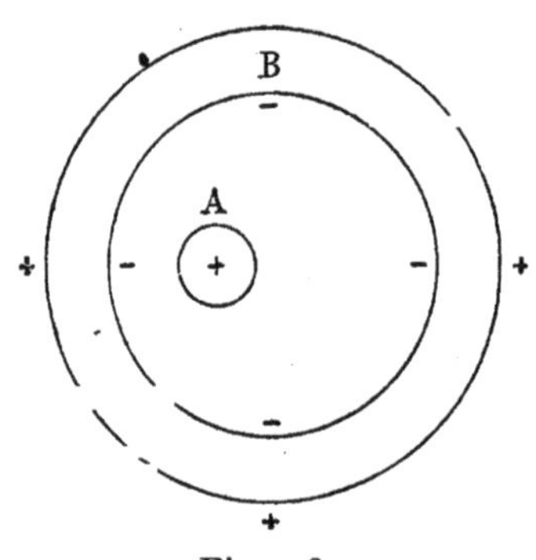

Fig. 16.

a. Si le conducteur B est isolé, la surface intérieure se charge uniquement d'électricité négative, la surface extérieure d'électricité positive. Ces deux charges, abstraction faite du signe, sont toujours égales entre elles et égales à la charge m du corps A.

b. La distribution de la couche négative change avec la position du corps A; celle de la couche positive extérieure est invariable. C'est d'ailleurs celle d'une couche en équilibre d'elle-même sur le conducteur B. Quant à la charge du corps influençant A, elle reste fixe, mais sa distribution varie avec la position qu'il occupe.

c. L'action exercée par le système sur un point extérieur au conducteur B est celle qui est due à la couche extérieure *seule*.

L'action de la charge $+m$ de A et celle de la couche $-m$ de la surface intérieure se font équilibre pour tout point extérieur.

d. Si on met le conducteur B en communication avec le sol, la charge positive de la surface extérieure disparaît, mais rien n'est changé pour la couche négative de la surface intérieure.

e. Supposons un troisième corps C à l'intérieur du conducteur fermé ; s'il est en communication avec le conducteur B, il fait partie de la surface intérieure et ne possède que de l'électricité négative ; sa charge est d'ailleurs moindre que m, puisqu'elle n'est qu'une fraction de la charge négative développée par influence.

f. Si le corps C est isolé, il prend les deux électricités et en quantités équivalentes ; dans la partie la plus voisine de A, sa surface est recouverte d'électricité négative ; dans la partie la plus éloignée, d'électricité positive ; les deux plages négative et positive sont séparées par une ligne sans électricité et qu'on appelle la *ligne neutre*.

17. Vérifications expérimentales. — On peut vérifier ces lois au moyen du cylindre de Faraday mis en communication avec l'électroscope à feuille d'or (**11**), bien que ce cylindre ne représente pas un conducteur complètement fermé. Le corps influençant A sera par exemple une petite sphère tenue par un manche isolant et chargée d'électricité positive (*fig.* 17).

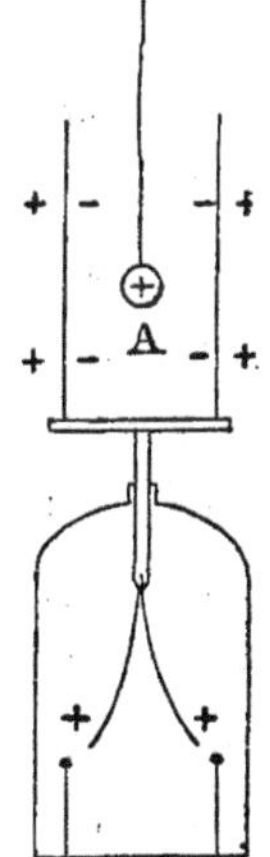

Fig. 17.

Dès qu'on approche la sphère du cylindre, les feuilles de l'électromètre divergent ; la divergence va d'abord en augmentant, mais sitôt que la sphère est à quelque distance au-dessous de l'orifice, l'écart reste invariable quelle que soit la position de la boule. En même temps, on peut constater avec le plan d'épreuve que la surface intérieure du cylindre est chargée d'électricité négative et la surface extérieure d'électricité positive ; on peut vérifier par le même moyen que la distribution sur la surface extérieure est indépendante de la position de la boule, mais qu'il n'en est pas de même de la distribution intérieure. Si on retire la boule et qu'on l'éloigne, les feuilles d'or retombent et toute trace d'électrisation disparaît dans le cylindre : les quantités d'électricité positive et négative développées sur les deux surfaces étaient donc équivalentes.

La boule, toujours chargée d'électricité positive, étant replacée dans le cylindre, faisons-lui toucher la surface intérieure : l'écart des feuilles reste le même et rien n'est changé à la distribution extérieure ; mais si la boule est conductrice, toute l'électricité négative disparaît, et quand on retire la boule du cylindre, on la trouve à l'état neutre, ainsi que la surface intérieure du cylindre.

Quand on fait toucher la boule à la surface intérieure, on n'a plus qu'un conducteur unique, et toute l'électricité passe sur la surface extérieure. Or la charge extérieure ne change pas ; la charge positive de la boule et la charge négative de la surface intérieure étaient donc équivalentes.

18. — Après que la boule A a touché la surface intérieure, les choses sont les mêmes que si la boule avait simplement cédé sa charge au cylindre. Celle-ci formant une couche en équilibre sur la surface extérieure est sans action sur un point de l'intérieur (**10**). En ramenant dans le cylindre la boule chargée de nouveau et la faisant toucher aux parois, on fera passer la nouvelle charge sur la surface extérieure et ainsi de suite indéfiniment; on pourra donc de cette manière accumuler sur un conducteur des charges croissant à volonté. On a ainsi une méthode très simple pour graduer l'électromètre. Il est évident que si, dans les diverses opérations, la sphère était chargée tantôt d'électricité positive, tantôt d'électricité négative, et en quantité quelconque, on aurait finalement sur la surface extérieure une quantité d'électricité égale à la somme algébrique de toutes les charges introduites.

Cette expérience fournit un moyen simple de démontrer le théorème énoncé plus haut (**9**), que le frottement développe toujours sur les corps en contact des quantités d'électricité égales et de signes contraires. Les deux corps introduits simultanément et placés d'une manière quelconque dans le cylindre n'amènent aucune divergence des feuilles d'or ; introduits séparément, ils produisent des divergences égales et de signes contraires.

19. — Nous avons supposé la boule A conductrice ; si elle était isolante, le simple contact avec la surface intérieure ne suffirait plus pour amener la neutralisation des deux charges équivalentes de la boule et de la surface intérieure. Mais on arriverait au même résultat en armant de pointes la surface intérieure du cylindre (*fig.* 18) ; l'électricité négative s'échapperait par ces pointes (**15**) et viendrait neutraliser l'électricité positive adhérente à la surface de la boule.

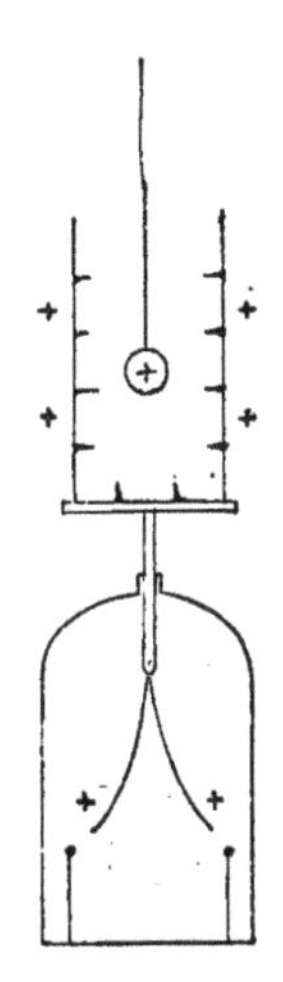
Fig. 18.

20. — Si, pendant que la boule chargée d'électricité positive est à l'intérieur du cylindre, on met celui-ci en communication avec le sol pendant un instant, les feuilles d'or retombent, le plan d'épreuve appliqué sur la surface extérieure ne donne plus de traces d'électricité, et pour tous les corps extérieurs le cylindre se comporte comme un corps à l'état neutre. Toutefois rien n'a été changé à l'intérieur : la surface intérieure est toujours recouverte d'une couche négative, et celle-ci est toujours équivalente à la charge positive de la boule, car toute trace d'électricité disparaît quand on met la boule en contact avec les parois.

21. — Enfin, si après avoir mis momentanément le cylindre en communication avec le sol, on fait sortir la boule sans qu'il y ait eu contact, l'électricité négative de la surface intérieure passe à l'extérieur et y forme une couche en équilibre d'elle-même, distribuée comme l'était la couche d'électricité positive avant la communication avec le sol. Le cylindre se trouve finalement chargé d'une quantité égale et de signe contraire à celle du corps influençant.

22. — Quand un corps électrisé est au milieu d'une salle, tous les objets qu'elle comprend sont électrisés : les parois de cette salle et tous les objets en communication avec ces parois sont uniquement chargés d'électricité contraire, et la quantité totale d'électricité ainsi développée est égale à celle du corps influençant. Supposons que ce corps soit une sphère A chargée d'électricité positive. Dans l'expérience classique qui sert ordinairement à mettre en évidence les phénomènes d'influence, on approche de cette sphère

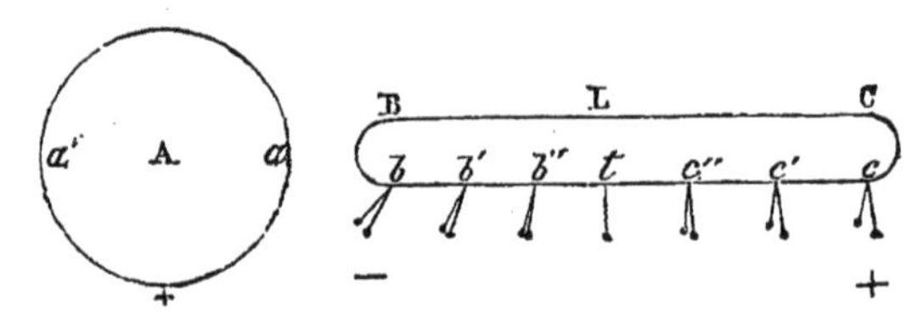

Fig. 19.

un cylindre isolé BC (*fig.* 19). Ce cylindre prend les deux électricités : la partie la plus voisine, B, de l'électricité négative ; la partie la plus éloignée, C, de l'électricité positive. La ligne neutre L est plus voisine de B que de C, et d'autant plus que le cylindre est plus près de la sphère et qu'il est plus long. La charge, ou mieux la densité, va en augmentant de part et d'autre à partir de la ligne neutre ; on peut le vérifier par le plan d'épreuve, mais on le montre facilement en suspendant en différents points du cylindre des pendules doubles qui divergent d'autant plus que la densité est plus grande au point où ils sont attachés.

Toute trace d'électrisation disparaît quand on supprime l'influence, ce qui montre que les quantités d'électricité développées sur le cylindre sont équivalentes. Si on met le cylindre en communication avec le sol, sa surface fait partie de la surface intérieure, il n'a plus, quel que soit le point touché, que de l'électricité négative dont la densité va en décroissant depuis B jusqu'à C. Si on supprime l'influence, la charge négative subsiste et se distribue symétriquement en une couche d'équilibre.

Cette expérience fournit un procédé souvent employé pour charger un conducteur B d'électricité contraire à celle que possède un corps électrisé A : on approche B de A et on le met un instant en communication avec le sol. Sa charge équivaut à une fraction seulement de celle de A.

Les parois de la salle étant généralement en communication avec le sol, il n'y a pas de couche électrique à l'extérieur et les corps électrisés qu'elle renferme sont sans action sur un corps quelconque placé dans une salle voisine.

23. Influence sur les corps mauvais conducteurs. — Les phénomènes sont moins nets avec les corps mauvais conducteurs. Un corps mauvais conducteur soumis à l'influence semble se comporter comme un assemblage de petits conducteurs séparés par un milieu isolant et dont chacun subirait l'influence à la manière d'un conducteur isolé, c'est-à-dire se chargerait des deux électricités, d'électricité contraire à celle du corps influençant dans la partie la plus voisine, de même espèce dans la partie la plus éloignée. On dit alors que le corps est *polarisé*. L'effet apparent d'une pareille disposition est le même que celui de deux couches équivalentes l'une positive, l'autre négative, séparées par une ligne neutre, distribuées comme celles que prendrait dans les mêmes conditions un conducteur de même forme, mais avec une densité moindre.

Si l'influence ne s'exerce que pendant un temps très court, la polarisation cesse et le corps revient à l'état naturel sitôt qu'on supprime l'influence. Mais, si l'influence dure un certain temps, le corps peut présenter, pendant un temps plus ou moins long après que l'influence a cessé, deux plages chargées d'électricités contraires ; l'effet est dû à une recomposition plus ou moins complète des électricités contraires s'opérant entre les parties conductrices contiguës à travers le milieu imparfaitement isolant.

24. Sphère dans un champ uniforme. — Le mode de raisonnement qui permet de déterminer *à priori* la distribution sur un conducteur (**13**) donnerait également, abstraction faite des difficultés de calcul, la distribution dans le cas d'un nombre quelconque de conducteurs soumis à l'influence les uns des autres. La condition est toujours que la force électrique soit nulle à l'intérieur de chacun d'eux. A cet effet, chacun prend, par influence, une couche formée, suivant les cas, d'une ou de deux électricités, laquelle annule pour tous les points de son intérieur l'action de toutes les masses extérieures. S'il était déjà électrisé, la couche développée par influence se superpose à la couche primitive qui garde la même distribution que si le conducteur était seul. La densité en chaque point est la somme algébrique des densités des couches superposées.

Considérons, par exemple, le cas d'une sphère placée dans un *champ uniforme*, c'est-à-dire dans un espace où la force électrique est constante d'intensité et de direction. Pour représenter la distribution des deux couches équivalentes développées par influence, il suffit de considérer deux sphères homogènes de densités égales et de signes contraires $\pm\rho$ d'abord en coïncidence, et de déplacer la sphère positive de A en A′ dans la direction du champ (*fig.* 20). Nous obtenons ainsi deux couches, l'une positive, l'autre négative, auxquelles nous donnerons le nom de *couches de glissement*. Dans toute la région commune aux deux sphères la densité est nulle ; l'ac-

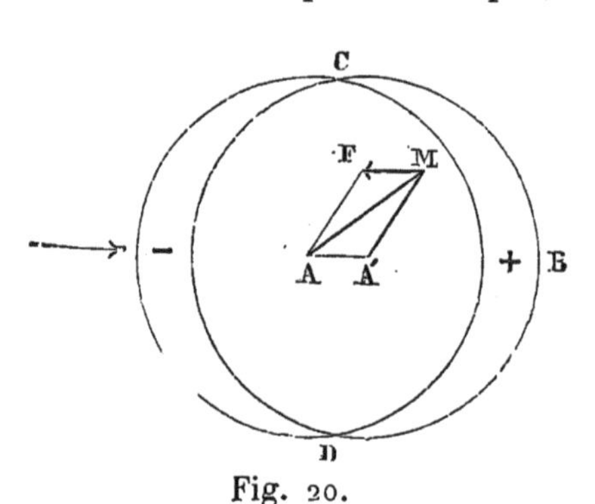

Fig. 20.

tion se réduit donc à celle des deux couches de glissement. D'autre part cette action est la résultante des actions exercées par les deux sphères. Or sur un point intérieur M, l'action de la sphère positive A' est égale à $\frac{4}{3}\pi\rho$. A'M (**13**); celle de la sphère négative A est $\frac{4}{3}\pi\rho$. AM; la résultante des deux actions est évidemment $\frac{4}{3}\pi\rho$. AA'. Elle est par suite constante pour un point intérieur et de sens contraire à l'action du champ. Si d'ailleurs on désigne par σ_0 la densité maximum en B, on a

$$\sigma_0 = \rho . AA' ;$$

l'action intérieure est donc égale à $\frac{4}{3}\pi\sigma_0$; et dans le cas d'un conducteur, puisque la force électrique doit être nulle pour tout point intérieur, on aura, en appelant φ l'action du champ,

$$\varphi - \frac{4}{3}\pi\sigma_0 = 0$$

Si la sphère n'est pas conductrice, la distribution reste la même ; mais la densité maximum σ'_0 est seulement une fraction plus ou moins grande de σ_0 et la force intérieure toujours constante, au lieu d'être nulle, est égale à

$$\varphi - \frac{4}{3}\pi\sigma'_0.$$

25. Attraction des corps légers. — Revenons à l'expérience fondamentale de l'attraction des corps légers; il est évident que l'électrisation par influence précède toujours l'attraction des corps à l'état neutre ; l'action qui s'exerce entre deux corps est simplement celle des masses électriques qu'ils portent avec eux. On peut considérer comme un fait expérimental qu'il n'y a jamais d'actions directes que celle de masses électriques sur d'autres masses électriques.

26. Pendules isolé et non isolé. — Quand la balle de sureau qui constitue le pendule est suspendue par un fil conducteur, de lin ou de coton par exemple, elle se charge seulement d'électricité contraire à celle du corps influençant et est vivement attirée ; quand elle est suspendue par un fil de soie isolant, elle prend les deux électricités et l'attraction est due seulement à la différence des actions qu'exerce le corps influençant sur les deux masses électriques égales, différence qui est toujours en faveur de l'attraction, la masse attirée étant toujours la plus voisine. Quand il s'agit seulement de reconnaître si un corps est électrisé, le pendule non isolé est plus sensible que le pendule isolé ; mais l'emploi de ce dernier est nécessaire quand on veut reconnaître si un corps est électrisé positivement ou négativement. On communique son électricité à la balle de sureau et on cherche si elle est repoussée par le verre ou par la résine électrisée (**5**).

27. Électroscope. — Nous avons décrit (**12**) la partie essentielle de l'électroscope à feuilles d'or (*fig.* 21). Outre la tige qui porte les feuilles d'or, l'instrument comprend habituellement deux conducteurs fixes qu'on appelle les *bornes* placées symétriquement par rapport aux feuilles d'or et en communication avec le sol.

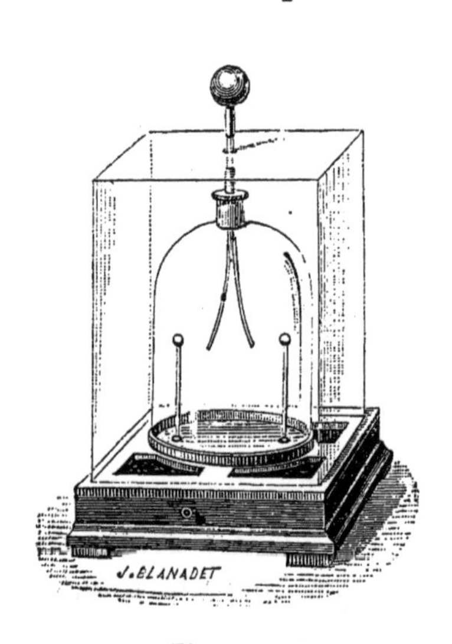

Fig. 21.

Ces bornes, en se chargeant par influence d'électricité contraire à celle des feuilles d'or, augmentent la divergence et par suite la sensibilité de l'instrument. Elles empêchent en outre les feuilles, écartées trop brusquement, de venir se coller contre la cage de verre dont il est difficile ensuite de les détacher. L'appareil est souvent enveloppé d'une seconde cage, percée d'un trou qui laisse passer librement la tige et qui contient elle-même des matières desséchantes pour garantir les parois extérieures de la cloche contre l'humidité de l'air.

Pour reconnaître qu'un corps est électrisé, il suffit de l'approcher du bouton : les feuilles divergent immédiatement. Pour reconnaître la nature de l'électricité, on procède de la manière suivante. Pendant que le corps est approché, on touche un instant le bouton avec le doigt, les feuilles retombent; on retire le doigt, puis le corps, elles divergent de nouveau, chargées évidemment d'une électricité contraire à celle du corps. On approche ensuite, à grande distance et très lentement, un corps chargé d'électricité connue, un bâton de résine frotté, par exemple, qui est toujours négatif. Il agit par influence, développe de l'électricité positive dans la partie la plus voisine et dans les feuilles d'or des quantités d'électricité négative qui vont en croissant au fur et à mesure qu'on approche. Si la divergence des feuilles augmente, elles étaient déjà négatives et le corps primitif était chargé positivement; si, au contraire, elles étaient primitivement positives et par suite le corps essayé négatif, la divergence va en diminuant, s'annule, puis se manifeste de nouveau. En retirant doucement le bâton de résine, on repasse en sens inverse par la même succession de phénomènes.

On conçoit en effet que si les feuilles ont reçu tout d'abord une charge positive déterminée et qu'on y développe ensuite des quantités d'électricité négative croissant progressivement, la charge positive ira en diminuant, s'annulera, puis deviendra négative. Quand l'influence diminuera, cette électricité négative sera neutralisée par la quantité d'électricité positive équivalente développée dans la boule. C'est surtout dans ce dernier cas que le bâton de résine doit être approché lentement; si on l'amenait à sa position finale assez brusquement pour que la charge négative des feuilles d'or ait pu remplacer la charge positive, avant que celles-ci aient eu le temps de se déplacer d'une manière sensible, on n'apercevrait pas le premier abaissement des feuilles, mais seulement la divergence finale, ce qui conduirait à une conclusion erronée.

28. Électrophore. — L'électrophore (*fig.* 22) se compose d'un gâteau de résine coulé dans un moule de bois ou de métal, ou encore d'une simple plaque d'ébonite, et d'un disque à surface métallique pouvant être manié par un manche isolant.

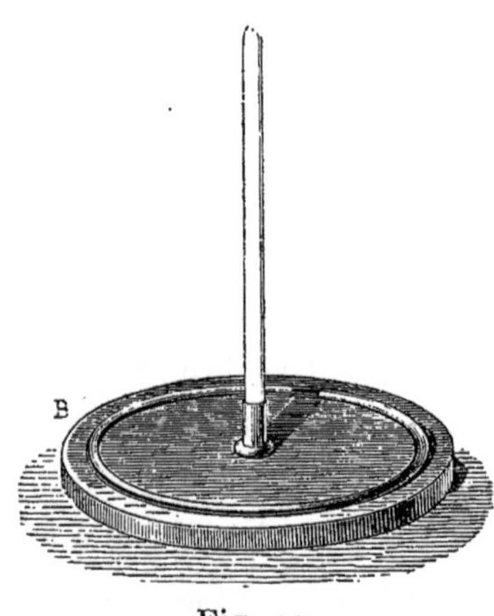

Fig. 22.

On charge d'électricité négative la surface du gâteau en la battant avec une peau de chat, puis on y dépose le plateau. Celui-ci s'électrise par influence et, si on le met un instant en communication avec le sol par un point quelconque, il garde seulement l'électricité de signe contraire à celle du gâteau, c'est-à-dire l'électricité positive. En prenant le plateau par un manche de verre, on emporte ainsi une charge positive qu'on peut utiliser à volonté. On peut recommencer l'opération autant de fois qu'on le veut, l'électricité négative du gâteau restant fixée à sa surface et ne subissant d'autres pertes que celles qui sont dues aux défauts d'isolation.

CHAPITRE IV

POTENTIEL ÉLECTRIQUE

29. Définition du potentiel par l'électromètre. — Quand un conducteur électrisé d'une manière quelconque est mis en communication par un fil long et fin avec un électromètre, placé à une grande distance ou dans une salle voisine, de manière à être soustrait à toute influence directe, *l'écart des feuilles d'or reste le même, quel que soit le point touché de la surface ou de l'intérieur du conducteur.*

Ainsi, si le conducteur est un ellipsoïde allongé ou un cylindre, l'écart est le même, que la communication soit établie à l'extrémité du grand axe où la densité est maximum, ou sur l'équateur où elle est minimum, ou enfin avec un point quelconque de l'intérieur où la densité est nulle. Le signe des feuilles d'or est naturellement celui du conducteur. Si on double, triple... la charge du conducteur, l'écart de l'électromètre est celui qui correspond à une charge double, triple... des feuilles d'or.

Dans le cas d'un corps isolé soumis à l'influence, l'écart est également le même, que le point touché appartienne à la plage positive, à la plage négative, à la ligne neutre ou à la surface d'une cavité sans électricité. Si le corps influençant est positif, l'électricité qui fait diverger les feuilles est positive, ou, en termes plus brefs, la divergence est positive ; s'il est négatif, la divergence est négative. La divergence est donc toujours de même signe que celle que donne le corps influençant, mais elle est moindre. Celle du corps influençant lui-même est plus grande quand il est seul, que lorsqu'il est en présence du corps influencé, bien que la charge n'ait pas varié. Si, toutes choses restant les mêmes, on double la charge du corps influençant, on double pour les deux corps les indications de l'électromètre.

Enfin, la déviation de l'électromètre est toujours nulle pour un corps en communication avec le sol, que ce corps soit soumis ou non à l'influence, qu'il soit chargé d'électricité positive ou d'électricité négative.

Ainsi l'indication de l'électromètre employé dans les conditions précitées est la même pour tous les points d'un conducteur donné dans des conditions données. Elle est indépendante de la grandeur et du signe de la charge au point touché ; elle varie seulement avec les conditions électriques dans lesquelles se trouve le corps ; elle caractérise donc un état particulier du corps que nous appellerons son *potentiel*.

Le *potentiel* caractérise l'état électrique d'un corps, comme la *température* son état calorifique ; l'électromètre servira à définir numériquement le potentiel comme le thermomètre sert à définir la température. On prendra comme zéro le potentiel du sol qui donne toujours un écart nul ; prenant ensuite comme unité le potentiel qui correspond à un certain écart, on appellera potentiel 2, 3, 4... celui qui correspond à un écart de valeur double, triple, quadruple, et on le comptera positivement ou au-dessus de zéro, si la divergence est positive, négativement ou au-dessous de zéro, si la divergence est négative. L'échelle est d'ailleurs arbitraire comme celle du thermomètre.

30. Force électromotrice. — Considérons maintenant deux conducteurs A et B ; s'ils donnent la même indication à l'électromètre, ils sont au même potentiel ; et si on établit entre eux une communication, rien n'est changé dans leur état respectif.

Si les deux conducteurs sont à des potentiels différents et qu'on les fasse communiquer, de l'électricité positive passe de celui qui a le potentiel le plus élevé en valeur absolue sur celui qui a le potentiel le moins élevé, jusqu'à ce que les deux corps soient à un même potentiel intermédiaire entre les potentiels primitifs. Ce potentiel pourra être positif ou négatif suivant les valeurs des potentiels primitifs et suivant la forme et les dimensions des corps mis en communication.

Une différence de potentiel entre des corps mis en communication a toujours pour conséquence un mouvement d'électricité positive de l'un vers l'autre. Elle peut être considérée comme la cause qui produit ce mouvement; on la désigne souvent sous le nom de *force électromotrice.*

De même, la chaleur tend à passer du corps qui a la température la plus élevée à celui qui a la température la plus basse; mais l'analogie entre le potentiel et la température ne se poursuit pas dans tous les détails. Tandis que la température d'un corps ne dépend que de la quantité de chaleur qui lui a été donnée et nullement de sa situation relative par rapport aux autres corps, nous avons vu (**29**) que pour une même charge électrique le potentiel d'un conducteur dépend de l'état et de la situation des corps qui l'environnent.

Des considérations d'un autre ordre vont nous permettre d'étendre et de préciser cette définition purement empirique du potentiel.

31. Lignes de force. — On donne le nom de champ électrique à toute l'étendue de l'espace où se fait sentir l'action du système électrique que l'on considère. Ce champ peut être indéfini; il peut être aussi limité comme dans le cas où le système est compris dans un conducteur fermé en communication avec le sol (**20**).

En chaque point du champ, la force électrique (**13**), c'est-à-dire la résultante de toutes les actions exercées par les masses en présence sur une unité d'électricité placée en ce point, a une grandeur et une direction déterminées. Cette direction est celle que prendrait, au point considéré, par suite de l'influence, une très petite aiguille conductrice suspendue librement par son centre de gravité. On appelle *ligne de* *force* une ligne qui reste tangente en chaque point à la direction de la force. La force électrique étant nulle à l'intérieur du conducteur et normale à la surface, les lignes de force s'arrêtent aux conducteurs et y aboutissent normalement.

32. Travail électrique. — En général on ne pourra déplacer une masse électrique dans le champ sans que les forces électriques donnent un travail positif ou négatif.

Il est évident que le travail correspondant au déplacement de la masse électrique d'un point A à un autre point B du champ est indépendant du chemin suivi pour aller de A en B. C'est une conséquence du principe de la conservation de l'énergie : autrement on pourrait, en faisant circuler une masse électrique par deux chemins convenablement choisis entre A et B, produire une quantité indéfinie de travail sans dépense équivalente; ce serait la réalisation du mouvement perpétuel.

Comme le travail correspondant au déplacement d'une masse électrique à l'intérieur ou le long de la surface d'un conducteur est nul, puisqu'à l'intérieur la force est toujours nulle et, le long de la surface, toujours normale au chemin parcouru, il résulte de la remarque qui précède que le travail correspondant au déplacement d'une masse électrique depuis un point A du champ (*fig.* 23) jusqu'à un point quelconque d'un conducteur est toujours le même, puisqu'il doit être le même, qu'on aille du point A au point B directement ou en suivant le chemin ACB et que de C en B le travail est toujours nul.

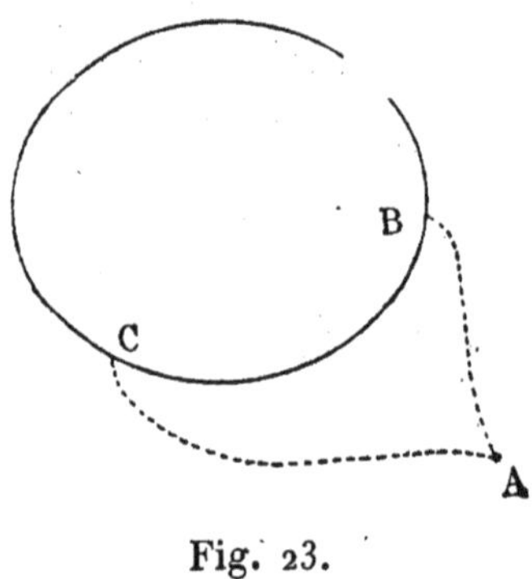

Fig. 23.

33. Définition du potentiel par le travail. — Le sol est un conducteur. Le travail correspondant au transport d'une unité d'électricité positive, par exemple, depuis un point donné A, pris n'importe où dans le champ, jusqu'à un point quelconque du sol, est constant.

Ce travail varie avec la position du point A, mais il est le même pour tous les points d'un conducteur.

Il devient 2, 3, 4... fois plus grand quand on rend toutes les masses électriques du système 2, 3, 4... fois plus grandes.

Il varie donc de la même manière que l'indication de l'électromètre et, par suite, définit au même titre l'état électrique du corps que nous avons désigné sous le nom de potentiel; mais d'une manière plus générale et plus complète, puisqu'il définit non seulement le *potentiel des conducteurs*, mais le *potentiel d'un point quelconque du champ* et qu'il le définit non plus d'après une échelle arbitraire, mais par une mesure absolue. Nous dirons donc :

La valeur numérique du potentiel en un point quelconque est le nombre d'unités de travail qui correspond au déplacement d'une unité d'électricité positive depuis ce point jusqu'au sol par un chemin quelconque.

Le signe du potentiel est celui du travail des forces électriques dans ce déplacement.

34. Surfaces de niveau. — On appelle *surface de niveau* le lieu des points du champ qui ont un même potentiel. Une surface de niveau coupe normalement les lignes de force, puisque le travail est toujours nul quand on déplace une masse électrique le long de la surface.

Supposons qu'on trace les surfaces de niveau correspondant à des valeurs du potentiel égales à 1, 2, 3... unités de travail; on divisera le champ par une série de surfaces s'enveloppant successivement. Deux surfaces de potentiels différents ne peuvent évidemment se couper; autrement le travail pour aller d'un point A quelconque du champ à un point B de l'intersection serait différent (**32**) suivant qu'on considérerait le point B comme appartenant à la première surface ou à la seconde; mais une même surface équipotentielle peut se composer de deux ou plusieurs nappes. Les surfaces des conducteurs et celle du sol font évidemment partie du système des surfaces de niveau. Celle du sol est la surface de potentiel zéro.

35. Expression du travail électrique. — Considérons deux surfaces de niveau de potentiels V_1 et V_2, V_1 étant plus grand que V_2. Le travail correspondant au transport d'une masse positive égale à l'unité d'un point de la première à un point de la seconde a pour valeur $V_1 - V_2$; il est indépendant du chemin suivi et de la position du point de départ et du point d'arrivée sur chacune des surfaces.

Pour une masse M passant d'un point quelconque de la première surface à un point quelconque de la seconde, le travail T des forces électriques aura pour expression

$$T = M(V_1 - V_2);$$

et on voit que ce travail, comme celui de la pesanteur sur un corps qui tombe, se présente sous la forme de deux facteurs : l'un M, la masse électrique, correspond au poids de la masse qui tombe, l'autre $V_1 - V_2$, ou la différence de potentiel, à la hauteur de chute.

36. Expression de la force en fonction du potentiel. — Soient V et V′ deux surfaces de niveau très voisines (*fig.* 24). Supposons qu'on déplace l'unité de masse de la première à la seconde en suivant la ligne de force MM′ ; si on désigne par e la longueur de cette ligne comprise entre les deux surfaces et par F_m la valeur moyenne de la force de M en M′, on a, par définition,

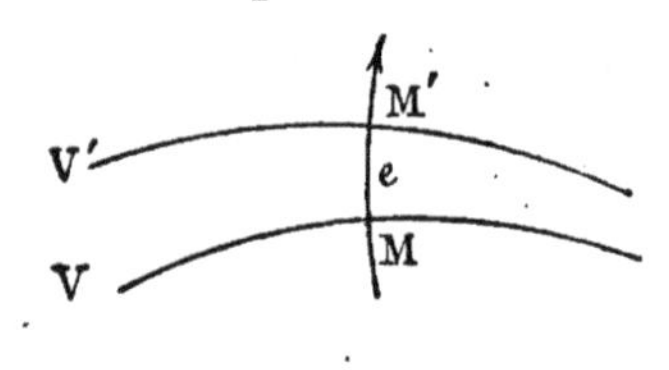

Fig. 24.

$$F_m \times e = V - V',$$

d'où

$$F_m = \frac{V - V'}{e}.$$

La valeur moyenne F_m s'approchera d'autant plus de la

valeur F de la force en M, que la seconde surface se rapprochera plus de la première; on pourra donc écrire

$$F = lim. \frac{V - V'}{e}.$$

La valeur de la force au point M est donc la limite vers laquelle tend le rapport $\frac{V - V'}{e}$ quand la distance e tend vers zéro[1].

Il résulte de cette expression qu'aux différents points de la surface V la force varie en raison inverse de la distance e qui la sépare de la surface infiniment voisine V'. Si les deux surfaces étaient parallèles, la force serait constante d'intensité; si de plus elles étaient planes, la force serait partout constante d'intensité et de direction et le champ serait uniforme.

Si dans un espace donné le potentiel est constant, la force est nulle et réciproquement. Tel est le cas d'un conducteur en équilibre. La condition d'équilibre pourra donc s'exprimer indifféremment de l'une ou de l'autre manière.

37. Expression du potentiel en fonction des masses. — Soient m, m', m''... les masses électriques qui donnent le champ. Le potentiel en un point M, c'est-à-dire le travail des forces électriques quand on transporte une unité d'électricité de ce point jusqu'à un point quelconque du sol, ou, ce qui revient au même, jusqu'à un point quelconque situé à l'infini, est la somme algébrique des travaux partiels relatifs à chacune des masses en particulier. Mais le travail relatif à chacune des masses est le même quel que soit le chemin suivi depuis un point quelconque jusqu'à l'infini, et par suite celui qui aurait été produit si l'on s'était éloigné de cette masse en ligne droite. Or le calcul de ce dernier travail est très simple.

1. Cette limite n'est autre chose que la dérivée, changée de signe, du potentiel, cette dérivée étant prise par rapport à la normale à la surface de niveau qui passe par le point considéré.

La masse m étant placée en O, on déplace l'unité de M en M'; M et M' étant deux points très voisins pris sur la droite OM aux distances r et r'. En appelant f la valeur moyenne de la force due à la masse m entre les deux points M et M', le travail est $f \times$ MM'; mais f étant compris entre $\frac{m}{r^2}$ et $\frac{m}{r'^2}$ peut être pris égal à $\frac{m}{rr'}$ et on a par suite en désignant par dT le travail élémentaire

$$dT = \frac{m}{rr'}(r' - r) = m\left(\frac{1}{r} - \frac{1}{r'}\right).$$

En décomposant ainsi en intervalles successifs MM', M'M'', M''M'''... la distance comprise entre deux points M et M_1, on aura pour le travail final

$$T = m\left(\frac{1}{r} - \frac{1}{r'} + m\right)\left(\frac{1}{r'} - \frac{1}{r''}\right)\ldots + m\left(\frac{1}{r''} - \frac{1}{r_1}\right) = m\left(\frac{1}{r} - \frac{1}{r_1}\right).$$

Si le point M_1 est à l'infini, on a $\frac{1}{r_1} = 0$ et il reste

$$T = \frac{m}{r}.$$

Chaque masse donnera un terme analogue; le travail total sera la somme algébrique de tous ces termes et, par suite, on aura

$$V = \Sigma \frac{m}{r}.$$

La valeur du potentiel en un point est égale à la somme algébrique des quotients obtenus en divisant chacune des masses agissantes par sa distance au point considéré.

38. Application. — Soient, par exemple, deux masses de signes contraires $+m$ et $-m'$, situées en des points A et A' (*fig.* 25); le potentiel est un point P situé à des distances des deux points respectivement égales à r et r', a pour valeur

$$V = \frac{m}{r} - \frac{m'}{r'}.$$

Si on donne à V une valeur constante, l'équation est celle d'une surface de niveau. La figure 25 représente l'intersection des surfaces de niveau par un plan passant par l'axe, dans le cas de $m = +20$ et $m' = -5$. La surface de potentiel zéro est une sphère S entourant le point A'. A l'intérieur de cette sphère, le potentiel est négatif; il est positif partout ailleurs.

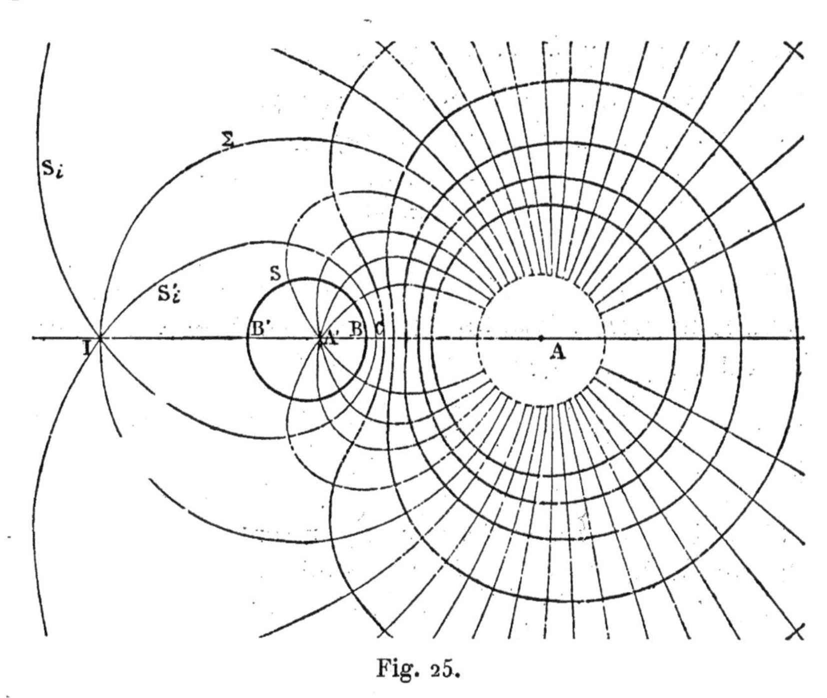

Fig. 25.

Parmi les surfaces de niveau, il en est une S_i formée de deux nappes qui se coupent au point I où la force est nulle, c'est-à-dire au point pour lequel on a

$$\frac{m}{r} - \frac{m'}{r'^2} = 0.$$

Dans le cas de la figure, ce point est symétrique de A par rapport à A' et comme on a pris $AA' = 2^c,5$, il est facile de voir que la surface S_i correspond au potentiel 2. Toutes les surfaces à potentiel plus grand que 2 sont des surfaces fermées entourant seulement le point A ; les surfaces à potentiel plus petit que 2 sont également fermées ; elles entourent les deux points et sont extérieures à la surface S_1 ; aucune d'elles n'entre dans le cadre de la figure.

La figure 25 représente aussi les lignes de forces. Le quart du flux de force émis par A vient aboutir en A′, le reste va se perdre à l'infini.

39. Potentiel d'une sphère. — Supposons une sphère isolée chargée d'une masse M en équilibre ; en tout point intérieur le potentiel a la même valeur qu'au centre, et pour le centre on a, en appelant R le rayon,

$$V = \frac{M}{R}.$$

Si la sphère est isolée dans l'espace et qu'il n'y ait pas d'autres masses agissantes, le potentiel à une distance r du centre a pour valeur

$$V = \frac{M}{r};$$

il est le même que si toute la masse était concentrée au centre, et toutes les surfaces de niveau sont des sphères concentriques. Les rayons des sphères qui correspondent à des potentiels 1, 2, 3 sont entre eux comme les inverses de ces nombres.

Le voisinage d'un corps électrisé ou d'un simple conducteur, chargé seulement par influence, trouble la symétrie des surfaces de niveau et il serait le plus souvent impossible de calculer leur forme exacte.

Dans le cas où la sphère se trouve en présence d'un cylindre isolé, comme dans la figure 19, la surface du cylindre forme une des nappes d'une surface de niveau V, dont l'autre nappe correspondant à une des sphères déformées coupe à angle droit la surface du cylindre suivant la ligne neutre. Toutes les autres surfaces contournent le cylindre ; celles dont le potentiel est supérieur à V passen entre la sphère et le cylindre, celles dont le potentiel est inférieur à V, en arrière du cylindre.

40. Unités employées. — Dans les formules qui précèdent, si on emploie le système C. G. S., le travail est exprimé en *ergs*, les masses et le potentiel en *unités électrostatiques* C.G.S.

Dans la pratique on emploie généralement comme unité de masse le *coulomb*, qui correspond à 3.10^9 unités électrostatiques C.G.S. et comme unité de potentiel ou de force électromotrice le *volt*, qui correspond à $\frac{10^8}{3.10^{10}}$ ou $\frac{1}{3.10^2}$ unités électrostatiques C.G.S. de potentiel [1]. Le travail représenté par le produit d'un volt par un coulomb vaut donc 10^7 ergs. Comme cette quantité se représente à chaque instant dans les calculs, nous en ferons une nouvelle unité qui sera l'*unité pratique de travail* et que nous appellerons un *watt*.

Le watt valant 10^7 ergs vaut $\frac{10^2}{g}$ kilogrammètres ou, comme g est égal à 981, environ $\frac{1}{10}$ de kilogrammètre [2].

Ainsi, dans la formule fondamentale

$$T = M(V_1 - V_2),$$

si M et $V_1 - V_2$ sont exprimés en *unités électrostatiques* C.G.S., T est exprimé en *ergs;* si M est exprimé en *coulombs* et $V_1 - V_2$ en *volts*, T est exprimé en *watts*.

1. Voir le chapitre XXVII.

2. On désigne quelquefois sous le nom de watt l'*unité de puissance mécanique*, c'est-à-dire la puissance d'une machine capable de fournir 10^7 ergs par seconde. Nous donnerons à cette dernière unité le nom de *watt-seconde*.

CHAPITRE V

THÉORÈMES GÉNÉRAUX

41. Tubes de force. Flux de force. — Soit A une surface de niveau et dA[1] un élément de cette surface au point P (*fig.* 26). Les lignes de force qui passent par le contour de l'élément forment une espèce de canal, normal en chaque point aux 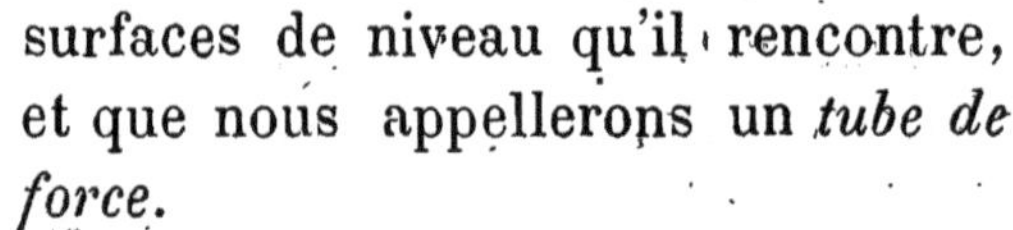 surfaces de niveau qu'il rencontre, et que nous appellerons un *tube de force*.

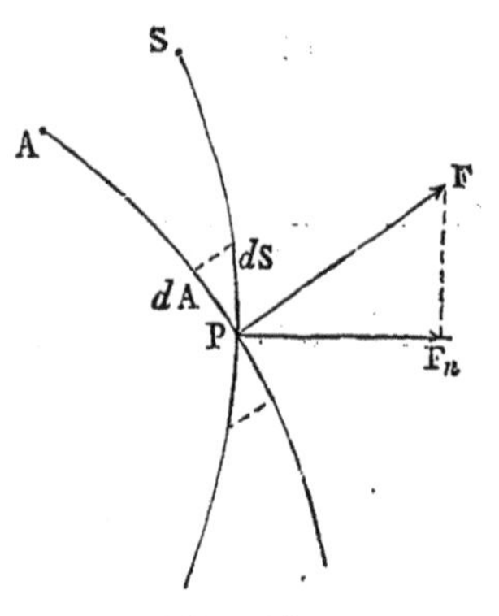

Fig. 26.

Si F est l'intensité du champ en P, le produit FdA de la force par la section normale du tube au point P est ce que nous appellerons le *flux de force* compris dans ce tube au point considéré.

Ce tube découpe un élément dS sur une surface quelconque S menée par le point P; le flux s'exprimera simplement en fonction de la surface dS. En effet, si α est l'angle des normales aux deux éléments, on a $dA = dS \cos\alpha$, et par suite,

$$FdA = FdS\cos\alpha = F\cos\alpha . dS = F_n dS,$$

en désignant par F_n la projection de la force sur la normale

1. Nous ferons fréquemment usage de la caractéristique d pour représenter un *élément* ou une partie *infiniment petite* d'une grandeur quelconque. Ainsi dA représente une portion infiniment petite de la surface A.

à l'élément ou la composante de la force normale à cet élément. Par suite, *le flux de force relatif à un élément* dS *quelconque est égal au produit* $F_n dS$ *de l'élément par la composante normale de la force.*

Le flux total de force qui traverse une surface quelconque est la somme des flux relatifs aux divers éléments.

42. Théorème de Green. — *Pour toute surface fermée tracée d'une manière quelconque dans un champ électrique, le flux total de force qui traverse la surface est égal à la quantité d'électricité comprise dans la surface multipliée par* 4π.

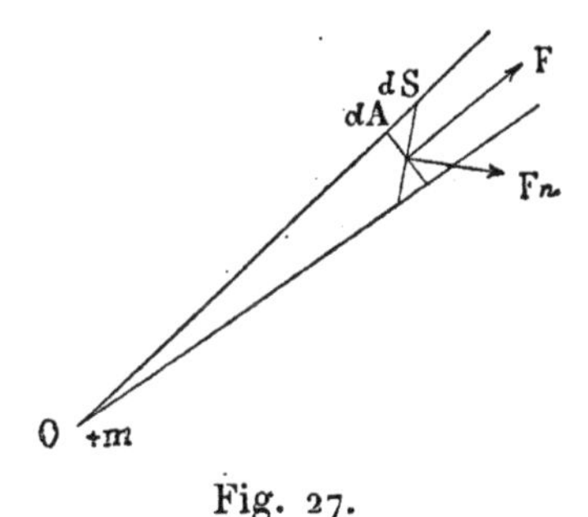

Fig. 27.

Remarquons d'abord que si on a une masse m placée au point O (*fig.* 27) et qu'on considère un cône infiniment délié, d'ouverture $d\omega$, à partir de ce point, le flux compris dans ce tube est constant. En effet, en un point A situé à une distance r, considérons deux sections, l'une normale dA, l'autre quelconque dS, on a

$$F_n dS = F dA\,;$$

mais d'ailleurs

$$F = \frac{m}{r^2}, \qquad dA = r^2 d\omega\,;$$

le flux est donc

$$F_n dS = m d\omega,$$

et on voit qu'il est indépendant de la distance r, c'est-à-dire de la position du point A.

Traçons maintenant dans le champ une surface idéale quelconque, entièrement convexe (*fig.* 28) et considérons une masse électrique m placée en un point extérieur O. Le cône infiniment délié découpe deux éléments dS et dS' pour lesquels les flux $F_n dS$ et $F'_n dS'$ sont égaux, mais doivent être pris de signes contraires puisque *l'un entre dans la surface* et que *l'autre en sort*; nous conviendrons de prendre positif celui qui sort, c'est-à-dire celui pour lequel la composante normale est dirigée vers l'extérieur. On a donc

$$F_n dS + F'_n dS' = 0.$$

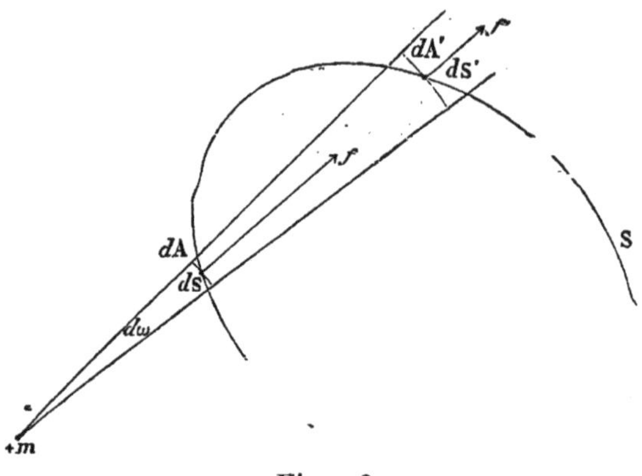

Fig. 28.

Toute la surface se trouve ainsi décomposée en couples d'éléments qui s'annulent deux à deux. Si la surface présente des parties concaves et que le cône considéré la coupe plus de deux fois, il la coupe un nombre pair de fois; les flux élémentaires toujours égaux, mais alternativement de sens contraires, donnent toujours une somme nulle. Ainsi *le flux qui traverse une surface fermée est nul, quand le flux émane d'une masse extérieure à la surface.*

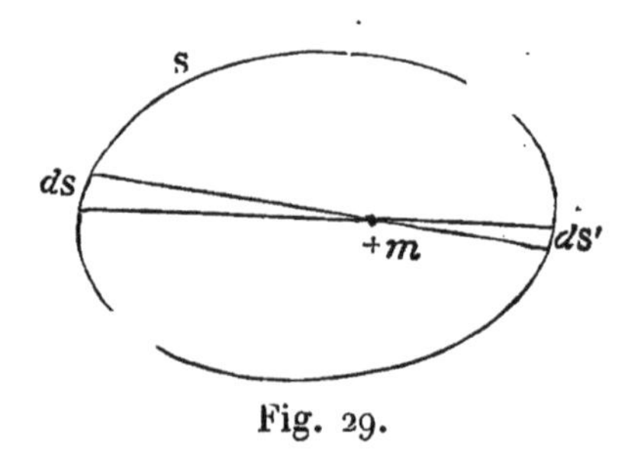

Fig. 29.

Soit maintenant une masse m (*fig.* 29) située à l'intérieur de la surface. Les deux éléments dS et dS' découpés par le cône infiniment mince donnent toujours

$$F_n dS = F'_n dS' = m d\omega,$$

mais les deux flux élémentaires sont de même signe, positifs si la masse est positive, négatifs si la masse est négative; et pour obtenir le flux total il faudra multiplier la masse m par la somme des ouvertures de tous les cônes, c'est-à-dire par la surface de la sphère décrite du point m avec un rayon égal à l'unité, ou 4π. *Le flux émané d'une masse intérieure* m *et qui traverse la surface est égal à* $4\pi m$.

Considérons maintenant des masses quelconques m, m', m''..., m_1, m_2, m_3... (*fig.* 30) situées les unes à l'intérieur, les autres à l'extérieur de la surface. Sur un élément dS, les masses extérieures donnent une composante normale qui est la somme des composantes normales relatives à chaque masse; de même pour les masses intérieures. La somme totale des flux élémentaires se compose donc de deux termes, l'un relatif aux masses extérieures qui sera identiquement nul, l'autre relatif aux masses intérieures et qui sera égal au produit de 4π par la somme algébrique de toutes les masses intérieures, ce qui est le théorème de Green.

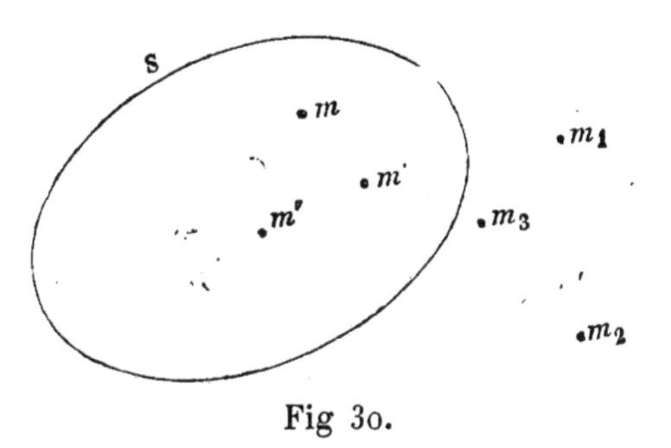

Fig 30.

Réciproquement, pour connaître la masse électrique comprise dans une surface fermée, il suffira de déterminer en chaque point la composante normale F_n, de faire la somme de tous les produits $F_n dS$ et de la diviser par 4π.

43. Propriétés de tubes de force. — Considérons un tube de force (*fig.* 31) terminé par deux surfaces quelconques S et S' et appliquons au volume ainsi défini le théorème de Green. S'il ne renferme aucune masse agissante, le flux total qui traverse sa surface est nul; or, la surface latérale ne donnant

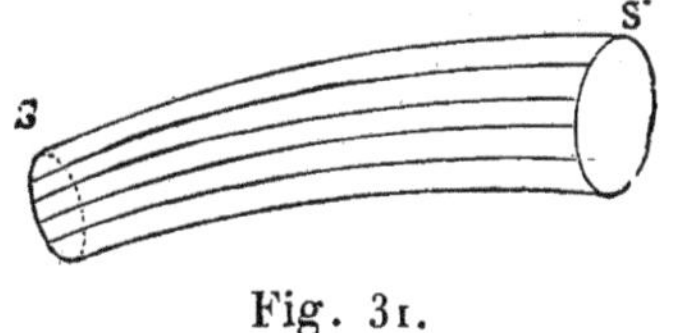

Fig. 31.

rien dans la somme puisqu'en chaque point la composante normale est nulle, celle-ci se réduit aux flux des deux bases qui doivent être dès lors égaux et de signes contraires.

Si le tube est infiniment étroit et les surfaces terminales normales, on a

$$F dS = F' dS',$$

et par suite, *la force en chaque point de tube est en raison inverse de la section.*

44. Théorème de Coulomb. — Sur un conducteur électrisé en équilibre en présence de masses électriques quelconques, prenons un élément de surface dS; terminons le tube de force correspondant à cet élément, à l'extérieur du conducteur par une surface de niveau infiniment voisine S_1, et à l'intérieur par une surface arbitraire S_2. La force est nulle en tout point de la surface S_2; la composante normale est nulle sur la surface latérale du tube; il n'y a de flux que pour la surface extérieure dS_1. Si on appelle F la force électrique au voisinage immédiat de l'élément et σ la densité sur la surface dS, le théorème de Green donne

$$F dS_1 = 4\pi\sigma dS$$

et comme à la limite, $dS_1 = dS$,

$$F = 4\pi\sigma.$$

Ainsi, *la force électrique en un point infiniment voisin de la surface d'un conducteur en équilibre, quelles que soient d'ailleurs les masses agissantes, est égale au produit par 4π de la densité électrique dans le voisinage de ce point.*

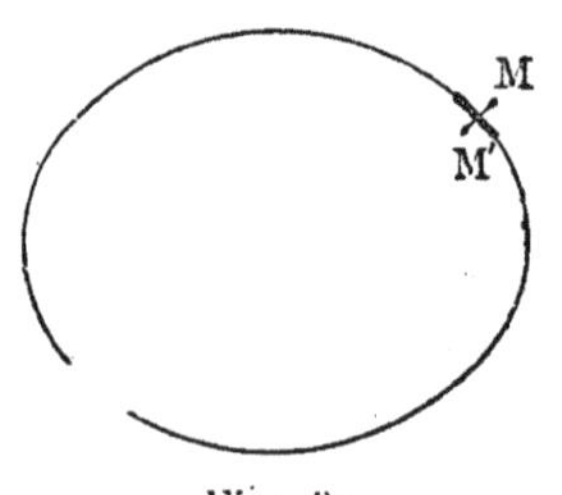

Fig. 32.

Sa direction est d'ailleurs normale à la surface.

45. Pression électrostatique. — Sur un point M infiniment voisin de l'élément dS (*fig.* 32), l'action totale F se compose de l'action f de l'élément lui-même et de l'action f' de toutes les autres masses, et on a

$$f + f' = F = 4\pi\sigma.$$

Sur le point M′ symétrique du premier et situé à l'intérieur du conducteur l'action totale est nulle ; d'ailleurs l'action f' des masses extérieures est la même que sur M et l'action f de l'élément a seulement changé de signe ; on a donc

$$f - f' = 0 ;$$

par suite

$$f' = 2\pi\sigma.$$

Ainsi l'action de toutes les masses en dehors de l'élément est égale à $2\pi\sigma$. Sur la masse électrique contenue dans l'élément dS cette action sera $2\pi\sigma . \sigma d$S, et pour l'unité de surface $2\pi\sigma^2$. Cette action est toujours dirigée vers l'extérieur, quel que soit le signe de σ. C'est elle que nous avons appelée la *pression électrostatique.*

46. Éléments correspondants. — Considérons un tube de force compris entre deux conducteurs auxquels il aboutit normalement (*fig.* 33), et terminons ce tube dans chaque conducteur par une surface arbitraire ; le flux est nul pour toute la surface du volume ainsi limité. Si σ et σ' sont les densités sur les éléments dS et dS′, la somme $\sigma d\mathrm{S} + \sigma' d\mathrm{S}'$ doit être nulle (**41**), et on a

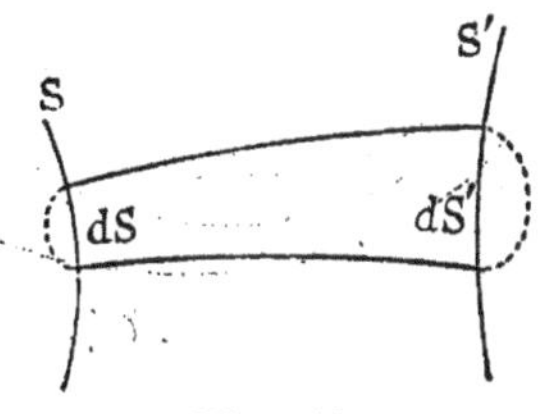

Fig. 33.

$$\sigma d\mathrm{S} = -\sigma' d\mathrm{S}',$$

c'est-à-dire que *les deux éléments correspondants contiennent des quantités d'électricité égales et de signes contraires.*

Si les deux éléments sont égaux, ce qui serait le cas pour deux conducteurs plans et parallèles, ou même deux conducteurs quelconques parallèles et infiniment voisins, il reste

$$\sigma = -\sigma'.$$

On peut dire que le flux *émis* par l'électricité positive de l'élément dS est *absorbé* par l'électricité négative de l'élément correspondant dS.

Une ligne de force qui va d'un conducteur à un autre rencontre donc toujours des électricités de signes contraires à ses deux extrémités. Par suite il ne peut exister de lignes de force entre deux points chargés de même électricité. De même, aucune ligne de force ne peut aboutir à un point d'un conducteur où la densité est nulle.

47. Application à l'influence. — Soient m, m', m''... des masses électriques quelconques situées à l'intérieur d'un conducteur fermé A (*fig.* 34) et M la masse développée par influence sur la surface intérieure. Si on applique le théorème de Green à une surface S_1 quelconque tracée dans le conducteur et sur laquelle la force est nulle en chaque point, on a

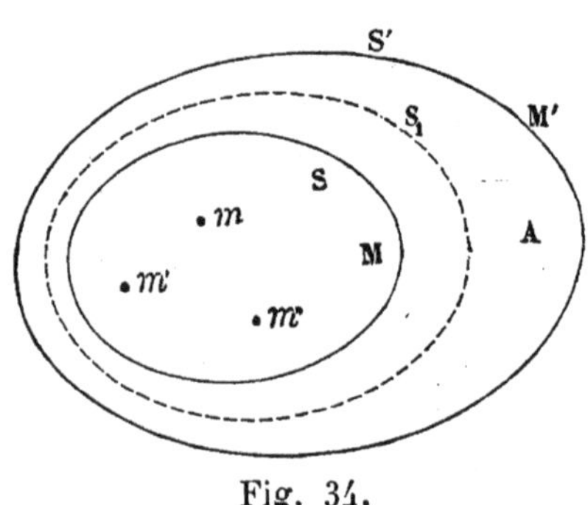

Fig. 34.

$$M + \Sigma m = 0.$$

La couche M développée par influence sur la surface intérieure est donc égale et de signe contraire à la somme algébrique de toutes les masses comprises dans la cavité (**16**).

Toutes les lignes de force émises par les masses intérieures sont donc absorbées par la surface intérieure S du conducteur. L'action de l'ensemble de ces masses est donc nulle pour tous les points situés en dehors de cette surface.

Une charge quelconque communiquée au conducteur A isolé prendra sur la surface extérieure S' une distribution indépendante des masses intérieures et dépendant seulement de la forme de la surface S' et des masses agissantes à l'extérieur. Si cette couche est en équilibre d'elle-même, elle n'exerce aucune action sur les masses intérieures. Sinon il y a des masses extérieures, et son action annule pour tous les points intérieurs celles des masses extérieures.

Dans le cas où, à l'intérieur du conducteur fermé, un corps isolé C se trouve en présence du corps électrisé A (**16**, *f*), une partie du flux de force émise par A vient aboutir à la plage négative de C; mais un flux égal émane de la plage positive et aboutit finalement au conducteur fermé, de sorte qu'il y a toujours la même quantité d'électricité négative sur la surface intérieure, ce qui résulte d'ailleurs de l'équation qui précède.

48. Théorème de Poisson. — *L'action que des masses électriques données exercent à l'extérieur d'une surface fermée quelconque est la même que celle d'une couche de même masse répandue sur cette surface suivant une certaine loi.*

En effet, soient m, m', m''... ou Σm les masses intérieures que nous supposerons fixes comme si elles appartenaient à des corps non conducteurs, et S une surface idéale quelconque qui les renferme. Si cette surface était conductrice, elle se recouvrirait intérieurement d'une masse $M = -\Sigma m$ dont l'action pour tous les points extérieurs serait égale et de signe contraire à celle des masses données. Une couche $+M$ distribuée sur la surface S suivant la même loi exercera donc sur tous les points extérieurs la même action que les masses Σm et pourra leur être substituée. Il faut remarquer qu'en général cette couche ne sera pas en équilibre d'elle-même.

CHAPITRE VI

CAPACITÉS ÉLECTRIQUES. — CONDENSATEUR

49. Capacité d'un conducteur. — Le potentiel d'un conducteur possédant une charge donnée d'électricité varie, comme nous l'avons vu (**29**), avec les conditions extérieures, et par suite, la charge qu'il faut lui donner pour le maintenir à un potentiel donné.

On appelle *capacité d'un conducteur la charge qu'il faut lui communiquer pour le porter au potentiel* un *quand tous les conducteurs qui l'entourent sont en communication avec le sol.*

Il résulte de cette définition que la capacité d'un conducteur dépend non seulement de sa forme, mais de la forme et de la position de tous les conducteurs en présence.

Si, les conditions restant les mêmes, on donne au conducteur une charge double, triple..., toutes les charges développées par influence deviennent doubles, triples... et le potentiel du conducteur devient 2, 3... fois plus grand (**37**). Si on représente par C la capacité du conducteur, la charge M qui le porte au potentiel V a pour expression

$$M = CV. \qquad (1)$$

Le mot capacité a été emprunté à la théorie de la chaleur; mais il faut remarquer que tandis que la capacité calorifique d'un corps ne dépend que de sa nature et de son poids, la capacité électrique ne dépend ni de la nature ni du poids, mais seulement de la forme extérieure du conducteur et de la forme et de la position de tous les conducteurs voisins. La capacité électrique n'est donc pas, comme la capacité calorifique, une constante pour le corps considéré.

Remarquons que si le conducteur était dans une enceinte fermée au potentiel V_0, il serait lui-même, sans aucune charge, à ce potentiel V_0, et que pour le porter au potentiel V, il suffira d'une charge M, telle que

$$M = C(V - V_0).$$

50. Capacité d'une sphère. — Considérons une sphère isolée infiniment éloignée de tout autre conducteur; son potentiel étant égal à $\frac{M}{R}$ (38), on a

$$M = CV = VR;$$

d'où

$$C = R;$$

de sorte que *la capacité d'une sphère est égale à son rayon*, c'est-à-dire que pour la porter au potentiel un, il faut lui donner autant d'unités C.G.S. d'électricité que son rayon vaut de centimètres.

51. Unité de capacité. — Cet exemple montre que la capacité d'un conducteur est une quantité de même nature qu'une longueur et s'exprime comme une longueur en centimètres. Cette unité est celle du système électrostatique C.G.S. Quand on emploie les unités pratiques, le *coulomb* et le *volt*, il faut, pour satisfaire à la relation (1), prendre une unité qu'on appelle le *farad* et qui est la capacité qu'*un coulomb porte à un volt*. Le farad vaut $3^2.10^{20}.10^{-9} = 3^2.10^{11}$ unités électrostatiques C.G.S. de capacité [1]. Cette unité étant extrêmement grande, on compte ordinairement en microfarads, le *microfarad* étant le millionième d'un farad. Le microfarad vaut donc $3^2.10^5$ unités électrostatiques C.G.S.

Soit, par exemple, la capacité de la terre. En unités élec-

1. Voir le chapitre XXVII.

trostatiques C.G.S., cette capacité est égale au rayon exprimé en centimètres. Donc

$$C = R = \frac{4.10^9}{2\pi}.$$

Pour l'avoir en microfarads, il faut diviser ce nombre par $3^2.10^5$, ce qui donne

$$C = \frac{4.10^9}{2\pi}.\frac{1}{3^2.10^5} = \frac{2.10^4}{3^2.\pi} = 708 \text{ microfarads.}$$

52. Énergie électrique. — Tout corps électrisé est une source d'énergie, capable de fournir une somme donnée de travail quand le corps mis en communication avec le sol revient à l'état neutre. Cette énergie existe à l'état potentiel dans le corps électrisé et il est évident, en vertu du principe de la conservation de l'énergie, que pour l'amener à cet état il a fallu dépenser contre les forces électriques un travail équivalent.

Soit C la capacité du conducteur, M sa charge, V son potentiel. Le déplacement *en bloc* d'une masse M, du potentiel o au potentiel V, exigerait une dépense MV (**35**); mais l'électrisation du corps a coûté un travail moindre, puisque pendant la charge les masses élémentaires ont été amenées à des potentiels successivement croissant de o à V.

Supposons l'opération faite en n fois, chacune apportant la même quantité d'électricité $m = \frac{M}{n}$ et faisant croître le potentiel de la même quantité $v = \frac{V}{n}$. On peut admettre que le travail relatif à chaque opération est égal au produit de la masse m par la moyenne arithmétique des valeurs du potentiel au commencement et à la fin de l'opération. Les travaux élémentaires successifs sont ainsi $\frac{1}{2}mv$, $\frac{3}{2}mv$, $\frac{5}{2}mv$... et par suite on a, pour le travail total,

$$T = \frac{1}{2}mv\,(1 + 3 + 5 ... + 2n - 1) = \frac{1}{2}mvn^2 = \frac{1}{2}MV.$$

L'énergie potentielle W du corps électrisé est égale au travail de l'électrisation, on a donc

$$W = \frac{1}{2} MV,$$

et, en vertu de la relation (1),

$$W = \frac{1}{2} MV = \frac{1}{2} \frac{M^2}{C} = \frac{1}{2} CV^2. \tag{2}$$

Ainsi l'*énergie d'un conducteur électrisé est égale à la moitié du produit de la masse par le potentiel correspondant; on voit qu'elle est proportionnelle au carré de la charge ou au carré du potentiel.*

Le même raisonnement appliqué à un nombre quelconque de conducteurs qu'on chargerait simultanément montre que si on désigne par M_1, M_2... les masses, par V_1, V_2... le potentiel correspondant, on a toujours

$$W = \frac{1}{2} (M_1 V_2 + M_2 V_2 \ldots) = \frac{1}{2} \Sigma MV.$$

Remarquons que dans cette somme n'interviennent ni les conducteurs isolés qui ne s'électrisent que par influence, ni les corps en communication avec le sol; les premiers parce que leur masse électrique est constamment nulle, les seconds parce que leur potentiel est nul. Il n'en faudrait pas conclure que la présence de ces corps ne modifie pas le travail de la charge; elle intervient en augmentant la capacité des autres conducteurs.

53. Condensateur. — On donne le nom de *condensateur* à tout système de conducteurs disposés de manière à augmenter dans une proportion notable la capacité de l'un d'eux.

Soit C la capacité d'un conducteur A quand il est seul, et C' sa capacité quand il est en présence d'un autre conducteur B en communication avec le sol. Les charges M et M' nécessaires pour porter dans les deux cas le corps A au potentiel V sont respectivement

$$M = CV, \qquad M' = C'V;$$

la charge M dans le second cas donnerait un potentiel V′ plus petit que V et tel que

$$M = C'V'.$$

On déduit de ces équations

$$\frac{C'}{C} = \frac{M'}{M} = \frac{V'}{V}.$$

Le rapport $\frac{C'}{C}$ des capacités est ce qu'on appelle la *force condensante* du condensateur. Il est égal, comme on voit, au rapport direct des charges qui donnent un même potentiel, ou au rapport inverse des potentiels qui sont donnés par une même charge. On pourra utiliser l'une ou l'autre de ces remarques pour déterminer par l'expérience la force condensante d'un condensateur donné.

54. Diverses formes de condensateurs. — La forme généralement donnée aux condensateurs est celle de deux

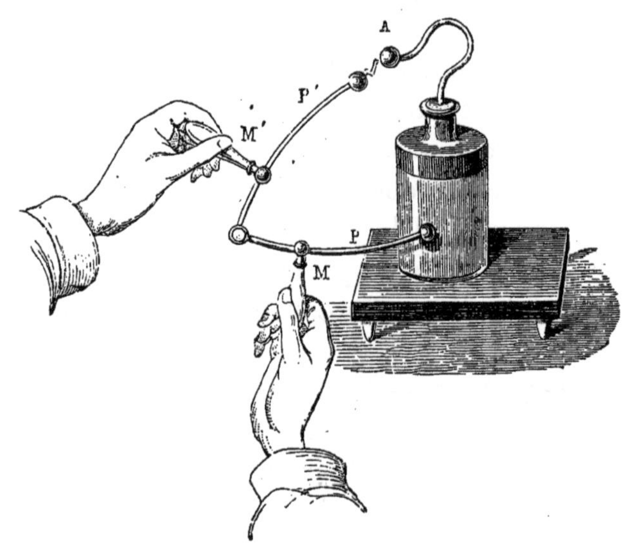

Fig. 35.

lames conductrices parallèles séparées par une lame isolante. L'une de ces lames A est mise en communication avec une source d'électricité, c'est-à-dire un système maintenu à un potentiel constant; la seconde B en communication avec le sol. Ces deux lames forment les deux *armatures* du condensateur; on donne à la première le nom de *collecteur*, à la seconde le nom de *condenseur*.

Les deux formes les plus employées sont la *bouteille de Leyde* et le *condensateur d'Æpinus*. La bouteille de Leyde (*fig.* 35) est une bouteille en verre dont les deux faces intérieure et extérieure sont garnies d'une lame d'étain jusqu'à une certaine distance du goulot; la partie non recouverte est vernie à la gomme laque. Une tige métallique terminée par un bouton traverse le bouchon et communique avec l'armature intérieure. Dans les bouteilles à goulot étroit on remplace la lame intérieure par un conducteur quelconque, feuilles de clinquant, limaille, eau..., remplissant la bouteille à la même hauteur. On donne le nom de *jarres* aux bouteilles de grande dimension et à large ouverture (*fig.* 40).

Le condensateur d'Æpinus (*fig.* 36) est composé de deux

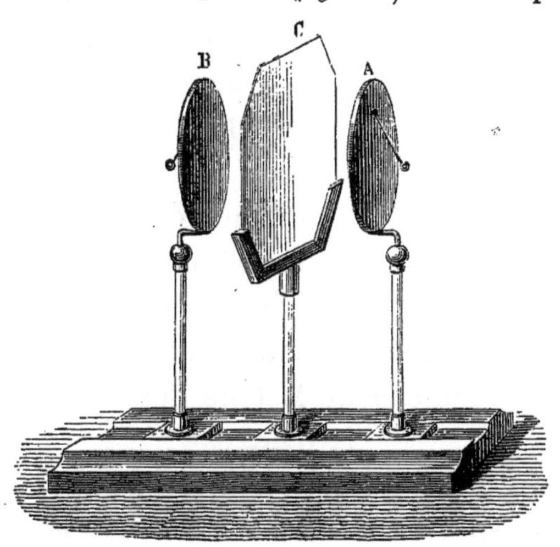

Fig. 36.

plateaux métalliques isolés, mobiles et qui peuvent venir s'appliquer contre les deux faces d'une lame de verre. Un condensateur très simple et du même genre peut être obtenu en collant deux feuilles d'étain de même dimension sur les deux faces d'une lame de verre. On laisse tout autour une large bande de verre non recouverte qu'on vernit à la gomme laque. Pour les grandes capacités on emploie les *condensateurs feuilletés*. On superpose par couches alternatives des feuilles d'étain et des lames minces de mica ou de papier paraffiné; toutes les feuilles d'étain d'ordre pair débordent d'un côté, les feuilles impaires de l'autre, on réunit toutes les feuilles d'un même côté pour en faire une des armatures du condensateur. On obtient ainsi sous un petit volume des surfaces très étendues et très rapprochées présentant une capacité considérable.

55. Condensateurs sphériques. — La théorie est toujours la même quelle que soit la forme que l'on considère, mais elle est particulièrement simple à exposer quand on prend comme armatures des sphères concentriques (*fig.* 37).

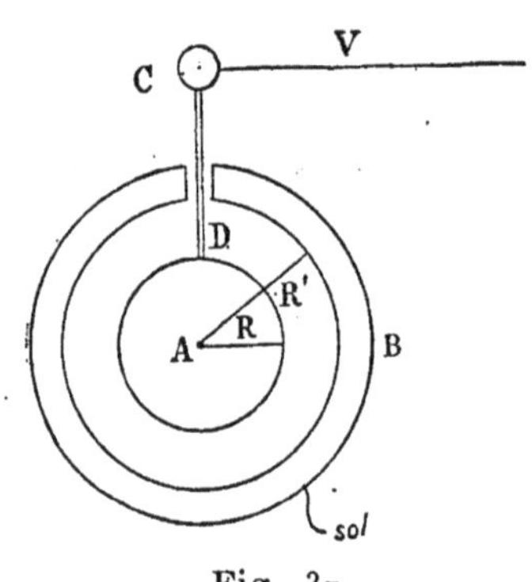

Fig. 37.

La sphère intérieure qui sert de collecteur est mise, par une tige CD et un fil assez long pour éviter toute influence directe, en communication avec la source au potentiel V.

Soient R et R′ les rayons des deux sphères. Si la sphère A était seule, sa capacité serait R et elle prendrait une charge M telle que

$$M = VR.$$

Entourée de la sphère B en communication avec le sol. elle prend une charge plus grande M′; celle-ci développe par influence une charge — M′ sur la surface interne de la sphère B; le potentiel au centre qui est nécessairement V a pour expression (**39**)

$$V = \frac{M'}{R} - \frac{M'}{R'};$$

d'où

$$M' = V\frac{RR'}{R'-R}.$$

La nouvelle capacité, c'est-à-dire la charge pour le potentiel un, est

$$C' = \frac{RR'}{R'-R},$$

et la force condensante

$$\frac{C'}{C} = \frac{R'}{R'-R}.$$

En désignant par e l'épaisseur $R'-R$ de la couche isolante, et supposant celle-ci petite en comparaison des rayons, on peut écrire

$$C' = \frac{R^2}{e},$$

ou, en multipliant haut et bas par 4π et désignant par S la surface de la sphère,

$$C' = \frac{S}{4\pi e}.$$

56. — Il est facile de voir que la même formule s'applique à toute espèce de condensateur dans laquelle les deux armatures forment des surfaces parallèles et très voisines, se recouvrant entièrement comme dans la bouteille de Leyde et les condensateurs plans.

Abstraction faite des perturbations qui se produisent à quelque distance des bords et qu'on peut dans le cas actuel considérer comme négligeables, la force est constante entre les deux armatures et a pour valeur (**36**)

$$F = \frac{V}{e}.$$

Le théorème de Coulomb $F = 4\pi\sigma$ montre que la densité σ a par suite la même valeur dans toute l'étendue de la surface de l'armature intérieure. En désignant cette surface par S, la charge totale a pour valeur

$$M = S\sigma = V \frac{S}{4\pi e};$$

la capacité est donc encore exprimée par $\frac{S}{4\pi e}$.

57. Décharge du condensateur. — Deux procédés peuvent être employés pour ramener le condensateur à l'état neutre.

1° *Décharge brusque.* — On réunit les deux armatures par un conducteur formé ordinairement de deux tiges articulées en branche de compas, tenues par des manches de verre et qu'on appelle *excitateur électrique* (*fig.* 35). Un peu avant que la communication soit complètement établie, une étincelle éclate. Si l'armature A enveloppe complètement l'armature A, les charges de signes contraires sont équivalentes et le système est ramené à l'état neutre; sinon, il reste sur la surface extérieure une charge égale à la différence des charges primitives.

2° *Décharge lente.* — On isole la bouteille, et l'on touche alternativement les deux armatures A et B. On obtient chaque fois une petite étincelle. Si deux pendules α et β communiquent respectivement avec les armatures A et B, le pendule β se relève au moment où l'on touche A, et le pendule α, au moment où l'on touche B.

Suivons la marche du phénomène dans la bouteille sphérique. L'armature A a une charge $+M$ et un potentiel V; l'armature B, une charge $-M$ et le potentiel zéro.

La bouteille étant isolée, on touche A. L'armature A prend le potentiel zéro et garde une charge M_1, plus petite que M, telle que l'on ait

$$\frac{M_1}{R} - \frac{M}{R'} = 0;$$

elle abandonne donc une quantité d'électricité

$$M - M_1 = M \frac{R' - R}{R'} = M \frac{e}{R'}.$$

On isole A et on met B au sol; B qui avait encore la charge primitive M ne garde que la charge M_1, et cède par suite autant d'électricité négative que A en avait cédé de positive. Les choses sont ramenées à l'état primitif avec cette différence que le potentiel de A a été diminué, comme la charge, dans le rapport de R′ à R. Le contact suivant enlèvera une quantité d'électricité $M_1 \frac{e}{R}$ ou $M \left(\frac{e}{R}\right)^2$ et la charge restante M_2 sera égale à $M \left(\frac{R}{R'}\right)^2$.

Les contacts successifs enlèvent donc sur chacune des armatures des quantités d'électricité proportionnelles à

$$\frac{e}{R'}, \left(\frac{e}{R'}\right)^2, \left(\frac{e}{R'}\right)^3 \cdots\cdots \left(\frac{e}{R'}\right)^n,$$

et y laissent des charges proportionnelles à

$$\frac{R}{R'}, \left(\frac{R}{R'}\right)^2, \left(\frac{R}{R'}\right)^3 \cdots\cdots \left(\frac{R}{R'}\right)^n.$$

La décharge complète ne devrait donc avoir lieu qu'après un nombre infini de contacts.

Quand une armature est mise en communication avec l'enceinte, sa surface extérieure et les pendules en contact ne peuvent avoir d'électricité : il ne peut y avoir de divergence.

58. — La décharge lente donne lieu à quelques expériences curieuses que nous ne ferons qu'indiquer, telles que l'araignée de Franklin (*fig.* 38), le carillon électrique (*fig.* 39), etc. Un petit conducteur isolé et mobile est suspendu entre deux boutons communiquant avec chacune des armatures. Il est attiré successivement par chacune d'elles et porte de l'une à l'autre l'électricité disponible.

La belle expérience des *figures de Lichtenberg* s'explique de même : prenant la bouteille par l'armature extérieure, on frotte avec le bouton la surface d'un gâteau de résine ; puis, la bouteille ayant été placé sur un support isolant, on la saisit par ce bouton et l'on fait d'autres traits avec l'armature extérieure. Pendant qu'on tient la bouteille par une des armatures, celle-ci reste au potentiel zéro, et l'autre abandonne à la surface du gâteau une partie de son électricité. On a ainsi des traces les unes positives, les autres négatives.

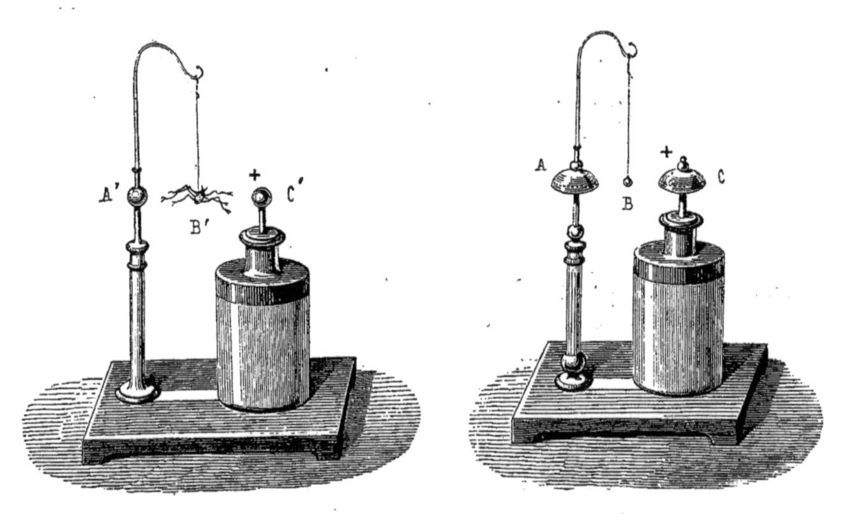

Fig. 38. Fig. 39.

En lançant avec un soufflet un mélange de minium et de soufre en poudre, les particules s'électrisent par leur frottement mutuel, le minium positivement, le soufre négativement; chacune d'elles vient s'arrêter sur les plages portant l'électricité contraire et les font apparaître en jaune et en rouge. Ces traces présentent des aspects très différents; les traces jaunes qui correspondent à l'électricité positive présentent des ramifications très fines, les traces rouges correspondant à l'électricité négative sont épaisses et présentent souvent l'aspect de gouttes.

59. Énergie d'un condensateur. — De la formule

$$W = \frac{1}{2} MV = \frac{1}{2} CV^2 = \frac{1}{2} \frac{M^2}{C},$$

on déduit

$$W = \frac{1}{2} \frac{S}{4\pi e} V^2;$$

ce qui montre que l'énergie d'un condensateur est proportionnelle à la surface de l'armature, en raison inverse de l'épaisseur de la couche isolante et proportionnelle au carré du potentiel. On ne peut ni diminuer l'épaisseur de la lame, ni augmenter le potentiel d'une manière indéfinie. Les deux couches électriques qui revêtent les deux armatures s'attirent mutuellement, et la résistance de la lame isolante qui les sépare n'est capable de résister à la pression électrostatique (**14**) que jusqu'à une certaine limite au-delà de laquelle les électricités se recombinent en s'ouvrant un passage à travers la lame. C'est donc surtout par l'augmentation de la surface que l'on peut augmenter l'énergie d'un condensateur. Pour ne pas avoir d'appareils gênants par leurs trop grandes dimensions, on associe plusieurs condensateurs. On forme ainsi ce qu'on appelle des *batteries*. Deux sortes de groupements peuvent être employées, en *surface* ou en *cascade*.

1° *Batterie en surface*. — Toutes les bouteilles sont char-

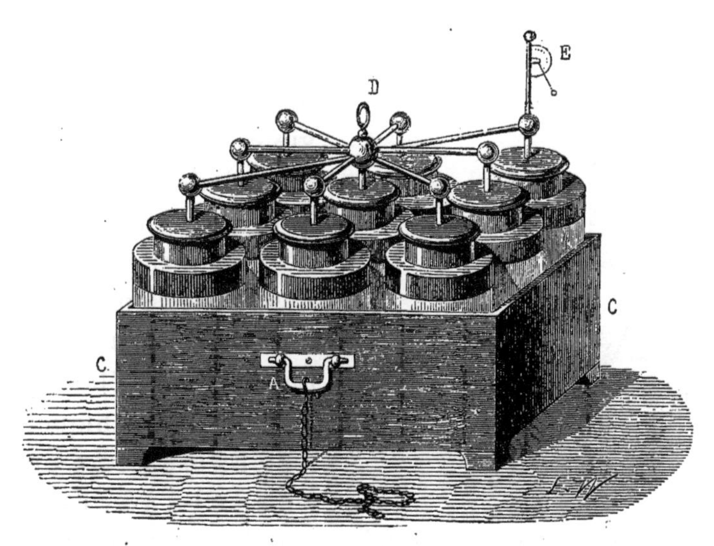

Fig. 40.

gées au même potentiel V; si elles forment des condensateurs fermés, elles sont sans action à l'extérieur et peuvent être rapprochées sans réagir les unes sur les autres (*fig.* 40). On réunit ensemble toutes les armatures extérieures au potentiel zéro et ensemble toutes les armatures intérieures au potentiel V. L'équilibre n'est pas troublé; et on a un système dont la capacité C_1 est égale à la somme des capacités de chacune des bouteilles

$$C_1 = C + C' + C''....$$

Si toutes les bouteilles sont identiques et en nombre n,

$$C_1 = nC$$

et l'énergie du système a pour valeur

$$W = \frac{1}{2} nCV^2 = \frac{1}{2n} \frac{M^2}{C};$$

ce qui montre que pour un potentiel donné l'énergie est proportionnelle au nombre des bouteilles, mais que pour une charge donnée elle varierait en raison inverse de ce nombre.

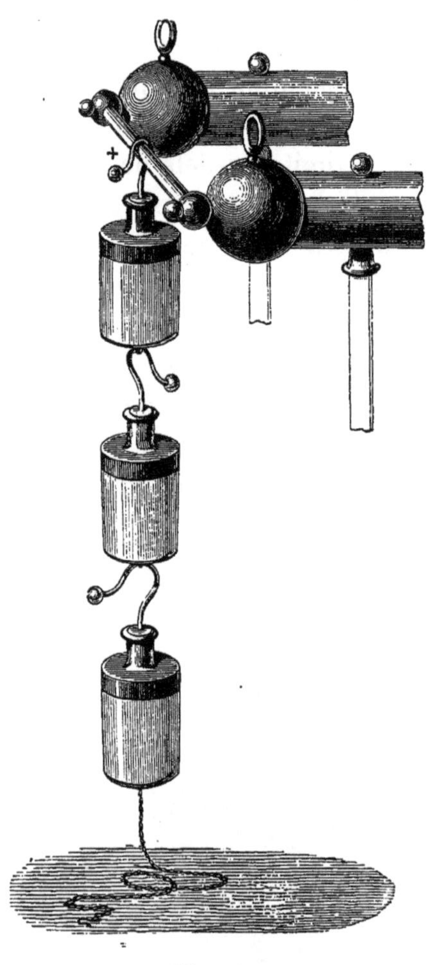

Fig. 41.

2° *Batterie en cascade.* — Les bouteilles étant isolées, on fait communiquer l'armature extérieure de chacune d'elles avec l'armature intérieure de la suivante (*fig.* 41). L'armature intérieure de la première bouteille est mise en communication avec la source au potentiel V, l'armature extérieure de la dernière est en communication avec le sol.

La première bouteille reçoit une charge + M et prend le

potentiel V. Cette charge développe sur le conducteur qui l'enveloppe, et qui est isolé, une charge — M sur la partie la plus voisine, c'est-à-dire sur l'armature extérieure et une charge + M sur la partie la plus éloignée; si on néglige la capacité du fil de communication, cette charge + M est tout entière sur l'armature intérieure de la seconde bouteille. Elle développe à son tour une quantité — M sur l'armature extérieure et ainsi de suite jusqu'à la dernière bouteille qui prend la charge + M sur l'armature intérieure et — M sur l'armature extérieure.

Si on appelle C, C′ C″... les capacités des diverses bouteilles et V, V′ V″ leurs potentiels, on a

$$\frac{M}{C} = V - V'$$

$$\frac{M}{C'} = V' - V''$$

$$\frac{M}{C''} = V'' - V'''$$

$$\vdots \qquad \vdots$$

$$\frac{M}{C_{n-1}} = V_{n-1},$$

d'où l'on déduit

$$M = \frac{V}{\frac{1}{C} + \frac{1}{C'} + \frac{1}{C''} \cdots}.$$

Si toutes les bouteilles sont identiques, il vient

$$M = V\frac{C}{n};$$

la capacité du système est n fois plus petite que celle de chacune des bouteilles. On a pour l'énergie du système

$$W = \frac{1}{2}\frac{CV^2}{n} = \frac{1}{2}n\frac{M^2}{C},$$

d'où il suit que, pour un potentiel donné, l'énergie varie en raison inverse du nombre des bouteilles, et, pour une charge donnée, proportionnellement à ce nombre, résultat inverse de celui que nous avons trouvé pour la charge en surface.

Cette disposition est avantageuse quand on dispose d'un potentiel que les bouteilles seraient hors d'état de supporter : on le partage entre les bouteilles successives.

60. Influence de la lame isolante. — Nous n'avons tenu aucun compte, dans ce qui précède, du rôle que peut jouer la lame isolante et nous avons raisonné comme s'il s'agissait toujours d'une épaisseur d'air. Les lois de l'influence sont toujours les mêmes quel que soit le milieu ou le *diélectrique* interposé ; dans le condensateur fermé, par exemple, la charge — M de l'armature extérieure sera toujours égale à la charge + M de l'armature intérieure ; mais celle-ci, et par suite la capacité du condensateur, varie avec la nature du milieu interposé, ainsi que le montre l'expérience suivante de Faraday.

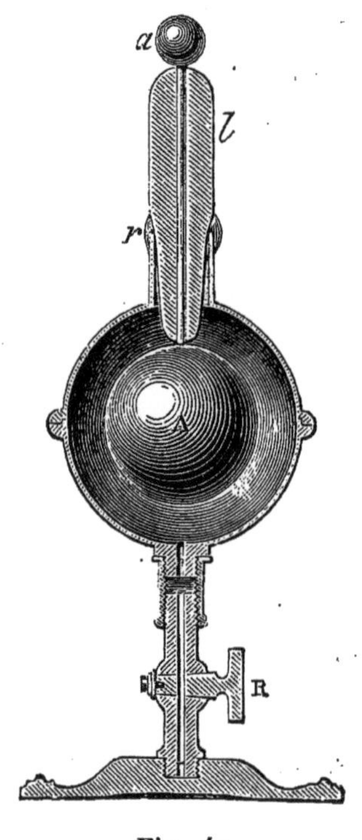

Fig. 42.

On prend deux bouteilles de Leyde sphériques A et B, à lame d'air, identiques entre elles (*fig.* 42) ; pour s'assurer qu'elles satisfont à cette condition, on charge A et on mesure la charge emportée par un plan d'épreuve mis en contact avec le bouton ; puis on met en communication entre elles, d'une part les armatures intérieures, d'autre part les armatures extérieures, et on mesure la charge prise sur le bouton de chacune des bouteilles par le plan d'épreuve ; ces charges sont égales dans tous les cas, mais elles doivent être égales à la moitié de la charge de la bouteille A, si les deux bouteilles sont identiques. On remplit alors l'intervalle de la bouteille B d'une matière isolante, cire, soufre, paraffine. On charge de nouveau A, on mesure la charge et on met, comme précédemment, les deux bouteilles en communication.

Après la séparation, on trouve que la charge de A, au lieu d'être la moitié de la charge primitive, n'en est que la $m^{ième}$ partie. Il faut donc que la capacité de la bouteille B soit plus grande que celle de A. Si on désigne par M_a et M_b les charges des deux bouteilles, on a

$$\frac{M_a}{M} = \frac{1}{m},$$

d'autre part, $M_b = M - M_a$, et par suite

$$\frac{M - M_a}{M_a} = \frac{M_b}{M_a} = m - 1 = \frac{C_b}{C_a}.$$

Le rapport des deux capacités est ce qu'on appelle le *pouvoir inducteur spécifique* du diélectrique; c'est le nombre par lequel il faut multiplier la capacité d'un condensateur à air pour avoir celle du même condensateur dans lequel la lame d'air est remplacée par une lame de même épaisseur du diélectrique en question.

61. Charge résiduelle. — La lame isolante intervient encore d'une autre manière, quand elle est constituée par un diélectrique autre que l'air. Les deux électricités ne restent pas

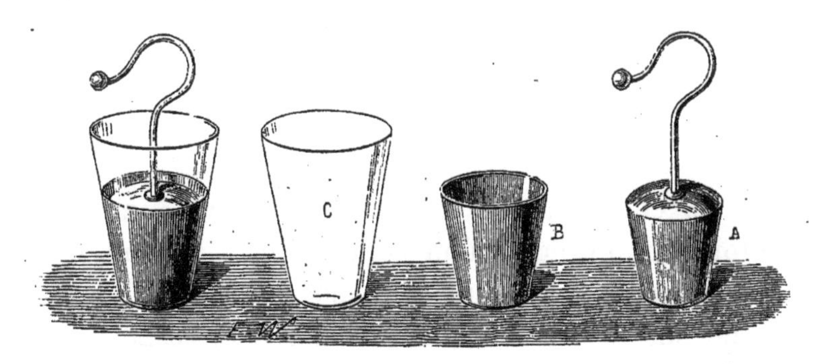

Fig. 43.

sur les armatures, mais se portent sur les deux faces de la lame isolante, dans laquelle elles semblent pénétrer peu à peu.

La charge va en augmentant avec le temps de l'électrisation, et après qu'on a déchargé le condensateur en réunissant les deux armatures, celles-ci ne restent pas à l'état neutre et deviennent capables, au bout de quelques instants, de donner une nouvelle décharge. On peut parfois obtenir ainsi un grand nombre de décharges successives d'intensité décroissante. Le phénomène, découvert par Franklin, se démontre facilement au moyen de la *bouteille de Leyde décomposée* (*fig.* 43). La lame isolante est un verre conique qui peut se séparer facilement des deux armatures. On charge la bouteille et, après l'avoir isolée, on sépare les pièces qui la composent ; les deux armatures ne donnent qu'une faible étincelle ; si on reconstitue ensuite la bouteille, on peut obtenir une étincelle presque aussi forte que celle qu'on aurait eue tout d'abord.

Le condensateur à plateau mobile d'Æpinus se prête facilement à la même expérience.

62. Pouvoirs inducteurs spécifiques. — Les phénomènes d'absorption et de charge résiduelle auxquels donnent lieu les condensateurs rendent très difficile la détermination exacte des capacités des condensateurs et par suite la détermination des pouvoirs inducteurs spécifiques. Nous citerons seulement quelques nombres :

Soufre..................	2,6 à 3,2
Paraffine...............	1,8 à 3,5
Gomme laque......	3,15
Verre ordinaire.........	5 à 6

Ainsi un condensateur à lame de verre a une capacité 5 à 6 fois plus grande qu'un condensateur à lame d'air de mêmes dimensions, ou la même capacité qu'un condensateur de même surface dans lequel la lame d'air serait 5 à 6 fois plus mince.

CHAPITRE VII

EFFETS DE LA DÉCHARGE

63. Décharge conductive et disruptive. — L'énergie, accumulée sur un conducteur par l'électrisation, se dépense pendant la décharge sous diverses formes que nous allons passer rapidement en revue.

Au moment où l'on établit la communication entre un corps électrisé et le sol, ou entre les deux armatures d'un condensateur, il se produit toujours une étincelle. On peut faire que cette étincelle absorbe la plus grande partie ou au contraire une très faible portion de l'énergie disponible. Dans ce dernier cas le travail disponible est dépensé dans les conducteurs et la décharge est dite *conductive;* dans le premier, elle est dite *disruptive.*

64. Résistance des conducteurs. — Quels que soient les conducteurs par lesquels s'effectue la décharge, ceux-ci opposent toujours une certaine *résistance* au mouvement de l'électricité et une partie plus ou moins grande du travail disponible est employée à vaincre cette résistance en donnant une quantité de chaleur équivalente.

La quantité de chaleur dégagée dans une portion quelconque du fil conducteur se mesure facilement, au moins d'une manière relative, au moyen du thermomètre de Riess (*fig.* 44). La portion S du conducteur que l'on veut étudier est engagée dans un ballon de verre relié à un tube capillaire légèrement incliné et qui se relève en un tube vertical beaucoup plus large E. Ce tube capillaire est rempli de liquide et l'excès de pression produit par l'échauffement du gaz à la suite de la décharge se traduit par un déplacement du sommet de la colonne. L'échauffement est assez rapide pour qu'il n'y ait pas à se préoccuper des causes de déperdition et, comme le volume du gaz ne varie pas d'une manière sensible, le déplacement est proportionnel à la variation de pression, laquelle est elle-même proportionnelle à l'élévation de température et finalement à la quantité de chaleur dégagée.

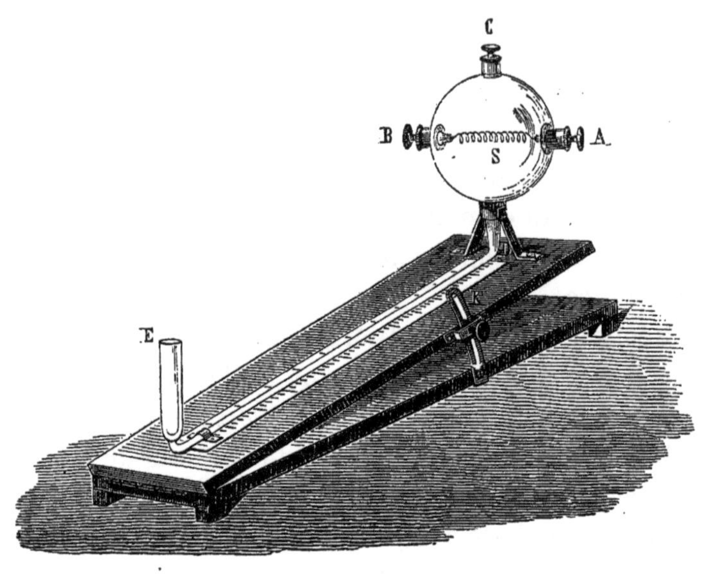

Fig. 44.

Pour comparer deux conducteurs on les met tous deux dans le circuit, alternativement l'un dans la boule du thermomètre, l'autre à l'extérieur, et on y fait passer une même décharge. L'expérience montre que la quantité de chaleur développée, et par suite la résistance, varie, pour un métal donné, proportionnellement à la longueur du fil et en raison inverse de la section; elle varie d'ailleurs avec la nature du fil. On peut ainsi déterminer la résistance des métaux par rapport à l'un d'eux pris comme terme de comparaison. En représentant par ρ la *résistance spécifique* d'un métal, c'est-à-dire la résistance qu'il présente sous l'unité de longueur et l'unité de section, cette résistance étant rapportée à une unité quelconque, la résistance R d'un conducteur de ce métal, de longueur l et de section s, aura pour expression, en fonction de la même unité,

$$R = \rho \frac{l}{s}.$$

Nous verrons plus loin des procédés plus commodes que le thermomètre de Riess, pour déterminer la résistance d'un conducteur, et l'obtenir non plus en valeur relative, mais en valeur absolue. L'unité pratique de résistance est l'*ohm*. Nous en donnerons plus loin la définition théorique ; il nous suffira pour le moment de savoir que c'est la résistance que présente à 0° une colonne de mercure d'un millimètre carré de section et d'une longueur de 106 centimètres.

65. Fusion et volatilisation des métaux. — Dans la décharge conductive, si aucun travail extérieur n'est accompli par la décharge, toute l'énergie est convertie en chaleur dans le conducteur. Nous savons que si on exprime la quantité d'électricité en coulombs, le potentiel en volts, la capacité en farads, l'énergie est exprimée en watts (**40**). Une calorie, c'est-à-dire la quantité de chaleur nécessaire pour élever de 0 à 1 degré la température d'un gramme d'eau équivaut à 4,17 watts [1]. Ce nombre est souvent appelé l'*équivalent mécanique de la chaleur*. Si on le désigne par J, et par Q le nombre de calories dégagées, on aura

$$JQ = W = \frac{1}{2} MV = \frac{1}{2} CV^2 = \frac{1}{2} \frac{M^2}{C}$$

La quantité de chaleur Q correspondant à une décharge est indépendante du conducteur. Si celui-ci se compose de deux parties de résistances R et R', l'expérience montre que la quantité de chaleur se répartit entre les deux proportionnellement aux résistances. On peut donc en prenant de très gros conducteurs de résistance très faible et intercalant entre eux un fil de grande résistance, concentrer dans ce dernier la

1. Une calorie-gramme vaut 0,425 kilogrammètre, ou $0,425.g\ 10^5$ ergs ou $0,425.g\ 10^{-2} = 4,17$ watts, en prenant $g = 981$.

presque totalité de la chaleur qui correspond à la décharge. On peut ainsi, avec l'appareil appellé *excitateur universel* (*fig.* 45), élever la température d'un fil d'un métal quelconque, tendu entre les deux boules D et D′, au point de le fondre et même de le volatiliser.

66. — Soit p le poids du métal, d sa densité et c sa cha-

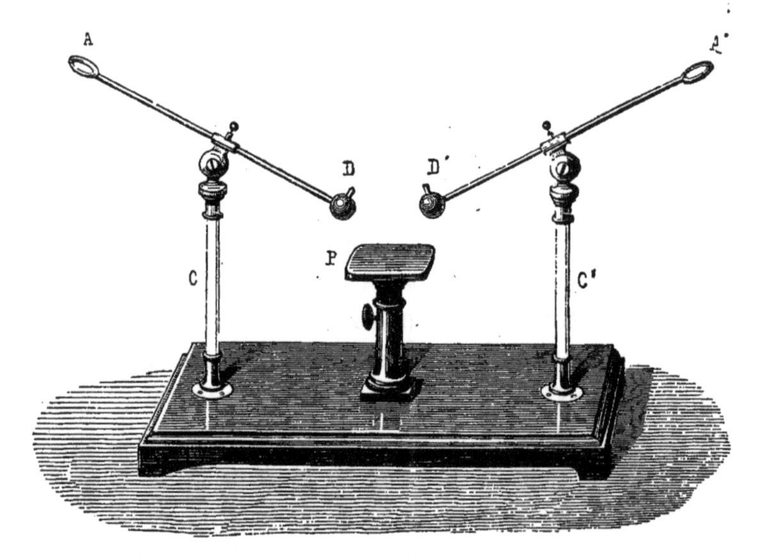

Fig. 45.

leur spécifique moyenne, la température t à laquelle il sera porté à partir de zéro par la quantité de chaleur Q, sera, en négligeant la déperdition par rayonnement,

$$t = \frac{Q}{pc} = \frac{Q}{sldc}.$$

Pour un métal donné, la température ne dépend donc que du poids ; elle est d'autant plus élevée que le poids est plus petit, c'est-à-dire que le fil est plus fin et plus court. Pour deux fils de même poids, elle est en raison inverse de la chaleur spécifique ; enfin pour deux fils de même section et de même longueur, elle varie en raison inverse du produit de la densité d par la chaleur spécifique, c'est-à-dire de la capacité calorifique de l'unité de volume.

67. — Si on veut obtenir la fusion du métal, on déterminera le poids du fil par l'équation

$$p(cT + \lambda) = Q,$$

dans laquelle T représente la température et λ la chaleur de fusion du corps.

Tous les métaux peuvent être ainsi fondus ou volatilisés ; le fer se réduit brusquement en gouttelettes qui brûlent en projetant des étincelles et donnent de l'oxyde de fer. Les cordons de soie à filet d'or, d'argent ou de cuivre conviennent très bien pour ces expériences. Une décharge même médiocre suffit à les volatiliser avec explosion. Le métal disparaît complètement en fumées qui se déposent rapidement. On les recueille facilement sur une carte appliquée contre le fil et sur laquelle elles laissent une tache de forme et de couleur caractéristiques (*fig.* 46). La soie reste généralement intacte.

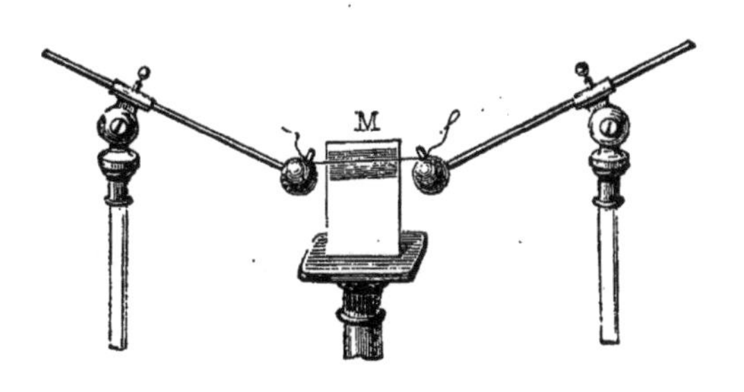

Fig. 46.

L'explosion qui accompagne la volatilisation du métal est le signe d'un ébranlement violent de l'air. Si l'expérience se fait au milieu de l'eau, en plongeant dans un verre, par exemple, les deux extrémités de l'excitateur qui portent le fil (*fig.* 47), cet ébranlement, transmis par un fluide incompressible, brise le verre avec un grand fracas. L'effet peut être comparé à celui d'une torpille.

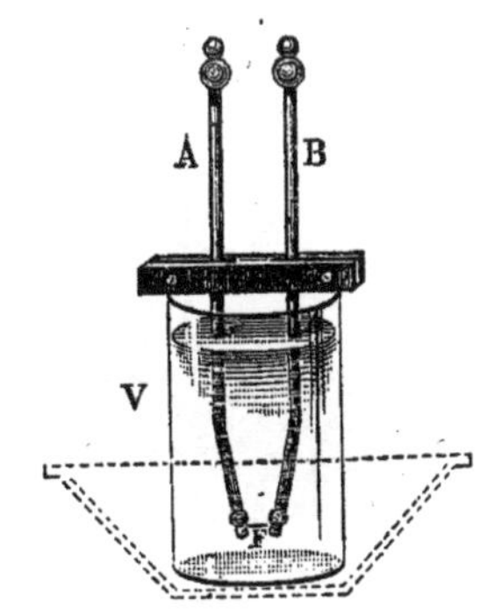

Fig. 47.

Dans l'expérience connue sous le nom de *Portrait de Franklin* (*fig.* 48), on volatilise par la décharge une feuille d'or appliquée contre un papier découpé qui représente le portrait de Franklin; de l'autre côté de la découpure on place un ruban de soie blanche et le tout est fortement pressé entre deux planchettes. Les vapeurs d'or traversent la découpure et en reproduisent le dessin en noir sur le ruban.

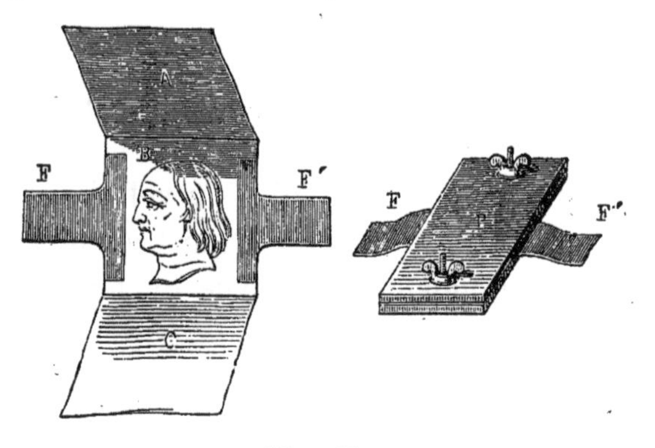

Fig. 48.

68. Passage de la décharge à travers les corps mauvais conducteurs. — Si on interpose dans le circuit un corps mauvais conducteur, la plus grande partie de l'énergie se dépense en travaux mécaniques de déchirement et de rupture. Une feuille de papier, une carte, une lame mince de verre sont percées facilement même par d'assez faibles décharges.

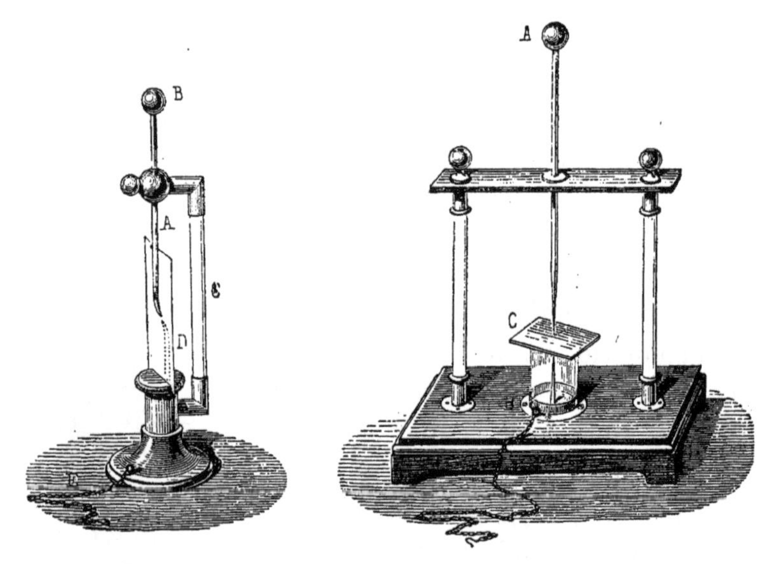

Fig. 49. Fig. 50.

Dans l'expérience du perce-carte (*fig.* 49), le trou présente des bavures des deux côtés et si les deux pointes sont à des hauteurs différentes, il est plus près de la pointe négative.

L'étincelle traverse plus difficilement la lame de verre (*fig.* 50). La plus grande difficulté de l'expérience est d'empêcher l'étincelle de contourner la lame. Il est bon de noyer la pointe supérieure dans une goutte d'huile. Avec de fortes batteries on peut percer des lames de verre de plusieurs centimètres d'épaisseur; il faut alors que les deux pointes soient complètement noyées dans un corps mauvais conducteur, comme la cire ou la résine ou encore mieux un mélange de ces deux corps.

69. Propagation de la décharge par la surface des corps mauvais conducteurs. — Cette propriété de la décharge de se propager facilement à la surface des mauvais conducteurs donne lieu à de très beaux phénomènes. Quand une batterie est assez fortement chargée pour que la décharge spontanée entre les armatures soit imminente, on entend des craquements et on voit en même temps de nombreux traits de feu parcourir en se ramifiant la surface nue des bouteilles.

On obtient de très beaux effets en recouvrant une lame de verre avec une feuille d'étain d'un côté seulement. On met l'une des branches de l'excitateur en contact avec l'étain et l'autre à une petite distance en avant de la surface nue. Chaque décharge donne de très belles ramifications.

Les étincelles qui cheminent ainsi le long du verre y laissent une trace permanente qu'on peut mettre en évidence en soufflant sur la surface de manière à y déposer un peu de buée. Ces dessins ont été appelés *figures roriques*.

On facilite beaucoup la propagation de l'étincelle à la surface des corps mauvais conducteurs en répandant sur ceux-ci des parcelles conductrices. Ainsi on obtient de très beaux effets avec la bouteille étincelante (*fig.* 51) qui est une bouteille de Leyde dont l'armature extérieure, au lieu d'être continue, est formée de grains de limaille collés avec du vernis. L'armature intérieure est prolongée par une bande d'étain jusqu'à une petite distance de la surface métallisée. Chaque étincelle qui éclate entre les deux armatures se ramifie dans cette dernière.

A ces phénomènes peuvent se rattacher ceux des tubes et des carreaux étincelants (*fig.* 52) obtenus en collant sur la surface du verre à la suite les uns des autres de petits losanges découpés dans une feuille d'étain et entre lesquels l'étincelle éclate simultanément, en donnant la sensation d'une ligne lumineuse continue.

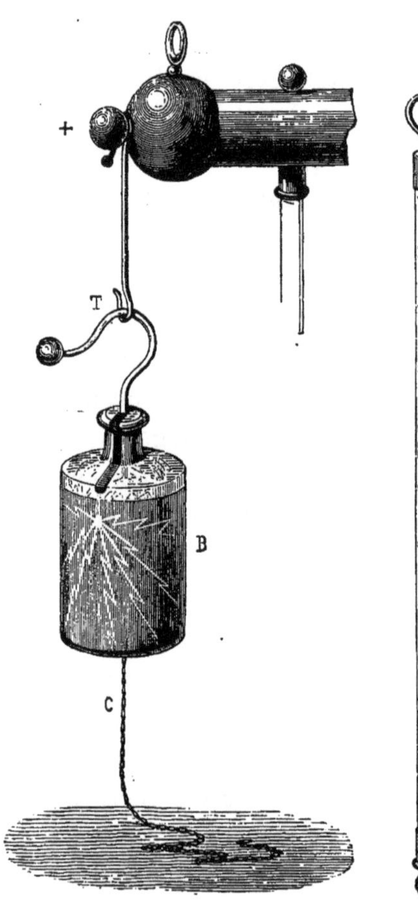

Fig. 51. Fig. 52.

70. Décharge disruptive.—La décharge disruptive se présente sous des formes très diverses qu'on peut cependant ramener à trois types, l'*étincelle*, l'*aigrette* et les *lueurs*.

Toutes ces formes ont un caractère commun, c'est malgré leur très courte durée de ne pas correspondre à un phénomène simple. L'observation au moyen d'un miroir tournant montre qu'une décharge est un phénomène intermittent résultant de la succession d'un grand nombre de décharges et présentant le plus souvent un caractère oscillatoire bien marqué, comme si l'électricité allait d'une armature à l'autre jusqu'à ce qu'elle ait perdu toute son énergie.

L'*étincelle*, quand elle est courte, apparaît comme un trait

Fig. 53.

rectiligne très lumineux, d'autant plus épais que la quantité d'électricité mise en jeu est plus considérable. Au fur et à mesure que la distance augmente ou que la capacité du conducteur diminue, le trait devient de plus en plus grêle, moins lumineux, prend la forme d'un zigzag (*fig.* 53), tend à se ramifier de plus en plus et à passer à l'état d'aigrette.

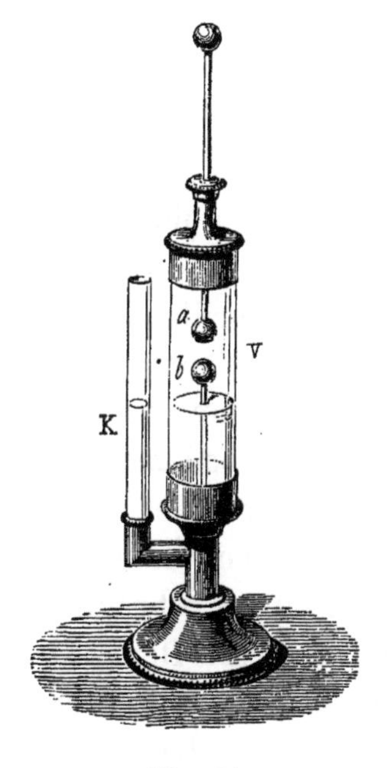

Fig. 54.

La production de l'étincelle est accompagnée d'un bruit sec dû à l'ébranlement violent du milieu. Cet ébranlement est mis en évidence par l'expérience du thermomètre de Kinnersley (*fig.* 54); au moment de l'étincelle, l'eau est projetée violemment par le tube latéral. Si l'étincelle passe au milieu de l'eau l'ébranlement suffit à casser le vase (*fig.* 55).

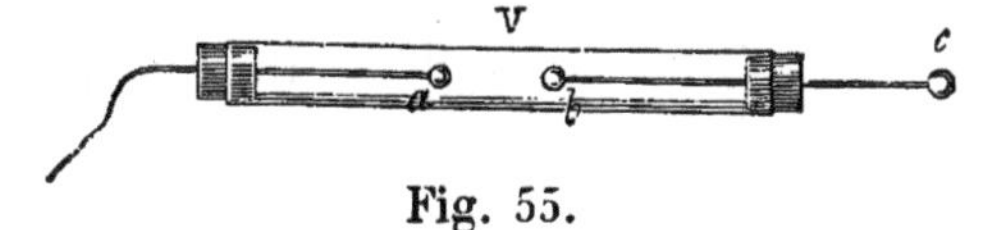

Fig. 55.

L'*aigrette* a une teinte violacée; elle est accompagnée d'un bruissement particulier. Les ramifications partent du pôle positif, l'ensemble a une forme ovoïde et se rattache au pôle positif par une espèce de pédoncule plus lumineux (*fig.* 56);

le pôle négatif apparaît comme recouvert d'une couche lu-

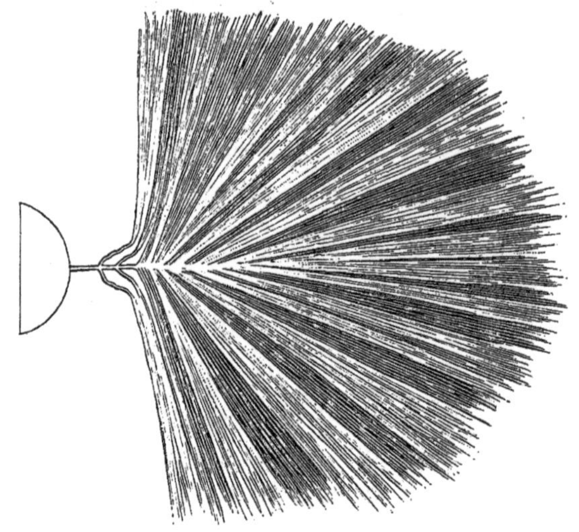

Fig. 56.

mineuse. Avec les pointes, l'aigrette part de la pointe positive, la pointe négative se termine par une petite étoile brillante.

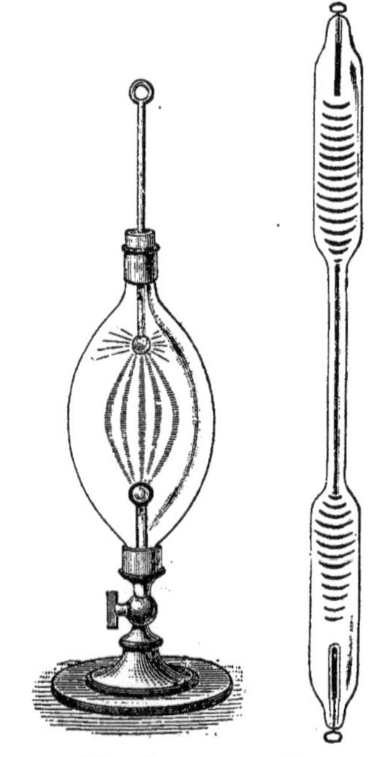

Fig. 57. Fig. 58.

Les *lueurs* se produisent quand on diminue la pression du gaz. L'expérience se fait avec l'*œuf électrique* (*fig.* 57) ou avec les tubes Geissler (*fig.* 58), tubes dans lesquels la pression du gaz est réduite à quelques millimètres. Deux fils de platine soudés dans le verre servent d'électrodes. La lueur semble toujours partir du pôle positif; le pôle négatif est entouré d'une auréole violette suivie d'un espace plus obscur. Quand l'œuf renferme de l'hydrogène ou des gaz combustibles la lueur est formée de strates parallèles alternativement brillantes et obscures; c'est le phénomène de la *stratification;* il paraît dû à l'intermittence de la décharge. Quand on l'observe avec un miroir tournant, les strates semblent partir alternativement des deux électrodes.

L'examen spectroscopique de ces apparences lumineuses jette quelque jour sur leur constitution. La lumière de l'étincelle présente les raies caractéristiques du métal des électrodes, en même temps que celles du gaz dans lequel éclate l'étincelle ; l'éclat des premières est prédominant surtout dans les fortes étincelles. Si les électrodes sont formées de deux métaux différents, on a les raies des deux métaux. Une partie de l'énergie est donc dépensée à arracher et à volatiliser des particules métalliques sur les deux électrodes; l'expérience montre d'ailleurs qu'après une décharge un peu forte entre une boule d'or et une boule d'argent, on trouve de l'argent sur la boule d'or et de l'or sur la boule d'argent.

Dans les lueurs, on ne trouve aucune trace de raies métalliques; le spectre est le même quel que soit le métal des électrodes. Les raies sont uniquement celles du gaz porté à l'incandescence.

71. Distance explosive. — La longueur de l'étincelle ou la distance explosive dépend de la différence du potentiel entre les deux électrodes. Elle diffère un peu avec la forme de celles-ci ; ainsi pour une même distance, la différence de potentiel est plus grande avec deux sphères qu'avec deux plateaux. Il faut remarquer que si, dans le cas de deux plateaux parallèles de grande dimension eu égard à leur distance, la différence de potentiel croissait proportionnellement à la distance explosive, la décharge aurait toujours lieu pour une force électrique constante et, par suite, pour une densité constante de la couche électrique (**43**). En réalité la différence de potentiel croît moins vite que la distance et d'autant moins que la distance devient plus grande; c'est ce qui ressort clairement du tableau suivant, correspondant au cas où la décharge s'effectuait entre deux boules de 22 millimètres de diamètre :

DISTANCE DES DEUX BOULES.	DIFFÉRENCE DE POTENTIEL en unités électros. C.G.S.	en volts.
0,1	18,3	5490
0,5	89,1	26730
1,0	162	48600
1,5	190	57000
2	216	64800
3	256	76800
5	316	94800
10	397	119100
15	426	127500

La distance explosive dans l'air est sensiblement la même pour l'étincelle proprement dite et pour l'aigrette. C'est ce qu'on constate facilement au moyen de la machine de Holtz munie ou non des bouteilles qui augmentent la capacité de ses conducteurs (**90**). Sans les bouteilles, on a l'aigrette qui se produit d'une manière continue et la différence de potentiel entre les deux électrodes reste sensiblement constante. Avec les bouteilles les étincelles éclatent d'une manière intermittente, le potentiel va en croissant jusqu'à ce que l'étincelle se produise, puis il retombe sensiblement à zéro.

Quand on diminue la pression, la force électromotrice correspondant à une distance explosive donnée, diminue rapidement jusqu'à une certaine limite, au delà de laquelle elle remonte ensuite avec une rapidité extrême. Il y a donc une pression pour laquelle la résistance à la production de la décharge passe par un minimum. Cette limite varie d'un gaz à l'autre et même, pour un même gaz, avec la dimension du tube. Avec l'air, elle est environ de 3 millimètres pour les tubes larges. Enfin, la pression continuant à diminuer l'étincelle refuse de passer quelle que soit la force électromotrice. Il semble résulter de ce fait que la matière est nécessaire au transport de l'électricité et que ce sont les molécules mêmes du diélectrique qui leur servent de véhicule.

72. Effets chimiques de l'étincelle. — L'étincelle enflamme dans l'air les corps combustibles comme l'alcool, l'éther; elle enflamme les mélanges d'oxygène et de gaz combustibles comme l'hydrogène et ses composés, l'oxyde de carbone, etc. C'est sur cette propriété qu'est fondé l'eudiomètre. Dans l'eudiomètre, comme dans le *pistolet de Volta* (*fig.* 59) il suffit de faire passer une étincelle à l'intérieur du mélange détonnant. La tige DE est isolée et en même temps que l'étincelle part extérieurement entre le corps électrisé et la boule D, elle part intérieurement entre la boule E et l'armature A en communication avec le sol.

Une succession d'étincelles décompose l'ammoniaque en ses éléments; elle détermine la combinaison de l'azote et de l'oxygène dans l'expérience de Cavendish (*fig.* 60). Enfin les aigrettes ou *effluves électriques* transforment l'oxygène en ozone. On produit ces effluves en garnissant deux lames de verre d'une feuille d'étain sur une face seulement; on rapproche les deux lames l'une de l'autre les faces nues en regard; en mettant les deux feuilles d'étain en communication avec les deux pôles d'une machine électrique ou d'une bobine de Ruhmkorff, on obtient entre les deux lames, une espèce de pluie de feu qui transforme partiellement en ozone l'oxygène interposé. La fraction transformée augmente quand on abaisse la température.

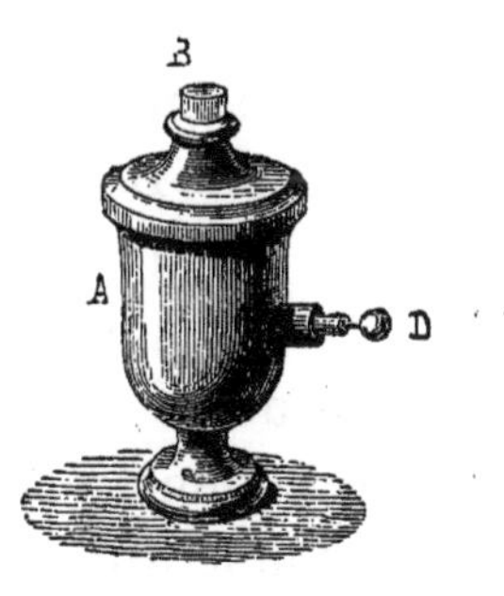

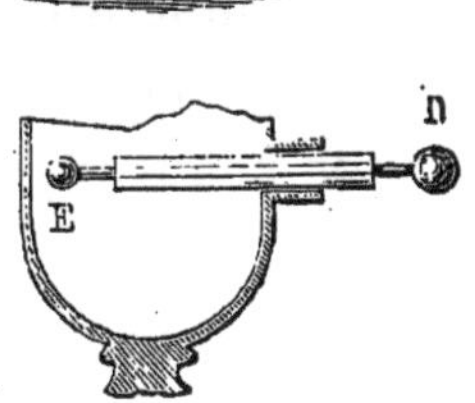

Fig. 59.

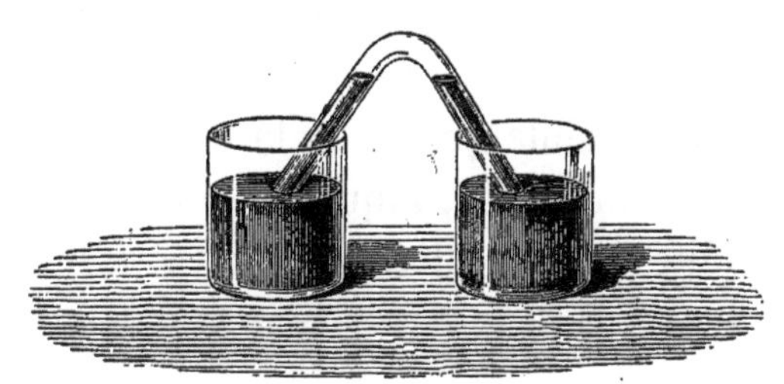

Fig. 60.

73. Effets physiologiques de l'étincelle. — Lorsque le corps fait partie du circuit que traverse une décharge, on éprouve une commotion qui, suivant l'énergie de la décharge, peut aller depuis une simple piqûre jusqu'à un choc foudroyant. Avec la bouteille de Leyde la commotion peut être ressentie simultanément par un grand nombre de personnes faisant la chaîne. La commotion est plus vive aux deux extrémités de la chaîne qu'au milieu.

L'expérience semble montrer que l'effet physiologique varie comme l'énergie électrique de la décharge; ainsi on peut recevoir impunément des étincelles de 20 ou 30 centimètres provenant d'une machine électrique ordinaire, tandis qu'une étincelle de quelques millimètres seulement provenant d'une batterie de grande capacité ne serait pas tolérable. De même, à masse électrique égale, la décharge d'une cascade donne une secousse plus forte que celle d'une bouteille unique. Une autre circonstance intervient encore, c'est la durée de la décharge; ainsi une batterie qui donnerait une commotion foudroyante dans les conditions ordinaires ne donne qu'une secousse faible quand on la décharge par l'intermédiaire d'une corde mouillée, laquelle ne fait que ralentir beaucoup la rapidité de la décharge.

CHAPITRE VIII

APPAREILS DE MESURES ÉLECTROSTATIQUES.

74. Balance de Coulomb. — Nons avons décrit plus haut (**7**) cet appareil fondamental, qui permet de mesurer une quantité d'électricité en valeur absolue. Si les deux boules sont égales et que m soit la charge de chacune d'elles, on a pour un écart α qui ne dépasse pas 20°

$$f=\frac{m^2}{d^2}=\frac{m^2}{l^2\alpha^2};$$

D'autre part, la condition d'équilibre entre le moment de cette force et le moment du couple de torsion, donne la relation

$$fl=C(A+\alpha);$$

on en déduit :

$$m^2=Cl(A+\alpha)\alpha^2.$$

75. Électroscope à feuilles d'or. — Cet instrument a déjà été décrit et on en a indiqué les divers modes d'emploi (**27**). Nous ajouterons quelques mots pour en compléter la théorie.

Pour que les indications de l'instrument soient sûres, il est nécessaire que la cage qui renferme les feuilles soit à un potentiel connu, celui du sol par exemple. Il y a tout avantage à rendre la cage conductrice en tapissant l'intérieur d'une feuille d'étain dans laquelle on ménage une ouverture pour apercevoir les feuilles d'or. Les bornes sont en communication avec la cage et le tout en communication avec le sol. On obtient une communication parfaite avec le sol en reliant l'appareil aux tuyaux de conduite du gaz ou de l'eau.

Soit V le potentiel des feuilles et V_0 celui de la cage, la charge des feuilles est proportionnelle à leur capacité et à la différence de potentiel $V - V_0$ (**49**). La divergence qui dépend de la charge peut servir à mesurer soit la charge soit le potentiel. Si la capacité était indépendante de l'écart, le potentiel et la charge varieraient proportionnellement et une même graduation servirait pour les deux cas.

Le cylindre de Faraday (**18**) fournit un moyen très simple de graduer l'électromètre pour la mesure des charges. La graduation pour les potentiels se fait au moyen de piles comme nous le verrons plus loin.

76. Électroscope condensateur. — Quand on a affaire non pas à un corps électrisé, mais à une source d'électricité trop faible pour donner aux feuilles une charge sensible, il y a avantage, comme l'a fait Volta, à adjoindre à l'électroscope un condensateur (*fig.* 61), formé de deux plateaux métalliques, vernis sur les surfaces placées en regard, les deux couches de vernis formant la lame isolante.

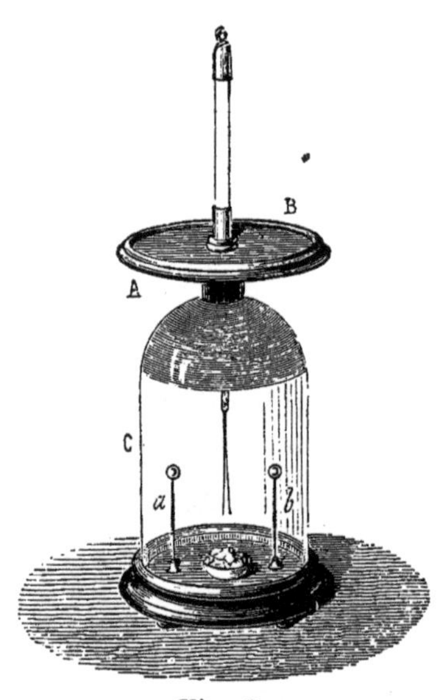

Fig. 61.

On met la source en communication avec l'un des plateaux le plateau inférieur par exemple, l'autre étant en communication avec le sol. Les communications étant rompues, on enlève le plateau supérieur par un manche isolant. L'électricité accumulée sur le plateau inférieur passe en partie dans les feuilles d'or et les fait diverger. La charge est augmentée dans le rapport du pouvoir condensant.

Les phénomènes d'absorption électrique (**61**) expliquent pourquoi il est nécessaire que la lame isolante se compose de deux parties, afin que chacun des deux plateaux emporte avec la moitié contiguë de la lame isolante la charge qu'elle a absorbée.

77. Électromètre à quadrants. — Cet instrument, dû à Sir W. Thomson, sert aux mêmes usages, mais est beaucoup plus sensible que l'électromètre à feuille d'or.

Il se compose de deux paires de quadrants AA', BB' (*fig.* 62) dont l'ensemble représente une boîte cylindrique plate divisée en quatre secteurs égaux par deux sections diamétrales à angle droit. Deux quadrants opposés par le sommet sont reliés électriquement. Chaque paire communique avec une petite tige isolée qu'on appelle son *électrode* et qui sert à la mettre en communication avec l'extérieur.

Au milieu des quadrants est suspendue une aiguille très

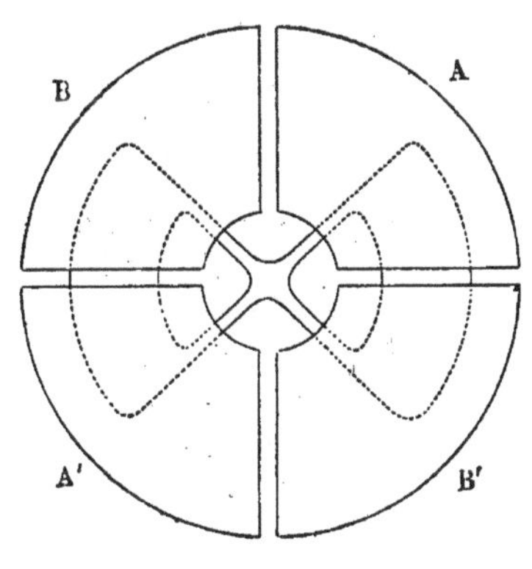

Fig. 62.

légère en aluminium, formée de deux arcs concentriques de 90° environ, rattachée au centre par deux bandes étroites qui en figurent les rayons extrêmes.

Cette aiguille est portée par deux fils de cocon constituant ce qu'on appelle une *suspension bifilaire*.

La position d'équilibre de l'aiguille est celle où les deux fils sont dans le même plan. Pour un faible écart, la force qui tend à la ramener à cette position est proportionnelle à l'angle d'écart.

La suspension est réglée de manière que dans sa position d'équilibre l'aiguille soit symétrique par rapport aux plans de séparation des quadrants.

L'aiguille quitte la position d'équilibre dès que son potentiel est différent de celui de cadrans. Soient V, V_1 et V_2 les potentiels respectifs de l'aiguille et des quadrants et A une constante dépendant de la construction de l'instrument, la déviation θ est donnée par la formule

$$\theta = A(V_1 - V_2)\left[V - \frac{V_1 + V_2}{2}\right]^{1}.$$

On peut employer l'instrument de plusieurs manières. L'une des plus simples consiste à maintenir les deux paires de quadrants à des potentiels égaux et de signes contraires, en les reliant aux deux pôles d'une pile formée de très petits éléments et dont le milieu est au sol (**97**). On a alors $V_1 = - V_2$ et la déviation

$$\theta = 2\,AV_1.V$$

est proportionnelle au potentiel de l'aiguille.

On peut encore relier l'aiguille à l'une des paires de quadrants, l'autre paire étant en communication avec le sol; on a $V = V_2$ et $V_1 = 0$. La déviation

$$\theta = AV^2$$

est proportionnelle au carré du potentiel de l'aiguille et se fait toujours dans le même sens, quel que soit le signe de V.

La figure 63 représente l'appareil sous la forme que lui a donnée M. Mascart. On a enlevé la moitié antérieure de la cage pour laisser voir la disposition intérieure. La tige qui porte l'aiguille plonge dans un vase contenant de l'acide sulfurique concentré, lequel a un triple rôle : il fait communiquer l'aiguille avec l'électrode correspondante, il amortit les oscillations de l'aiguille, grâce aux barrettes transversales, et, en maintenant sec l'air de la cage, assure l'isolation des électrodes et des quadrants, lesquels sont supportés par des pieds de verre.

1. Voir pour la démonstration de cette formule, Mascart et Joubert, *Traité d'Electricité et de Magnétisme*, §§ 90 et 810.

78. Méthode du miroir. — Les déviations sont mesurées par la *Méthode du miroir*. Un petit miroir concave (*fig.* 63) est porté par la tige de l'aiguille et mobile avec elle. Une fente lumineuse verticale et une échelle divisée en millimètres (*fig.* 64) sont placées dans un même plan passant par le centre de courbure du miroir et à égale distance de part et d'autre de ce centre dans le plan vertical. L'image de la fente lumineuse, vient se peindre en vraie grandeur sur l'échelle. On remplace avantageusement une fente mince par une fente très large au milieu de laquelle on tend verticalement un fil opaque (*fig.* 64). L'image de l'ouverture se promène sur l'échelle et, en éclairant la région dans laquelle se trouve le fil, permet de lire facilement les divisions. On obtient de très bons résultats avec une échelle sur verre dépoli qu'on observe par derrière. Soit p (*fig.* 65) la division de l'échelle qui correspond à l'équilibre; si l'aiguille est déviée d'un angle α, l'image vient se faire sur la division x, telle que

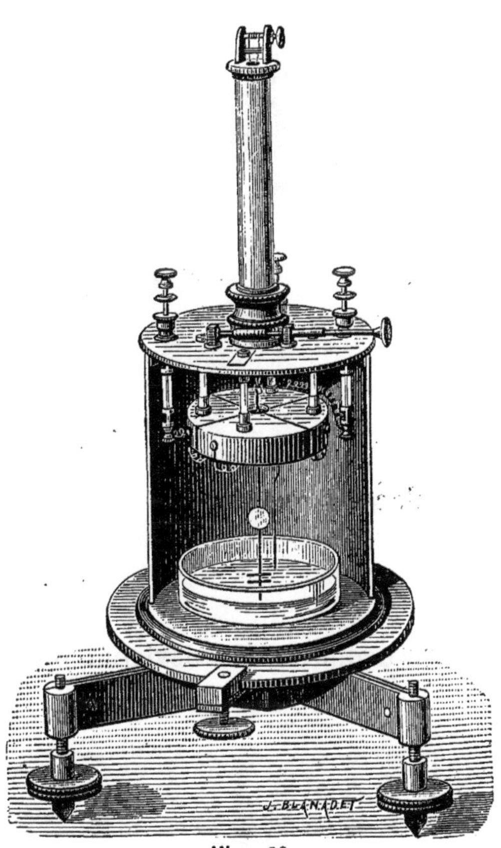

Fig. 63.

$$x - p = d \tang 2\alpha,$$

d étant la distance de l'échelle au miroir. Les angles étant

toujours très petits, on peut confondre le tangente avec l'arc

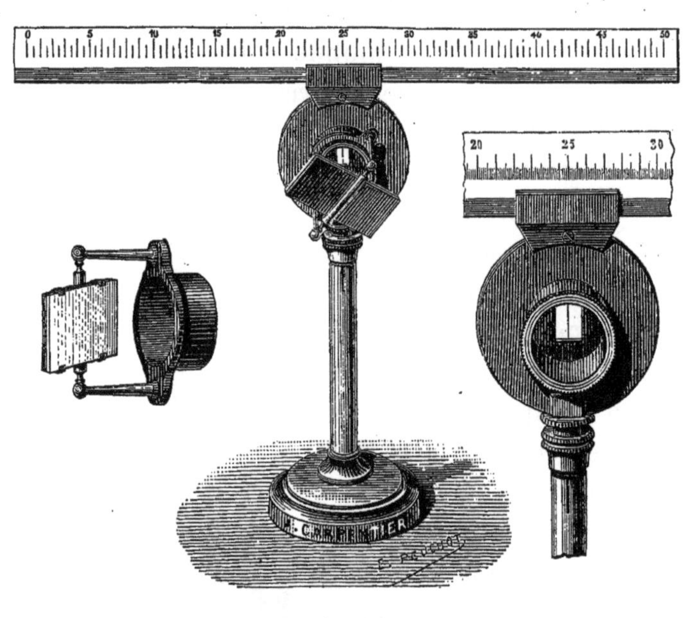

Fig. 64.

et remplacer tang 2α par 2α, ce qui donne

$$\alpha = \frac{x - p}{2d}.$$

Pour déduire de la déviation observée le potentiel de l'ai-

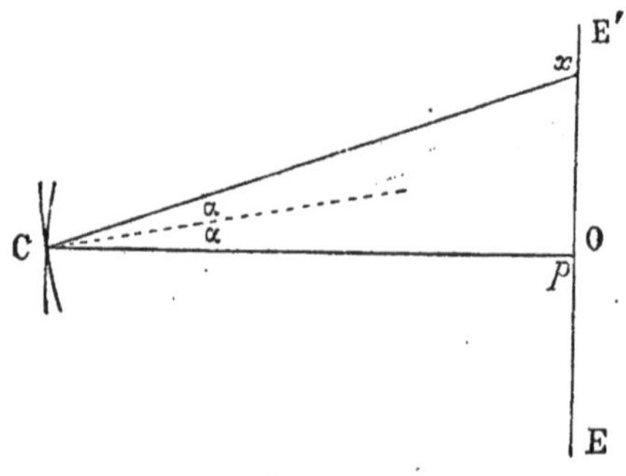

Fig. 65.

guille, il suffit de connaître la déviation correspondant à un potentiel connu.

79. Mesure du potentiel en un point. — Le potentiel d'un conducteur s'obtiendra en mettant simplement un de ses points en communication avec l'aiguille par l'intermédiaire de l'électrode.

Pour avoir le potentiel d'un point du champ, il suffirait de placer en ce point une pointe très aiguë en relation avec l'aiguille. En vertu du pouvoir des pointes (**15**), l'équilibre ne peut exister tant que la pointe n'a pas une densité nulle et que, par suite, son potentiel et celui des conducteurs en relation avec elle, diffère du potentiel de l'air au même point. Mais il serait difficile d'avoir une pointe parfaite et le résultat est obtenu d'une manière beaucoup plus sûre et plus complète en plaçant au même point un conducteur qui laisse échapper, d'une manière continue et par une simple action mécanique, des particules conductrices emportant avec elles l'électricité qui tend à s'échapper. On peut employer une flamme ou une mèche de papier imprégnée de nitrate de plomb, mais encore mieux un tube très mince laissant échapper un filet d'eau qui se divise en gouttelettes (*fig.* 66). Le potentiel obtenu est celui du point où la veine cesse d'être continue. Le réservoir qui fournit l'eau doit être isolé et en communication avec l'aiguille.

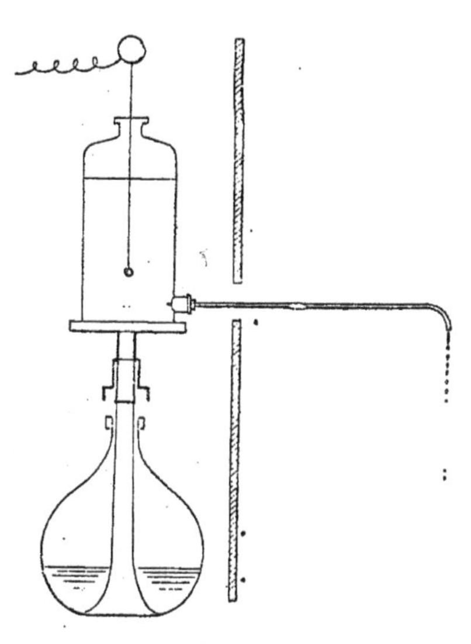

Fig. 66.

80. Électromètre absolu. — Comme le précédent, cet appareil est dû à Sir W. Thomson. Il est fondé sur l'attraction qui s'exerce entre une plaque mobile et un plan indéfini parallèles entre eux et portés à des potentiels différents.

Soit V_1 le potentiel de la plaque mobile, V celui du plan et e leur distance. Abstraction faite des perturbations des bords, les lignes de force sont des droites perpendiculaires aux plans, et les surfaces de niveau des plans parallèles aux disques. La force est constante en tous les points de la sur-

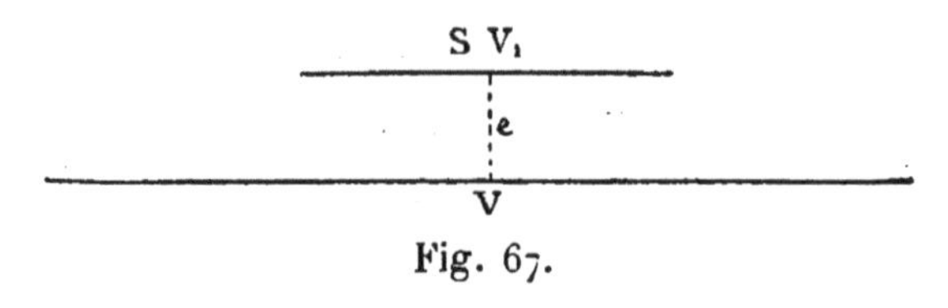

Fig. 67.

face S et par suite la densité (**44**); celle-ci a toujours une même valeur, avec des signes contraires, sur les deux faces en regard (**46**). On a d'ailleurs

$$\sigma = \frac{V_1 - V}{4\pi e},$$

l'action d'un plan indéfini de densité σ sur une unité d'électricité placée dans le voisinage est constante et égale à $2\pi\sigma$ (**45**); l'attraction exercée sur le disque par unité de surface est donc $2\pi\sigma$, et, pour la plaque entière,

$$2\pi\sigma^2 S = \frac{S}{8\pi}\left(\frac{V_1 - V}{e}\right)^2.$$

Pour éviter la perturbation des bords et rendre cette formule immédiatement applicable, la plaque mobile est découpée

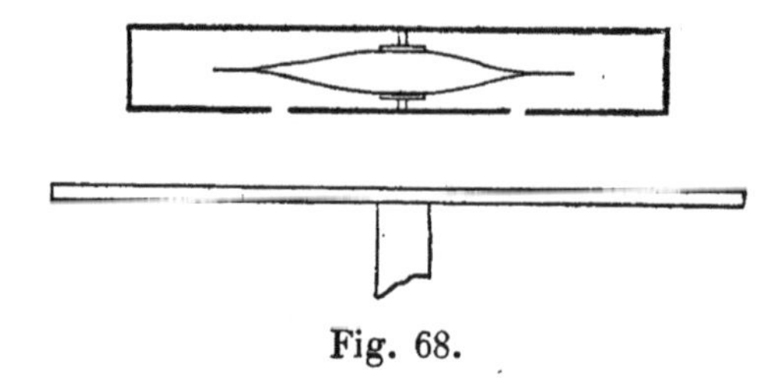

Fig. 68.

dans une plaque plus large qu'on appelle *le plateau* ou *l'anneau de garde* (*fig.* 68). La plaque peut se déplacer librement à travers l'anneau tout en restant en communication avec lui et par suite au même potentiel. Une boîte fermée, également en communication avec l'anneau, complète le système et empêche les actions qui pourraient s'exercer de l'extérieur sur la face supérieure de la plaque.

La plaque est soutenue par un ressort qui la maintient un peu au-dessus du plan de l'anneau. L'expérience consiste à déplacer le disque qui représente le plan indéfini et qui est au potentiel V, de manière à amener, par l'effet de l'attraction, la plaque exactement dans le plan de l'anneau. D'autre part il est facile de déterminer le poids P qu'il faudrait placer sur la plaque pour produire le même effet. Pour un potentiel fixe V de la plaque, l'attraction sera toujours égale à ce poids P, et on aura

$$P = \frac{S}{8\pi}\left(\frac{V_1 - V}{e}\right)^2;$$

on en déduit

$$V_1 - V = e\sqrt{\frac{8\pi P}{S}}.$$

Il y aurait une certaine difficulté à mesurer exactement la distance e des deux plateaux. On la tourne par l'artifice suivant : on met le disque en communication avec le sol, la distance qui satisfait à l'expérience est e' ; on le met ensuite en communication avec le corps au potentiel V, la distance est e; on a

$$V_1 = e'\sqrt{\frac{8\pi P}{S}},$$

$$V_1 - V = e\sqrt{\frac{8\pi P}{S}};$$

d'où, en retranchant,

$$V = (e' - e)\sqrt{\frac{8\pi P}{S}}.$$

Il suffit donc de mesurer le déplacement $e' - e$ du disque de la première expérience à la seconde.

81. — Pour maintenir la plaque à un potentiel constant V_1, le système de la plaque, de l'anneau de garde et de la boîte est en communication avec l'armature intérieure d'une bouteille de Leyde constituée par la cage même de l'instrument (*fig*. 69). Deux appareils accessoires servent l'un à maintenir, l'autre à vérifier la constance du potentiel V_1. Le premier, appelé le *Replenisher* (**89**), est une petite machine électrique qui augmente la charge de la bouteille quand on tourne dans un sens, qui la diminue quand on tourne en sens contraire. Le second qu'on appelle la *jauge* permet de reconnaître l'instant où le potentiel atteint une valeur donnée. C'est un appareil fondé sur le même principe que l'électromètre lui-même et qui se compose d'une plaque mobile *p* (*fig*. 70) avec son anneau de

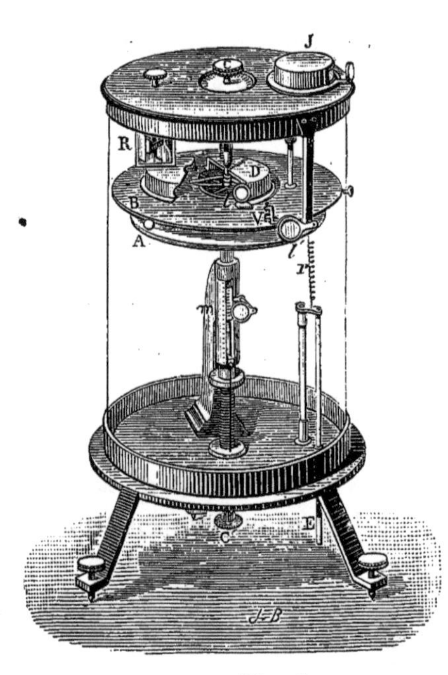

Fig. 69.

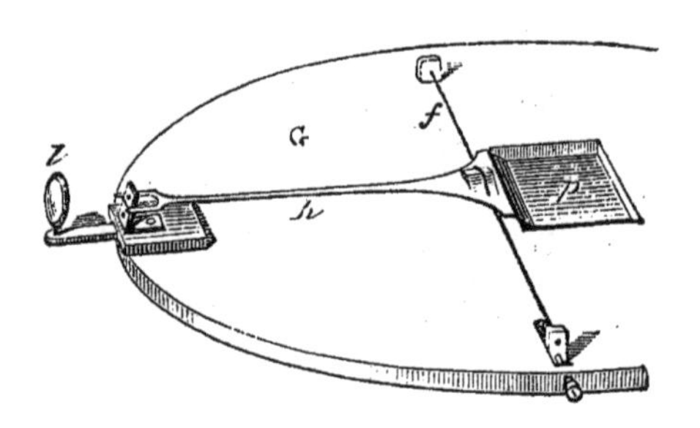

Fig. 70.

garde G, et d'un plateau qui l'attire, le tout renfermé dans une boîte J. La plaque et l'anneau sont en communication avec l'armature extérieure de l'électromètre ; le plateau est à une distance fixe de la plaque et en communication avec l'armature intérieure. La plaque est toujours ramenée dans le plan de l'anneau pour une même valeur du potentiel.

La plaque est mobile autour d'un axe formé par un fil de platine *f* et elle tord ce fil quand elle vient dans le plan de l'anneau. La plaque porte une queue h munie d'un fil qui prend une position déterminée par rapport à un repère quand le plan de la plaque coïncide avec celui de l'anneau.

82. Bouteille de Lane. — La bouteille de Lane (*fig.* 71) sert à mesurer des quantités d'électricité un peu considérables, par exemple la charge d'une batterie. C'est une bouteille de Leyde dont l'armature extérieure est en communication avec un bouton B, qu'on peut rapprocher plus ou moins, au moyen d'une vis micrométrique F, du bouton A qui termine l'armature intérieure. Si le bouton A est mis en communication avec une source d'électricité, il se produit une étincelle entre les deux boutons toutes les fois que la différence du potentiel qui s'établit entre eux atteint la valeur qui correspond à la distance explosive; pour une même distance des deux boules, toutes les étincelles laissent passer la même quantité d'électricité.

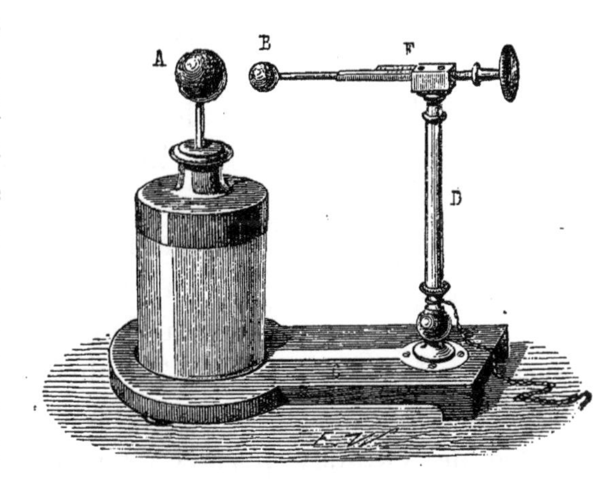

Fig. 71.

Pour mesurer la charge d'une batterie on peut disposer la bouteille de Lane de deux manières. On peut l'isoler et l'interposer entre la source et l'armature intérieure de la batterie; le nombre des étincelles mesure la quantité d'électricité qui arrivent à l'armature intérieure. On peut isoler la batterie et placer la bouteille entre l'armature extérieure et le sol, on mesure alors la quantité d'électricité que l'armature laisse écouler dans le sol, quantité qui est toujours égale à la première quand il s'agit de condensateurs fermés.

83. Électromètre à décharges de Gaugain. — Cet instrument est plus sensible que la bouteille de Lane, mais fonctionne de la même manière. C'est un électroscope à feuille d'or (*fig.* 72) muni dans le plan de divergence des feuilles et à portée de l'une d'elles, d'une boule de laiton en communication avec le sol. Toutes les fois que la charge atteint une valeur donnée, la feuille d'or vient toucher la boule, et l'instrument est déchargé.

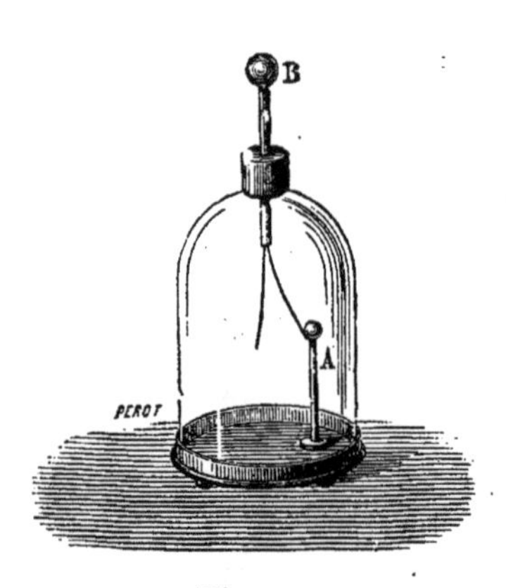

Fig. 72.

Les décharges sont identiques entre elles à la condition que la feuille retombe immédiatement ; on empêche l'adhérence de la feuille d'or avec la boule en recouvrant celle-ci d'une légère couche d'oxyde.

L'électroscope à décharges mis en communication avec un cylindre de Faraday permet de mesurer très simplement toutes les masses électriques qu'on introduit dans le cylindre. La précision de la méthode est limitée par cette circonstance qu'il reste en général sur les conducteurs une charge insuffisante pour donner une décharge complète.

Quand on approche lentement du bouton de l'électromètre à décharges un corps électrisé, on obtient une succession de décharges correspondant à la quantité d'électricité développée par influence. Quand on éloigne le corps, l'électricité accumulée dans le bouton donne lieu évidemment à un même nombre de décharges.

CHAPITRE IX

MACHINES ÉLECTRIQUES.

84. Théorie générale. — On peut donner le nom de machine électrique à toute source continue d'électricité ; celles dont nous nous occuperons en ce moment peuvent se ramener à deux types, les *machines à frottement* et les machines fondées sur l'influence ou *machines à induction.*

La théorie générale des unes et des autres est très simple et peut se résumer en quelques mots. Considérons un conducteur creux isolé tel que le cylindre de Faraday (**12**). Nous savons qu'un corps quelconque électrisé introduit dans l'intérieur du cylindre peut céder toute sa charge à la surface extérieure, quelle que soit celle qu'elle possède déjà ; si le corps est conducteur, il suffit du simple contact ; s'il est isolant, il suffit que le cylindre soit muni de pointes intérieurement. Dans tous les cas, le corps est retiré à l'état neutre et l'opération peut être recommencée indéfiniment.

Le corps peut être électrisé directement par frottement ou d'une manière indirecte, par influence ; on a, suivant le cas, une machine à frottement ou à induction.

85. Organes essentiels. — Dans l'une et l'autre circonstance la machine se réduit à trois organes essentiels, l'un qui produit l'électricité, un autre qui la transporte, le troisième qui la recueille : un *producteur*, un *transmetteur*, un *collecteur*. L'énergie communiquée au collecteur est fournie par le travail effectué contre les forces électriques quand on transporte le transmetteur depuis le producteur chargé d'électricité de signe contraire qui l'attire jusqu'au collecteur chargé d'électricité de même signe qui le repousse.

86. Loi de variation de la charge. — L'accroissement de charge du collecteur peut se faire de diverses manières ; elle croît comme les termes d'une progression arithmétique si le transmetteur apporte à chaque opération la même quantité d'électricité ; mais, particulièrement dans les machines à induction, on peut la faire croître suivant les termes d'une progression géométrique. Il suffirait, par exemple, dans le cas du cylindre, de prendre comme inducteur le cylindre lui-même. Soit A sa charge à un instant donné et mA celle qu'il développe par influence sur le transmetteur ; l'opération terminée, celle du cylindre sera $(1+m)A$, le transmetteur prendra alors une charge $m\,(1+m)A$ et celle du cylindre sera $(1+m)^2A$ après la seconde opération, $(1+m)^3A$ après la troisième et ainsi de suite, en faisant abstraction bien entendu de toutes les causes de déperdition.

Le plus souvent on accouple deux machines de manière qu'elles donnent des électricités contraires et que l'inducteur de chacune d'elles soit en communication avec le collecteur de l'autre. On se rendra compte de la même manière de l'accroissement progressif des charges.

Théoriquement, que la machine procède par addition ou par multiplication, aucune limite n'est imposée à la charge et par suite au potentiel que le collecteur peut atteindre. Pratiquement, cette limite correspondra aux décharges disruptives qui se produiront, soit sous forme d'étincelles entre le collecteur et les conducteurs voisins, soit sous forme d'aigrettes dans l'air. Cette limite ne dépendra que de la forme des conducteurs, dans lesquels il faudra éviter les angles et les formes trop aiguës. Dans les temps humides, quand la déperdition par les supports devient considérable, la limite est atteinte quand, dans chaque unité de temps, le gain est égal à la perte et cette limite est évidemment d'autant plus basse que la déperdition est plus grande.

Quoi qu'il en soit, la machine a la propriété de maintenir entre deux conducteurs une différence de potentiel constante pour chaque condition donnée et est par suite une véritable *source* d'électricité.

Après ces généralités, il ne nous reste plus qu'à dire quelques mots des machines les plus employées.

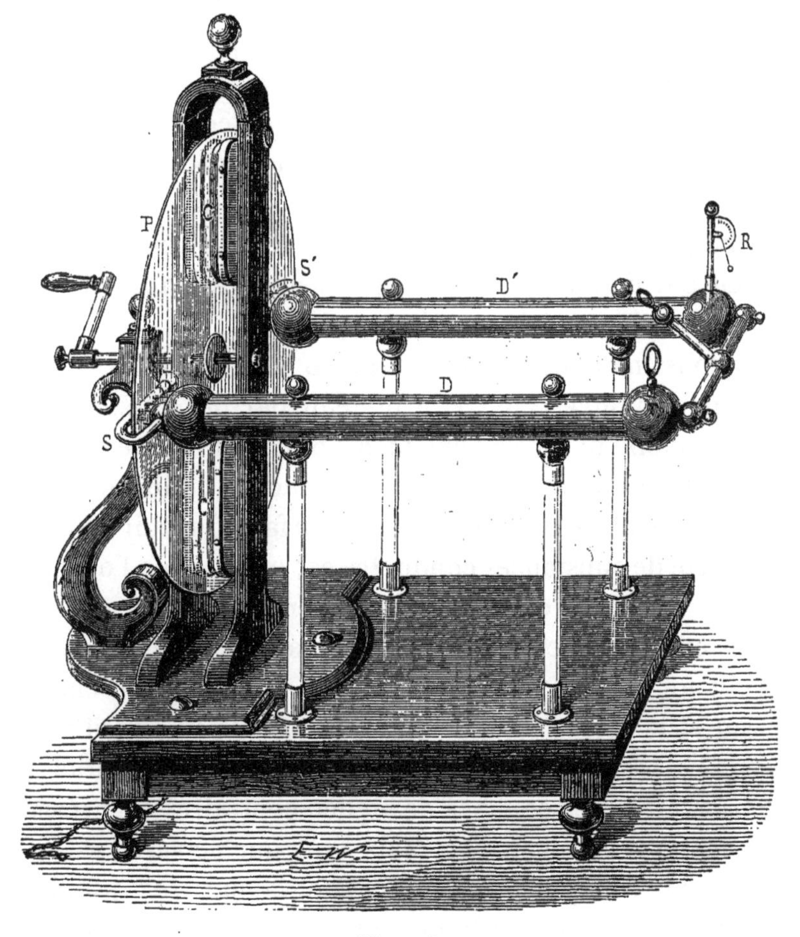

Fig. 73.

87. Machines à frottement. Machine de Ramsden. — Elle se compose d'un plateau de verre mobile autour d'un axe horizontal (*fig.* 73) qui frotte contre deux paires de coussins placés sur un diamètre vertical et vient ensuite passer entre deux conducteurs en forme de fer à cheval et munis de pointes intérieurement, qui sont placés sur un diamètre horizontal. L'électricité est produite par le frottement du verre contre les coussins, elle est transportée avec le plateau entre les peignes; bien que ceux-ci soient loin de réaliser un conducteur fermé, le plateau en sort à l'état neutre et par suite une quantité d'électricité égale à la sienne a passé sur les conducteurs isolés en communication avec les peignes.

Le verre est de tous les corps celui qui convient le mieux pour le plateau; il ne se déforme pas comme le caoutchouc durci qu'on a quelquefois cherché à lui substituer; sa surface ne subit pas non plus les mêmes altérations. Tous les verres ne sont pas de qualité égale : les anciennes glaces en verre un peu vert donnent les meilleurs plateaux.

Les coussins sont ordinairement en cuir rembourré et sont maintenus appuyés contre le plateau par des ressorts flexibles. Du moment où ils sont bien appliqués contre le verre, une augmentation de pression n'a aucune influence sur le développement de l'électricité. La surface du cuir doit être recouverte de substances conductrices; on emploie l'or mussif ou des amalgames de zinc et d'étain réduits en poudre fine et fixés en une couche bien uniforme avec un peu de suif. Il s'établit au contact une différence de potentiel fixe entre le coussin et le verre, le verre prenant l'électricité positive, le coussin l'électricité négative. Cette différence de potentiel doit être très faible, les couches de signes contraires en présence étant égales et très voisines. Mais sitôt que le verre est sorti du coussin, son potentiel prend une valeur très grande et pour empêcher la déperdition, il y a avantage à le recouvrir d'une enveloppe de taffetas que l'attraction électrique applique exactement contre le plateau.

On met ordinairement les coussins en communication avec le sol; que les coussins soient isolés ou non, le débit de la machine n'est pas changé, pas plus que la différence de potentiel qui s'établit entre les coussins et les conducteurs, différence qui est constante pour des conditions atmosphériques données. La valeur absolue du potentiel change seule. Si un observateur placé sur le sol veut tirer des étincelles du conducteur, il profitera, en mettant les coussins au sol, de toute la différence de potentiel; mais s'il s'agit de faire partir des étincelles entre les conducteurs de la machine et un corps en communication avec les coussins, ou de charger une batterie, pourvu que l'armature extérieure soit mise en communication avec les coussins, il importe peu que ceux-ci soient isolés ou non.

On construit parfois des machines où les coussins sont portés par des pieds de verre et reliés à un second système de conducteurs. On peut alors recueillir à volonté de l'électricité positive ou négative. Pour tirer avec la main des étincelles de l'un des conducteurs on devra mettre l'autre au sol ou le faire communiquer avec la main.

Pour juger du potentiel du conducteur, on place à l'extrémité un petit électroscope dit *électromètre de Henley;* c'est un petit pendule formé par une tige d'ivoire qui porte une balle de sureau et qui est mobile devant un cadran; il est évident que l'écart croît avec le potentiel. Il est évident aussi, d'après ce qu'on vient de dire, que l'écart est plus grand quand les coussins sont au sol que quand ils sont isolés.

Pour augmenter la capacité des conducteurs et obtenir des étincelles plus nourries, on mettait autrefois le conducteur principal en communication avec de grands cylindres métalliques suspendus au plafond par des cordons de soie et qu'on appelait les conducteurs secondaires; il est plus simple et moins encombrant de mettre le conducteur en communication avec l'armature intérieure d'une bouteille de Leyde.

88. — La bouteille de Lane fournit un moyen simple de mesurer le débit de la machine et d'étudier les conditions qui modifient ce débit. Nous avons déjà dit que ce débit est indépendant de la pression des coussins du moment où le contact avec le plateau de verre est suffisamment assuré. Il est également indépendant de la capacité des conducteurs tant que les causes de déperdition restent les mêmes. Il est proportionnel à la surface de verre qui passe sous le frottoir ; proportionnel, par conséquent, à la longueur des frottoirs (ainsi quand on supprime une paire de coussins sur deux, le débit tombe à moitié) ; et proportionnel d'autre part, au moins dans de larges limites, à la vitesse de rotation du plateau.

Dans certaines machines on ne met qu'une paire de coussins et un seul peigne, dans le but de reculer la limite à laquelle la décharge se produit entre les conducteurs et les coussins. On obtient un potentiel plus élevé, mais un débit beaucoup moindre.

89. Machines à induction. Replenisher de sir W. Thomson. — Nous commencerons par cette petite machine que la figure 74 représente à peu près en grandeur naturelle.

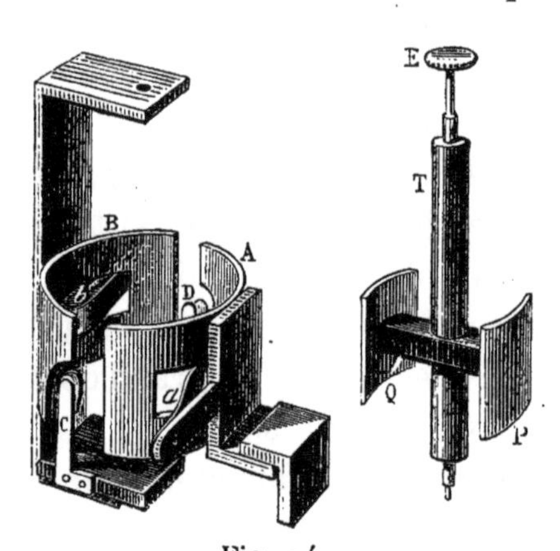

Fig. 74.

A et B (*fig.* 75) sont deux portions de cylindre ayant même axe O, tous deux isolés et qui jouent chacun par rapport à l'autre le rôle d'inducteur et de collecteur. A l'intérieur peut tourner un système de deux lames P et Q sans communication entre elles et qui font l'office de transmetteurs. Quatre ressorts *a*, *b*, *c*, placés sur une même circonférence sont rencontrés successivement par la partie la plus saillante du transmetteur ; *a* et communiquent respectivement avec A et B, *c* et *d* communiquent entre eux.

Supposons que la rotation ait lieu dans le sens de la flèche et que le conducteur A soit chargé d'électricité positive ; suivons la lame P, les choses se passant au même instant de l même manière, au signe près de la charge, pour la lame Q. Dans la situation qu'elle occupe sur la figure, en contact avec le ressort *c*, la lame P se charge par influence d'électricité négative, elle vient ensuite se placer à l'intérieur du conducteur B et lui cède toute sa charge au moment où elle touche le ressort *b*; elle prend alors au moment où elle touche *d* une charge d'électricité positive qu'elle ira céder de même au conducteur A, et ainsi de suite. Il est évident que si on tournait en sens contraire, on diminuerait la charge du conducteur. Cette petite machine n'a pas besoin d'être amorcée; il est rare qu'un conducteur soit absolument à l'état neutre et il suffit d'une trace d'électricité sur un des conducteurs pour que l'action commence.

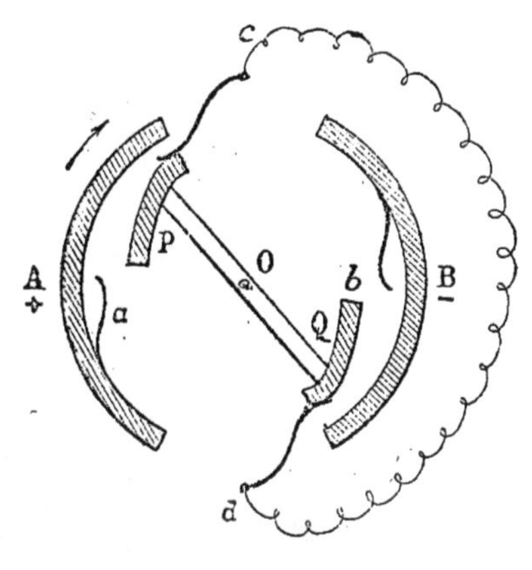

Fig. 75.

90. Machine de Holtz. — La machine de Holtz fonctionne d'une manière analogue, seulement l'accroissement de charge est continu au lieu d'être intermittent.

Elle se compose de deux plateaux de verre (*fig.* 76) placés parallèlement à très petite distance, l'un fixe, l'autre mobile autour d'un axe horizontal. Outre une ouverture centrale laissant passer l'axe du plateau mobile, le plateau fixe est percé de deux fenêtres aux extrémités d'un même diamètre; d'un côté de chacune de ces fenêtres, est une armature de papier munie d'une languette, également en papier, laquelle se termine en pointe au milieu de l'espace libre. En face des armatures, de l'autre côté du plateau mobile, sont deux peignes en communication avec deux petits conducteurs isolés P et N. Une tige métallique qu'on peut mouvoir par un manche isolant permet de faire communiquer les deux boules

P et N que nous appellerons les pôles de la machine. Enfin deux bornes à coulisses P' et N' peuvent être amenées au contact des pôles correspondants, et servent à mettre l'un ou l'autre en communication avec le sol.

La machine demande à être amorcée. On fait communi-

Fig. 76.

quer les deux pôles, et le plateau mobile étant mis en rotation de manière à venir au-devant des pointes, on approche de l'une des armatures une plaque d'ébonite frottée et chargée par suite d'électricité négative. Si la machine s'amorce, un bruissement particulier se produit; l'un des peignes laisse échapper une nappe lumineuse qui va au-devant du plateau mobile, c'est le peigne positif (**15**); l'autre présente de petites étoiles à toutes ses pointes, c'est le peigne négatif. Il se forme en même temps une grande quantité d'ozone. On peut alors retirer la tige qui fait communiquer les deux pôles, l'étincelle jaillit entre eux sous forme d'aigrette, tant que la rotation continue. On constate facilement que l'électricité de chacun des pôles est de signe contraire à celle qui s'échappe du peigne qui lui correspond.

La forme d'aigrette tient à la faible capacité des conducteurs; pour augmenter cette capacité, on fait communiquer respectivement les deux conducteurs avec les armatures intérieures de deux bouteilles de Leyde H et K dont les armatures extérieures communiquent entre elles. Les deux bouteilles forment une cascade entre les deux pôles et chacune d'elle supporte une différence de potentiel égale à la moitié de celle que comporte la machine (**59**); si l'armature extérieure est au sol, les deux conducteurs sont à des potentiels égaux et de signes contraires. Avec les bouteilles les étincelles ne sont plus continues comme l'aigrette; elles se succèdent à intervalles réguliers et sont beaucoup plus nourries, plus lumineuses et plus bruyantes. Avec une machine dont le plateau a 60 centimètres elles atteignent jusqu'à 20 centimètres.

La plupart des machines telles qu'on les construit aujourd'hui sont doubles; elles ont deux plateaux fixes adossés l'un à l'autre; les deux plateaux mobiles montés sur un même axe, tournent à l'extérieur. Les armatures sont placées en regard, et celles qui se font face sont chargées de même électricité. Un même peigne en forme de fer à cheval embrasse les deux plateaux mobiles. Rien n'est changé dans le fonctionnement de la machine, le débit seul est doublé.

L'amorcement de la machine est une des difficultés de son emploi; il est malaisé par les temps humides et ne se produit que si la plaque d'ébonite est fortement électrisée. On donne ordinairement aux plateaux une vitesse de 8 ou 10 tours par seconde.

Pour expliquer le jeu de la machine et rendre les figures

plus claires, nous remplacerons les plateaux de verre par des cylindres concentriques (*fig.* 77).

La circonférence représente le cylindre mobile; A′ et B′, les deux armatures de papier (on n'a pas figuré le cylindre fixe, celui-ci n'ayant guère d'autre rôle que de porter les armatures); A*a*, B*b*, les deux conducteurs actuellement en communication.

Supposons le plateau immobile. On approche de l'armature A′ la plaque d'ébonite chargée d'électricité négative. Un état d'équilibre se produit représenté par la figure, l'armature A′ est positive, l'armature B′ négative, le conducteur AB, à cause de ses pointes, à l'état neutre. Le verre qui a reçu l'électricité des pointes est négatif sur ses deux faces entre A et A′, positif entre B et B′.

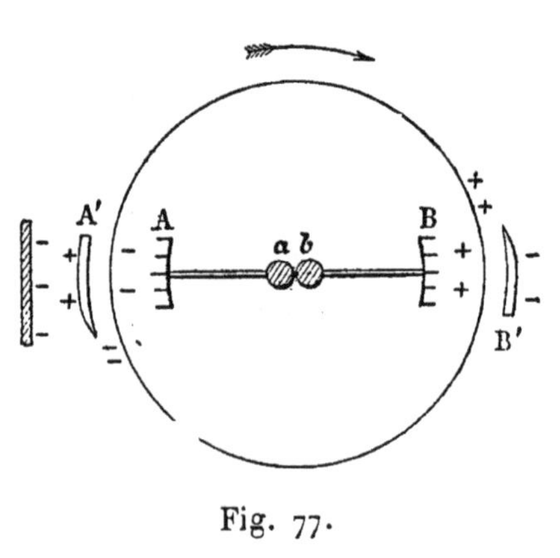

Fig. 77.

Si on déplace le plateau, l'équilibre est rompu et tend immédiatement à se rétablir; et après un demi-tour, l'état du système est représenté par la figure 78. Toute la moitié supérieure du cylindre est négative, toute la moitié inférieure positive.

Continuons à faire tourner le plateau dans le même sens. Si les deux armatures conservaient une même charge, l'équilibre dans la ligne des conducteurs devrait se rétablir comme auparavant et chacun des peignes devrait fournir une quantité d'électricité sensiblement double, puisque le peigne A, par exemple, doit neutraliser l'électricité positive du plateau et la remplacer par une quantité équivalente d'électricité négative. Mais il est facile de voir que la charge des armatures va en croissant par suite de l'influence des charges de signes contraires répandues sur les faces supérieure et inférieure du plateau mobile. La quantité d'électricité déposée sur le verre par les peignes va donc constamment en augmentant. Tant que la rotation continue le conducteur AB est donc le siège d'un double courant, un courant d'électricité positive allant de A vers B, et un courant d'électricité négative allant de B vers A. Si on interrompt le circuit en séparant les deux pôles *a* et *b*, et que la distance explosive ne soit pas trop grande, le flux n'est pas interrompu et l'étincelle jaillit d'une manière continue, sous forme d'aigrette, entre *a* et *b*; mais si la distance est trop grande, le flux cesse de se produire et la machine ne tarde pas à se décharger. Elle se décharge encore plus vite si l'on tourne le plateau en sens contraire.

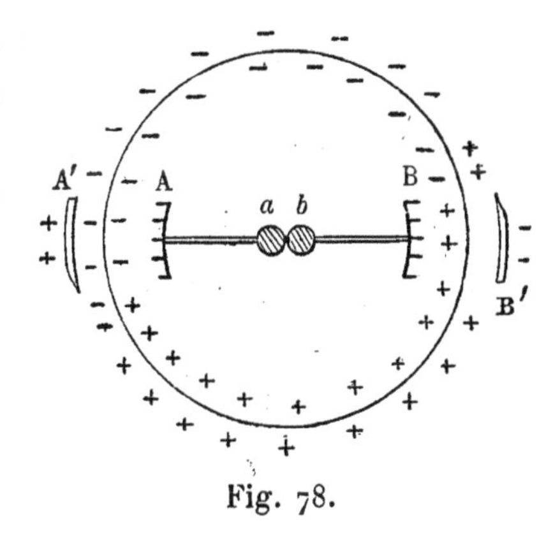

Fig. 78.

Si les bouteilles sont en communication avec les conducteurs, le flux au lieu de franchir d'une manière continue la distance *ab*, charge les bouteilles jusque ce que le potentiel atteigne la valeur qui correspond à la distance explosive. Une étincelle éclate et la même succession de phénomènes se reproduit.

Quand, avec les bouteilles, la distance des deux pôles est trop grande pour être franchie par l'étincelle, un phénomène curieux peut se produire : les bouteilles commencent à se charger; puis la machine s'éteint, après quoi elle reprend tout à coup, les signes des pôles étant renversés, et la même suite d'alternatives se reproduit. Chaque bouteille se charge et se décharge alternativement par le peigne correspondant. L'expérience réussit surtout avec les batteries de grande capacité.

La machine de Holtz donne lieu à une expérience curieuse de *réversibilité*. Si on réunit pôle à pôle deux machines A et

B et qu'on rende libre le plateau mobile de B en le débarrassant des courroies de transmission, ce plateau se met à tourner en sens contraire du sens normal dès qu'on fait fonctionner la machine A.

La bouteille de Lane montre que le débit de la machine est proportionnel à la vitesse de rotation, indépendant de la capacité du conducteur, et indépendant de la valeur absolue du potentiel des pôles : il ne change pas quand on met l'un d'eux en communication avec le sol par une des colonnes P′ ou N′. Il diminue notablement quand la différence de potentiel augmente.

91. Conducteur diamétral. — On a cherché de plusieurs manières à empêcher la machine de s'éteindre ou d'intervertir ses pôles; sous ce rapport la machine double se maintient mieux que la machine simple, mais sans être exempte des mêmes inconvénients. La solution la plus ingénieuse est celle du *conducteur diamétral* (*fig.* 79). Les armatures occupent presque tout un quadrant et un conducteur isolé A_1B_1 terminé par des peignes à ses deux extrémités peut être placé entre elles suivant un diamètre quelconque. Tant que les deux pôles sont en contact, ou qu'étant séparés le flux continue à se produire, c'est-à-dire tant que la machine fonctionne normalement, le conducteur diamétral ne joue aucun rôle, les conditions de son équilibre à l'intérieur des deux armatures étant celles qui viennent d'être établies par le conducteur principal. Mais si on écarte les pôles de manière que celui-ci cesse d'agir, le conducteur diamétral le remplace et la machine continue à fonctionner.

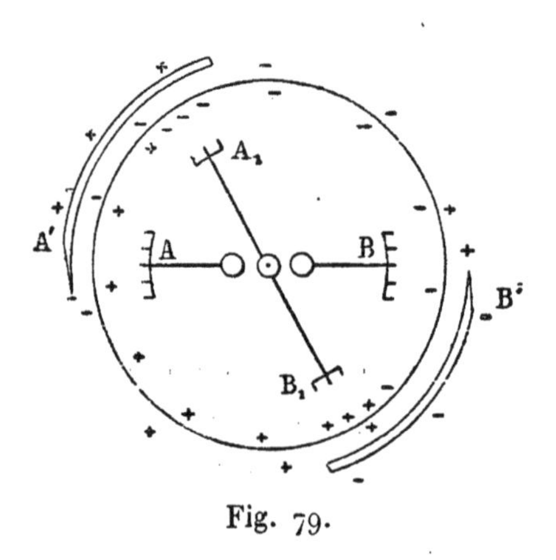

Fig. 79.

92. Machine de Voss. — La machine de Holtz a été modifiée de bien des manières. Nous citerons en particulier la machine de Voss (*fig.* 80). C'est une machine à conducteur diamétral, dans laquelle les pointes des armatures sont remplacées par de petits balais qui viennent frotter contre des *pastilles* métalliques collées sur la partie antérieure du

Fig. 80.

plateau mobile. La machine s'amorce d'elle-même et est très peu sensible à l'humidité.

93. Débit et énergie d'une machine. — Le débit des machines à induction est ordinairement beaucoup plus grand que celui des machines à frottement. Avec une bouteille de Lane dont la distance explosive était réglée à 1 millimètre, le débit par tour d'une machine de Ramsden de 98 centimètres de diamètre étant 1, celui d'une machine de Holtz double de 55 centimètres était de 0,86. Les vitesses normales étant par seconde de 1 tour pour la première machine et 10 tours pour la seconde, les débits par seconde sont entre eux comme 1 est à 8,6.

La puissance mécanique P d'une machine ayant atteint un régime permanent est égale au produit EI de son débit par seconde par la différence de potentiel des deux pôles (**35**).

Les nombres suivants sont empruntés aux expériences de M. Mascart : 7 tours de plateau d'une machine de Holtz double ont chargé une batterie dont la capacité électrostatique était de 22 500 centimètres, de manière à leur faire donner une étincelle de 1 millimètre.

La capacité de la batterie étant de $\frac{22\,500}{3^2 \cdot 10^5} = 0{,}025$ microfarads (**51**) et la distance explosive de 0,1 centimètre correspondant à une différence de potentiel de 5 490 volts (**71**) on trouve pour la charge de la batterie

$$M = VC = 5\,490 \,.\, 0{,}025 \,.\, 10^{-6} = 137{,}25 \,.\, 10^{-6} \text{ coulombs,}$$

et pour le travail correspondant (**52**)

$$W = \frac{1}{2} MV = \frac{1}{2} \,.\, 5\,490 \,.\, 137{,}25 \,.\, 10^{-6} = 0{,}75 \text{ watts.}$$

Le débit de la machine est donc de $137{,}25 . 10^{-6}$: 7 coulombs par tour et comme elle fait en marche normale 10 tours par seconde, on a pour le débit par seconde.

$$I = 0{,}0002 \text{ coulombs.}$$

La machine peut donner des étincelles de 22 centimètres correspondant à un potentiel de 133 000 volts. Si le débit restait constant pour ces hauts potentiels, ce qui n'est pas, la puissance maximum de la machine serait de

$$133\,000 \,.\, 0{,}0002 = 26{,}6 \text{ watts-seconde,}$$

soit environ $\frac{1}{30}$ de cheval-vapeur.

CHAPITRE X

PILE ÉLECTRIQUE.

94. Expérience de Galvani. — Toutes les fois que sur une grenouille récemment préparée, on met les nerfs lombaires en communication avec les muscles par un arc métallique formé de deux métaux, zinc et cuivre par exemple (*fig.* 81), les membres sont agités par de vives contractions.

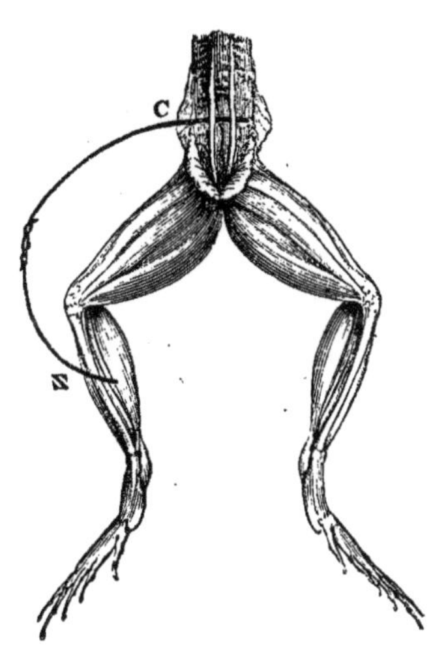

Fig. 81.

Galvani, l'auteur de cette découverte dont les conséquences devaient être si importantes, voyait dans la grenouille même la cause première du phénomène : il l'assimilait à une bouteille de Leyde dont les nerfs auraient formé l'armature intérieure, les muscles l'armature extérieure; pour lui la charge s'effectuait par l'action des forces vitales et l'arc métallique n'était que l'*excitateur* qui opérait la décharge.

95. Principe de Volta. — Loi du contact. — Volta admettait comme Galvani la nature électrique du phénomène : mais frappé surtout de ce fait que le contact de deux métaux était nécessaire à la réussite de l'expérience, il voyait dans ce contact même l'origine de l'électricité, la grenouille jouant seulement le rôle d'un électroscope très sensible. Il fut ainsi conduit à poser un principe général, devenu une des lois fondamentales de l'électricité et que nous énoncerons de la manière suivante :

Le contact de deux métaux et, plus généralement, de deux corps hétérogènes quelconques, suffit pour établir entre ces deux corps une différence de potentiel. Cette différence dépend uniquement de la nature des corps et de leur température; elle est indépendante de leurs dimensions, de leur forme, de l'éten-

Fig. 82.

due des surfaces en contact et de la valeur absolue du potentiel sur chacun d'eux.

Parmi les nombreuses expériences imaginées par Volta, pour mettre ce principe en évidence nous citerons les deux suivantes :

On prend à la main une lame de zinc soudée à une lame de cuivre et on met cette dernière en communication avec le plateau inférieur de l'électromètre condensateur, l'autre plateau étant au sol (*fig.* 82). Les communications rompues et le plateau supérieur soulevé, les feuilles d'or divergent, chargées d'électricité négative; ce qui prouve que le potentiel du cuivre était négatif, celui du zinc tenu à la main étant zéro. Si on répète l'expérience en tenant à la main la lame de cuivre et en touchant le plateau avec le zinc, les feuilles restent immobiles : la chute de potentiel en allant du zinc au cuivre est évidemment la même de part et d'autre, et le potentiel du plateau doit être nul comme celui de la lame de cuivre qu'on tient à la main.

Deux plateaux, l'un de zinc, l'autre de cuivre, tenus par des manches isolants (*fig.* 83) et primitivement à l'état neutre, sont mis en contact, puis séparés l'un de l'autre; tous deux sont électrisés, le zinc positivement, le cuivre négativement. La charge est d'ailleurs proportionnelle à l'étendue des surfaces en contact. Les deux plateaux se sont chargés comme les lames d'un condensateur entre lesquelles on aurait établi une différence de potentiel. Les deux électricités de signes contraires forment sur les surfaces en contact deux couches équivalentes, qui restent séparées, malgré l'absence d'une lame isolante, en vertu de la force électromotrice de contact de Volta.

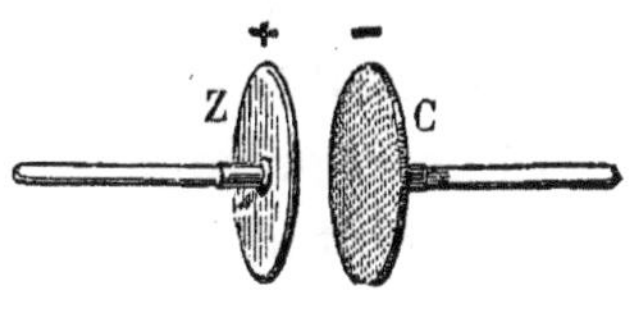

Fig. 83.

Ainsi, quand deux métaux A et B en contact, sont en équilibre électrique, le potentiel est constant sur chacun d'eux, mais il éprouve une variation brusque (*fig.* 84) quand on passe de l'un à l'autre. Nous représenterons par le symbole A | B la variation que l'on rencontre en allant de A vers B, par B | A celle de B vers A; on a évidemment

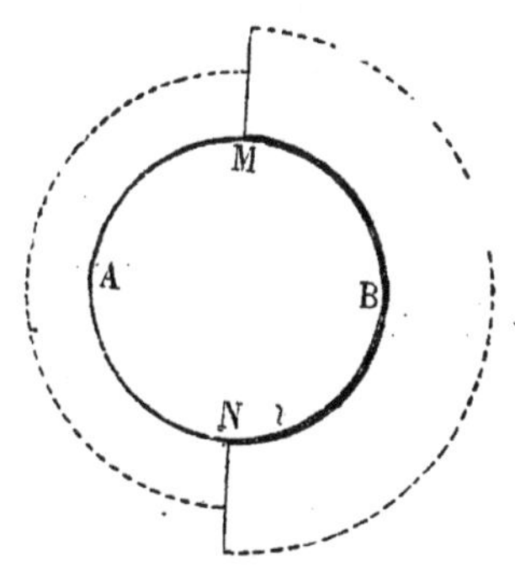

Fig. 84.

$$B \mid A = - A \mid B.$$

Si les deux métaux forment un circuit fermé, chacun d'eux

est évidemment à un potentiel constant, et la somme des forces électromotrices est nulle. Il n'en saurait être autrement sans contradiction avec le principe de la conservation de l'énergie, puisqu'alors il y aurait un mouvement continu d'électricité, produisant du travail sans dépense équivalente.

96. Loi des contacts successifs. — Supposons maintenant une chaîne formée de corps hétérogènes A, B, C... soudés à la suite les uns des autres. Volta a été conduit à distinguer deux cas, suivant que les corps de la chaîne sont tous des métaux, ou qu'il y a parmi eux des liquides tels que de l'eau tenant en dissolution des bases, des acides ou des sels.

Dans le premier cas, si les deux métaux qui terminent la chaîne sont identiques, *les extrémités sont au même potentiel*, ce qu'on exprimera par la formule

$$A \mid B + B \mid C + \ldots + L \mid M + M \mid A = 0.$$

Comme on a $M \mid A = - A \mid M$, on peut écrire

$$A \mid B + B \mid C \ldots + L \mid M = A \mid M;$$

de sorte que lorsque la chaîne est terminée par deux métaux quelconques A et M, *la différence des potentiels des métaux extrêmes est la même que si les deux métaux étaient directement en contact.*

Cette loi est la loi des *contacts successifs;* elle est encore une conséquence évidente du principe de la conservation de l'énergie : autrement, la chaîne fermée sur elle-même donnerait lieu à un mouvement continu d'électricité.

Il n'en est plus de même et la loi des contacts successifs ne s'applique plus, dans le second cas. Dans une chaîne formée de zinc, d'eau acidulée et de cuivre, les deux métaux en contact avec l'eau sont au même potentiel ou du moins leur différence de potentiel n'est point celle qui aurait lieu s'ils étaient immédiatement en contact ou séparés par un métal quelconque. Si on ferme le circuit en réunissant les deux métaux par un fil de cuivre par exemple, on obtient au point de jonction A du cuivre et du zinc une différence du potentiel qui n'est plus compensée, comme dans le cas précédent, par la différence qui existe entre le cuivre et le zinc plongés dans l'eau; la somme des forces électromotrices du circuit n'est plus nulle, et l'équilibre est impossible. Un mouvement continu d'électricité se produira; mais il n'y a plus ici contradiction avec le principe de la conservation de l'énergie, car, ainsi que nous le verrons plus loin, il se produira corrélativement, entre le liquide et les métaux, des actions chimiques qui fourniront l'énergie nécessaire à l'entretien du mouvement électrique.

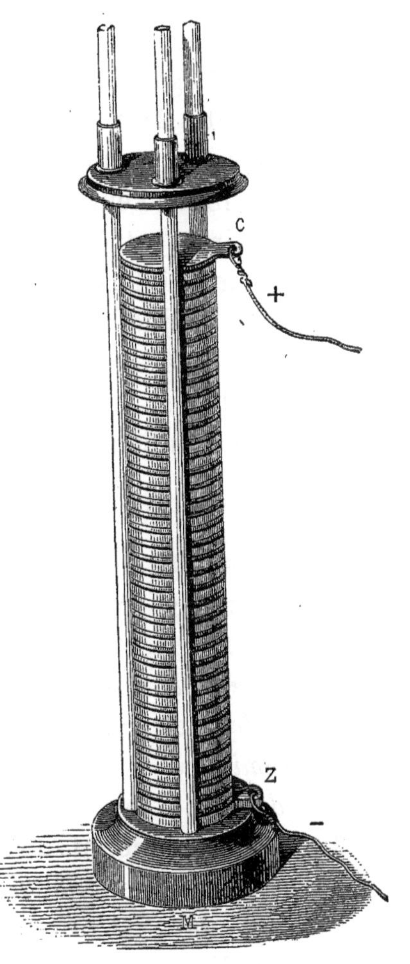

Fig. 85.

97. Pile de Volta. — C'est en partant de ces idées ou du moins d'idées analogues mais moins précises, que Volta a construit la pile. Plaçons un disque de cuivre sur un support isolant, puis par dessus un disque de zinc; quel que soit le potentiel V du disque de cuivre, celui du zinc sera $V + a$, si on désigne par a la force électromotrice de contact entre le zinc et le cuivre. Mettons par-dessus une rondelle de drap imprégnée d'eau acidulée, puis une rondelle de cuivre; celles-ci agissant comme de simples conducteurs, prendront le potentiel $V + a$ de la lame de zinc. Mais un nouveau disque de zinc placé sur le cuivre se mettra au potentiel $V + 2a$ et ainsi de suite ; de sorte que si on a superposé *n couples* de disques cuivre et zinc, tous dans le même ordre, en les séparant par des rondelles de drap, on aura constitué une *pile* dont l'extrémité supérieure sera au potentiel $V + na$, et qui par suite présentera entre ses deux extrémités une différence de potentiel égale à na, cette différence étant constante et indépendante de V. Ainsi si l'on met l'extrémité inférieure de la pile en communication avec le sol, son potentiel devient zéro, et celui de l'extrémité supérieure est $+ na$. Si on met au contraire l'extrémité supérieure au potentiel zéro, celui de l'extrémité inférieure devient $- na$. Enfin si on met au sol le $p^{\text{ième}}$ couple à partir du bas, le potentiel est $- pa$ à l'extrémité inférieure, $+ (n-p)a$ à l'extrémité supérieure ; en particulier si le nombre total des couples est impair et que celui du milieu soit mis au sol, les potentiels aux deux extrémités sont $+\frac{na}{2}$ et $-\frac{na}{2}$.

Tous ces faits se vérifient avec la plus grande netteté au moyen d'un électromètre quelconque.

Les deux extrémités de la colonne s'appellent les *pôles* de la pile. *Le pôle positif est à l'extrémité où la dernière rondelle de drap est suivie d'un disque de cuivre, le pôle négatif à l'extrémité où la dernière rondelle de drap est suivie d'un disque de zinc.*

98. Affaiblissement de la pile. — La pile est donc une machine électrique ayant la propriété de présenter une différence de potentiel constante E entre ses deux extrémités et par suite elle a le caractère d'une source d'électricité. Si on met ses deux pôles en communication avec les armatures d'un condensateur, celui-ci se charge au potentiel E dans un temps plus ou moins long, mais généralement très court, une fraction de seconde seulement, et l'expérience peut être recommencée un grand nombre de fois. Enfin, si l'on joint les deux pôles par un fil conducteur, l'électricité positive qui tend toujours à passer du potentiel le plus élevé au potentiel le moins élevé, forme un flux continu du pôle positif au pôle négatif sans que l'équilibre puisse s'établir, et donne lieu au phénomène du *courant électrique* que nous étudierons plus loin.

Mais l'expérience montre que les effets produits diminuent rapidement d'intensité ; d'un autre côté, si après avoir laissé quelque temps les deux pôles réunis par un fil conducteur, on les sépare de nouveau et qu'on les remette en communication avec l'électromètre, on trouve que la force électromotrice a beaucoup diminué et qu'elle ne revient que lentement à sa valeur primitive.

99. Modifications de la pile de Volta. — On attribua d'abord l'affaiblissement de la pile à la dessiccation des ron-

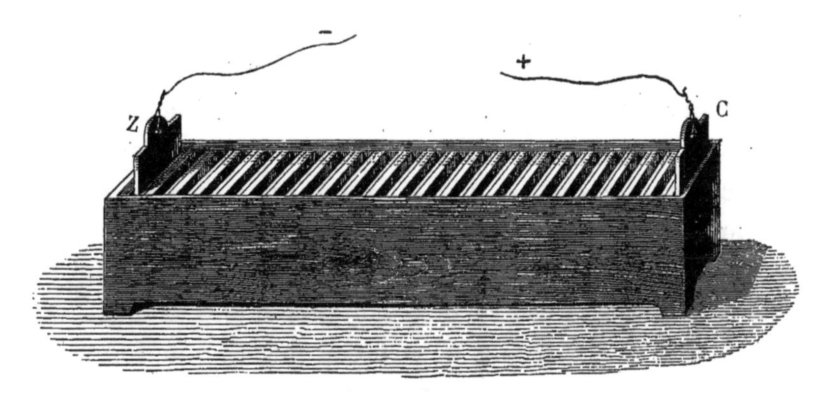

Fig. 86. — Pile à auge.

delles de drap comprimées par la charge qu'elles supportent ; à la *pile à colonne* on substitua la *pile à auges* (*fig.* 86) qui n'est que la première couchée horizontalement ; puis la *pile à tasses* (*fig.* 87), dans laquelle chaque vase contenant de l'eau acidulée reçoit une lame de zinc et une lame de cuivre, la lame de cuivre d'une tasse communiquant avec la lame de zinc de la suivante. L'ensemble formé par un vase, la lame de cuivre et la lame de zinc, *munie du fil de cuivre* qui doit la rattacher au cuivre suivant, constitue ce qu'on appelle un *couple Volta.*

La force électromotrice du couple Volta mesurée à l'électromètre est de 1 volt environ, en circuit ouvert. Mais quelle

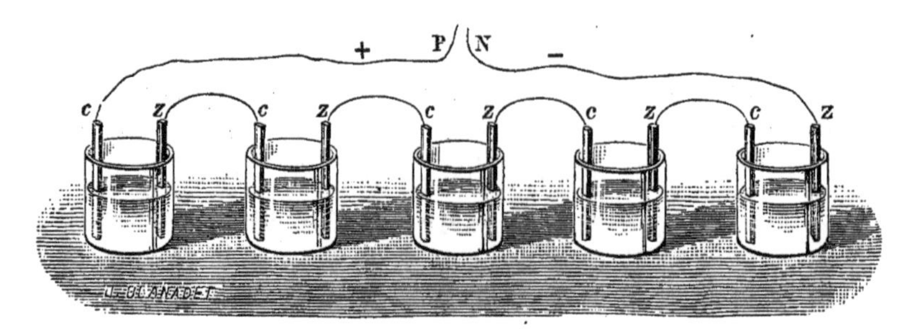

Fig. 87.

que soit sa forme sa force électromotrice tombe rapidement en circuit fermé.

100. Polarisation de la pile. — La cause véritable de l'affaiblissement de la pile de Volta est la conséquence même des actions chimiques dont elle est le siège, quand fermée par un conducteur elle donne lieu au courant. L'eau acidulée est décomposée ; l'oxygène se porte sur le zinc qui se dissout en donnant du sulfate de zinc, l'hydrogène va se dégager sur la lame de cuivre et la recouvre d'une couche de gaz. Celle-ci modifiant la nature de la surface, change par là même la valeur des forces électromotrices de contact et diminue parfois jusqu'à l'annuler, la force électromotrice de la pile. On dit alors que la pile est *polarisée.* Nous reviendrons plus loin en détail sur le phénomène de la *polarisation.*

101. Emploi de zinc amalgamé. — Un perfectionnement important fut la substitution du zinc amalgamé au zinc ordinaire. Tandis que le zinc impur du commerce se dissout dans l'eau acidulée en donnant du sulfate de zinc et de l'hydrogène, le zinc pur ou le zinc amalgamé reste inattaqué tant que le circuit est ouvert; l'action chimique ne se produit que lorsque le circuit est fermé et est corrélative, comme nous le verrons, du courant produit. Tout le zinc dissous par l'action directe de l'eau acidulée serait dépensé en pure perte.

102. Couples non polarisables. — Pour supprimer la polarisation, il faut empêcher la formation de la couche d'hydrogène à la surface de la lame qui forme le pôle positif. On y arriverait en substituant à la lame de cuivre une lame d'oxyde de cuivre que l'hydrogène réduirait peu à peu. Dans le *couple à bichromate de potasse*, on remplace l'eau acidulée par une dissolution de bichromate de potasse et la lame de cuivre par une lame de charbon de cornue. L'hydrogène réduit le bichromate au contact du charbon et ne se dégage pas à l'état de gaz. Mais le résultat est obtenu d'une manière plus complète dans les couples à deux liquides. Ces couples peuvent être rapportés à deux types, *le couple Daniell* et *le couple Bunsen*.

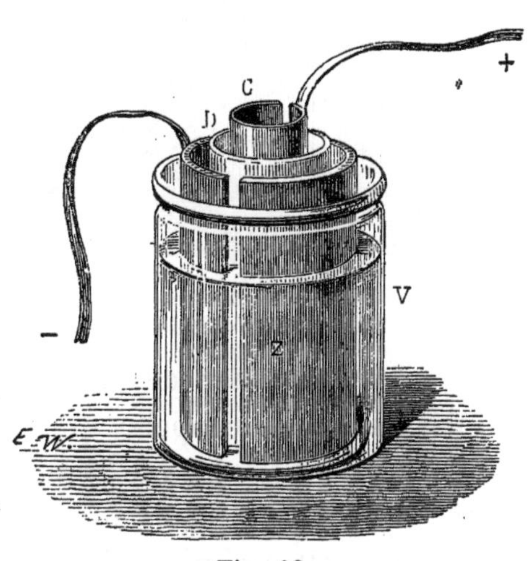

Fig. 88.

Le couple Daniell (*fig.* 88) se compose d'un vase séparé en deux compartiments par une cloison poreuse, membrane animale ou végétale, plaque de porcelaine dégourdie, etc.; l'un des compartiments renferme de l'eau acidulée et une lame de zinc amalgamé; l'autre une dissolution de sulfate de cuivre et une lame de cuivre. Pendant que le zinc se dissout dans le premier compartiment en donnant du sulfate de zinc, le sulfate de cuivre est décomposé dans le second et laisse déposer du cuivre sur la lame de cuivre. Les surfaces des métaux sont toujours dans le même état et la force électromotrice reste constante. Cette force électromotrice est de 1,1 volts environ.

Le couple de Bunsen (*fig.* 89) se compose également d'un vase séparé en deux compartiments par une cloison poreuse;

le premier contient encore de l'eau acidulée et une lame de zinc amalgamé; le second renferme de l'acide azotique du commerce $AzO^5,4HO$, et une lame de charbon de cornue. En remplaçant le charbon par une lame de platine, également inaltérable, on a le *couple de Grove.* L'hydrogène provenant de la décomposition de l'eau acidulée réduit l'acide azotique en donnant des composés oxygénés inférieurs. La force électromotrice du couple Bunsen est de 1,8 volts.

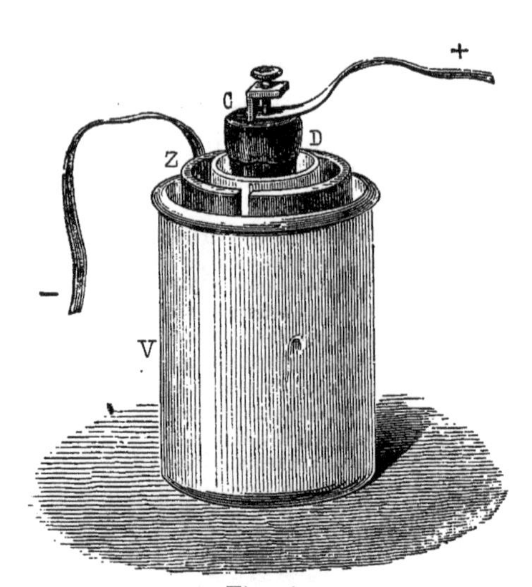

Fig. 89.

On a varié de bien des manières la forme des différents couples. Il faut se rappeler que la force électromotrice d'un couple ne dépend que de la nature des corps mis en présence, et nullement de la forme et des dimensions données au couple; celles-ci n'ont d'influence que sur sa résistance.

Dans tous les couples il y a deux lames en présence : l'une telle que le zinc qui est attaqué par le liquide sous l'influence du passage du courant, l'autre, cuivre, platine, charbon, etc. qui reste inattaquée. Le pôle négatif est toujours à la lame attaquée, le pôle positif à celle qui ne l'est pas.

Pour constituer une pile on place les éléments à la file en réunissant le zinc d'un couple au cuivre ou au charbon du couple suivant (*fig.* 90). La force électromotrice de la pile est la somme des forces électromotrices de chacun des couples.

103. Couples étalons. — Pour qu'un couple puisse servir d'étalon il faut que sa force électromotrice soit bien constante et qu'on connaisse sa valeur en volts. Les deux couples les plus employés pour cet usage sont les couples de Daniell et de Latimer Clarke, principalement ce dernier.

La force électromotrice du couple Daniell varie avec la concentration des dissolutions de 1,04 à 1,11 volts. Mais avec

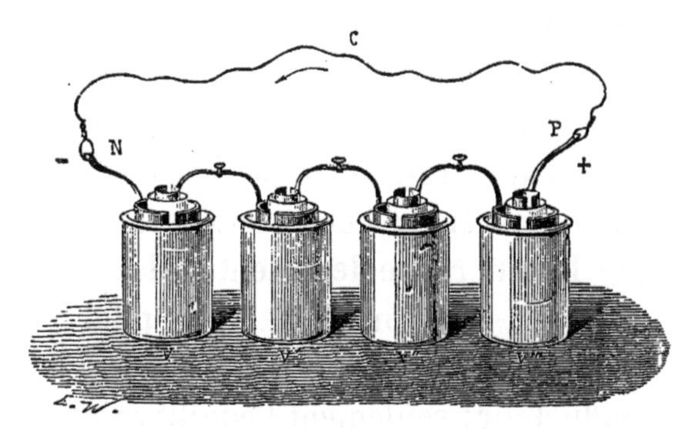

Fig. 90.

des dissolutions identiques, il présente encore des variations de 2 à 3 p. 100, dues sans doute à l'état des métaux. La force électromotrice change aussi avec la température et d'une manière qui dépend de l'état de concentration des liquides.

Le couple Latimer Clarke est ainsi constitué :

Zinc | Sulfate de zinc. || Sulfate de mercure | Mercure.

Les couples Latimer Clarke sont bien comparables ; leur force électromotrice est de $1^{v},495$ à 15° et varie de $0^{v},00078$ par degré, la force électromotrice diminuant quand la température augmente. Il faut éviter de les fermer sur eux-mêmes et ne les employer qu'avec les électromètres.

CHAPITRE XI

COURANTS ÉLECTRIQUES. — ACTIONS CALORIFIQUES.

104. Courant électrique. — Considérons une pile constante de force électromotrice E. Si on met les pôles en communication avec les armatures d'un condensateur, une rupture d'équilibre a lieu qui transporte de l'électricité positive sur l'une des armatures, et de l'électricité négative sur l'autre, jusqu'à ce que la différence de potentiel des deux armatures soit égale à la force électromotrice de la pile.

Un effet analogue se produit quand on réunit les deux pôles par un fil conducteur; seulement l'équilibre ne peut s'établir et le transport d'électricité positive dans un sens, négative dans l'autre s'effectue d'une manière continue. En même temps le fil acquiert des propriétés nouvelles et on définit son état en disant qu'il est le siège d'un *courant électrique*. Ces propriétés n'étant pas les mêmes dans les deux sens, il est nécessaire de définir la situation du conducteur par rapport aux pôles de la pile. C'est ce qu'on fait en indiquant le sens du courant de l'électricité positive, sens qu'on convient d'appeler simplement *le sens du courant*.

L'expérience montre que l'état particulier caractérisé par le mot *courant* est commun à tous les points du circuit formé par la pile et le conducteur interpolaire, et que les propriétés y sont partout les mêmes quant à l'intensité et quant au sens. On en conclut que le circuit tout entier est le siège d'une circulation continue telle que chaque section est traversée en même temps par la même quantité d'électricité. On appelle *intensité du courant* la quantité d'électricité qui traverse par seconde une section quelconque du circuit. Avec les unités pratiques, *l'unité* d'intensité est celle qui correspond à un coulomb par seconde. Cette unité porte le nom d'*ampère*. L'intensité d'un courant exprimée en ampères est donc le nombre de coulombs qui dans chaque seconde traversent une section quelconque du circuit.

Si le courant est constant, l'intensité est donnée par la formule

$$I = \frac{q}{t},$$

q étant la quantité d'électricité qui a traversé en t secondes une section quelconque du circuit; si le courant est variable l'intensité *à un instant donné*, sera donnée par la même formule, à la condition que t représente un temps infiniment court à partir de l'instant considéré et q la quantité d'électricité écoulée pendant le même temps.

105. Loi d'Ohm. — Abstraction faite de la polarisation, les différences de potentiel dont la somme constitue la force électromotrice d'une pile restent constantes pendant le passage du courant. Pour chaque coulomb qui parcourt le circuit, elles engendrent un travail égal à E watts, si la force électromotrice E est exprimée en volts (**35**); mais le nombre de coulombs que la pile peut mettre en mouvement par seconde et par suite sa puissance mécanique, dépend de la constitution du circuit au point de vue de cette qualité que nous avons appelée la *résistance* (**64**). Les expériences d'Ohm et de Pouillet ont montré que pour un même circuit, c'est-à-dire pour une résistance donnée, l'intensité varie proportionnellement à la force électromotrice; et, pour une même force électromotrice, en raison inverse de la résistance totale du circuit, pile et fil interpolaire.

Une vérification très simple et très élégante de ces lois s'obtient facilement en joignant par une corde ou un fil de coton bien homogène, l'armature intérieure d'une batterie au bouton d'un électromètre à décharges (**83**). Si la capacité de la batterie est grande, la petite quantité d'électricité qui correspond à une décharge ne modifie pas le potentiel. Pour un même fil, le nombre de décharges par unité de temps est proportionnel à la charge de la batterie; et pour une même charge, il varie en raison inverse de la longueur du fil. Deux fils auront la même résistance, si pour une même charge de la batterie, ils donnent le même nombre de décharges.

On peut toujours choisir l'unité de résistance de manière à comprendre les lois précédentes sous la formule

$$I = \frac{E}{R},$$

R étant la résistance du circuit. Cette loi est connue sous le nom de *loi d'Ohm*. Elle est la définition même de la résistance. Avec les unités pratiques, l'unité de résistance est celle du circuit dans lequel une force électromotrice d'un volt produit un courant d'un ampère : c'est à cette unité qu'on a donné le nom d'*ohm* (**64**).

Avec ces unités, la loi d'Ohm aura pour énoncé :

L'intensité du courant exprimée en ampères est égale au quotient de la force électromotrice exprimée en volts par la résistance du circuit exprimée en ohms.

106. Variation du potentiel le long du circuit. — Une première propriété caractéristique du courant est que sur chacun des conducteurs qui constituent le circuit, le potentiel au lieu d'être constant comme dans l'état d'équilibre, varie d'un point à un autre, en allant toujours en décroissant dans le sens du courant.

Supposons le fil interpolaire formé de fils cylindriques homogènes AB, BC, CD..., de diverses natures (*fig.* 91). Prenons un électromètre à cadran dont l'aiguille sera maintenue à un potentiel fixe, et mettons l'un des cadrans en communication avec le point A qui sera, par exemple, le pôle positif de la pile et l'autre avec un point variable M du fil interpolaire. La chute du potentiel de A à M varie avec la position du point M. Tant qu'on reste sur le fil AB, elle croît proportionnellement à la distance AM, et sa valeur exprimée en volts est égale au produit de l'intensité par la résistance comprise entre A et M; de telle sorte que si on désigne par r_1 la résistance du fil AB et par e_1 la chute de A en B, on a

$$e_1 = Ir_1.$$

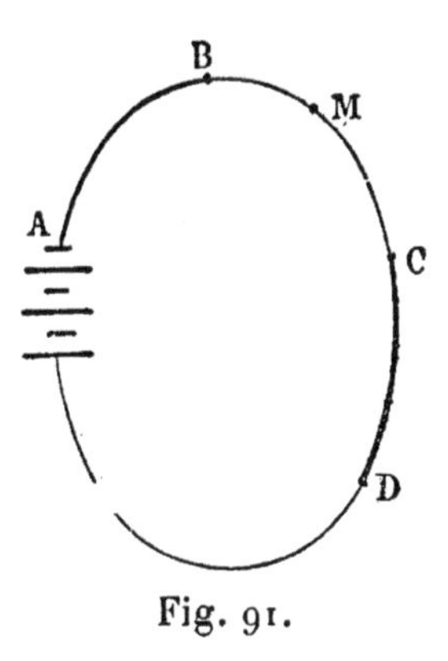

Fig. 91.

Au point B le potentiel éprouve en réalité une variation brusque due à la force électromotrice de contact, mais que l'électromètre ne peut mettre en évidence[1]; après quoi, le potentiel décroît encore d'une manière continue et régulière entre B et C, mais avec une rapidité différente. On aura encore pour la chute de B en C

$$e_2 = Ir_2,$$

et ainsi de suite. La différence du potentiel E' entre les deux pôles, toujours plus petite que la différence E en circuit ouvert, sera la somme de toutes les chutes successives, et on aura

$$E' = e_1 + e_2 + e_3 \ldots = I(r_1 + r_2 + r_3 \ldots) = Ir,$$

en appelant r la résistance du conducteur interpolaire.

Si on opère de même le long de la pile, on observera en passant d'un élément à un autre une élévation de potentiel e' plus petite que la force électromotrice e de l'élément en circuit ouvert, et égale à l'excès de cette force électromotrice sur la chute due à la résistance ρ de l'élément

$$e' = e - I\rho.$$

1. Supposons, en effet, que le fil AB soit un fil de cuivre, BC un fil de zinc et les deux fils de communication avec l'électromètre des fils de cuivre. Immédiatement avant le point B_1, l'électromètre accuse une différence de potentiel e_1, immédiatement après le point B, une différence $e_1 + \text{Cu}|\text{Zn} + \text{Zn}|\text{Cu} = e_1$, puisqu'on a $\text{Cu}|\text{Zn} + \text{Zn}|\text{Cu} = 0$.

Du pôle négatif au pôle positif, le potentiel aura remonté d'une quantité E″ telle que

$$E'' = ne - nI\rho = E - Ir',$$

r' étant la résistance de la pile. En écrivant, comme il est évident, que les quantités E′ et E″ sont égales, on obtient

$$E = I(r + r') = IR,$$

c'est-à-dire la loi d'Ohm.

Ces résultats sont représentés dans le diagramme de la figure 92 obtenu en portant en abscisses les résistances des

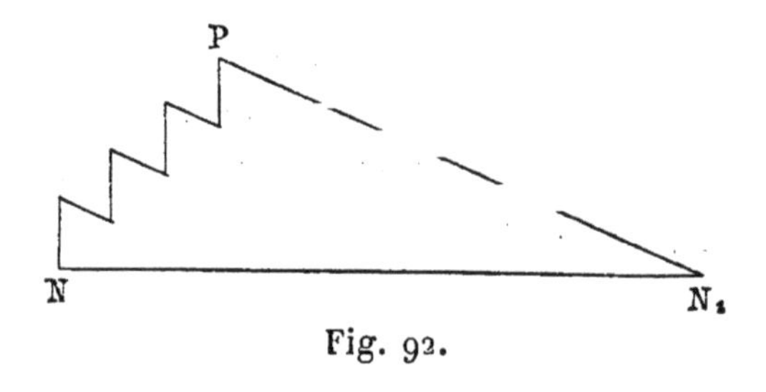

Fig. 92.

diverses parties du circuit à partir du pôle négatif de la pile, et en ordonnées les potentiels des différents points, celui du pôle négatif étant pris égal à zéro. De N à P, la figure représente les variations de potentiel le long de la pile; de P à N_1, les variations le long du fil interpolaire.

107. Résistance des conducteurs. — Les chutes de potentiel pour un même courant étant proportionnelles aux résistances permettent évidemment de comparer ces résistances. Deux résistances qui donnent lieu à la même chute sont égales entre elles. Pour obtenir la valeur absolue de la résistance d'un conducteur, il suffira de connaître, en valeur absolue, la chute du potentiel et l'intensité du courant.

La résistance d'un conducteur varie avec la température et augmente généralement avec elle. Si on désigne par R_0 la résistance à zéro, la résistance à la température t est donnée par la formule

$$R = R_0 (1 + at).$$

Pour les métaux purs, le coefficient a est sensiblement égal au coefficient de dilatation des gaz et compris entre 0,0036 et 0,0038. Il est notablement plus faible pour les alliages.

108. Énergie d'une pile. — Soit E la force électromotrice de la pile et I l'intensité du courant; dans chaque seconde, les forces électromotrices soulèvent, pour ainsi dire, une quantité I d'électricité à la hauteur E et développent une énergie égale à EI. Cette énergie constitue la puissance mécanique P de la pile, et elle est la source de toutes les actions produites par le courant. En tenant compte de la loi d'Ohm, on a

$$P = EI = \frac{E^2}{R} = RI^2.$$

Avec les unités pratiques, P est exprimé en *watts-seconde*.

109. Loi de Joule. — Quand le courant ne produit aucun travail extérieur et que le circuit ne renferme d'autres liquides que ceux de la pile, toute l'énergie engendrée par la pile est transformée en chaleur.

La chaleur se dégage sur chaque portion du circuit en raison de la quantité d'énergie qui s'y trouve dépensée. Ainsi entre les points A et B où la chute du potentiel est égale à e_1, l'énergie dépensée dans chaque seconde est e_1I et la quantité de chaleur q_1 dégagée entre ces deux points, est déterminée par la relation (**65**)

$$Jq_1 = e_1 I = I^2 r_1.$$

De même pour chaque portion du circuit. En faisant la somme de toutes les quantités de chaleur $q_1, q_2, q_3 \ldots$ dégagées par seconde dans les diverses parties du circuit, on aura

$$JQ = I^2(r_1 + r_2 + r_3 \ldots) = I^2R = P.$$

Ainsi, *l'énergie calorifique dégagée sur un conducteur pendant l'unité de temps est égale au produit du carré de l'intensité par la résistance du conducteur.*

C'est la loi de Joule. Joule a trouvé cette loi par l'expérience, mais on voit quelle se déduit immédiatement de la loi d'Ohm et du principe de la conservation de l'énergie.

La vérification de la loi de Joule se réduit à une expérience calorimétrique qui donne la valeur de q, pour une valeur connue de I et de r. Remarquons qu'une fois la loi démontrée, l'équation

$$Jq = I^2 r$$

permettra de déterminer par la même méthode une des quantités I, r, J, quand on connaîtra les deux autres. Avec les unités pratiques, J est égal à 4,17 (**65**).

110. Échauffement des fils. — Si on forme une chaîne de bouts de fils métalliques, de platine, par exemple, alternativement fins et gros, et qu'on y fasse passer un courant, on verra les fils fins rougir pendant que les gros s'échaufferont à peine. — De même dans une chaîne formée de bouts d'égal diamètre, les uns de platine, les autres d'argent, les premiers rougiront quand les seconds seront encore obscurs; la chaleur spécifique du platine est, il est vrai, plus faible que celle de l'argent, mais l'effet en est dû surtout à ce que sa résistance est plus grande.

D'autre part, si on prend un fil long et fin de platine ou de fer, et qu'on diminue progressivement la partie intercalée dans le circuit, on voit celle-ci s'échauffer de plus en plus, jusqu'à la fusion, l'intensité du courant augmentant à mesure que la résistance du circuit diminue. De même ayant pris une longueur de fil de fer de grandeur convenable pour qu'elle arrive au rouge sombre, si on vient à refroidir par de la glace une portion de ce fil, le reste devient incandescent : en refroidissant une portion de fil on diminue sa résistance (**107**) et par suite on augmente l'intensité du courant.

Sans la déperdition de la chaleur par voie de rayonnement, la température d'un conducteur traversé par un courant continu irait en croissant indéfiniment. La température qu'il atteint est celle pour laquelle le gain est à chaque instant égal à la perte. Si on admet, au moins comme première approximation, la loi de Newton, savoir que la chaleur perdue par rayonnement dans chaque unité de temps est proportionnelle à l'excès de la température du fil sur celle du milieu ambiant, la quantité de chaleur perdue par seconde, par un fil de longueur l, de rayon r, de pouvoir émissif ε, à la température θ, sera $\varepsilon . 2\pi r l . \theta$; en appelant ρ la résistance spécifique du métal, et I l'intensité du courant, on aura la relation

$$J\varepsilon \, 2\pi r l \theta = \frac{l\rho}{\pi r^2} I^2 ;$$

d'où l'on déduit

$$\theta = \frac{1}{2\pi^2 J} \frac{\rho}{\varepsilon r^3} I^2 ,$$

formule qui montre que pour un courant donné, l'élévation de température sera d'autant plus grande que le diamètre du fil sera plus petit et sa résistance spécifique plus grande. On voit que pour un métal donné, l'échauffement restera le même, si le diamètre du fil varie comme la puissance $\frac{3}{2}$ de l'intensité. Les conditions varient évidemment suivant que le fil est nu ou recouvert d'une enveloppe isolante, ce qui influe sur la valeur de ε. Avec le cuivre, on admet en pratique qu'il ne faut pas dépasser 6 ampères par millimètre carré de section si le fil est nu, et 2 ou 3 ampères, s'il est recouvert.

111. Phénomène de Peltier. — La quantité de chaleur dégagée, en vertu de la loi de Joule, sur un conducteur, est toujours la même pour une intensité donnée quel que soit le sens du courant, ce qui résulte de ce que la chute du potentiel le long du conducteur est toujours dans le sens du courant et change de signe avec lui. Mais il est évident que s'il se trouvait quelque part dans le circuit interpolaire des différences de potentiel ayant une existence propre et indépendante du courant, elles donneraient lieu à un dégagement de chaleur si le courant était de même sens que la chute, et à une absorption de chaleur, s'il était de sens contraire, les quantités de chaleur dégagées et absorbées étant d'ailleurs égales en valeur absolue pour une même intensité. En un mot le phénomène serait réversible. Réciproquement, un phénomène calorifique réversible se produisant en un point donné devra être attribué à l'existence en ce point d'une différence de potentiel indépendante du courant. Entre la quantité Q de chaleur dégagée dans l'unité de temps pour l'intensité I et la chute de potentiel H, on aura la relation

$$JQ = IH.$$

Peltier a découvert l'existence d'un effet de ce genre à la surface de contact ou à la soudure de deux métaux différents. Les expériences relatives à l'*effet Peltier* présentent quelques difficultés, parce qu'il se complique toujours de l'*effet Joule*. On ne peut mesurer que la quantité de chaleur qui se dégage entre deux pointes M et N pris de part et d'autre de la surface de contact. Si r représente la résistance MN, la quantité de chaleur développée entre les deux points se compose de deux parties, l'une I^2r indépendante du sens du courant, l'autre IH changeant de sens avec lui. Dans un sens on a,

$$JQ = IH + I^2r;$$

dans le sens contraire

$$JQ' = -IH + I^2r.$$

L'effet Peltier prédomine d'autant plus que le terme I^2r est plus petit et par suite que l'intensité est plus faible. Aussi le phénomène ne peut-il être mis en évidence que pour un courant très faible. Soit par exemple une soudure fer et cuivre placée dans de l'eau maintenue à 0°; si on fait passer un courant faible du cuivre au fer, il y a absorption de chaleur et on voit de la glace se former autour de la soudure. La glace fond quand on fait passer le courant en sens contraire.

On peut faire les deux expériences en même temps en intercalant un fil de fer entre deux fils de cuivre, et entourant la première soudure d'eau liquide à 0°, la seconde de glace à 0°. Il se produit autant de glace autour de la première soudure qu'il s'en fond autour de la seconde.

Dans un circuit fermé dont tous les points sont à la même température, les forces électromotrices de contact, en dehors de la pile, ont une somme qui est toujours nulle (**92**). Les effets calorifiques du genre Peltier auxquels elles donnent lieu, se compensent exactement et n'interviennent pas dans la dépense d'énergie qui se fait tout entière par l'effet Joule.

112. — Si on exprime en calories-gramme la quantité de chaleur dégagée à la soudure dans une unité de temps, et l'intensité I en ampères, la chute du potentiel correspondante exprimée en volts est donnée par la formule (**65**) :

$$H = 4{,}17 \frac{Q}{I}.$$

Les nombres donnés par l'expérience sont très petits; le plus élevé est celui que donne la soudure cuivre et alliage (bismuth 10, antimoine 1) : on trouve $0^{v},0219$ à 25° et 0,0274 à 100°. L'expérience donne $0^{v},0025$ pour la soudure fer-zinc, et pour le contact cuivre et sulfate de cuivre une valeur beaucoup plus grande, $0^{v},212$.

On ne saurait affirmer si ces nombres représentent la valeur *réelle* ou seulement une valeur *apparente* de la force électromotrice de contact de Volta. Dans tous les cas ils diffèrent beaucoup de ceux qu'on déduit des charges que prennent deux plateaux des métaux considérés quand, mis en présence comme les armatures d'un condensateur, on les réunit un instant par un métal quelconque (**95**). En appelant C la capacité du système, V la différence de potentiel et q la charge on a

$$V = \frac{q}{C}$$

Le nombre V ainsi obtenu est toujours beaucoup plus grand que H, parfois même il n'est pas de même signe. Il est vrai que les expériences ne sont peut-être pas comparables; dans le dernier cas, on a en réalité trois contacts à considérer : celui des deux métaux entre eux et le contact de chacun d'eux avec le milieu A dans lequel ils sont plongés. On a en réalité

$$V = A \mid M + M \mid M' + M' \mid A,$$

et V ne pourrait être égal à M | M′ que si A | M et A′ | M étaient nuls séparément ou égaux, suppositions qui paraissent également inadmissibles.

113. Effet Thomson. — Sir W. Thomson a montré qu'un phénomène du genre de l'effet Peltier se produit sur un conducteur dont les divers points ne sont pas à la même température; ce qui résulte de ce que ces points, même à l'état d'équilibre électrique, ne sont pas au même potentiel. Ainsi, par exemple, sur une barre de cuivre AB (*fig.* 93), dont les extrémités A et B sont maintenues à 0° et un point intermédiaire C à une température supérieure T, le potentiel va en croissant d'une manière continue de A en C et en décroissant de la même quantité de C en B. Il en résulte que de l'électricité marchant de A vers B, absorbe de la chaleur de A en C et en dégage une quantité égale de C en B; de sorte que l'effet final se traduit par un transport de chaleur dans le sens du courant.

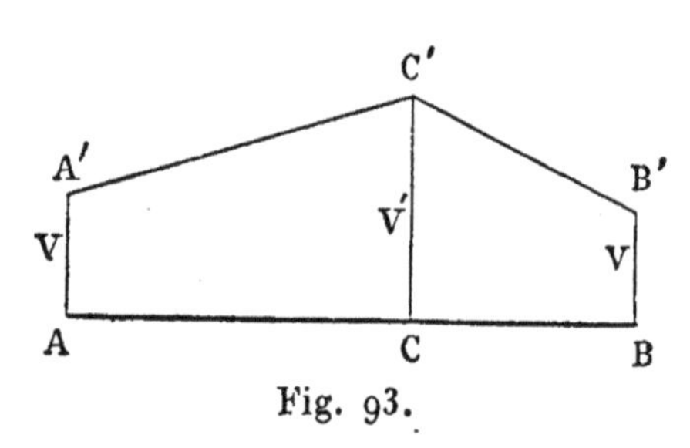

Fig. 93.

Avec le fer, l'effet est inverse: le potentiel allant en décroissant dans le sens où la température augmente, il y a dégagement de chaleur de A′ en C′ (*fig.* 94) et absorption d'une quantité égale de C′ en B′, finalement transport apparent de chaleur en sens inverse du courant.

Il suffit pour mettre le phénomène en évidence de prendre une barre homogène et d'y faire passer un courant un peu intense. Les deux extrémités étant à 0°, on maintient le point milieu C à une température constante, 100° par exemple. En deux points M et M′ symétriques par rapport au point C, les températures devraient être identiques sans l'effet considéré. Avec le cuivre, l'argent, le zinc, le cadmium, l'antimoine, on trouve la température plus élevée en M′ qu'en M; plus basse au contraire en M′ qu'en M avec l'étain, l'aluminium, le platine, le bismuth. Le plomb est le seul métal qui ne donne aucun effet. On dit que les premiers métaux sont positifs, les seconds négatifs et le plomb neutre.

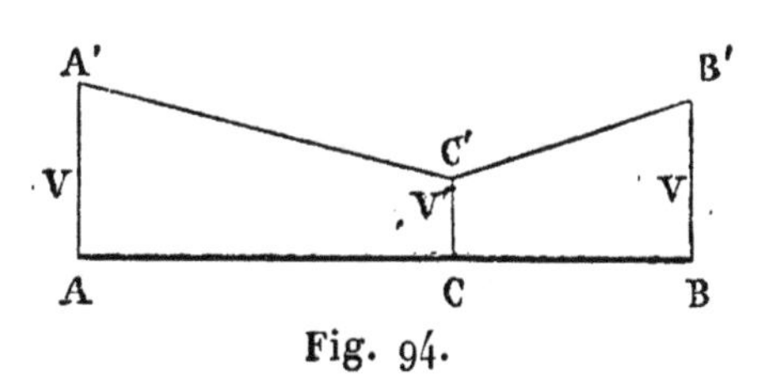

Fig. 94.

Les transports de chaleur et les variations du potentiel qui en sont la cause sont toujours très faibles. Il est évident d'ailleurs que, pas plus que les effets Peltier, les effets Thomson ne doivent entrer en compte dans l'énergie totale dépensée le long du circuit.

CHAPITRE XII

COURANTS DÉRIVÉS.

114. Courants dérivés. — *Lois de Kirchhoff.* — Nous avons supposé jusqu'ici le circuit simple ; quand il est multiple ou qu'il forme un réseau plus ou moins complexe, le problème de la distribution du courant se résout au moyen des deux théorèmes suivants connus sous le nom de *Lois de Kirchhoff* :

1° *Si plusieurs conducteurs aboutissent à un même point, la somme algébrique des intensités des courants sur chacun d'eux, comptées à partir de ce point, est nulle :*

$$\Sigma i = 0$$

2° *Si plusieurs conducteurs forment un polygone fermé, la somme des produits de la résistance de chaque conducteur par l'intensité du courant correspondant est égale à la somme algébrique des forces électromotrices existant sur le contour considéré, et, par suite nulle, s'il n'y a pas de force électromotrice :*

$$\Sigma ir = \Sigma E.$$

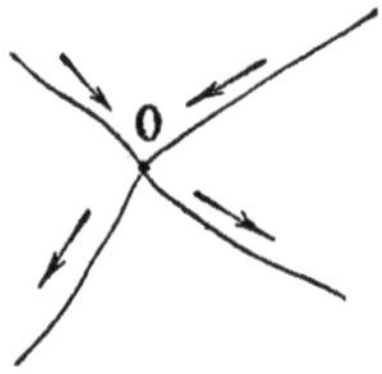

Fig. 95.

Le premier théorème est évident : il exprime qu'il ne peut y avoir d'accumulation d'électricité au point considéré (*fig.* 95).

Le second repose sur ce fait (**106**) que la chute du potentiel le long d'un conducteur est égale à ir, s'il ne renferme pas de force électromotrice, et à $Ir \pm H$, s'il renferme une force électromotrice ou chute brusque de potentiel égale à H, le signe +

correspondant au cas où la chute se fait dans le sens du courant et le signe — au cas contraire.

Considérons en effet une série de conducteurs formant un polygone fermé (*fig.* 96). Soient r_1 r_2 r_3... les résistances des côtés successifs; i_1, i_2, i_3... les intensités comptées positivement dans un sens déterminé; H_1, H_2, H_3... les forces électromotrices contenues dans les différents côtés. Élevons en chaque point du polygone, que nous pouvons toujours supposer plan, des ordonnées proportionnelles au potentiel de ce point, nous aurons une ligne brisée et il est évident que si, à partir d'un point quelconque, nous parcourons cette ligne en comptant positivement toutes les montées et négativement toutes les descentes, nous trouverons une somme nulle, puisque nous reviendrons nécessairement au point de départ.

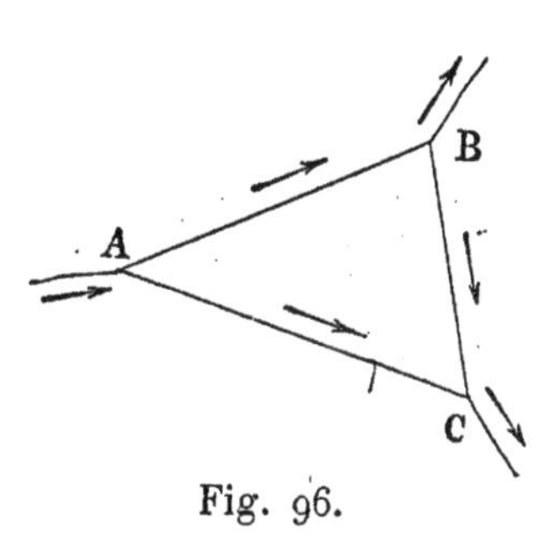

Fig. 96.

115. Circuits multiples. — Supposons le circuit bifurqué entre deux points A et B (*fig.* 97).

Soit I l'intensité du courant avant le point A et après le

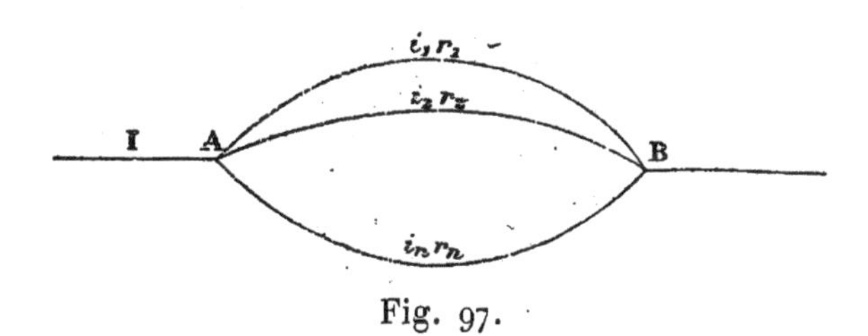

Fig. 97.

point B; i_1 et i_2, r_1 et r_2 les intensités et les résistances respectives des deux branches, enfin R la résistance équivalente, c'est-à-dire la résistance unique qui donnerait la même chute de potentiel entre A et B; on a les équations

$$I = i_1 + i_2,$$
$$i_1 r_1 = i_2 r_2 = IR,$$

d'où l'on déduit

$$i_1 = I\frac{r_2}{r_1 + r_2}, \quad i_2 = I\frac{r_1}{r_1 + r_2},$$

et

$$\frac{1}{R} = \frac{1}{r_1} + \frac{1}{r_2}.$$

Il est facile de voir que si on remplaçait les deux dérivations entre A et B, par un faisceau multiple de conducteurs, on aurait de même

$$\frac{1}{R} = \frac{1}{r_1} + \frac{1}{r_2} + \frac{1}{r_3}\cdots\cdot$$

Si on convient d'appeler *conductibilité* d'un conducteur l'inverse de sa *résistance*, cette dernière formule peut s'énoncer ainsi : *la conductibilité totale d'un faisceau de conducteurs est égale à la somme des conductibilités des conducteurs dont il se compose.*

116. Divers arrangements des piles. — On dispose d'un certain nombre n de couples identiques, de force électromotrice e et de résistance intérieure ρ. On peut évidemment les grouper de plusieurs manières pour constituer une pile et il y a lieu de chercher la disposition la plus avantageuse dans chaque cas. Nous appellerons E la force électromotrice de la pile et R la résistance du circuit, r' étant celle de la pile et r celle du fil interpolaire.

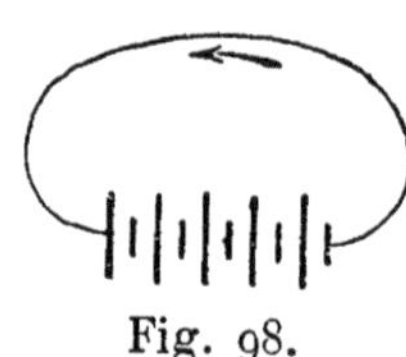

Fig. 98.

Pile en série. — Si tous les couples sont placés à la suite les uns des autres et dans le même sens (*fig.* 98), on a évidemment $E = ne$, $r' = n\rho$, et la loi d'Ohm donne

$$I = \frac{E}{R} = \frac{ne}{n\rho + r}.$$

Considérons deux cas extrêmes, celui où la résistance interpolaire est très grande, celle des couples étant au contraire négligeable, et celui où la résistance interpolaire est négligeable vis-à-vis de celle des couples.

Dans le premier cas, la formule se réduit sensiblement à

$$I = \frac{ne}{r},$$

et on voit que l'intensité croît presque proportionnellement au nombre des couples. Dans le second on a

$$I = \frac{ne}{n\rho} = \frac{e}{\rho};$$

on ne gagne rien à augmenter le nombre des couples, l'intensité étant sensiblement la même avec un seul couple qu'avec plusieurs.

On peut se représenter ce fait au moyen d'un diagramme analogue à celui de la figure 92. Dans le premier cas, la chute qui se produit dans la pile d'un couple à un autre, en vertu de la loi d'Ohm, est presque nulle et la force électromotrice croît presque de la même manière que si la pile était ouverte. Dans le second cas, la chute qui se produit dans chaque couple est presque égale à sa force électromotrice, de telle sorte que, quel que soit le nombre des couples, la force électromotrice totale est sensiblement la même que celle d'un seul.

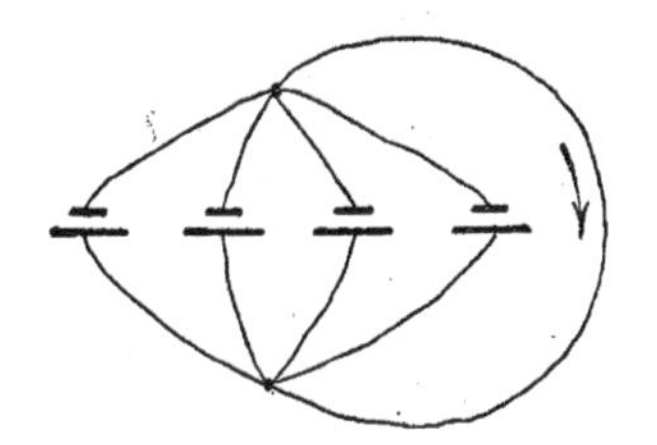

Fig. 99.

Pile en batterie. — On peut au contraire juxtaposer tous les éléments, en réunissant ensemble tous les pôles positifs, ensemble tous les pôles négatifs (*fig.* 99). On a alors $E = e$ et $r' = \frac{\rho}{n}$. En réalité on n'a qu'un seul couple de surface n fois plus grande et par suite de résistance n fois plus petite. Il vient

$$I = \frac{e}{\frac{\rho}{n} + r} = \frac{ne}{\rho + nr}.$$

Si r est très grand, la formule se réduit à

$$I = \frac{e}{r},$$

l'intensité est indépendante du nombre de couples; si r est négligeable devant ρ,

$$I = \frac{ne}{\rho},$$

l'intensité est proportionnelle au nombre des couples.

Pile en séries parallèles. — Supposons qu'on dispose les n couples en q séries parallèles de p couples chacune et qu'on réunisse en un seul les pôles positifs d'une part et d'autre part les pôles négatifs des q séries (*fig.* 100). On a $E = pe$, $r' = \frac{p\rho}{q}$, et

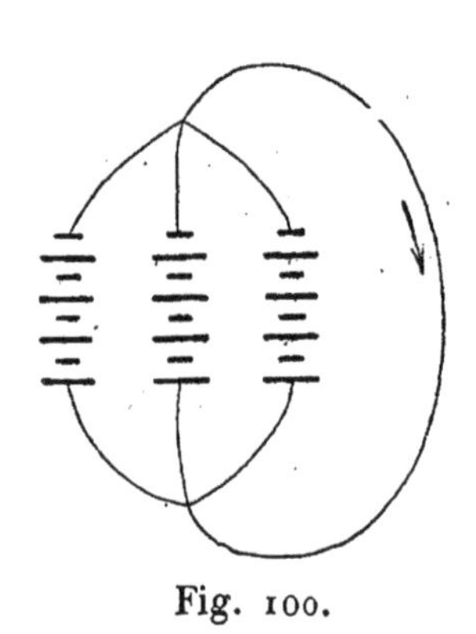

Fig. 100.

$$I = \frac{pe}{r + \frac{p\rho}{q}} = \frac{pe}{r + \frac{p^2\rho}{n}},$$

à cause de la relation $n = pq$.

La condition pour que I soit maximum est que $\frac{p^2\rho}{n} = r$, c'est-à-dire que la résistance de la pile soit égale à la résistance extérieure. On disposera des n couples de manière à satisfaire le mieux possible à cette condition.

117. Travail maximum. — On a supposé dans les calculs qui précèdent que le courant n'accomplit aucun travail intérieur ou extérieur autre que l'échauffement du circuit. Dans la pratique, on demande au courant un certain travail, le reste de l'énergie fournie par la pile étant dépensé à échauffer la résistance R_0 constituée par la pile elle-même et par les fils de transmission. Cherchons les conditions pour que le travail disponible soit maximum.

Soit P la puissance de la pile et U l'énergie disponible par seconde, on a

$$P = EI,$$

$$U = EI - I^2R_0 ;$$

le rendement est

$$u = \frac{U}{P} = 1 - \frac{IR_0}{E}.$$

Appelons I_0 le courant qu'on obtiendrait en fermant simplement la pile sur la résistance R_0, de telle sorte que $E = I_0 R_0$, il vient

$$U = R_0 I(I_0 - I),$$

$$u = \frac{I_0 - I}{I_0}.$$

La valeur de U, exprimée par le produit de deux facteurs dont la somme est constante, devient maximum quand ces deux facteurs sont égaux, c'est-à-dire quand on a

$$I = \frac{I_0}{2};$$

le travail utile a alors pour expression

$$U_m = \frac{R_0 I_0^2}{4} = \frac{E^2}{4R_0};$$

il est la moitié du travail total et le rendement est de 0,50.

Ainsi, on retire d'une pile la plus grande somme possible de travail, quand le travail utilisé est la moitié du travail total dépensé. L'intensité du courant est alors la moitié de celle qu'on obtiendrait en enlevant du circuit l'organe qui utilise le travail.

Ces conditions ne sont pas celles du maximum d'économie ; on pourrait, en demandant à la pile un travail moindre, utiliser une fraction quelconque du travail total.

Supposons d'abord que la pile se réduise à un seul couple de force électromotrice e et de résistance ρ et que la résistance passive R_0 soit simplement celle du couple. Le maximum de travail disponible a pour valeur

$$\frac{e^2}{4\rho}.$$

Cette quantité est une constante caractéristique du couple. On sait que la valeur de e ne dépend que de la nature des corps qui constituent le couple ; celle de ρ dépend de l'arrangement et des dimensions du couple. Dans les couples usuels, la valeur de e dépasse rarement deux volts ; celle de ρ peut varier dans de larges limites, et les couples les plus puissants sont ceux dont on peut réduire facilement la résistance. Tel est l'avantage que présente le couple Bunsen et qui justifie son fréquent emploi. Dans le couple Bunsen la force électromotrice est de $1^{v},8$; les modèles usuels ont une résistance de $0^{\omega},1$, laquelle peut être réduite à $0^{\omega},01$ et même au-dessous. Pour une résistance de $0^{\omega},01$, la puissance maximum du couple $\frac{e^2}{2\rho}$ est de 162 watts-seconde, dont la moitié seulement, soit 81 watts-seconde, disponible.

Supposons maintenant la pile formée de n couples associés en q séries de p couples chacune; on a $E = pe$ et si on suppose encore que la résistance passive se réduise à celle de la pile, $R_0 = \frac{p\rho}{q}$. La substitution donne

$$U_m = n\frac{e^2}{4\rho}.$$

D'où il suit que, quel que soit l'arrangement des couples, le maximum de travail disponible est proportionnel au nombre des couples et égal au produit du nombre des couples par le travail maximum de chacun d'eux.

CHAPITRE XIII

PHÉNOMÈNES CHIMIQUES DES COURANTS

118. Électrolyse. — Si on coupe le fil interpolaire, et qu'on plonge les deux extrémités dans un liquide de manière à compléter le circuit par une colonne de ce liquide (*fig.* 101), deux cas peuvent se présenter : ou le liquide se comporte à la manière de l'air, comme un isolant parfait et ne laisse passer aucune fraction du courant ; ou le courant passe, et alors le liquide est décomposé. Sauf quand il s'agit d'un corps simple, comme le mercure ou un métal fondu, jamais un liquide n'agit à la manière d'un simple conducteur et ne laisse passer une quantité quelconque d'électricité sans une décomposition corrélative.

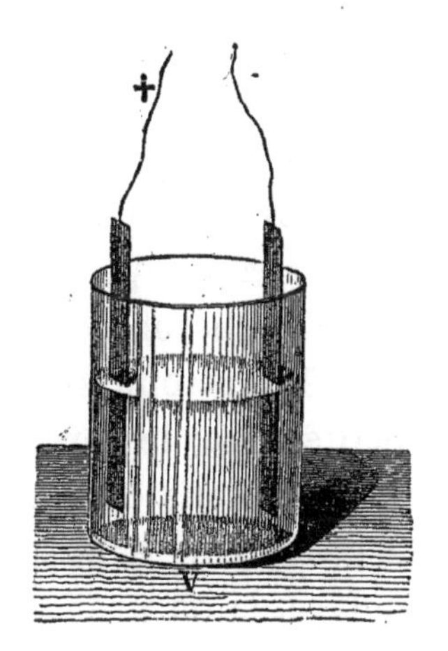

Fig. 101.

Ce phénomène a reçu le nom d'*électrolyse ;* on appelle *électrolyte* le liquide soumis à la décomposition, et *électrodes* les deux conducteurs qui servent l'un à l'entrée, l'autre à la sortie du courant ; le premier, qui communique avec le pôle positif, s'appelle l'*électrode positive;* le second, qui communique avec le pôle négatif, l'*électrode négative.*

Les seuls corps susceptibles d'électrolyse paraissent être les sels en dissolution ou fondus. Les liquides proprement dits, à l'état de pureté, l'eau, l'alcool, l'éther, etc., ne sont pas de véritables électrolytes. Un sel est formé d'un métal uni, soit à un radical simple tel que Cl, Br, soit à un radical composé tel que SO^4, AzO^6.... Sous l'action du courant, *la séparation se fait toujours entre le métal et le radical qui lui est uni.*

Les éléments de la décomposition n'apparaissent *jamais* dans la masse même du liquide, mais *seulement* sur les électrodes, le métal sur l'électrode négative, le radical simple ou composé sur l'électrode positive.

Ainsi si l'on prend comme électrodes deux lames de platine et qu'on les plonge dans une dissolution de sulfate de cuivre $CuSO^4$, le cuivre se précipite immédiatement sur l'électrode négative en la recouvrant d'un enduit rouge, tandis que le corps SO^4 apparaît sur l'électrode positive sous forme d'oxygène gazeux qui se dégage et d'acide sulfurique SO^3,HO qui reste en dissolution autour de la lame.

119. Actions secondaires. — Quand l'électrode n'est pas inaltérable, le corps qui vient s'y dégager peut donner lieu à des actions chimiques consécutives, qu'on appelle actions secondaires. Ainsi, dans la décomposition du sulfate de cuivre, si on prend comme électrode positive une lame de cuivre au lieu d'une lame de platine, il ne se dégage pas d'oxygène, mais le radical SO^4 s'unit au cuivre pour reformer une quantité de sulfate de cuivre exactement égale à celle qui a été décomposée dans le même temps; la dissolution garde une composition constante et, dans chaque unité de temps, l'électrode positive perd juste autant de cuivre qu'il s'en dépose sur l'électrode négative.

Avec un sel alcalin, tel que le sulfate de potasse KSO^4, la décomposition se fait comme pour le sulfate de cuivre; seulement le potassium se dégageant sur l'électrode négative au contact de l'eau la décompose, reforme de la potasse et dégage de l'hydrogène. Finalement, il se dégage de l'oxygène sur l'électrode positive et une quantité équivalente d'hydrogène sur l'électrode négative, et en même temps on trouve de l'acide sulfurique en dissolution autour de la première et de la potasse autour de la seconde. On met le fait en évidence avec un tube en U (*fig.* 102) qu'on remplit d'une dissolution de sulfate de potasse colorée avec du sirop de violette et dans lequel on place comme électrodes deux lames de platine. Le liquide rougit du côté où se dégage l'oxygène et verdit du côté où se dégage l'hydrogène.

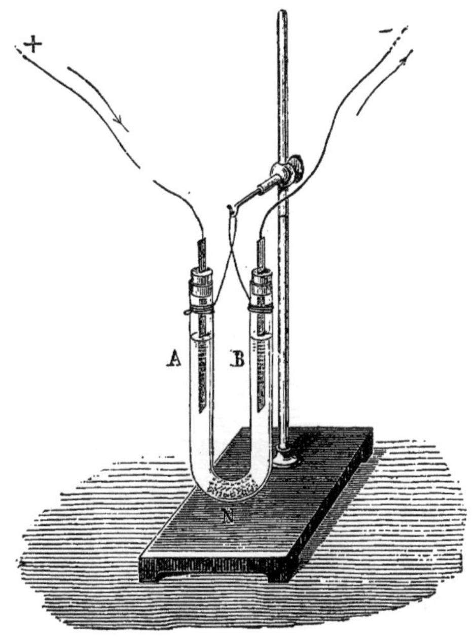

Fig. 102.

De même avec le sel marin NaCl, on aura de l'hydrogène et de la soude sur l'électrode négative, de l'oxygène et de l'acide chlorhydrique HCl sur l'électrode positive.

120. Décomposition de l'eau, de la potasse, etc. — C'est l'eau qui a fourni le premier exemple de décomposition par le courant. L'expérience se fait ordinairement avec un appareil appelé *voltamètre*, parce qu'il peut servir, comme nous le verrons, à mesurer le courant. C'est un vase en verre (*fig.* 103), dont le fond a été percé de deux trous dans lesquels on a mastiqué deux fils ou deux lames de platine servant d'électrodes. L'oxygène se dégage sur l'électrode positive, l'hydrogène en quantité double sur l'électrode négative. En réalité cette décomposition de l'eau rentre dans la règle générale : l'eau doit toujours être additionnée d'un acide, d'acide sulfurique par exemple ; cet acide peut être considéré comme un sel dans lequel l'hydrogène joue le rôle de métal.

Il en est de même de la célèbre expérience par laquelle Davy a obtenu pour la première fois le potassium. Un morceau de potasse humide (*fig.* 104) est placé sur une lame de platine formant l'électrode positive ; dans une cavité ménagée à la partie supérieure, on met du mercure et le fil né-

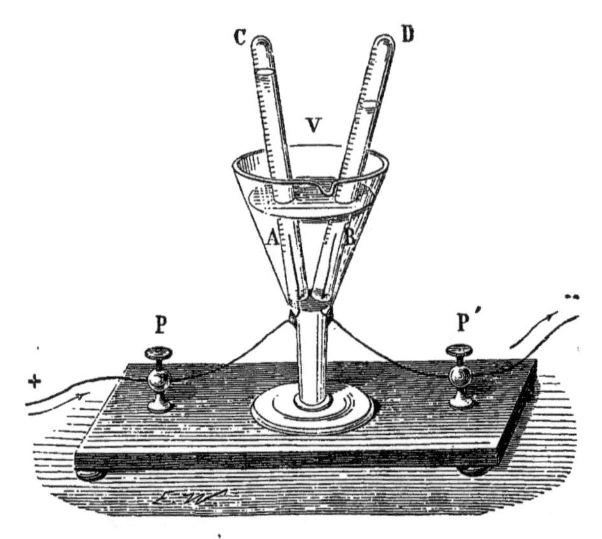

Fig. 103.

gatif. Avec un courant intense, on voit de l'oxygène se dégager sur la lame positive et le mercure augmenter de volume et s'épaissir par son union avec le potassium. On peut ensuite isoler le potassium en vaporisant le mercure dans un gaz inerte. En réalité on a agi sur l'hydrate de potasse KHO^2, qu'on peut considérer comme un sel dans lequel l'eau joue le rôle d'acide.

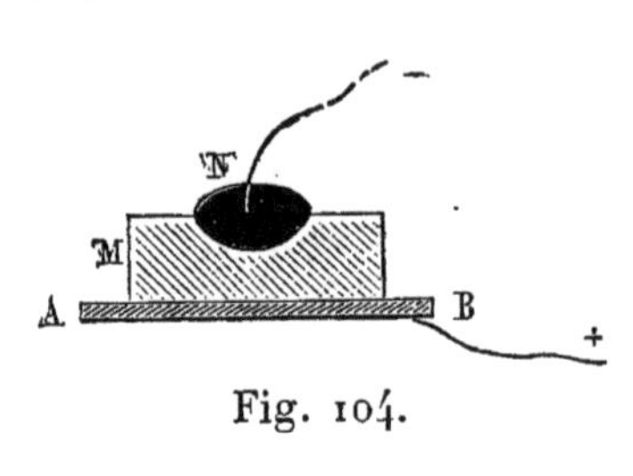

Fig. 104.

121. Loi de Faraday. — La quantité d'électrolyte décomposée par le courant dépend uniquement de la quantité d'électricité qui passe.

Quel que soit l'électrolyte, un coulomb décompose toujours $\frac{1}{96\,600} = 0{,}000\,010\,35$ *de son équivalent en poids*, l'équivalent étant rapporté à celui de l'hydrogène pris pour unité et exprimé en grammes.

Si on représente par e l'équivalent et par α la fraction $\frac{1}{96600}$, le poids décomposé par un coulomb sera toujours αe.

Ainsi, quel que soit l'acide du sel et le temps employé à l'opération, que l'électrolyte fasse partie du circuit extérieur ou de la pile, que l'électricité passe sous forme de courant continu ou de décharge, un coulomb réduit $0^{gr},000\,33$ de cuivre (Eq = 31,8), $0^{gr},0011173$ d'argent (Eq = 108); il décompose $0^{gr},00009316$ d'eau (Eq = 9) et dégage $0^{gr},00001035$ d'hydrogène (Eq = 1), représentant à 0° et 76 un volume de 0,1155 centimètres cubes. Et comme le même nombre de coulombs traverse simultanément toutes les parties du circuit, toutes les actions chimiques qui se produisent simultanément sur le parcours s'effectuent en quantités équivalentes. Ainsi, partout où il se dégage de l'hydrogène, dans les voltamètres ou dans les couples, il s'en dégage la même quantité. Bien entendu que si le circuit est bifurqué, il n'y a à tenir compte dans chaque dérivation que de la quantité d'électricité qui lui correspond.

Cette loi ne souffre aucune exception ni aucun écart. C'est peut-être de toutes les lois de la physique, celle qui présente le caractère le plus absolu. Elle fournit un moyen simple d'obtenir la *valeur absolue* d'un courant.

On sait que pour les corps d'une même famille le rapport des équivalents est déterminé, mais qu'entre deux familles, il ne l'est qu'à un facteur entier près. Ainsi prenant H = 1, on peut prendre O = 8 ou O = 16. On appelle *équivalents électrochimiques* les nombres qui satisfont à la loi de Faraday. Pour satisfaire à cette loi, il faut prendre O = 8 et écrire les formules des oxydes supérieurs comme celles des protoxydes : ainsi on écrira $Fe^{\frac{2}{3}}Cl$, $Sn^{\frac{1}{2}}Cl$, $Fe^{\frac{2}{3}}O,SO^3$, etc.

122. Hypothèse de Grotthus. — Pour expliquer comment les éléments de la décomposition n'apparaissent jamais que sur les électrodes, Grotthus suppose que les molécules de l'électrolyte, l'eau par exemple, sont orientées en file entre les deux électrodes, et que tandis qu'un atome d'oxygène et un atome d'hydrogène sont libérés au même instant aux extrémités de la file, l'eau se reconstitue sur toute la ligne, l'atome d'oxygène de chaque molécule se combinant simultanément à l'atome d'hydrogène de la suivante. On peut, comme dans la figure 105, représenter matériellement cette conception par deux bandes de papier portant, l'une des symboles O, l'autre des symboles H à la même distance; en tirant les deux bandes en sens contraires, on fera apparaître isolément des symboles O d'un côté, des symboles H de l'autre, les symboles H et O se trouvant toujours réunis sur une

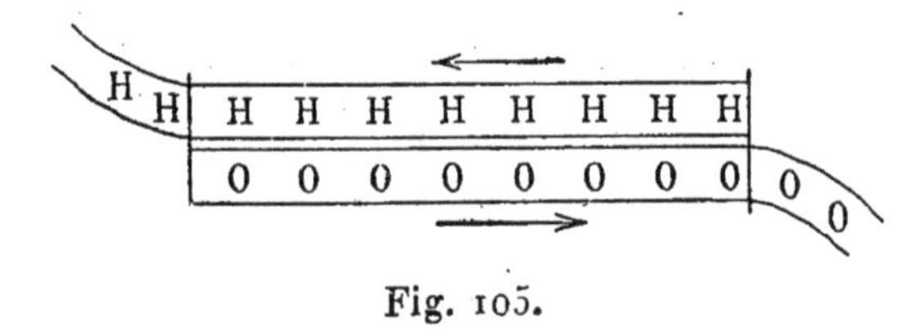

Fig. 105.

même verticale et par suite à l'état d'eau dans l'espace intermédiaire.

Il suffit, pour concevoir comment un électrolyte n'agit jamais à la manière d'un simple conducteur et expliquer en même temps la loi de Faraday, d'ajouter que les atomes ou les molécules élémentaires de l'électrolyte sont les seuls véhicules de l'électricité; par exemple dans le cas de l'eau, l'oxygène celui de l'électricité négative, l'hydrogène celui de l'électricité positive; et enfin, que toutes les molécules élémentaires, molécules dont le poids est proportionnel à l'équivalent électrochimique, portent toujours, quelle que soit leur nature, une même charge absolue d'électricité.

123. Travail de l'électrolyse. — Un coulomb décompose toujours des quantités équivalentes des divers électrolytes; d'autre part cette décomposition exige des quantités de chaleur bien différentes; il en résulte que le travail fourni par un coulomb diffère beaucoup suivant l'électrolyte qu'il traverse. Comme le travail électrique est toujours représenté par le produit d'une quantité d'électricité par une chute de potentiel (**35**), on arrive à cette conséquence nécessaire qu'il doit exister entre les deux électrodes d'un voltamètre une différence de potentiel, que cette différence varie d'un électrolyte à l'autre et qu'elle est telle que, multipliée par un coulomb, elle donne le nombre de watts correspondant au travail de la décomposition du poids αe de l'électrolyte.

Soit q la chaleur de combinaison en calories-gramme de l'équivalent à partir des éléments que sépare l'électrolyse, le travail à effectuer par un coulomb est $J\alpha q$ (**65**); d'autre part ce travail a pour valeur H, si on désigne par H la différence de potentiel en volts des deux électrodes; on a donc

$$H = J\alpha q = 4{,}17 . 0{,}000\,010\,35 . q = 0{,}0432\, q.$$

Pour l'eau $q = 34\,500$, on en conclut $H = 1^{v},49$ pour la différence de potentiel entre les électrodes d'un voltamètre à eau, abstraction faite de celle qui est due, pendant le passage du courant, à la résistance interposée.

124. Polarisation des électrodes. — Par quel mécanisme se produit cette différence de potentiel? Prenons comme exemple le voltamètre à eau : au début de l'expérience, avant le passage du courant, les deux lames de platine sont à un même potentiel et ne peuvent donner lieu qu'à des travaux égaux et de signes contraires et par suite à un travail résultant nul. Sitôt que le courant passe, les éléments mis en liberté sur les électrodes changent la nature de la surface et établissent entre elles une différence de potentiel qui va croissant jusqu'à ce qu'elle atteigne la valeur voulue. Ce n'est qu'à partir de ce moment que la décomposition de l'eau devient normale. Ce phénomène est désigné sous le nom de *polarisation des électrodes*, et la différence de potentiel qui existe entre les électrodes, et qui est inverse de celle qui produit le courant, s'appelle la force électromotrice de polarisation.

Il est évident que la quantité d'électricité nécessaire pour amener un état de polarisation donné dépendra de l'état et des dimensions des lames. Cette quantité représente leur *capacité de polarisation.* En prenant des lames de surfaces très inégales, on peut faire que la quantité d'électricité qui suffit à polariser complètement la plus petite n'amène qu'une modification insensible dans la plus grande ; la différence finale de potentiel est toujours la même. L'expérience montre en outre, dans le cas des électrodes inégales, que la capacité de polarisation est la même quel que soit le sens du courant et, par suite, le signe des électrodes.

125. Courants secondaires. — La différence de potentiel qui existe entre les électrodes polarisées peut être mesurée par l'électromètre. Si on supprime le courant et qu'on mette les deux électrodes en communication avec un galvanomètre [1], soit en les laissant dans le même liquide, soit en les plaçant dans un autre vase rempli d'eau acidulée, on obtient un courant qui va extérieurement de l'électrode positive à l'électrode négative, et par suite traverse le liquide en sens contraire du premier. Ce courant, qui est dû à la force électromotrice de polarisation, est appelé *courant secondaire;* il diminue rapidement et cesse complètement quand les éléments déposés sur les électrodes ont achevé de se reconstituer. La quantité d'électricité qui correspond au courant secondaire est évidemment égale à celle qui avait produit la polarisation. Nous verrons plus loin comment on a pu utiliser dans la pratique ce courant secondaire. Ajoutons qu'on peut s'en servir comme d'un réactif très sensible pour reconnaître si un liquide a été décomposé par un courant, et par suite, si un liquide est ou n'est pas un électrolyte.

1. Le galvanomètre sera décrit plus loin ; qu'il suffise pour le moment de dire que c'est un instrument qui permet de reconnaître l'existence d'un courant dans un fil, par l'action qu'il exerce sur une aiguille aimantée. *Voir* le chap. xxv.

126. Travail chimique dans les piles. — Dans une pile bien établie il n'y a pas d'action chimique tant que le circuit reste ouvert; quand on ferme le circuit, l'action chimique qui se produit est celle qui résulte du passage du courant conformément à la loi de Faraday. Comme la quantité d'électricité qui traverse une section du circuit est partout la même, le travail chimique dans chaque élément de la pile est égal, équivalent pour équivalent, à celui qui se produit dans un voltamètre extérieur.

Il est par suite facile de se rendre compte des réactions auxquelles donnent lieu les couples des différents types.

Dans le couple Volta, le courant traverse l'eau acidulée de la lame de zinc à la lame de cuivre; l'hydrogène qui descend le courant se dégage sur la lame de cuivre; l'acide sulfurique et l'oxygène qui le remontent se portent sur la lame de zinc et donnent du sulfate de zinc. Pour chaque coulomb qui traverse le couple, la dépense de zinc est de $33\,\alpha = 0^{gr},00034$.

Dans le couple Daniell, la lame de zinc se dissout et donne du sulfate de zinc par suite de l'électrolyse de l'eau acidulée; la lame de cuivre se recouvre de cuivre par suite de l'électrolyse du sulfate de cuivre; l'hydrogène et le radical SO^4 qui se dirigent en sens contraires vers la cloison poreuse reconstituent l'acide sulfurique. Si autour de la lame de cuivre on met du sulfate de cuivre en excès sous forme de cristaux, il ne se produit d'autre changement dans le couple que la substitution à l'eau acidulée d'une dissolution de sulfate de zinc de plus en plus concentrée jusqu'à la saturation.

Dans le couple Bunsen, les choses se passent de la même manière pour l'eau acidulée et la lame de zinc; elles sont un peu plus compliquées, par suite des actions secondaires, pour l'acide nitrique et le charbon. Finalement l'hydrogène réduit l'acide nitrique et forme des composés nitrés d'un degré d'oxydation plus faible qui se dissolvent ou se dégagent. Les liquides du couple éprouvent des modifications continues qui suffisent à expliquer l'abaissement progressif de sa force électromotrice.

127. Énergie des piles. — La seule différence qui existe entre le travail chimique d'un couple voltaïque et celui d'un voltamètre est que le premier correspond nécessairement à des réactions qui, considérées dans leur ensemble, sont exothermiques. C'est à la chaleur fournie par ces réactions qu'est empruntée l'énergie du courant. En réalité, une pile voltaïque est une machine qui transforme l'énergie chimique en énergie électrique, et l'organe de cette transformation est la force électromotrice de contact de Volta.

C'est ce que montre clairement l'expérience suivante due à Favre et Silbermann. On mesure dans un calorimètre la quantité de chaleur fournie par la dissolution d'un poids donné de zinc dans l'eau acidulée. On place ensuite dans le calorimètre un couple Volta avec le fil interpolaire qui réunit les deux lames; on trouve exactement la même quantité de chaleur dégagée pour la même quantité de zinc. On met le couple dans le calorimètre en laissant à l'extérieur le fil interpolaire, on recueille une quantité de chaleur d'autant plus petite que ce fil est plus résistant. Si le fil eût été placé seul dans le calorimètre, le couple restant à l'extérieur, on eût trouvé précisément la quantité de chaleur qui manque. Enfin si le courant produit un travail extérieur quelconque, par exemple un travail chimique dans un voltamètre, la quantité de chaleur abandonnée au calorimètre diminue et la quantité qui manque est celle qui correspond à ce travail.

Si la totalité de l'énergie chimique était convertie en énergie électrique, on trouverait par un calcul analogue à celui du § **123** qu'en appelant q la quantité de chaleur résultant de l'ensemble des réactions qui correspondent à un coulomb, la force électromotrice E du couple a pour expression

$$E = 0{,}0432\ q.$$

Ainsi dans le couple de Daniell, le travail chimique se réduit finalement à la substitution du zinc au cuivre, équivalent pour équivalent, ce qui correspond à un dégagement de 25 300 calories par équivalent; on trouverait par suite

$$E = 25\,300 \,.\, 0{,}0432 = 1{,}09 \text{ volts},$$

nombre qui concorde parfaitement avec les déterminations directes. Mais il ne paraît pas toujours en être ainsi. Généralement l'énergie chimique est plus grande que l'énergie électrique, mais elle est quelquefois plus petite. Dans le premier cas, le couple s'échauffe pendant la marche; il se refroidit dans le second et emprunte de la chaleur au milieu extérieur.

Quoi qu'il en soit, le travail qu'un couple peut fournir pour chaque coulomb est d'autant de watts que sa force électromotrice vaut de volts. Ce travail est dépensé en chaleur dans le circuit et dans les autres actions produites par le courant, telles que l'électrolyse. Il est facile dès lors de comprendre pourquoi un couple Daniell, qui ne peut donner que 1,09 watts par coulomb, ne peut opérer la décomposition de l'eau dans un voltamètre, laquelle en exige 1,49, tandis que cette décomposition peut être opérée par un seul couple Bunsen qui en donne 1,8.

128. Piles secondaires. — Accumulateurs. — Nous avons vu comment deux électrodes polarisées réunies par un fil conducteur restituent l'électricité qui avait servi à la polarisation. Le courant secondaire ainsi obtenu s'affaiblit rapidement et disparaît bientôt, à moins que la polarisation ne soit entretenue par une cause étrangère.

Tel est le cas de la pile à gaz, dite pile de Grove. Elle est formée d'une sorte de voltamètre (*fig.* 106) dans lequel les lames de platine servant d'électrodes occupent toute la longueur des éprouvettes destinées à recueillir les gaz. On fait passer le courant d'une pile, et quand les éprouvettes sont pleines, il suffit de le supprimer et de fermer par un conducteur le voltamètre sur lui-même, pour obtenir le courant secondaire. On voit l'eau monter peu à peu dans les éprouvettes et le courant ne cesse que quand les gaz ont disparu entièrement.

M. Planté a montré qu'en employant des lames de plomb on pouvait obtenir des couples secondaires d'une grande capacité. On a donné à ces couples le nom d'*accumulateurs*. Ils sont formés de deux lames de plomb parallèles et très rapprochées plongées dans l'eau acidulée. Pendant la charge, la lame qui sert d'électrode positive se transforme plus ou moins profondément en bioxyde de plomb PbO^2, la lame négative laisse dégager de l'hydrogène ou se réduit si elle était préalablement oxydée. La décharge se divise en deux périodes, l'une pendant laquelle la force électromotrice reste très sensiblement constante et égale à $2^v,1$, l'autre pendant laquelle la force électromotrice diminue très rapidement. On a avantage à n'utiliser que la première et à recharger les accumulateurs avant l'épuisement complet. Après la décharge les deux lames sont recouvertes de sulfate de plomb $PbSO^4$. Il est avantageux de grouper les accumulateurs en batterie pendant la charge et en série pendant la décharge.

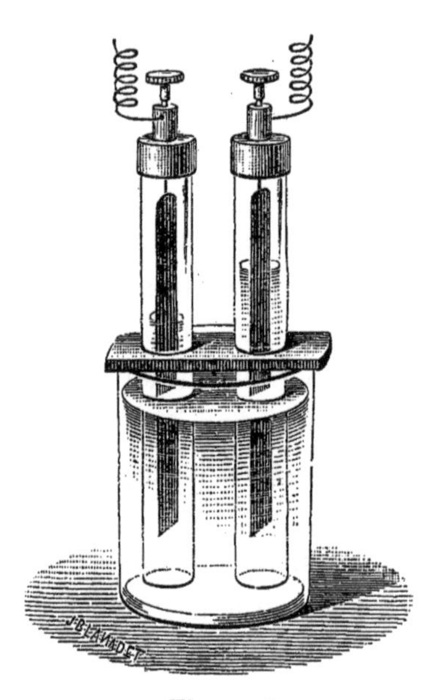

Fig. 106.

M. Planté a montré que les accumulateurs se *forment* par l'usage, c'est-à-dire que leur capacité devient d'autant plus grande qu'ils ont été chargés et déchargés un plus grand nombre de fois. Par les oxydations et désoxydations successives, le plomb devient de plus en plus poreux et une masse de métal de plus en plus grande intervient dans la réaction. On a cherché à accélérer la formation des accumulateurs par des moyens artificiels, par exemple en recouvrant les lames de plomb d'une couche de minium; mais c'est aux dépens de leur durée. Le meilleur procédé est de plonger les lames pendant un jour ou deux dans de l'acide nitrique étendu de son volume d'eau.

Avec des accumulateurs bien formés on peut emmagasiner pratiquement 10 000 à 20 000 coulombs par kilogramme de plomb. M. Planté est arrivé à des nombres beaucoup plus élevés, 40 000 et même 60 000. La décharge se faisant sous une chute de 2 volts environ, l'énergie disponible est, dans le cas ordinaire, de 20 000 à 40 000 watts par kilogramme de plomb. Naturellement cette énergie se dépensera dans un temps plus ou moins long suivant l'intensité du courant de décharge.

On obtient également un accumulateur de grande capacité en plongeant dans une dissolution de zincate de potasse une lame de zinc et une lame de cuivre poreux obtenue par compression. Pendant la charge, le zinc de la dissolution se précipite sur la lame de zinc et le cuivre absorbe une quantité équivalente d'oxygène. Pendant la décharge, le cuivre est réduit et le zinc se redissout.

L'expérience montre que, sauf de très petites déperditions qui vont naturellement en augmentant avec le temps qui s'écoule entre la charge et la décharge, les accumulateurs rendent dans la décharge la presque totalité de l'électricité qui leur avait été donnée pendant la charge; mais il faut remarquer que la quantité d'énergie restituée est nécessairement plus faible, la charge se faisant toujours sous un potentiel plus élevé que la décharge. Soient E la force électromotrice, R la résistance de la batterie et I l'intensité du courant pendant la charge; E', R', I' les valeurs correspondantes pendant la décharge; enfin, Q et Q' les quantités d'électricité mises en jeu dans les deux cas, le rendement sera donné par la fraction

$$u = \frac{Q'(E' - I'R')}{Q(E + IR)},$$

laquelle est toujours plus petite que l'unité alors même qu'on suppose $Q = Q'$ et $E = E'$.

129. Phénomènes électrocapillaires. — La polarisation d'une surface, en changeant l'état de cette surface, modifie les propriétés qui, comme la tension superficielle, sont une fonction de cet état.

Considérons deux masses de mercure séparées par de l'eau acidulée C (*fig.* 107), l'une A contenue dans un entonnoir très effilé et d'une épaisseur assez faible pour être maintenue en équilibre par l'action du ménisque, l'autre B présentant une large surface au fond du vase C. Si on se sert de ces masses de mercure comme d'électrodes pour décomposer l'eau, en prenant la surface capillaire comme électrode négative, celle-ci se polarise rapidement; son potentiel décroît de plus en plus par rapport à celui du mercure B et, en même temps, sa tension superficielle augmente, jusqu'à un maximum correspondant à une différence de potentiel de $0^v,9$ environ. La tension superficielle augmentant, la surface s'élève de plus en plus dans l'effilure légèrement conique de l'entonnoir.

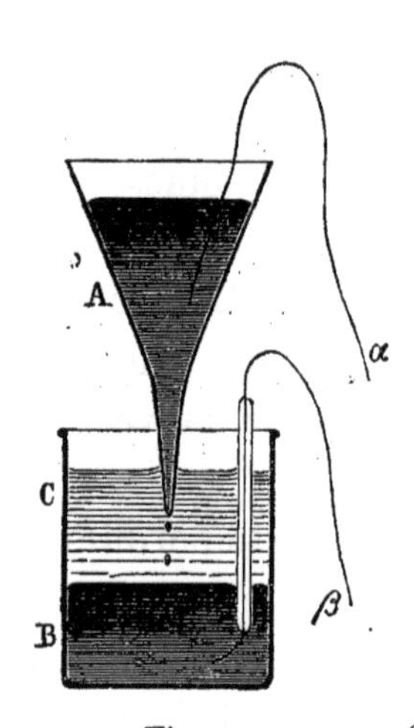

Fig. 107.

Si on prend comme position de repère la position du ménisque lorsque les deux mercures sont reliés directement par un fil conducteur $\alpha\beta$ et par suite au même potentiel, la pression qu'il faudra exercer à la surface du mercure A pour ramener le ménisque au repère pourra servir de mesure à la tension superficielle et par suite à la différence de potentiel.

C'est sur ce principe qu'est fondé l'électromètre capillaire de M. Lippmann (*fig.* 108). Le mercure A est contenu dans un long tube terminé par une pointe très effilée. Un sac de caoutchouc permet d'exercer une pression variable à la partie supérieure du tube; la pression est mesurée par le manomètre H; on en déduit la différence de potentiel au moyen d'une table dressée une fois pour toutes.

L'appareil, très sensible, peut servir à mesurer des différences de potentiel de o à o,9 volts. Mais son emploi est surtout commode dans les *méthodes de zéro*. On met dans un même circuit avec l'électromètre la force électromotrice à mesurer et une différence de potentiel connue et variable à volonté comme celle qu'on obtient entre deux points d'un fil parcouru par un courant constant; on fait varier l'un des points jusqu'à ce que le mercure revienne à son repère: les deux forces électromotrices se font alors équilibre.

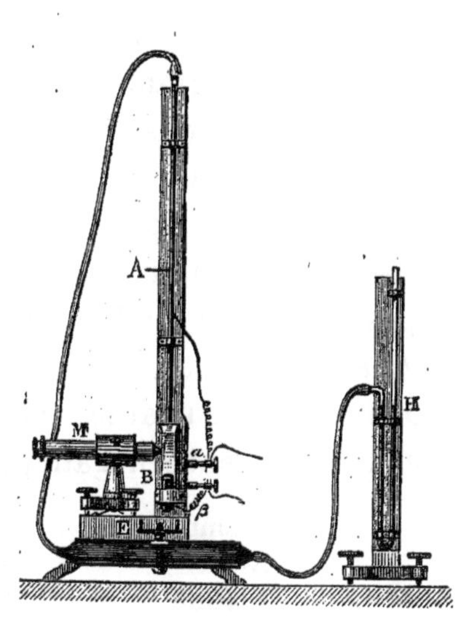

Fig. 108.

L'appareil de la figure 107 donne lieu à une expérience curieuse de reversibilité. Si la hauteur du mercure dans l'entonnoir est juste assez petite pour que l'écoulement par la pointe n'ait plus lieu spontanément, l'écoulement recommence chaque fois qu'on réunit les deux fils $\alpha\beta$, et en même temps le circuit est parcouru par un courant allant par le fil du mercure B au mercure A.

CHAPITRE XIV

THERMOÉLECTRICITÉ

130. Courants thermoélectriques. — Dans un circuit métallique dont les divers points sont à une même température, la somme des forces électromotrices est nulle et il n'existe aucun courant (**96**). Mais l'expérience montre qu'un courant se produit dès que l'on échauffe l'une des soudures. Cette découverte importante est due à Seebeck (1821).

Ainsi, considérons un circuit de deux métaux, cuivre et fer, par exemple, soudés en A et en B. La soudure B étant à la température atmosphérique t_1, chauffons la soudure A à une température t_2; un courant se produit qui va du cuivre au fer en passant par la soudure chaude. On dit que le cuivre est *positif* par rapport au fer, le fer *négatif* par rapport au cuivre.

Dans la liste suivante chaque métal est positif par rapport à ceux qui suivent et négatif par rapport à ceux qui précèdent :

Bismuth	Manganèse	Or
Nickel	Argent	Zinc
Platine	Etain	Fer
Palladium	Plomb	Arsenic
Cobalt	Cuivre	Antimoine

131. Phénomène de l'inversion. — Pour certains couples, le courant va en augmentant d'une manière continue, à mesure qu'on élève la température t_2 de la soudure chaude; mais c'est l'exception. Avec le couple cuivre-fer, par exemple, le courant atteint un maximum pour $t_2 = 274°$; puis il décroît, devient nul et finalement change de sens, le cuivre devenant à son tour *négatif* par rapport au fer. L'inversion a lieu à une température variable qui dépasse autant la température du maximum que celle-ci dépasse la température de la soudure froide.

132. Loi des températures successives. — *Pour un couple donné, la force électromotrice obtenue en portant les soudures aux températures* t_1 *et* t_2 *est la somme des forces électromotrices qu'on obtient en portant les soudures aux températures* t_1 *et* θ, *et ensuite aux températures* θ *et* t_2, θ *étant une température intermédiaire entre* t_1 *et* t_2.

Cette loi peut se traduire de la manière suivante :

$$E_{t_1}^{t_2} = E_{t_1}^{\theta} + E_{\theta}^{t_2}.$$

133. Loi des métaux intermédiaires. — *Si deux métaux* A *et* B *sont séparés dans un circuit par un ou plusieurs métaux intermédiaires maintenus à une même température* t, *la force électromotrice est la même que si les deux métaux étaient unis directement et la soudure portée à la même température* t.

Si on désigne par X le métal intermédiaire, la loi s'exprimera par l'équation

$$E_{t_1}^{t_2}(AB) = E_{t_1}^{t_2}(AX) + E_{t_1}^{t_2}(XB).$$

De là plusieurs conséquences importantes :

Dans un couple thermoélectrique il est indifférent que les deux métaux soient réunis directement ou par l'intermédiaire d'une soudure quelconque. Qu'on coupe le circuit en un point et qu'on réunisse les deux extrémités aux bornes d'un électromètre ou d'un galvanomètre, si les bornes de l'instrument et les diverses pièces en contact sont toutes à la même température que les deux extrémités du circuit, on n'introduit aucune force électromotrice nouvelle et les forces électromotrices mesurées sont bien celles du circuit primitif.

134. Piles thermoélectriques. — Les forces thermoélectriques sont toujours très faibles ; celle du couple bismuth-antimoine, qui est une des plus considérables et que l'expérience montre être, entre o et 100°, sensiblement proportionnelle à la différence de température des deux soudures, est de $0^v,000\,057$ par degré. Comme la résistance de ces couples entièrement métalliques peut être rendue extrêmement faible, ils peuvent néanmoins donner des courants intenses. Ainsi le couple bismuth-cuivre de la figure 109, chauffé à la soudure B par une lampe à alcool, fait dévier fortement une aiguille aimantée placée à l'intérieur.

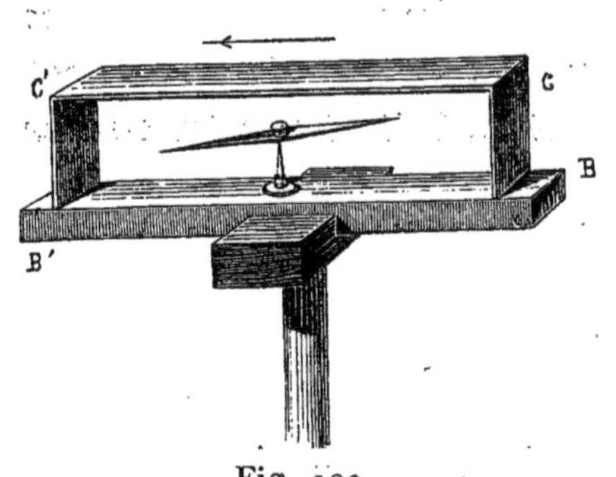

Fig. 109.

Un nombre quelconque de couples peuvent être associés de manière à former une pile (*fig.* 110). La pile de Melloni, qui a rendu de si grands services dans l'étude de la chaleur rayonnante, est formée de petits barreaux d'antimoine *a*, *a*... alternant avec des bar-

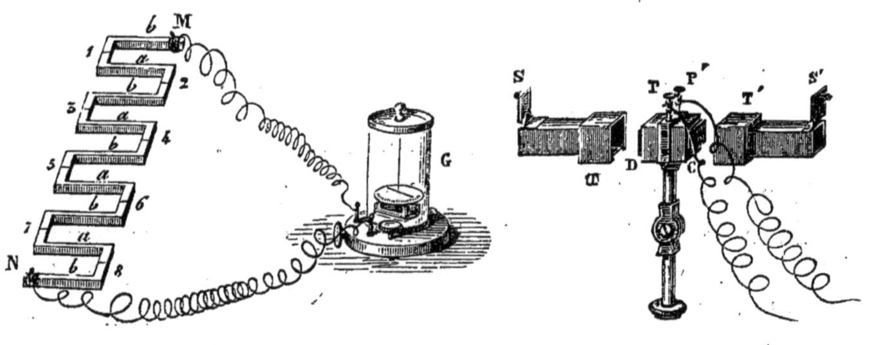

Fig. 110. Fig. 111.

reaux de bismuth *b*, *b*... et disposés de manière que toutes les soudures paires soient d'un côté et les soudures impaires de l'autre. On replie la chaîne sur elle-même, tout en laissant les couples isolés, de manière à lui donner la forme d'un parallélipipède rectangle (*fig.* 111), les faces C et D étant celles qui correspondent aux soudures. Ces faces sont recouvertes de noir de fumée et protégées par des écrans T et T'. Les deux pôles de la pile étant mis en communication avec

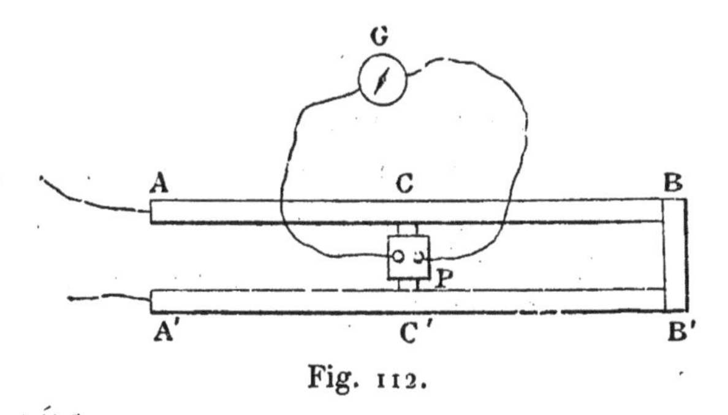

Fig. 112.

un galvanomètre, il suffit de faire tomber un flux de chaleur sur l'une des faces, pour que l'élévation de température produise un courant proportionnel au flux.

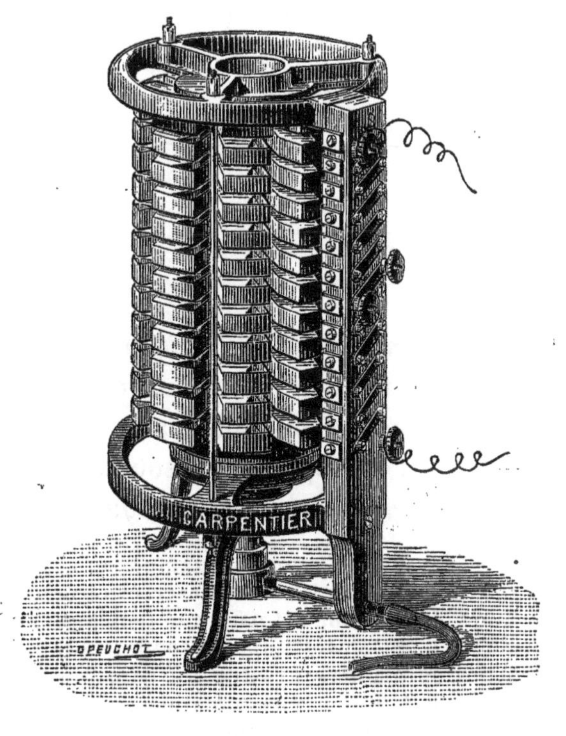

Fig. 113.

En réalité la pile de Melloni constitue un thermomètre diffférentiel très sensible. Nous citerons comme exemple l'emploi qui en a été fait par M. Leroux pour mesurer l'effet Thomson (**113**). Si on suppose les deux portions de la barre repliées de manière à être parallèles (*fig.* 112), on constatera la différence des températures de deux points symétriques C C', en appliquant, comme le montre la figure, les deux faces de la pile contre ces points.

La pile Clamond, qu'on utilise dans les laboratoires comme source d'électricité, est formée de couples dont l'un des éléments est un alliage de zinc et d'antimoine, l'autre un alliage de nickel, de zinc et de cuivre et qui sont montés en série de manière à former une espèce de couronne (*fig.* 113). Toutes les soudures d'ordre pair sont à l'intérieur et sont chauffées par une flamme de gaz ; toutes les soudures impaires sont à l'extérieur et présentent à l'air une grande surface de refroidissement[1].

135. Pince et aiguilles thermoélectriques. — En disposant deux couples en série, comme le montre la figure 114,

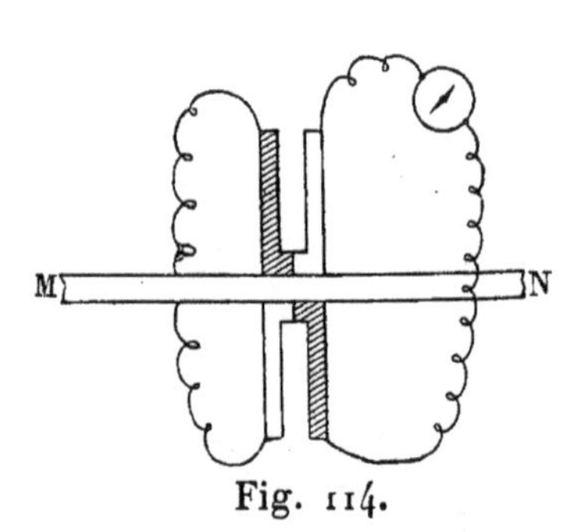

Fig. 114.

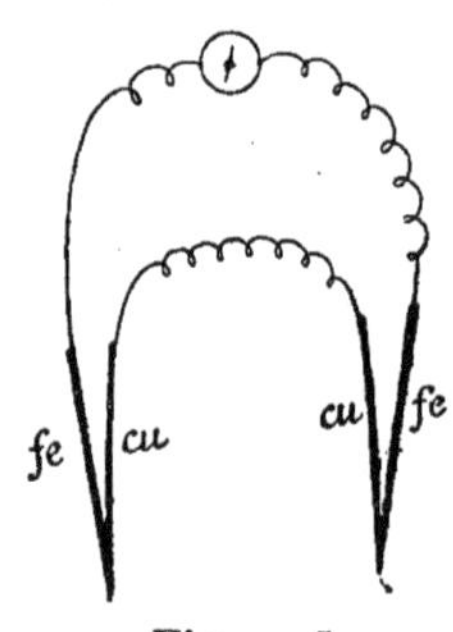

Fig. 115.

on a la *pince thermoélectrique* de Peltier, qui permet de prendre la température d'un corps quelconque, celle par exemple que présente une barre telle que MN aux différents points où l'on applique les soudures.

Dans l'*aiguille thermoélectrique* de Becquerel (*fig.* 115) les

1. Nous citerons comme exemple une pile Clamond composée de 120 couples, présentant une force électromotrice de 8 volts et une résistance de 3,2 ohms, et par suite pouvant fournir un travail maximum disponible de 5 watts par seconde (**113**). Les couples peuvent être groupés de manière à satisfaire dans chaque cas aux conditions du maximum (**112**). La consommation de gaz est de 180 litres à l'heure.

En admettant que la combustion d'un litre de gaz donne 5,200 calories-gramme, la chaleur dépensée est de 260 calories par seconde qui correspondraient à un travail mécanique de 1084 watts. Le rendement est d'environ $\frac{1}{200}$.

deux couples sont opposés. La soudure A étant placée au point dont on veut mesurer la température, on met la soudure B dans un bain dont on fait varier la température jusqu'à ce que le courant soit nul. Les températures des deux soudures sont alors égales.

136. Théorie des phénomènes thermoélectriques. — L'existence des courants thermoélectriques montre évidemment que les forces électromotrices de contact de Volta sont fonction de la température. Soient H_1 et H_2 leurs valeurs aux températures t_1 de la soudure froide et t_2 de la soudure chaude.

Si ces différences intervenaient seules dans la production du courant, la force électromotrice du couple aurait pour valeur $H_2 - H_1$. Pour chaque unité d'électricité mise en mouvement, le couple engendrerait un travail H_2 à la soudure chaude, travail emprunté à la chaleur fournie à cette soudure et produirait, à la soudure froide, un travail H_2 qui se dégagerait sous forme de chaleur, la différence étant dépensée le long du circuit en vertu de la loi de Joule.

Mais le phénomène de l'inversion montre que les forces électromotrices de contact ne peuvent être seules en jeu, puisqu'une fois l'inversion produite et le courant changé de sens, ce qui correspondrait simplement à un changement de signe de la différence $H_2 - H_1$, on verrait la chaleur absorbée à la soudure froide et dégagée à la soudure chaude et, par suite, outre la chaleur dépensée dans le circuit, de la chaleur transportée d'un corps froid sur un corps chaud sans dépense équivalente, ce qui est en contradiction avec les lois fondamentales de la thermodynamique.

Les autres forces électromotrices qu'il faut faire intervenir sont les différences de potentiel résultant le long des conducteurs des variations de la température et auxquelles sont dus les effets Thomson (**113**).

Dans un conducteur homogène ces différences ont une résultante nulle : la variation de potentiel étant seulement fonction de la variation de température, la chute de potentiel comme la chute de température est la même de part et d'autre du point chauffé. Mais il n'en est plus de même, si de part et d'autre de ce point la constitution du conducteur diffère ; à une même chute de température, correspond une variation de potentiel qui peut différer non seulement par la grandeur, mais par le signe. C'est ce que mettent en évidence les expériences suivantes de Magnus.

Fig. 116.

Un fil de cuivre est évidé au tour de manière à présenter des diamètres très inégaux (*fig.* 116). En chauffant au point g, on n'obtient aucun courant, le travail du tour n'ayant pas altéré l'homogénéité du métal. — On tord en spirale une partie d'un fil de platine (*fig.* 117) et on chauffe l'une des extrémités de la spirale ; on a un courant qui va du fil à la spirale par la soudure chaude. La torsion a modifié la structure du métal et l'expérience réussit moins bien avec un métal s'écrouissant moins que le platine.

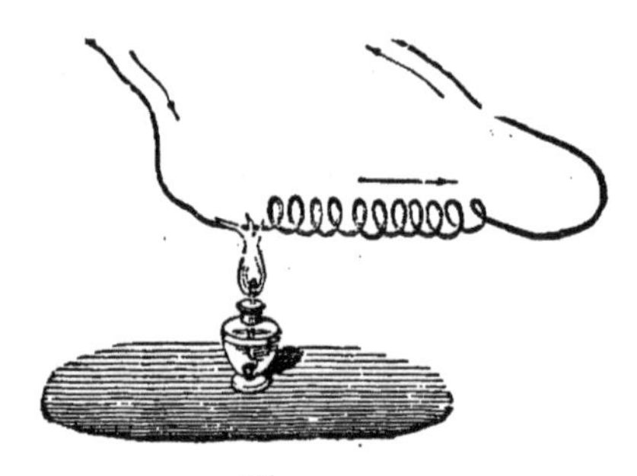

Fig. 117.

137. Représentation des phénomènes. — Deux procédés peuvent être employés pour représenter les phénomènes thermoélectriques.

Soit un couple formé de deux métaux A et X. L'une des soudures étant maintenue à 0° et l'autre portée à une température quelconque t, prenons comme abscisse (*fig.* 118) la valeur de t et comme ordonnée la force électromotrice observée : on obtient une courbe AX qui se confond avec une parabole à axe vertical.

Si la soudure froide, au lieu d'être à la température 0°, est à la température t_1, la même courbe donne encore les forces électromotrices, à la condition de compter les ordonnées à partir de la ligne MM′ menée parallèlement à l'axe des abscisses par le point M de la courbe qui correspond à la tem-

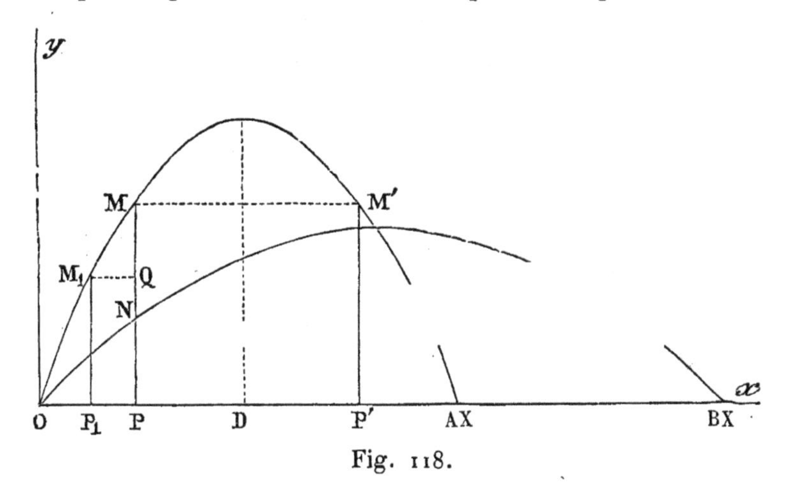

Fig. 118.

pérature t_1. C'est la conséquence de la loi des températures successives (**132**).

Le point M′ où la courbe rencontre la parallèle MM′ à l'axe des abscisses donne la température à laquelle la force électromotrice change de signe et par suite la température d'inversion t_i. Cette température varie, comme on voit, avec celle de la soudure froide.

Au contraire la température t_m du maximum de force électromotrice est fixe. On voit de plus qu'elle est la moyenne des températures de la soudure froide et de la température d'inversion.

Soit BX la courbe correspondant au couple de deux métaux B et X; la différence MN des deux ordonnées représente, pour les températures 0° et OP des deux soudures, la force électromotrice du couple formé par les deux métaux A et B. On a, en effet, en vertu de la loi des métaux intermédiaires

$$E(AX) = E(AB) + E(BX)$$

138. Diagramme thermoélectrique. — Prenons comme métal X de comparaison le plomb qui est neutre par rapport à l'effet Thomson et pour représenter les propriétés du couple AX, construisons un diagramme (*fig.* 119) tel que l'aire comprise entre deux ordonnées MP et M'P' infiniment voisines représente la force électromotrice du couple pour les températures infiniment voisines OP de la soudure froide et OP' de la soudure chaude, les ordonnées étant prises positives

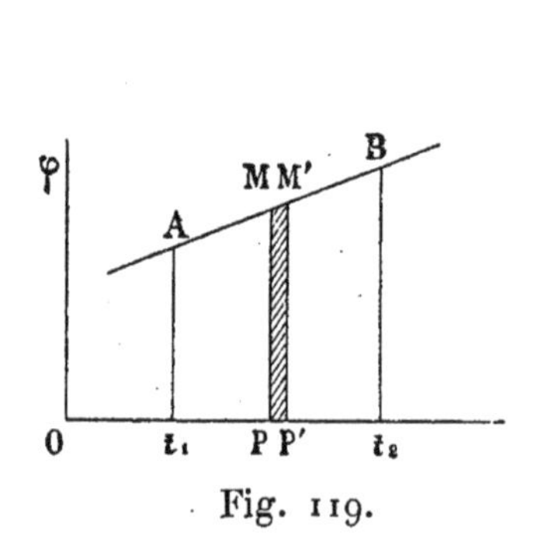

Fig. 119.

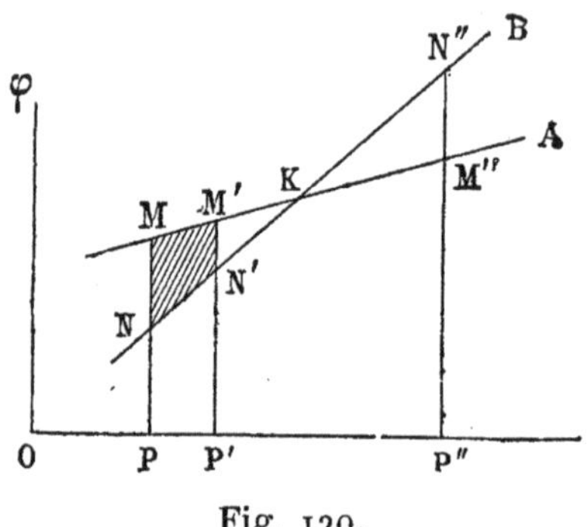

Fig. 120.

ou négatives, suivant que le métal est négatif ou positif par rapport au plomb. Il résulte de la loi des températures successives que l'aire comprise entre la courbe et deux ordonnées quelconques A et B représentera la force électromotrice pour les températures t_1 et t_2 des deux soudures.

L'expérience montre que pour tous les métaux, sauf le fer et le nickel, la courbe AB' est une droite.

L'ordonnée MP s'appelle le *pouvoir thermoélectrique* des deux métaux pour la température OP. Nous le représentons par φ (AX).

Si ΔE est l'accroissement de force électromotrice qui correspond à un accroissement infiniment petit Δt de la température de la soudure chaude, on a par définition du pouvoir thermoélectrique

$$\Delta e = \text{aire } MM'PP' = \varphi(AX)\Delta t.$$

Un couple BX donnera de même la droite NB (*fig.* 120). Il

résulte de la loi des métaux intermédiaires que la différence MN des deux ordonnées MP et NP représente pour la température OP le pouvoir thermoélectrique du couple formé par les deux métaux A et B. Au point K de rencontre des deux droites le pouvoir thermoélectrique des deux métaux est nul ; ce point s'appelle le *point neutre*.

La force électromotrice du couple AB, pour les températures OP et OP′ des deux soudures, est évidemment représentée par l'aire N′M′MN. Pour une température fixe de la soudure froide, cette aire va en croissant jusqu'à ce que la température de la soudure chaude atteigne la température du point neutre, qui est, par suite, celle du maximum de force électromotrice ; au-delà de ce point, la force électromotrice va en décroissant, puisqu'elle n'est plus représentée que par la différence des deux aires triangulaires qui ont leur sommet en K ; elle devient nulle en même temps que l'intensité pour la température t_2, telle que l'on ait

$$\text{aire } M''KN'' = \text{aire } MKN ;$$

à partir du moment où la température de la soudure chaude dépasse t_2, la différence des aires devient négative et il y a inversion.

139. — L'aire N′M′MN (*fig.* 121) représentant la force électromotrice en volts représente également en watts le travail engendré par un coulomb parcourant le circuit. Dans le cas de la figure, le courant a lieu dans le sens N′M′MN.

Le diagramme fournit encore quelques indications intéressantes que nous nous contenterons de mentionner sans en donner la démonstration, laquelle repose sur l'application du théorème de Carnot. Le contour de l'aire N′M′MN peut être considéré comme représentant le cycle parcouru par l'électricité, et si on suppose les températures comptées à partir du zéro absolu, les aires comptées à partir de l'axe Oφ représentent le travail correspondant à chacun des éléments du parcours.

Ainsi, la ligne NN′ représente le passage de l'unité d'électricité de la température T à la température T′ le long du conducteur B; et l'aire NN′Q′Q, le travail correspondant dû aux effets Thomson.

La ligne N′M′, le passage de l'électricité du conducteur AB au conducteur A à la température T′; et l'aire N′M′P′Q′, le travail correspondant dû à l'effet Peltier.

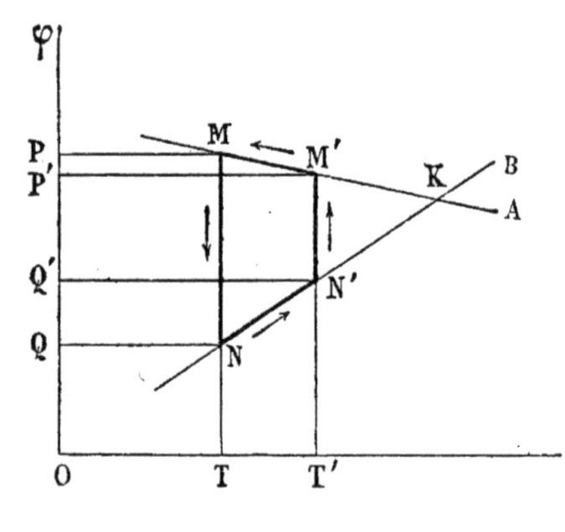

Fig. 121.

La ligne M′M, le passage de la température T′ à la température T le long du conducteur A; et l'aire M′MPP′, le travail correspondant dû aux effets Thomson.

Enfin, la ligne MN, le passage du métal A au métal B par la soudure froide à la température T; et l'aire MNQP, le travail correspondant dû à l'effet Peltier.

Ce dernier travail est de sens contraire aux trois premiers; ceux-ci correspondent à une absorption, le dernier à un dégagement de chaleur. La différence, ou l'aire N′M′MN, représente, comme nous l'avons déjà dit, le travail des forces électromotrices qui est dépensé en chaleur dans le circuit sous la forme de l'effet Joule.

CHAPITRE XV

MAGNÉTISME. — PHÉNOMÈNES GÉNÉRAUX

140. Aimants naturels et artificiels. — On donne le nom de *pierres d'aimant* à certains échantillons d'oxyde de fer naturel (Fe^3O^4) qui jouissent de la propriété d'attirer la limaille de fer. Tous les points de la pierre d'aimant ne possèdent pas cette propriété au même degré : quand on roule la pierre dans la limaille, celle-ci s'amasse de préférence en certains points et y reste suspendue sous forme de houppes.

Par simple frottement et sans rien perdre elle-même, la pierre d'aimant peut communiquer à l'acier la propriété d'attirer le fer. Ces aimants d'acier sont appelés *aimants artificiels* par opposition avec les premiers qu'on appelle *aimants naturels.* L'expérience montre d'ailleurs que les propriétés des uns et des autres sont identiques ; les aimants artificiels, à cause de leur forme plus simple et plus régulière, sont les seuls employés. Cette forme est le plus souvent celle d'un barreau allongé.

141. Pôles des aimants. — Quand on plonge un barreau dans la limaille, celle-ci s'attache surtout aux extrémités, comme si la propriété d'attirer le fer y était particulièrement concentrée (*fig.* 122).

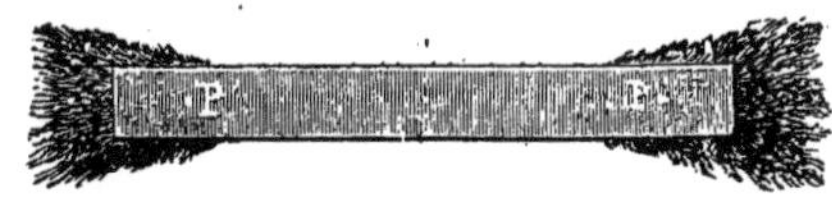

Fig. 122.

On donne à ces extrémités le nom de *pôles de l'aimant.*

Une conception très ancienne consiste à considérer le barreau comme une masse inerte qui présenterait vers ses extrémités deux centres d'action. Ces centres d'action seraient à proprement parler les pôles et devraient leurs propriétés à des masses agissantes, appelées *masses magnétiques*, qui y seraient concentrées.

Les centres d'action, à quelque cause qu'on les attribue, sont en réalité disséminés sur les deux extrémités du barreau ; c'est ce qui résulte clairement de la manière dont la limaille s'attache au barreau et d'une manière encore plus frappante de la disposition qu'elle prend dans l'expérience du *spectre magnétique*.

On place au-dessus du barreau une lame mince de verre

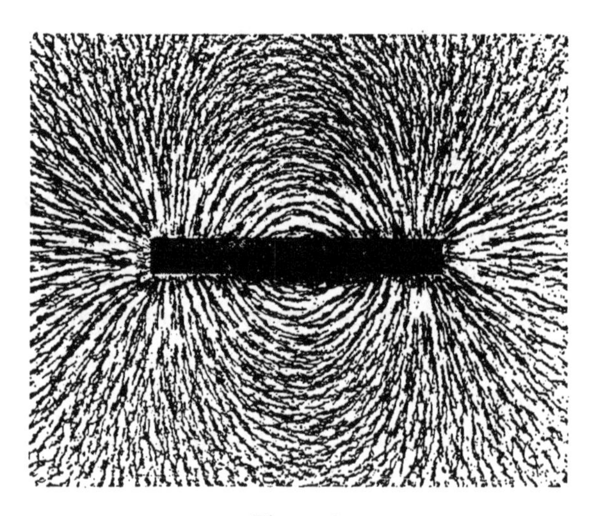

Fig. 123.

ou de carton et on y répand de la limaille d'une manière uniforme. En donnant à la lame de petites secousses, on voit les grains de limaille s'assembler de manière à former des courbes régulières (*fig.* 123) partant d'un point de la surface pour aboutir au point symétrique de l'autre extrémité. Nous reviendrons plus loin sur cette expérience pour en expliquer le sens et la portée. Elle met tout d'abord en évidence un fait important, c'est que l'action magnétique se transmet sans altération à travers une substance quelconque. C'est une propriété commune au magnétisme et à la pesanteur.

Il y a cependant exception pour le fer qui sous une épaisseur suffisante peut *faire écran* à l'action de l'aimant.

142. Distinction des pôles. Action de la terre. — Au point de vue de l'action sur la limaille rien ne distingue un pôle de l'autre; les deux pôles ne sont cependant pas de même nature.

Une seconde propriété caractéristique de tout barreau aimanté est de prendre, quand on le suspend horizontalement, une direction fixe dans l'espace, la même, en un même lieu, pour tous les aimants; cette direction est à peu près celle du nord au sud. Or c'est toujours la même extrémité qui se tourne vers le nord; on l'appelle le *pôle nord*, et *pôle*

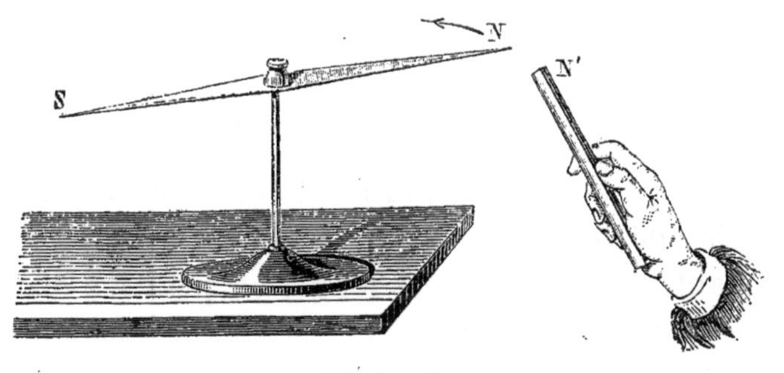

Fig. 124.

sud celle qui se tourne vers le sud. Le pôle nord et le pôle sud sont donc d'espèces différentes. Pour les reconnaître, on les marque une fois pour toutes, le premier d'un N, l'autre d'un S.

Dans les *aiguilles aimantées* proprement dites, auxquelles on donne la forme d'un losange très allongé (*fig.* 124), on distingue les pôles en laissant à l'extrémité nord la teinte bleue que l'acier prend par le recuit.

Les aimants artificiels n'ont pas nécessairement la forme de barreaux; on peut en faire d'une forme quelconque, sphérique par exemple. Dans tous les cas, la limaille vient se fixer sur deux plages diamétralement opposées, qui représentent les pôles, et une ligne déterminée joignant ces deux régions tend à prendre dans l'espace la même direction que l'axe d'un barreau de forme allongée. On l'appelle l'*axe magnétique* de l'aimant.

143. Actions réciproques des aimants. — Les aimants réagissent les uns sur les autres. Quand on approche un barreau d'un autre barreau suspendu horizontalement, on constate que le pôle nord du premier repousse le pôle nord du second et attire au contraire le pôle sud (*fig.* 124). Inversement le pôle sud attire le pôle nord et repousse le pôle sud de l'aimant mobile. D'où cette loi fondamentale qui rappelle la loi correspondante pour l'électricité (**6**) : *deux pôles de même nom se repoussent et deux pôles de noms contraires s'attirent.*

144. Loi de Coulomb. — Même quand on réduit, par la pensée, l'aimant à deux centres de force situés vers les extrémités, les actions qui s'exercent entre deux aimants voisins sont au nombre de quatre et, en toute rigueur, il est impossible de les réduire à un nombre moindre. Cependant en prenant des aimants très longs, on peut les disposer de manière à rendre l'action des pôles éloignés négligeable par rapport à celle des pôles voisins et observer en réalité l'action de deux pôles. C'est ainsi que Coulomb a cherché à déterminer, au moyen de sa balance, la loi des attractions et des répulsions magnétiques, et a été conduit à la loi fondamentale suivante :

Les attractions et les répulsions qui s'exercent entre deux pôles varient en raison inverse du carré de leur distance.

145. Masses magnétiques. — L'action de deux pôles à une distance donnée dépend de la puissance particulière des deux aimants. Si l'un des pôles restant fixe, ainsi que la distance, un nouveau pôle donne une action double, triple,... du premier, on dira que sa masse magnétique est double, triple,... de celle du premier. On est ainsi conduit à prendre comme unité de masse magnétique celle qui, agissant sur une masse égale placée à l'unité de distance, la repousse avec l'unité de force. Avec cette unité, l'action de deux pôles ayant des masses m et m' et placés à la distance r aura pour expression

$$f = \frac{m\,m'}{r^2} \tag{1}$$

Dans le système C.G.S, l'unité de masse magnétique sera celle qui, agissant sur une masse égale placée à la distance d'un centimètre, la repousse avec une force d'une dyne (**8**).

Si on réunit deux pôles m' et m'' en un même point, l'expérience montre que l'action sur un pôle donné m est proportionnelle à $m' + m''$ si les deux pôles sont de même nom et à $m' - m''$ s'ils sont de noms contraires. Les masses magnétiques s'ajoutent donc à la manière des quantités algébriques et on peut les affecter, comme les masses électriques, des signes + et —. Nous attribuerons le signe + à la masse magnétique d'un pôle nord et le signe — à celle d'un pôle sud. Il résulte de cette convention que dans la formule (1) le signe + correspond à une répulsion, le signe — à une attraction.

146. Champ magnétique. — La loi élémentaire est donc la même pour les masses magnétiques et pour les masses électriques; et, à cette différence près que les masses magnétiques sont toujours fixes de position et ne tendent jamais à passer d'un point à un autre, et que, par suite, il n'y a pas à faire intervenir les questions d'équilibre des conducteurs, les conséquences que nous en avons déduites, pour les masses électriques, s'appliquent mot pour mot aux masses magnétiques. Ainsi il y aura un potentiel magnétique qui se définira et se calculera comme le potentiel électrique (**37**). De plus, il résulte du choix de l'unité de masse dans l'un et l'autre cas, que des masses magnétiques et des masses électriques de même *valeur numérique*, distribuées de la même manière, donnent le *même champ*, en ce sens que la force y a en chaque point la même direction et la même intensité; que, par suite, les lignes de force sont les mêmes, les surfaces de niveau les mêmes, que le potentiel y a partout la même valeur numérique, et y représente, avec les unités C.G.S, le nombre d'ergs nécessaire pour amener une masse positive égale à l'unité depuis l'infini jusqu'au point considéré. Mais cette identité des deux champs ne porte que sur les valeurs numériques et n'implique pas l'identité des propriétés. La force électrique n'a aucune action sur les masses magnétiques et réciproquement ; et, bien que dans les deux cas les propriétés du champ résultent, sans aucun doute, de la modification d'un même milieu, les deux modifications sont de nature essentiellement distincte et peuvent coexister sans réagir l'une sur l'autre, ni se composer entre elles.

Le spectre magnétique, comme on le verra plus loin, offre

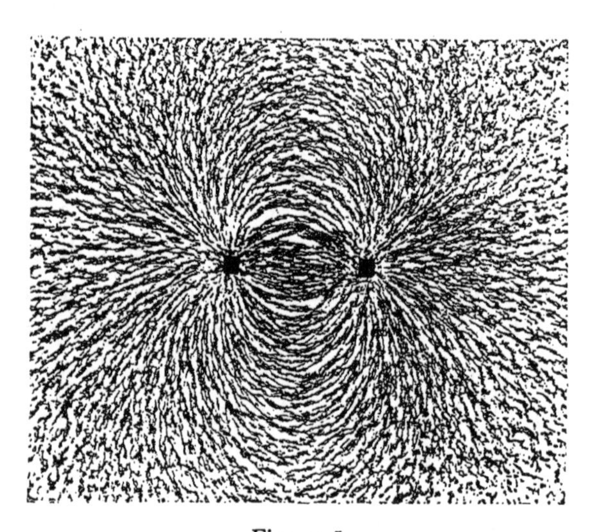

Fig. 125.

précisément une représentation du champ, et les courbes dessinées par la limaille ne sont autre chose que les lignes de force magnétique.

Comme pour l'électricité, les lignes de force émanent toujours d'une région positive pour aboutir à une région négative ; mais, la distribution n'étant plus uniquement superficielle comme dans le cas des conducteurs électrisés en équilibre, les lignes de force ne sont plus normales à la surface, les éléments correspondant ne renferment plus nécessairement des masses égales et contraires, enfin la relation donnée par le théorème de Coulomb entre la composante normale et la densité superficielle (**44**) n'est plus généralement applicable.

La figure 125 représente le champ donné par deux pôles

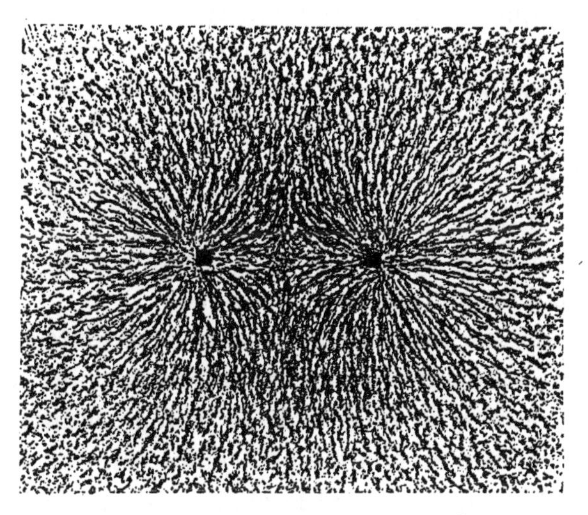

Fig. 126.

égaux et de noms contraires; la figure 126, celui de deux pôles égaux et de même nom. Ces deux lignes, de même que la figure 123, sont la reproduction par la photographie des spectres donnés par la limaille.

147. Champ terrestre. — Le voisinage de la terre est un champ magnétique, puisque tout aimant tend à y prendre une direction déterminée. En un lieu donné et dans une étendue considérable par rapport aux dimensions de nos aimants, mais petite par rapport aux dimensions de la terre, dans une même salle par exemple et, à la condition que l'aimant soit éloigné de tout autre aimant, cette direction est toujours la même. Les lignes de force sont donc parallèles entre elles et le champ terrestre est uniforme (**36**).

148. Définition précise des pôles. — Quand l'aimant est placé dans un champ uniforme, toutes les actions qui s'exercent sur les masses magnétiques qu'il renferme sont parallèles entre elles, mais de sens opposés suivant que les masses sont positives ou négatives ; toutes celles qui agissent sur les masses positives ont une résultante égale à leur somme, parallèle à leur direction et appliquée en un point qu'on peut appeler le centre de gravité des masses positives ; de même, pour les masses négatives. L'aimant est donc soumis à l'action de deux forces parallèles et de sens contraires, appliquées en des points fixes du barreau. Ce sont ces points que nous appellerons désormais les *pôles* de l'aimant, donnant ainsi à ce mot un sens précis ; la ligne qui les joint est l'*axe magnétique* de l'aimant. L'axe est compté positivement du pôle sud au pôle nord.

Les choses se passent donc comme si toutes les masses positives de l'aimant étaient concentrées au pôle nord, et les masses négatives au pôle sud, la valeur numérique de la masse concentrée en chaque pôle étant celle de la force qui s'y trouve appliquée quand le champ est égal à l'unité. Mais il n'en est ainsi que dans un champ uniforme, et l'aimant ne peut plus être réduit à ses deux pôles, quand il s'agit par exemple, de son action vis à vis d'un autre aimant.

149. La masse magnétique d'un aimant est toujours nulle. — L'action que subit un aimant dans un champ uniforme, comme le champ terrestre, est purement directrice : elle n'a ni composante verticale, ni composante horizontale. Elle n'a pas de composante verticale, car le poids d'un barreau d'acier est rigoureusement le même avant et après l'aimantation ; elle n'a pas de composante horizontale, car un barreau mobile dans un plan horizontal, par exemple placé sur un bouchon à la surface d'une eau tranquille, ne tend à prendre aucun mouvement de translation.

L'action se réduit donc à un couple ; par suite les deux forces parallèles et de sens contraires, qui, dans un champ uniforme, agissent sur les pôles, sont égales entre elles. Il en résulte que *la somme des masses positives est égale à la somme des masses négatives*, autrement dit que la *somme totale des masses magnétiques d'un aimant quelconque est nulle.*

150. Moment d'un aimant. — Soit m la masse absolue de chacun des pôles et $2a$ leur distance ; le produit $2am = M$ est ce que nous appellerons le *moment magnétique* de l'aimant.

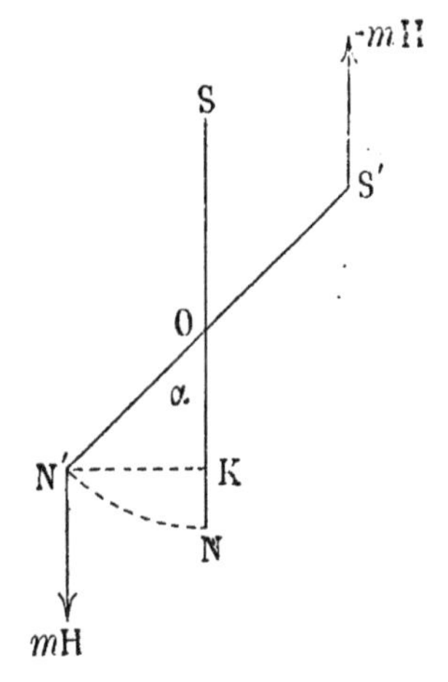

Fig. 127.

C'est le moment du couple qui agit sur le barreau, quand placé dans un champ uniforme dont l'intensité est égale à l'unité, l'axe magnétique est perpendiculaire aux lignes de force. Dans un champ d'intensité H, le moment du couple, dans les mêmes conditions, serait MH. Si l'axe magnétique fait un angle α avec la direction du champ, le moment de l'action est $MH \sin\alpha$.

Les positions d'équilibre sont celles où l'axe du barreau coïncide avec la direction du champ ; l'équilibre est stable si les deux directions sont de même sens ; instable, si elles sont de sens contraires.

Le travail effectué par les forces magnétiques quand le barreau passe de la première position à la seconde est égal à $2mH \times 2a$ ou $2MH$. Il est (*fig.* 127)

$$2mH.KN = MH(1 - \cos\alpha),$$

lorsque le barreau passe d'une position où son axe fait un angle α avec la direction du champ à la position d'équilibre stable.

151. Moment d'un système d'aimants. — Considérons un système d'aimants liés entre eux invariablement et placés dans un champ uniforme. Chacun d'eux est soumis à l'action d'un couple ; tous ces couples, comme on sait, peuvent se composer en un seul et, par suite, le système se comporte comme un aimant unique ayant un axe et un moment déterminés et qu'on peut appeler l'aimant résultant.

Si on convient de représenter chaque aimant par une droite dirigée suivant son axe et de longueur proportionnelle à son moment, il suffira pour avoir l'axe et le moment de l'aimant résultant, de mener par un point quelconque des lignes égales et parallèles aux droites représentatives de tous les aimants du système et de les composer à la manière des forces. La résultante, ou la ligne qui ferme le polygone obtenu en traçant à la suite les unes des autres des lignes égales et parallèles aux diverses composantes, représente en direction et en grandeur l'axe et le moment de l'aimant résultant. Si le polygone se ferme de lui-même, le système est en équilibre indifférent dans le champ; on dit alors qu'il est *astatique*.

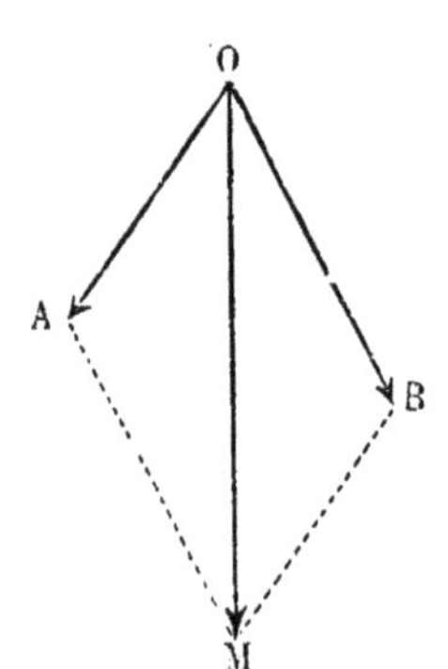

Fig. 128.

Considérons en particulier le cas de deux aimants de moments m et m' et dont les axes, représentés par les lignes OA et OB (*fig.* 128), font entre eux un angle δ. L'axe de l'aimant résultant sera la diagonale OM du parallélogramme et la position d'équilibre est celle ou cette diagonale coïncide avec la direction du champ. Si on appelle α l'angle de la diagonale M avec m, on a en vertu de la propriété fondamentale des triangles,

$$\frac{m}{\sin(\delta - \alpha)} = \frac{m'}{\sin \alpha} = \frac{\mathrm{M}}{\sin \delta},$$

et par suite, en développant la première équation,

$$\operatorname{tang} \alpha = \frac{m' \sin \delta}{m + m' \cos \delta}.$$

Un cas intéressant est celui où les deux axes sont presque

parallèles et de sens contraires, autrement dit où l'angle δ est voisin de π (*fig.* 129);

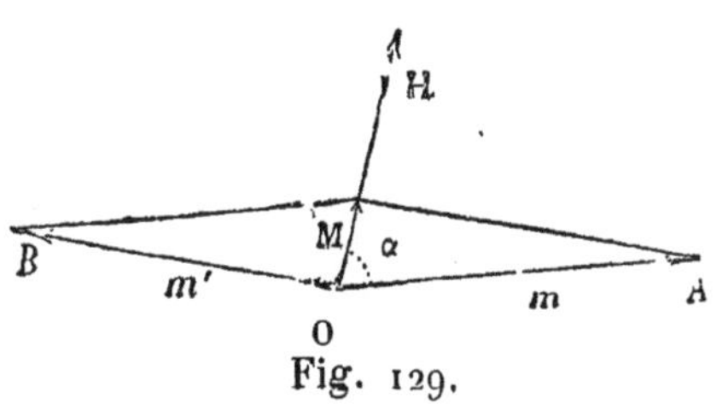

Fig. 129.

on a alors sensiblement $\sin\delta = \delta$ et $\cos\delta = -1$ et la valeur de α devient :

$$\tang \alpha = \frac{m'\delta}{m - m'},$$

et on voit qu'elle s'approche d'autant plus de $\frac{\pi}{2}$ que m et m' sont plus près d'être égaux; le système des deux barreaux tend à se placer perpendiculairement au champ, et d'autant plus qu'il est plus près d'être astatique.

152. Champ d'un aimant. — Si on suppose l'aimant réduit à ses deux pôles N et S (*fig.* 130), le champ qu'il produit est celui de deux masses égales et de signes contraires $\pm m$, placées en ces points. Sur un pôle égal à l'unité, situé en P à des distances r et r' des deux pôles,

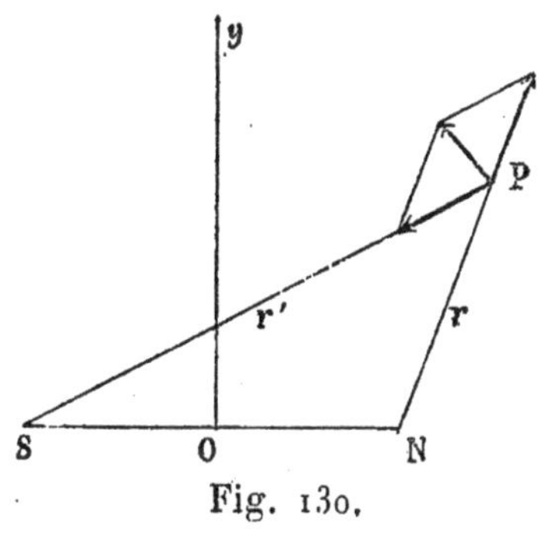

Fig. 130.

l'action du pôle N est répulsive et égale à $\frac{m}{r^2}$; celle du pôle S est attractive et égale à $\frac{m}{r'^2}$. Ces deux forces donnent une résultante représentée par la diagonale de leur parallélogramme.

Cette résultante est tangente au point P à la ligne de force qui passe par le même point.

Les lignes de force (*fig.* 131) sont des lignes allant du point N au point S, il est facile de reconnaître qu'elles coïncident avec les lignes dessinées par la limaille dans le spectre magnétique de la figure 125.

Le potentiel au point P, situé à des distances r et r' des deux pôles, a pour valeur

$$V = m\left(\frac{1}{r} - \frac{1}{r'}\right).$$

Cette équation quand on y suppose V constant représente une surface de niveau. Ces surfaces (*fig.* 131) sont des surfaces

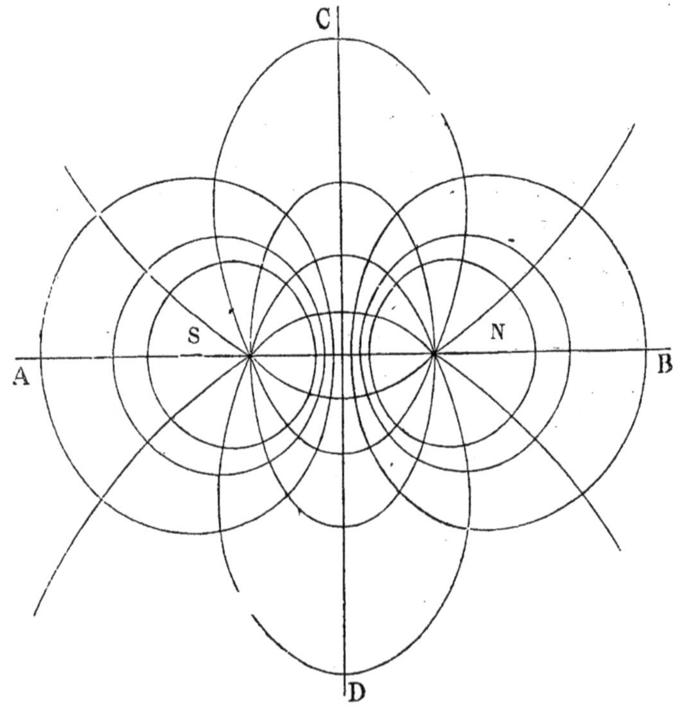

Fig. 131.

fermées ovoïdes enfermant chaque pôle et tendant à se confondre avec des sphères à mesure qu'elles se rapprochent davantage des centres d'action. Toutes celles qui correspondent à des valeurs positives du potentiel entourent le point N, celles qui correspondent aux valeurs négatives, le point S. Elles sont séparées par un plan de symétrie CD au potentiel zéro. Les lignes données par l'intersection de ces surfaces par un plan passant par l'axe sont normales en chaque point aux lignes de force tracées dans le même plan.

153. Propriétés d'un aimant infiniment petit. — Un cas particulièrement intéressant est celui d'un aimant dans lequel la distance $2a$ est très petite par rapport à la distance du point P que l'on considère (*fig.* 132).

Si on appelle r la distance OP, et α l'angle qu'elle fait avec l'axe de l'aimant, on peut, dans l'expression du potentiel

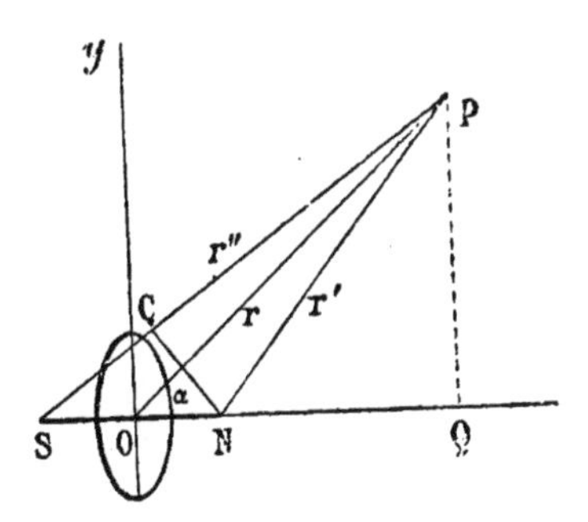

Fig. 132.

$$V = m\left(\frac{1}{r'} - \frac{1}{r''}\right) = m\,\frac{r'' - r'}{r'r''},$$

remplacer la différence $r'' - r'$ par SC ou par la valeur approchée $2a\cos\alpha$ et le produit $r'r''$ par r^2, ce qui donne :

$$V = 2am\,\frac{\cos\alpha}{r^2} = \varpi\,\frac{\cos\alpha}{r^2},$$

en représentant par ϖ le moment $2am$ de l'aimant infiniment petit.

Traçons au point O, perpendiculairement à l'axe, une petite figure plane, un cercle par exemple, dont la surface ait pour valeur le moment $\varpi = 2am$ de l'aimant, et désignons par ω l'angle solide sous lequel on voit cette surface du point P; cet angle solide est la portion de la sphère de rayon égal à l'unité, décrite du point P comme centre, qui est interceptée par le cône ayant pour base la surface considérée et pour sommet le point P; on a évidemment

$$\omega = \frac{\varpi\cos\alpha}{r^2},$$

et par suite,

$$V = \omega.$$

Ainsi, *la valeur du potentiel d'un aimant infiniment petit en un point est l'angle solide sous lequel on voit de ce point une surface égale au moment de l'aimant et perpendiculaire à l'axe de l'aimant en son milieu.*

Le signe de l'angle solide suit évidemment celui dû potentiel : il est positif quand on voit la petite surface par la face qui regarde le pôle nord et que nous appellerons la face positive ; et négatif, dans le cas contraire.

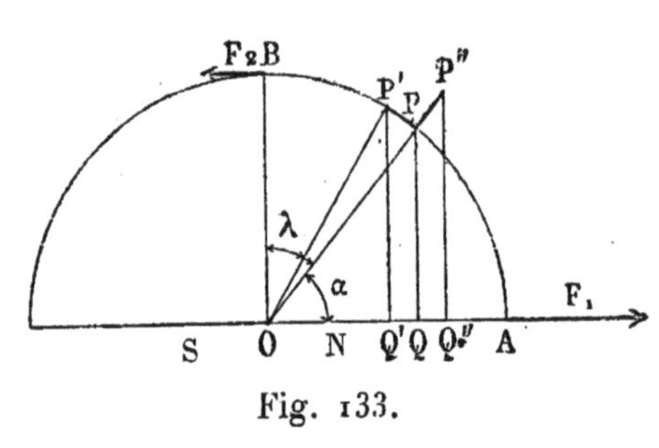

Fig. 133.

154. — Du point O comme centre décrivons une circonférence passant par le point P. Soit R le rayon de cette circonférence (*fig.* 131) ; cherchons les composantes de la force magnétique due à l'aimant infiniment petit, suivant la tangente et suivant la normale.

Quand on passe du point P au point P′ suivant la circonférence, le travail de la force magnétique a pour expression, en désignant par F_t la composante tangentielle, $F_t \times PP'$; d'autre part, ce travail est égal à la variation $V - V'$ du potentiel du premier point au second, on a donc

$$F_t . PP' = \omega - \omega' = \frac{\varpi}{R^2}(\cos\alpha - \cos\alpha'),$$

ou, en remarquant que $\cos\alpha = \frac{OQ}{R}$,

$$F_t . PP' = \frac{\varpi}{R^3}(OQ - OQ') = \frac{\varpi}{R^3} . QQ' ;$$

comme on a $QQ' = PP' \sin\alpha$, il reste

$$F_t = \frac{\varpi}{R^3}\sin\alpha.$$

De même, en passant suivant la normale du point P situé à la distance R au point P″ situé à la distance R′, on a, en désignant par F_n la composante normale,

$$F_n . PP'' = V - V'' = \omega - \omega'' = \varpi\cos\alpha\left(\frac{1}{R^2} - \frac{1}{R'^2}\right) ;$$

R différant infiniment peu de R', le facteur

$$\frac{1}{R^2} - \frac{1}{R'^2} = \frac{R'^2 - R^2}{R^2R'^2} = \frac{(R + R')(R' - R)}{R^2R'^2}$$

peut être remplacé par $\frac{2PP''}{R^3}$ et il reste

$$F_n = \frac{2\varpi}{R^3}\cos\alpha.$$

Pour le point A situé sur l'axe, $\alpha = 0$; la composante tangentielle est nulle et on a pour la force totale, dirigée suivant l'axe

$$F_1 = \frac{2\varpi}{R^3}.$$

Au point B, sur la transversale à l'axe, $\alpha = \frac{\pi}{2}$, la force se réduit à la composante tangentielle et on a

$$F_2 = \frac{\varpi}{R^3};$$

par suite

$$F_1 = 2F_2.$$

Deux positions telles que A et B prises l'une sur l'axe de l'aimant, l'autre sur la transversale, sont appelées *positions principales*.

La résultante en un point P quelconque, dont la direction OP fait un angle α avec l'axe ou un angle λ avec la transversale, a pour valeur

$$F = \sqrt{F_n^2 + F_t^2} = \frac{\varpi}{R^3}\sqrt{3\cos^2\alpha + 1} = \frac{\varpi}{R^3}\sqrt{3\sin^2\lambda + 1},$$

et sa direction fait avec la tangente un angle I tel que

$$\text{tang}\, I = \frac{F_n}{F_t} = 2\,\text{cotg}\,\alpha = 2\,\text{tang}\,\lambda.$$

155. Énergie relative d'un aimant infiniment petit dans un champ. — Le potentiel $V = \omega$ de l'aimant infiniment petit représente le travail dépensé pour amener une masse positive égale à l'unité depuis l'infini jusqu'au point P, en présence de l'aimant infiniment petit, ou réciproquement, pour amener l'aimant infiniment petit de l'infini à sa position actuelle, en présence d'une masse égale à l'unité située en P. C'est donc l'énergie du système formé par cette masse et par l'aimant infiniment petit.

Si la masse située au point P était égale à m, l'énergie du système serait $m\omega$. Or, ce produit n'est autre chose que le flux émané de la masse m située au point P et qui traverse la surface ϖ en pénétrant par la face positive. Nous représenterons par la lettre q le flux qui traverse une surface et, pour la commodité des calculs ultérieurs, nous conviendrons de prendre q *positif* quand le flux pénétrera par la face *négative*, et *négatif* quand il pénétrera par la face *positive*. Nous poserons donc

$$m\omega = -q.$$

S'il y a d'autres masses m', m'',.. dans le champ, on aura des expressions analogues pour chacune d'elles ; l'énergie de l'aimant infiniment petit en présence de ces masses a donc pour valeur

$$W = m\omega + m'\omega' \ldots = -(q + q' + \ldots) = -Q,$$

Q étant le flux total qui traverse la surface ϖ en pénétrant par la face négative ; si on appelle F_n la composante normale du champ au point O, on a $Q = \varpi F_n$.

CHAPITRE XVI

CONSTITUTION DES AIMANTS

156. Rupture d'un barreau aimanté. — Quand on brise un barreau aimanté, une aiguille d'acier par exemple, chaque partie constitue un aimant complet, ayant ses deux pôles de même intensité, de signes contraires et dirigés

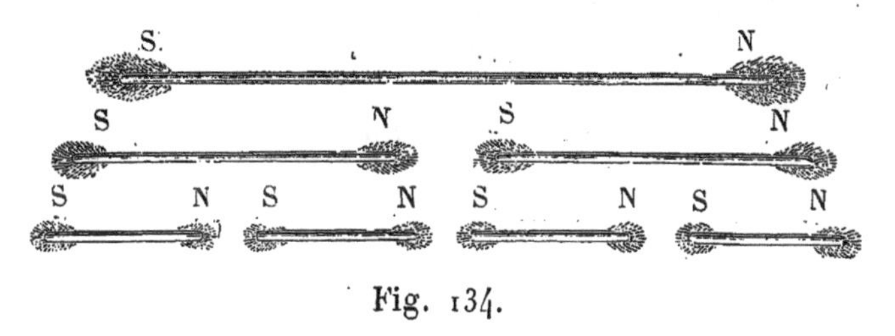

Fig. 134.

comme dans l'aimant primitif (*fig.* 134), et le phénomène se répète ainsi aussi loin que les moyens mécaniques permettent d'atteindre.

De là deux conséquences importantes : la première, qu'il est impossible d'obtenir une masse magnétique positive ou négative indépendante et qui ne soit pas liée à une masse égale et de signe contraire ; la seconde, que le magnétisme est un phénomène dont la cause réside dans la molécule même, en un mot, un phénomène particulaire. Si on suppose un aimant décomposé en éléments de volume, chaque élément doit être considéré comme un aimant complet défini par la direction de son axe et par son moment magnétique, c'est-à-dire comme un aimant infiniment petit ayant des masses $+m$ et $-m$ à ses extrémités, une longueur $2a$ et, par suite, un moment magnétique égal à $2am$. L'aimant entier n'est autre chose que l'aimant résultant de tous ces aimants élémentaires, aimant dont l'axe et le moment s'obtiendraient par la règle du § **147**.

157. Intensité d'aimantation. — Un aimant est donc défini par le moment magnétique de toutes les parties qui le constituent. On appelle *intensité d'aimantation* en un point de l'aimant, le quotient du moment d'un élément de volume découpé en ce point par le volume même de l'élément, autrement dit, le moment de l'unité de volume autour de ce point. Nous représenterons cette quantité par la lettre A, et nous aurons, par définition, en désignant par $2am$ le moment de l'élément et par u son volume,

$$A = \frac{2am}{u}.$$

La quantité A a en chaque point de l'aimant une grandeur et une direction déterminées.

Si elle est partout constante de grandeur et de direction, l'aimantation est dite *uniforme*, et le moment de l'aimant est évidemment égal au produit du volume par l'intensité d'aimantation.

158. Distribution du magnétisme. — Il est impossible de déterminer expérimentalement la distribution du magnétisme à l'intérieur d'un aimant, pas plus qu'on ne peut déterminer la distribution de l'électricité à l'intérieur d'un corps mauvais conducteur. D'après le théorème de Green (**42**), qui s'applique également aux deux cas, le flux total qui traverse une surface enveloppant l'aimant, donnerait la valeur totale de la masse agissante qu'il comprend ; mais nous savons déjà que cette masse totale est nulle (**149**).

Quelle que soit la distribution des masses magnétiques à l'intérieur d'un aimant, il est facile de démontrer que leur action est équivalente à celle de deux couches superficielles égales et de signes contraires qui seraient distribuées sur la surface suivant une certaine loi. En effet, remplaçons par la pensée toutes les masses magnétiques par des masses électriques *fixes* de même valeur numérique, et supposons l'aimant recouvert d'une surface conductrice infiniment mince en communication avec le sol (**47**). Nous savons que cette surface se recouvrira intérieurement d'une couche électrique d'une masse totale égale et de signe contraire à la somme des masses intérieures, laquelle produira pour tous les points extérieurs une action égale et contraire à celle de ces dernières. Une couche identique à celle-ci, mais de densité contraire en chaque point, produira donc pour les points extérieurs la même action que les masses données. Cette couche ne sera pas en général une couche d'équilibre. Dans le cas de l'aimant, elle aura une masse totale nulle, et se composera, par suite, de deux couches égales et de signes contraires séparées par une ligne neutre, l'une recouvrant l'extrémité nord, l'autre l'extrémité sud de l'aimant.

Il en serait encore de même si la surface infiniment mince considérée, au lieu de s'appliquer sur l'aimant, était une surface fermée quelconque renfermant celui-ci. Tout ce que peut donner l'expérience, c'est donc la couche magnétique qui, sur une surface donnée, produirait le même effet sur un point extérieur que l'aimant considéré. Le problème de la distribution du magnétisme n'est donc pas accessible à l'expérience.

159. Cas particuliers de distribution magnétique. — Filet solénoïdal. — Parmi les distributions que l'on peut imaginer *a priori*, deux sont particulièrement intéressantes.

Supposons des éléments magnétiques identiques entre eux, placés en file le long d'une courbe quelconque, de telle sorte que leurs axes, tous dirigés dans le même sens, coïncident avec cette ligne, le pôle nord de chacun d'eux étant en contact avec le pôle sud du suivant. Ce système s'appelle un *filet solénoïdal* et représente un aimant ayant la forme d'un filet à section constante, infiniment petite et dont l'intensité d'aimantation est elle-même constante et tangente en chaque point à la direction du filet. Ce filet est neutre dans toute sa longueur, sauf aux extrémités qui présentent des masses magnétiques égales et de signes contraires. L'action du filet solénoïdal se réduit donc à celles de ces deux masses; elle est indépendante de la forme et de la longueur du filet et ne dépend que de la position des extrémités ; elle est nulle si le filet est fermé sur lui-même.

Soit A l'intensité d'aimantation, λ la section du filet, $\pm\sigma$ la densité magnétique sur les faces terminales, la masse magnétique m à chaque extrémité est égale à $\sigma\lambda$. Si on suppose détachée une unité de longueur du filet, son moment a pour valeur le produit de la masse située à l'extrémité par la longueur, c'est-à-dire $\sigma\lambda$, puisque la longueur est égale à l'unité, ou encore, le produit du volume par l'intensité d'aimantation, c'est-à-dire $A\lambda$; on a, par suite,

$$\sigma = A.$$

Le produit $A\lambda$ de la section du filet par son intensité d'aimantation, ou le moment de l'unité de longueur, s'appelle la *puissance* du filet solénoïdal.

Le potentiel d'un filet solénoïdal en un point P, situé à des distances r et r' des deux extrémités, a pour valeur (**146**)

$$V = A\lambda\left(\frac{1}{r} - \frac{1}{r'}\right).$$

160. Aimant solénoïdal — Supposons maintenant des filets solénoïdaux de même puissance, rectilignes et parallèles, juxtaposés de manière à constituer un cylindre droit. L'aimantation du cylindre sera évidemment uniforme, et elle se manifestera par deux couches uniformes de densité $\pm$ A recouvrant les deux faces terminales.

De même une sphère constituée par la juxtaposition de filets de même puissance rectilignes et parallèles aurait une aimantation uniforme, et celle-ci serait représentée par deux couches de glissement (**24**) dont les densités aux pôles seraient égales à $\pm$ A.

Enfin, supposons un paquet de filets solénoïdaux parallèles entre eux et repliés d'une manière quelconque, de telle sorte que tous ces filets forment des courbes parallèles fermées sur elles-mêmes; le système constituera un aimant fermé sans action sur un point quelconque tant extérieur qu'intérieur et dont on ne pourra rendre l'aimantation manifeste qu'en le réduisant en fragments.

161. Feuillets magnétiques. — Dans le second mode de distribution, nous supposerons les éléments magnétiques, toujours identiques entre eux, juxtaposés de manière que leurs axes soient perpendiculaires à une surface quelconque, terminée à un contour donné et dirigés dans le même sens par rapport à cette surface. Le système représente un aimant ayant la forme d'une lame infiniment mince, recouverte sur ses deux faces de couches uniformes et de même densité, l'une de magnétisme nord, l'autre de magnétisme sud. Nous donnerons à ce système le nom de *feuillet magnétique;* nous appellerons *puissance du feuillet* et nous désignerons par la lettre Φ le produit de l'épaisseur infiniment petite h de la lame par la densité superficielle σ,

$$\Phi = h\sigma.$$

162. Potentiel d'un feuillet. — Soit dS un élément de la surface, la portion correspondante du feuillet constitue un aimant infiniment petit ayant pour moment $h\sigma d$S ou ΦdS, et le potentiel de cette portion en un point P (*fig.* 135) est égal à l'angle solide sous lequel on voit de ce point une surface égale à ΦdS tangente à l'élément, et par conséquent il est égal à l'angle $d\omega$ sous lequel on voit la

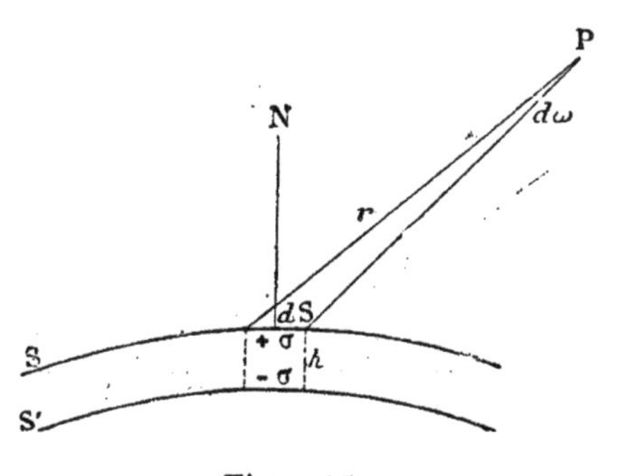

Fig. 135.

surface dS elle-même multiplié par Φ. Ce potentiel est positif ou négatif suivant que l'élément dS, vu directement du point P, appartient à la face positive ou négative.

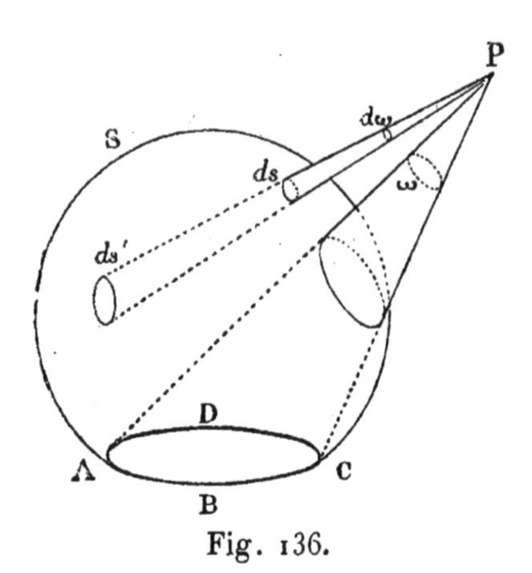

Fig. 136.

Pour avoir le potentiel du feuillet S de forme quelconque terminé au contour ABCD (*fig.* 136), il faut faire la somme algébrique des angles solides correspondant aux divers éléments dans lesquels la surface peut être décomposée. Les angles correspondant à des éléments tels que dS et dS' interceptés par un même cône rencontrant la surface un nombre pair de fois, s'annulent comme étant égaux et de signes contraires, les faces que ces éléments présentent au point P étant nécessairement de signes contraires. La somme se réduit évidemment à l'angle solide sous lequel du point P on voit le contour terminal ABCD du feuillet. Cette somme est par suite indépendante de la forme et de l'étendue de la surface qui vient aboutir à ce contour; elle est d'ailleurs positive ou négative suivant que la portion de la surface, vue directement du point P à travers le contour, est positive ou négative. Si on désigne par ω l'angle solide, on a

$$V = \Phi\omega.$$

Donc *le potentiel d'un feuillet magnétique en un point extérieur est égal au produit de la puissance magnétique du feuillet par l'angle sous lequel on voit de ce point le contour terminal.*

Il représente le travail accompli pour amener une masse magnétique positive égale à l'unité de l'infini jusqu'au point considéré.

Si le feuillet forme une surface fermée, l'angle solide est nul pour tout point extérieur; il est égal à la sphère entière ou 4π pour tout point intérieur. Le potentiel a donc une valeur constante dans le premier cas comme dans le second, et par suite, l'action d'un feuillet formant une surface fermée est toujours nulle (**36**).

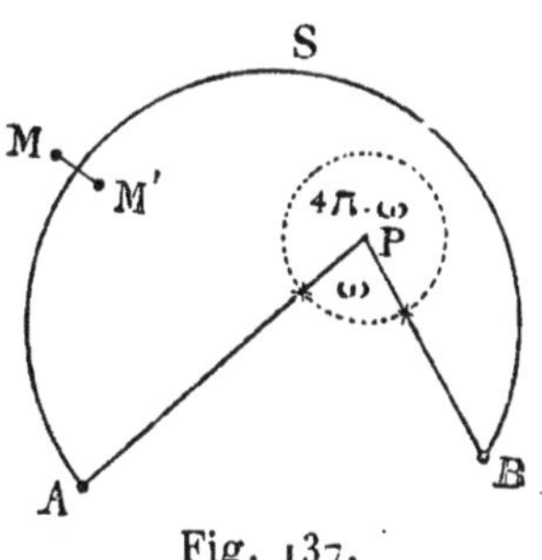

Fig. 137.

Si la surface a la forme d'une cavité présentant une ouverture telle que AB (*fig.* 137), pour un point P situé à l'intérieur et qui voit cette ouverture sous un angle ω, l'angle solide doit être pris égal à $\pm(4\pi - \omega)$.

Considérons deux points M et M' pris sur une même normale à la surface du feuillet et infiniment près de cette surface, l'un du côté positif, l'autre du côté négatif (*fig.* 137). En M le potentiel est $\Phi\omega$; en M', il est $-\Phi(4\pi - \omega)$ ou $\Phi\omega - 4\pi\Phi$. Il a donc aux deux points une différence constante égale à $4\pi\Phi$ en valeur absolue.

Ainsi quand on passe d'un point de la face négative au point correspondant de la face positive, le potentiel, autrement dit le travail, augmente de $4\pi\Phi$, quel que soit d'ailleurs le chemin suivi, qu'on traverse le feuillet ou qu'on le contourne.

163. Énergie relative d'un feuillet dans le champ. — L'énergie potentielle relative au champ de la portion du feuillet qui correspond à l'élément dS de la surface est égal au flux qui traverserait une surface $\varpi = \Phi dS$, autrement dit au produit par Φ du flux qui traverse la surface dS en pénétrant par la face positive (**147**). L'énergie totale s'obtiendra donc en multipliant par Φ la somme algébrique de ces flux élémentaires, c'est-à-dire le flux total qui traverse le contour en pénétrant par la surface positive; en le désignant par $-Q$ (**155**), on aura

$$W = -\Phi Q.$$

Par suite, *l'énergie potentielle d'un feuillet est égale au produit, pris en signe contraire, de la puissance du feuillet par le flux de force qui traverse son contour en pénétrant par la face négative.*

La position d'équilibre stable du feuillet dans le champ est celle qui correspond au minimum d'énergie, par suite celle où le flux pénétrant par la face négative est maximum.

164. Énergie mutuelle de deux feuillets. — Supposons que le champ soit celui d'un second feuillet de puissance Φ', On peut poser $Q = M\Phi'$, le coefficient M étant le flux que recevrait le premier feuillet par sa face négative si la puissance du second était égale à l'unité. L'énergie du premier dans le champ du second aura alors pour expression

$$W = -\Phi\Phi' M.$$

L'énergie du second dans le champ du premier aurait de même pour expression $-\Phi'\Phi M'$, M' étant le flux que recevrait le second si la puissance du premier était égale à l'unité. Ces deux quantités étant l'expression d'une même énergie, on en déduit

$$M = M'.$$

D'où il suit que *quand deux feuillets de puissance égale à l'unité sont en présence, le flux de force qui émane de l'un pour traverser l'autre en pénétrant par la face négative est le même pour les deux.*

Le coefficient M est appelé le *coefficient d'induction mutuelle* des deux feuillets ; sa valeur ne dépend que des deux contours et de leur situation mutuelle.

CHAPITRE XVII

INFLUENCE MAGNÉTIQUE

165. Aimantation par influence. — Tout morceau de fer placé dans un champ magnétique devient un aimant. La direction de l'aimantation est celle des lignes de force, le pôle sud étant du côté où elles aboutissent, le pôle nord du côté où elles s'éloignent. Le phénomène est désigné sous le nom d'*aimantation par influence.*

Le phénomène est toujours *particulaire* et se présente comme l'analogue de l'électrisation par influence d'un corps isolant. Il précède toujours l'attraction du fer par un aimant, de sorte qu'en fait l'action s'exerce toujours entre deux aimants présentant l'un à l'autre leurs pôles contraires,

Un filament de fer, mobile librement autour d'un de ses points et soustrait à toute autre action que celle de l'aimant, prendrait en chaque point la direction de la ligne de force. C'est ainsi que se forme le spectre magnétique : chaque parcelle de limaille tend à se placer tangentiellement à la ligne de force, et les grains s'attirant par leurs pôles voisins de signes contraires, forment une espèce de filet solénoïdal qui dessine la ligne de force.

166. Magnétisme rémanent. — Force coercitive. — Si le fer est pur et non écroui et présente les propriétés du fer désigné dans l'industrie sous le nom de *fer doux*, l'aimantation s'établit et cesse instantanément, du moins en général, avec l'influence. Avec le fer écroui, le fer impur, avec la fonte, l'acier et surtout l'acier trempé, l'aimantation est plus lente à s'établir, est moins intense pendant l'influence, mais subsiste pour une portion plus ou moins grande après que l'influence a cessé. Telle est l'origine des aimants artificiels. On appelle *magnétisme temporaire* celui qui existe seulement pendant l'influence, *magnétisme rémanent* ou *résiduel* celui qui persiste après que l'influence a cessé.

On a donné le nom de *force coercitive* à la propriété que possèdent ainsi certaines variétés de fer de garder après l'influence une partie du magnétisme que celle-ci avait développée. La force coercitive se présente comme une propriété analogue au frottement qui s'oppose, jusqu'à une certaine limite, aux modifications que les causes de toute espèce tendent à produire dans l'état magnétique.

167. Corps magnétiques et diamagnétiques. — Le fer, y compris ses variétés, n'est pas le seul corps qui s'aimante par influence. Le nickel et le cobalt, qui ont d'ailleurs tant d'analogies avec le fer, présentent les mêmes propriétés, quoiqu'à un degré moindre. Il en est de même, à un degré plus faible encore, de quelques composés du fer, l'oxyde magnétique Fe^3O^4 qui constitue la pierre d'aimant, le perchlorure de fer, le sulfate de fer, solides ou en dissolution. Enfin quand on augmente de plus en plus l'intensité du champ et qu'on perfectionne les procédés d'observation, on finit par reconnaître qu'il n'existe probablement aucun corps, solide, liquide ou gazeux, qui ne soit sensible à l'action du magnétisme et n'acquière par influence la polarité magnétique. Seulement les corps se divisent en deux catégories bien distinctes : les uns se comportent dans le champ à la manière du fer et ont leur axe d'aimantation parallèle aux lignes de force, les autres prennent une aimantation inverse et en sens contraire des lignes de force (*fig.* 138). Aux premiers on donne le nom corps *magnétiques*, aux seconds le nom de corps *diamagnétiques*. Les propriétés diamagnétiques ne se mani-

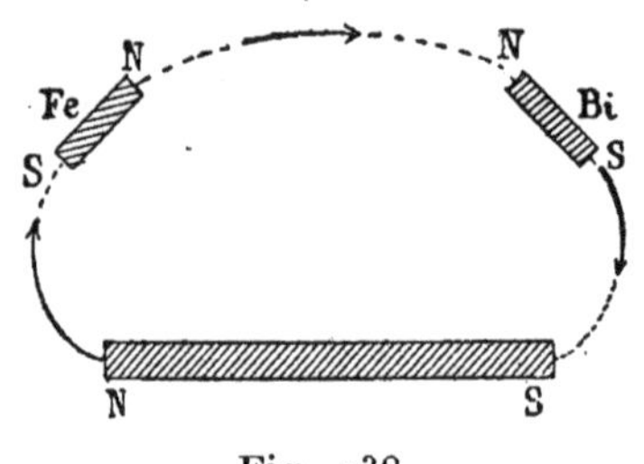

Fig. 138.

festent jamais qu'à un degré très faible; le corps le plus fortement diamagnétique est le bismuth.

168. Coefficients d'aimantation. — Susceptibilité magnétique. — Le problème fondamental de l'aimantation par influence est de déterminer le rapport entre l'intensité d'aimantation A et la force magnétisante F. Si on pose

$$A = kF,$$

k est ce qu'on appelle le *coefficient d'aimantation*, ou la *susceptibilité magnétique* du corps considéré. Nous conviendrons de le prendre positif ou négatif suivant qu'il s'agira d'un corps magnétique ou diamagnétique. La détermination du coefficient k revient à celle de A et de F; mais le problème est en réalité très complexe. Quand on soumet un morceau de fer doux à l'action d'un champ uniforme, la force qui agit en chaque point du barreau n'est pas seulement l'action du champ; elle est la résultante de l'action du champ et de l'action exercée par les masses magnétiques développées par influence, laquelle varie d'un point à un autre. Pour obtenir une aimantation uniforme telle qu'il n'y ait plus, pour avoir k, qu'à diviser le moment du corps par son volume, il faut donc choisir le corps de manière que cette dernière action soit nulle ou tout au moins constante pour tous les points de l'intérieur. Le calcul montre qu'elle est constante, dans un champ uniforme, pour une sphère et pour un ellipsoïde dont un des axes coïncide avec la direction du champ; le magnétisme développé se réduit dans ce cas à deux couches de glissement (**24**) ayant une action constante sur tous les points intérieurs. Elle serait nulle dans le cas d'un anneau, en forme de tore, soumis à un champ dans lequel la force constante serait tangente en chaque point à une circonférence concentrique au tore. Mais il est facile de voir qu'il en est encore, non plus rigoureusement, mais sensiblement de même pour un cylindre dont la longueur est très grande par rapport au diamètre et dont l'axe est parallèle au champ : les masses magnétiques actives se réduisent à celles que recouvrent les faces terminales ; leur action est de sens contraire à celle du champ et elle varie d'un point à un autre ; mais on peut la considérer comme négligeable dans la plus grande partie de la longueur du cylindre. Pour toute cette partie, l'action se réduit à celle du champ et l'aimantation peut être considérée comme uniforme. L'expérience montre qu'il n'en est ainsi que si la longueur du cylindre dépasse 3 ou 400 fois le diamètre. Si φ est l'intensité du champ, on aura

$$k = \frac{A}{\varphi};$$

le coefficient d'aimantation peut donc être défini *l'intensité d'aimantation que prend dans un champ égal à l'unité un cylindre infiniment mince placé parallèment au champ.*

169. Variations de k. — On peut admettre comme un fait d'expérience que le coefficient k est constant pour tous les

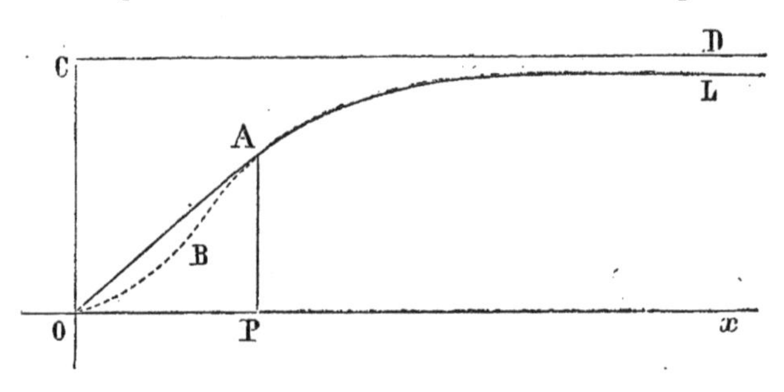

Fig. 139.

corps faiblement magnétiques et pour les corps diamagnétiques ; mais il n'en est plus de même pour les corps fortement magnétiques, comme le fer, le nickel et le cobalt. D'une manière générale, l'intensité d'aimantation croît d'abord à peu près proportionnellement à la force magnétisante, mais ensuite moins rapidement et tend finalement vers un maximum, ce qui revient à dire que k est d'abord sensiblement constant et qu'il va ensuite en décroissant avec zéro pour limite. En prenant les forces magnétisantes comme abscisses, l'intensité d'aimantation serait représentée par une courbe telle que OAL (*fig.* 139).

En réalité, le coefficient k n'est jamais constant, même pour les petites forces magnétisantes, et la partie rectiligne OA doit être remplacée par une courbe présentant en B un point d'inflexion. Ce point correspond à la valeur maximum du coefficient k.

170. Influence de la température. — Le coefficient k est une fonction de la température. Pour le fer, il devient nul et l'aimantation n'a plus lieu à la température du rouge cerise; l'expérience montre qu'elle varie très peu de 0° à 680°. Elle éprouve alors une chute brusque, et à 770°, les propriétés magnétiques ont complètement disparu.

Pour le nickel, le coefficient croît légèrement jusqu'à 200°; il passe alors par un maximum, et décroît jusqu'à 340°, température à partir de laquelle il est nul.

Pour le cobalt, le coefficient va en croissant de 0° à 325°.

171. Courbes d'aimantation. — Il est nécessaire d'entrer plus avant dans le détail pour saisir la loi du phénomène. Le cylindre infiniment mince étant placé parallèlement aux lignes de force dans un champ uniforme d'intensité variable, supposons qu'on donne au champ des valeurs croissantes depuis zéro jusqu'à F, puis décroissantes depuis F jusqu'à zéro, de nouveau croissantes de zéro à F, et ainsi de suite. Si on porte en abscisses les forces magnétisantes F et en ordonnées les intensités d'aimantation A, les phénomènes seront représentés par la courbe de la figure 140.

Pendant la première période, l'intensité croît de O à A, d'abord lentement, puis d'une manière plus rapide, enfin d'une manière plus lente en tendant visiblement vers un maximum.

Pendant la période décroissante, l'intensité A est loin de repasser par les mêmes valeurs, elle suit la courbe AA' dans la direction de la flèche, et quand la force F est redevenue nulle, l'aimantation a encore une valeur considérable OA'.

La force croissant de nouveau, l'aimantation croît lentement de A' en A de manière à reprendre sa valeur primitive pour la même valeur F de la force magnétisante.

Si on continue à faire repasser la force magnétisante par le même cycle, le point figuratif de l'aimantation décrit indéfiniment la même boucle AA'.

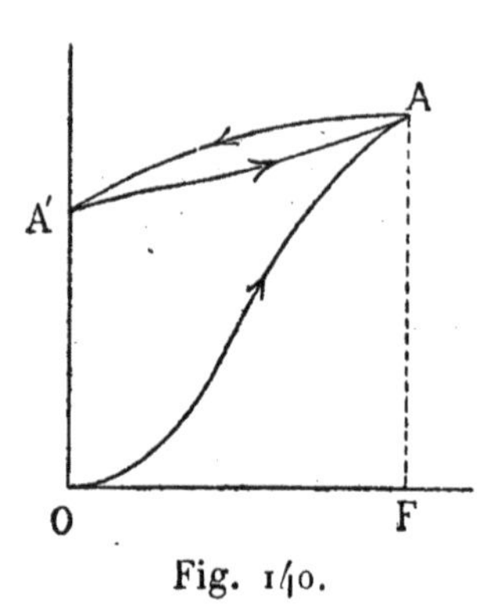

Fig. 140.

La marche du phénomène est la même, qu'il s'agisse de fer doux ou d'acier. Avec le fer doux, deux conditions sont indispensables : il faut que le barreau soit soustrait à tout ébranlement et qu'il soit assez long pour que la force démagnétisante des extrémités soit négligeable. Avec un barreau soumis à des vibrations ou avec un barreau court, la courbe descendante se confond presque avec la courbe ascendante, et après la suppression de la force, le magnétisme rémanent est sensiblement nul. C'est ainsi que pratiquement on peut dire que l'aimantation du fer doux est purement temporaire.

Si, au lieu de faire varier la force magnétisante de zéro à F et inversement, on la fait osciller entre deux valeurs égales et de signes contraires +F et —F, la courbe figurative de l'aimantation est celle de la figure 141. La courbe OA correspond à l'aimantation initiale quand la force magnétisante croît pour la première fois de zéro à F; la portion ACA' aux valeurs décroissantes de la force de +F à —F; enfin la portion A'BA aux valeurs croissantes de —F à +F. Le point figuratif décrit ensuite indéfiniment le même cycle pour les mêmes variations de la force magnétisante.

172. Retard d'aimantation. — Ainsi à une même valeur de la force magnétisante correspondent des intensités d'aimantation qui dépendent non seulement des conditions actuelles, mais des états antérieurs. En particulier quand ces états successifs forment un cycle comme celui de la figure 141, on voit que pour une même valeur de la force magnétisante, l'intensité est plus grande dans la période descendante que dans la période ascendante. C'est ce qu'on peut exprimer en disant qu'il y a *retard* de l'aimantation par rapport à la force magnétisante.

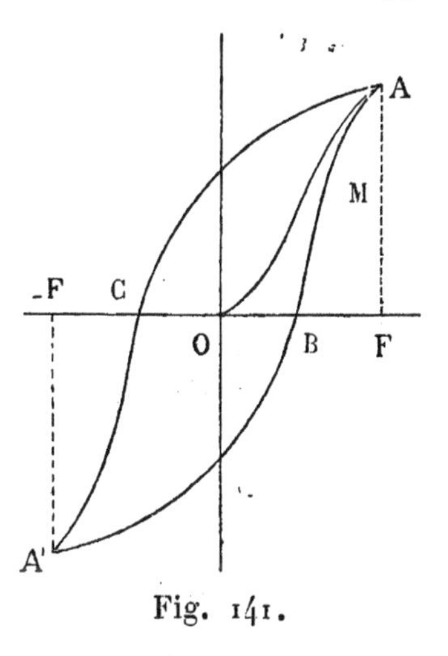

Fig. 141.

Ce retard peut être considéré comme un effet de la force coercitive. Il est plus grand pour l'acier que pour le fer doux, et les deux courbes qui composent le cycle de la figure 141 s'écartent d'autant plus l'une de l'autre que la force coercitive est plus grande.

173. État neutre. — Si à partir d'un point quelconque M du cycle, correspondant à la force F_1, on fait décroître la force jusqu'à zéro, pour revenir ensuite de zéro à F_1, le point figuratif décrit une boucle telle que la boucle AA′ de la figure 140. En choisissant convenablement le point M sur la partie positive de la branche ascendante ou sur la partie négative de la branche descendante, on peut obtenir une aimantation nulle au moment où la force magnétisante redevient nulle. Bien que l'aimantation soit nulle, l'état du barreau n'est pas identique à celui qu'il possédait avant toute aimantation; il prend plus facilement une aimantation de signe contraire à celle qu'il vient de quitter qu'une aimantation de même signe.

On le ramènerait à un état symétrique en le soumettant à l'action de forces alternativement de sens contraires décroissant progressivement jusqu'à zéro. Mais on n'aurait pas encore l'état neutre proprement dit; il en différerait par la valeur de la susceptibilité. Seule la chaleur rouge peut effacer toute trace des aimantations antérieures.

174. Valeurs numériques. — Il est impossible de donner autre chose que des indications un peu vagues.

A la température ordinaire, le maximum d'aimantation est de 1800 à 2500 unités C. G. S. pour le fer parfaitement doux, de 500 pour le nickel et de 800 pour le cobalt.

Le maximum de k qui correspond au point d'inflexion de la courbe (*fig.* 139) est d'autant plus grand et se produit pour une force magnétisante d'autant plus petite que la force coercitive est moindre.

Avec le fer doux, ce maximum a lieu pour une force magnétisante de 2,6 à 3 unités C. G. S. et est compris entre 200 et 275. La valeur de k est d'environ 40 pour l'intensité 0,46, qui est celle du champ terrestre. Un fil de fer doux, très long et très mince, par exemple d'un millimètre de diamètre et de 50 centimètres de longueur, placé parallèlement au champ terrestre, prendra une aimantation dont l'intensité sera $0,46 \times 40 = 18,4$; et comme son volume est sensiblement de 0,40 centimètres cubes, son moment sera égal à $18,4 \times 0,40 = 7,36$ (**157**).

Ces valeurs correspondent à du fer très doux, mais soustrait à tout ébranlement. Si le fil est maintenu en vibration pendant l'aimantation, le maximum de k a lieu pour une force inférieure à 0,2 et peut atteindre jusqu'à 1600.

Avec l'acier, le maximum de k correspond à des forces magnétisantes comprises entre 25 et 40 unités, et atteint des valeurs de 10 à 35 suivant qu'on a affaire à de l'acier dur ou à de l'acier doux.

Quant au rapport entre le magnétisme rémanent et le magnétisme total, il est sensiblement le même pour le fer très doux, l'acier doux, l'acier trempé et l'acier recuit, et atteint environ 0,85 à 0,90. Il est beaucoup plus faible pour le fer écroui, et ne dépasse guère 0,6. Ces nombres correspondent au cas où la force démagnétisante peut être considérée comme nulle, et où le barreau a été soustrait à tout ébranlement.

Au fur et à mesure que l'intensité d'aimantation augmente, le magnétisme rémanent approche plus vite de la saturation que le magnétisme total, le rapport va donc en diminuant, faiblement pour le fer doux, davantage pour l'acier et considérablement pour le fer dur.

Le fer qui renferme 7 à 8 p. 100 de manganèse est à peine magnétique.

175. Force d'arrachement. — Il est facile de déduire de ces nombres la force maximum nécessaire pour séparer les deux moitiés d'un cylindre de fer doux ou d'acier coupé par une section perpendiculaire à l'axe. L'aimantation étant supposée uniforme, les deux surfaces en regard ont des densités σ égales à A en valeur absolue; l'attraction par unité de surface est $2\pi A^2$ (**44**); pour la surface totale S, la force est $2\pi A^2 S$; si P est le poids en grammes nécessaire pour produire l'arrachement, on a

$$2\pi A^2 S = g P.$$

En supposant A égal à 1800, on trouve, pour le fer doux, 20 kilogrammes environ par centimètre carré.

176. Perméabilité magnétique. — Les phénomènes d'aimantation par influence peuvent être envisagés d'une autre manière. Considérons dans un champ uniforme un corps susceptible d'une aimantation uniforme, une sphère homogène par exemple. Son état, qui peut être représenté, comme nous l'avons vu, par deux couches de glissement, peut être considéré comme résultant d'une modification du milieu qui la compose, analogue à celle qui existait antérieurement dans le milieu, air ou vide, dont elle occupe la place, avec cette différence que le flux de force par unité de surface, au lieu d'être φ, est devenu égal à $\mu\varphi$, μ étant un facteur qui est fonction à la fois de la nature du corps, de son état et de la valeur de la force magnétisante. On l'appelle la *perméabilité magnétique*. Pour les corps magnétiques, μ est un nombre plus grand que l'unité; il est plus petit que l'unité pour les corps diamagnétiques. Les figures 142 et 143 re-

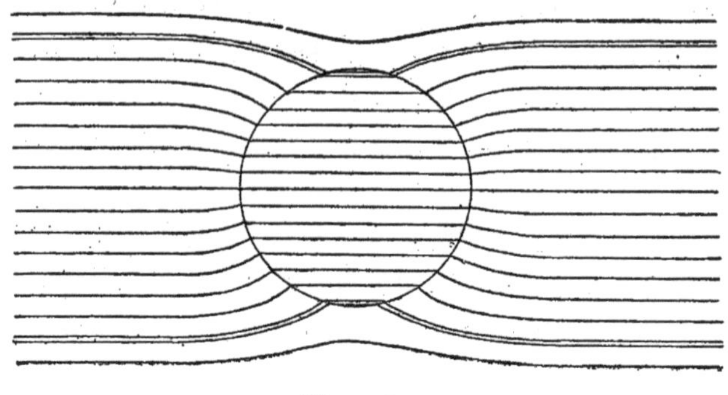

Fig. 142.

présentent deux sphères dans un champ uniforme, telles que pour la première on ait $\mu = 2,8$ et pour l'autre, $\mu = 0,48$.

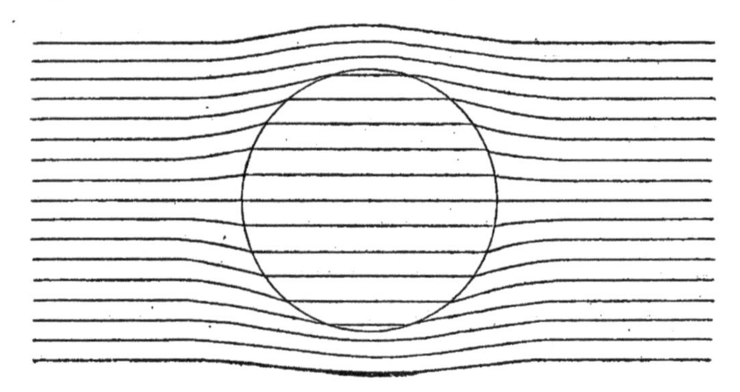

Fig. 143.

177. Induction magnétique. — Nous donnerons le nom *d'induction magnétique* à la quantité $\mu\varphi$, et nous la représenterons par la lettre B. On a donc

$$B = \mu\varphi.$$

B représente le flux qui à l'intérieur du corps considéré traverse une surface égale à l'unité perpendiculaire à l'aimantation. Ce qui fait l'importance du coefficient μ, c'est qu'il est susceptible d'une détermination directe, la quantité B pouvant être mesurée directement.

Pour établir la relation du coefficient de *perméabilité* μ avec le coefficient de *susceptibilité* k, considérons un cylindre long (*fig.* 144), placé parallèlement au champ et dont, par suite, l'aimantation peut être regardée comme uniforme. Pour déterminer *expérimentalement* la force magnétique à l'intérieur de l'aimant, il faudrait creuser au point considéré une cavité, y placer un pôle magnétique égal à l'unité et mesurer l'action qui s'exerce sur ce pôle. La grandeur de cette action dépendra de la forme de la cavité. Supposons qu'on enlève du cylindre une tranche infiniment mince NS perpendiculaire à l'axe. Les deux couches de densité uniforme $\pm A$, qui se développent sur les surfaces N et S exercent sur le pôle égal à l'unité placé dans la fente au point P, des actions concourantes égales chacune à $2\pi A$, et dont la somme est $4\pi A$; si on y ajoute l'action φ du champ, on voit que le flux par unité de surface de la section est $\varphi + 4\pi A$; ce flux est celui que nous avons désigné plus haut par B.

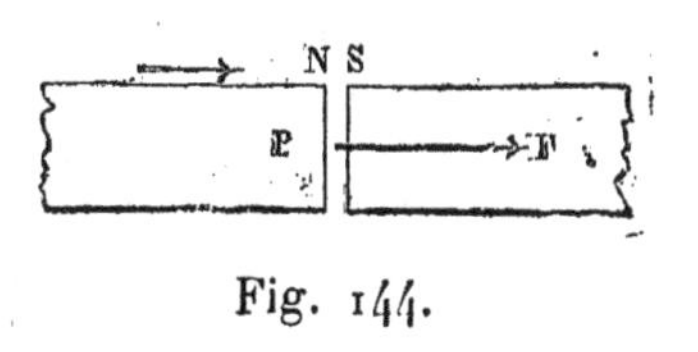

Fig. 144.

On a donc

$$B = \varphi + 4\pi A ;$$

comme on a d'ailleurs $A = k\varphi$, il en résulte

$$\mu = 1 + 4\pi k.$$

Supposons qu'on donne à la cavité la forme d'un cylindre infiniment mince parallèle à l'aimantation, il est facile de voir que les actions qui s'exercent maintenant sur le pôle sont celle du champ φ, celles des deux masses infiniment petites situées aux extrémités de la cavité, enfin celles des masses qui recouvrent les deux bases du grand cylindre, et que ces deux dernières actions étant négligeables, il reste uniquement l'action du champ, on a donc $F = \varphi$.

On peut donc définir le coefficient μ comme le rapport qui existe entre la force B qui agit sur un pôle égal à l'unité placé dans une fente infiniment mince perpendiculaire à l'aimantation et la force F qui agit sur le même pôle placé dans un canal infiniment mince parallèle à l'aimantation.

Nous avons vu que pour le fer doux k peut atteindre en moyenne jusqu'à 250, ce qui donne 3000 pour le maximum de μ. Pour les corps diamagnétiques, la valeur de k restant toujours très petite, μ ne devient jamais négatif. La valeur maximum connue est celle du bismuth, $k = -\frac{1}{400\,000}$; la valeur de μ ne descend donc jamais au-dessous de l'unité que de quantités extrêmement petites.

Quant à l'induction B, la valeur maximum qu'elle peut atteindre pour le fer est $4\pi \times 2500$ soit environ 32000 (**174**).

178. Aimantation relative. — Pour l'air μ est évidemment égal à l'unité. Si une sphère de perméabilité μ était placée dans un champ uniforme, le milieu étant autre que l'air et ayant lui-même une perméabilité μ', on aurait en représentant par μ_1 la perméabilité de la sphère relativement au milieu,

$$\mu_1 = \frac{\mu}{\mu'} = \frac{1 + 4\pi k}{1 + 4\pi k'} = 1 + 4\pi k_1.$$

On en déduit pour le coefficient k_1 de susceptibilité relative

$$k_1 = \frac{k - k'}{1 + 4\pi k'},$$

et comme k' est toujours un nombre très petit, on a sensiblement

$$k_1 = k - k'.$$

Ce résultat conduit à des conséquences analogues à celles qu'on déduit du principe d'Archimède pour les corps flottants. Trois cas peuvent se presenter : 1° $k > k'$, le corps se comporte comme un corps magnétique; 2° $k = k'$, comme un corps neutre; 3° $k < k'$, comme un corps diamagnétique.

179. Travail d'aimantation. — Considérons un volume u du cylindre infiniment mince du § **168**. Soit φ l'intensité du champ, A l'intensité d'aimantation; le moment magnétique de l'élément considéré est uA. Le travail qu'a coûté son aimantation est évidemment égale à son énergie actuelle.

On a vu (**155**) que l'énergie d'un aimant infiniment petit de moment *déterminé et fixe*, est égale et de signe contraire au flux de force qui traverse, par le côté négatif, une surface perpendiculaire à l'axe et égale à son moment. La surface étant perpendiculaire au champ, on aurait $W = -uk\varphi^2$. C'est le travail nécessaire pour amener l'*aimant* considéré depuis l'infini jusqu'à la position qu'il occupe; mais dans le cas présent, le moment de l'aimant n'est pas fixe, il a varié en chaque point du parcours proportionnellement à l'intensité du champ depuis zéro jusqu'à sa valeur actuelle. Le travail dépensé n'est que de moitié de celui qu'aurait demandé l'aimant fixe (**52**), et on a

$$W = -\frac{1}{2} uA\varphi.$$

Le travail de l'aimantation pour chaque unité de volume est donc

$$w = -\frac{1}{2} A\varphi.$$

Si l'intensité du champ croît de $d\varphi$, l'intensité d'aimantation croît de dA; on a, par suite, en négligeant le produit de dA par $d\varphi$ qui est un infiniment petit du second ordre, pour le travail correspondant à cet accroissement

$$w_2 - w_1 = -\frac{1}{2}(A\,d\varphi + \varphi\,dA).$$

Considérons la courbe (*fig.* 145) qui représente la valeur de A en fonction de φ, les termes $A\,d\varphi$ et $\varphi\,dA$ sont les valeurs des aires des petits rectangles MNPQ et MNRT. Pour avoir le travail correspondant à un cycle d'aimantation tel que ABCD, il faut faire la somme de toutes ces aires élémentaires et il est facile à voir que cette somme est le double de l'aire S comprise dans le contour. Le travail de l'aimantation correspondant au cycle sera d'autant d'ergs que la surface S vaut de centimètres carrés.

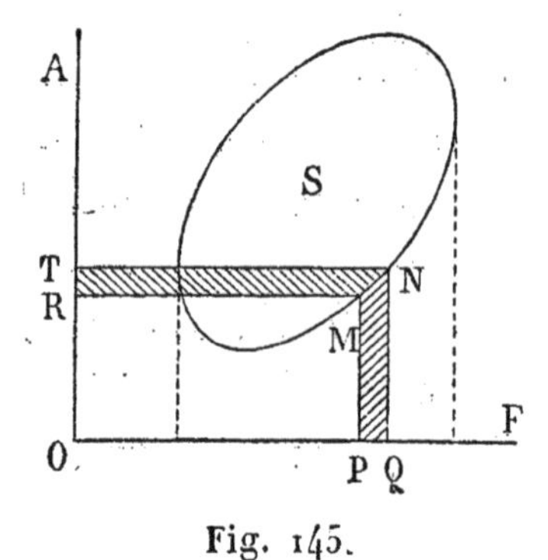

Fig. 145.

Si on considère le cycle correspondant à des aimantations alternativement égales et de signes contraires (**171**), on trouve pour une bonne aimantation du fer doux des valeurs allant de 10 000 à 15 000 ergs et, pour l'acier, de 120 000 à 200 000 ergs, par centimètre cube.

Si on prend pour la densité du fer 7,8, pour la chaleur spécifique 0,11, la capacité calorifique de 1 centimètre cube est 0,858. Un erg échauffera donc 1 centimètre cube de fer d'un nombre de degrés centigrade égal à

$$\frac{1}{0,858.4,17.10^7} = 0,27.10^{-7}.$$

On en déduira facilement l'échauffement dû à une série d'aimantations et de désaimantations successives.

180. Équilibre d'un corps magnétique dans le champ. — Une sphère isotrope placée dans un champ uniforme y est en équilibre indifférent dans toutes les positions possibles. Il n'en est plus de même d'une sphère taillée dans un milieu cristallisé. Le coefficient d'aimantation, comme les autres constantes physiques, n'a plus la même valeur dans toutes les directions, et le corps possède trois coefficients principaux k, k', k'' suivant trois directions rectangulaires. La sphère a dès lors trois positions d'équilibre, celles où l'un des axes est parallèle au champ ; mais une seule est stable : si le corps est magnétique, l'axe parallèle au champ doit être l'axe d'aimantation maximum ; l'axe d'aimantation minimum, s'il est diamagnétique. Si la sphère est mobile autour d'un de ses axes, le couple qui la maintient dans sa position d'équilibre est proportionnel à la différence des coefficients relatifs aux deux autres axes.

181. Mouvements des très petits corps dans le champ. — Si le champ n'est plus uniforme, les mêmes conséquences s'appliquent encore à une sphère assez petite pour que le champ puisse être consideré comme uniforme dans l'espace qu'elle occupe; elles s'appliquent même, au moins très approximativement, à un corps de forme quelconque, mais très petit; l'aimantation pouvant toujours dans ce cas être considérée comme uniforme et due seulement à l'action du champ.

Considérons une sphère isotrope de très petit volume u; soit φ l'intensité du champ et k le coefficient d'aimantation; la sphère est assimilable à un aimant infiniment petit ayant son axe parallèle au champ et de moment $M = uk\varphi$ (**153**). L'aimantation étant parallèle au champ, l'énergie de la petite sphère est

$$W = -\frac{1}{2}uk\varphi^2.$$

Le corps abandonné à lui-même resterait en équilibre dans un champ uniforme; mais dans un champ variable, il tendra à dépenser l'énergie qu'il possède et, pour ainsi dire comme un corps qui tombe, par la ligne de plus grande pente. Si k est positif, l'énergie diminue quand φ augmente, il se déplacera donc, non suivant une ligne de force comme le ferait une masse magnétique unique si elle était réalisable, mais dans la direction suivant laquelle la force varie le plus rapidement et finira par aboutir aux aimants; il sera *attiré* par les aimants. Si k est négatif, il marchera au contraire dans le sens où la force diminue le plus rapidement et paraîtra *repoussé* par les aimants. Telle est la véritable interprétation des attractions exercées par les aimants ou par les corps électrisés sur les corps primitivement à l'état neutre [1].

[1] C'est pour cette raison que, dans l'expérience du spectre magnétique, on voit l'ensemble des lignes de force se déplacer en se rapprochant des aimants, quand on donne de petits chocs à la lame de verre.

182. Équilibre d'un corps allongé. — Considérons maintenant un corps de forme allongée, une aiguille cylindrique par exemple, suspendue librement dans un champ uniforme. Si chaque élément de volume se comportait comme s'il était seul, il prendrait une aimantation parallèle au champ et l'aiguille resterait en équilibre indifférent dans une position quelconque (*fig.* 146). L'expérience montre qu'il en est ainsi pour tous les corps faiblement magnétiques, mais que si le corps est fortement magnétique, l'aiguille prend une direction parallèle au champ.

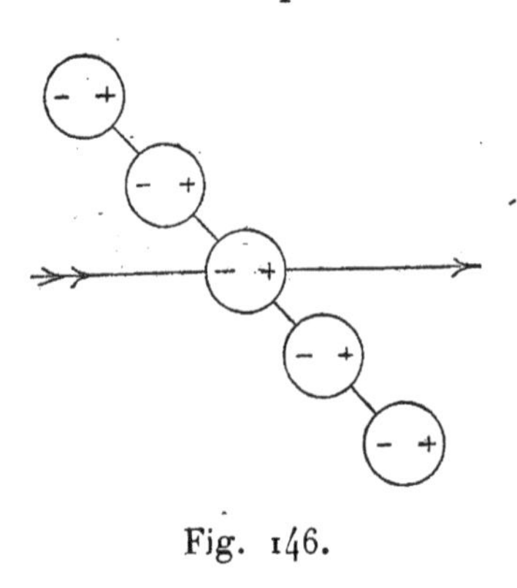

Fig. 146.

Elle se comporte donc comme une aiguille cristallisée dont l'axe de figure serait l'axe de plus grande aimantation, et la raison en est la même : l'action du magnétisme induit est plus grande sur l'aiguille placée transversalement au champ que sur l'aiguille placée parallèlement, et le coefficient *apparent* est plus petit dans le premier cas que dans le second. L'aiguille a donc une position d'équilibre stable, et le couple qui l'y maintient est proportionnel à la différence des deux coefficients apparents (**180**).

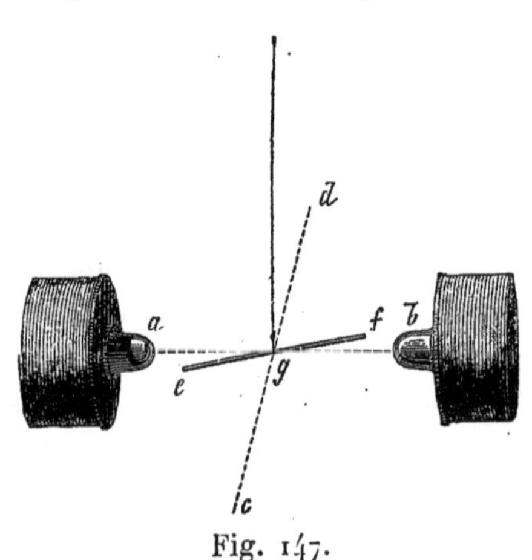

Fig. 147.

183. — Supposons maintenant l'aiguille dans un champ variable. Si elle est isotrope et faiblement magnétique ou diamagnétique, elle obéira seulement à la tendance de chaque élément à marcher, suivant le cas, vers les maximums ou les minimums de force. Par suite, dans un champ symétrique par rapport à un centre, comme celui qu'on obtient entre deux pôles égaux et de signes contraires (*fig.* 147), l'aiguille magnétique se placera parallèlement aux lignes de force ou *axialement* suivant *a b*, et l'aiguille diamagnétique perpendiculairement aux lignes de force, ou *transversalement* suivant *c d*; de là le nom de diamagnétiques donné aux corps qui présentent cette dernière propriété.

Si le corps est cristallisé ou fortement magnétique, il a à obéir à une double tendance, celle qui porte chaque élément vers les points où la force est maximum et celle qui tend à placer l'axe de plus grande aimantation parallèlement aux lignes du champ. Dans le champ symétrique dont il vient d'être question, les deux actions sont concourantes et la position d'équilibre coïncide avec la ligne des pôles. Mais dans un champ de forme quelconque elles pourront donner lieu à des effets très bizarres en apparence.

Ces phénomènes sont souvent désignés sous le nom de *phénomènes magnéto-cristallins*.

184. Mouvement des liquides et des gaz dans un champ variable. — Les mêmes effets se produisent sur les liquides et sur les gaz. —Les figures 148 et 149 représentent les effets

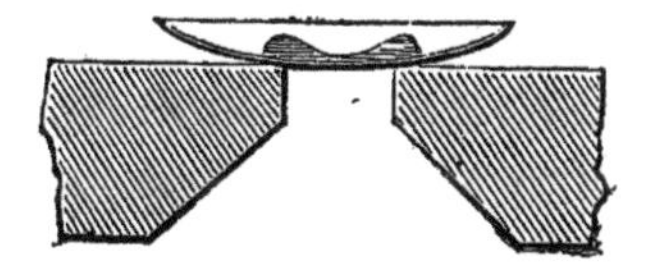
Fig. 148.

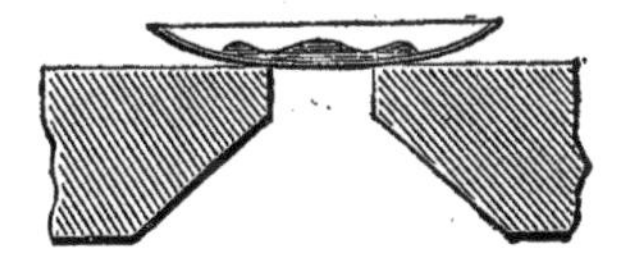
Fig. 149.

obtenus en plaçant une goutte de liquide dans un verre de montre entre deux pôles égaux et de signes contraires. Dans la première le liquide est magnétique; il s'accumule aux points où la force est maximum; dans la seconde, il est diamagnétique et se porte aux points ou la force est minimum. Une goutte de liquide mobile dans un tube en verre horizontal et qu'on place équatorialement entre les deux pôles, marche vers le centre si elle est magnétique et s'en éloigne si elle est diamagnétique. De même la flamme d'une bougie, laquelle est diamagnétique, est repoussée dans le plan de l'équateur (*fig.* 150).

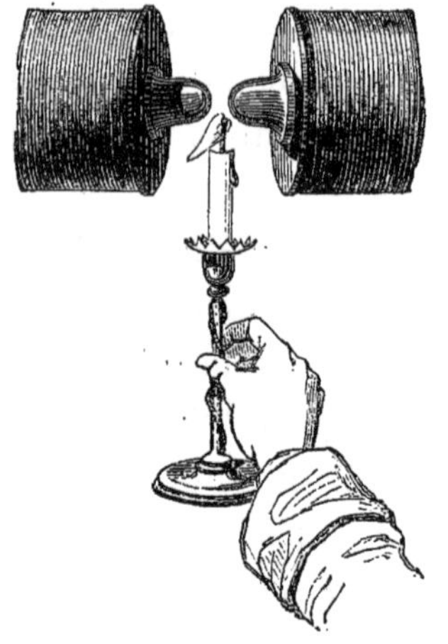

Fig. 150.

Parmi les gaz, l'oxygène est fortement magnétique; le protoxyde d'azote, l'acide carbonique, l'éthylène, le cyanogène, sont diamagnétiques; l'azote et l'hydrogène paraissent neutres.

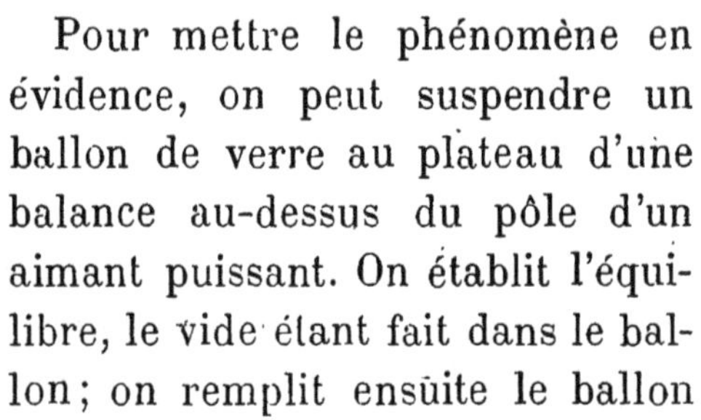

Pour mettre le phénomène en évidence, on peut suspendre un ballon de verre au plateau d'une balance au-dessus du pôle d'un aimant puissant. On établit l'équilibre, le vide étant fait dans le ballon; on remplit ensuite le ballon du gaz à essayer. Avec l'oxygène, on a une attraction très sensible et cinq fois plus grande que celle que donne l'air à la même pression.

CHAPITRE XVIII

AIMANTS PERMANENTS

185. Distribution du magnétisme. — Nous avons vu que l'étude des actions extérieures exercées par un aimant ne peut rien nous apprendre sur sa constitution intérieure ; elle ne peut même en général faire connaître la distribution de la couche superficielle capable d'exercer la même action que l'aimant sur un point extérieur. Cette couche, en effet, n'est pas une couche d'équilibre ; on ne peut y appliquer le théorème de Coulomb (**44**) ; alors même qu'on connaîtrait en chaque point la valeur de la composante normale, on n'en pourrait déduire celle de la densité. Aussi tout ce qui a été dit et fait sur la distribution du magnétisme dans les aimants laisse-t-il, en général, beaucoup à désirer au point de vue de la correction.

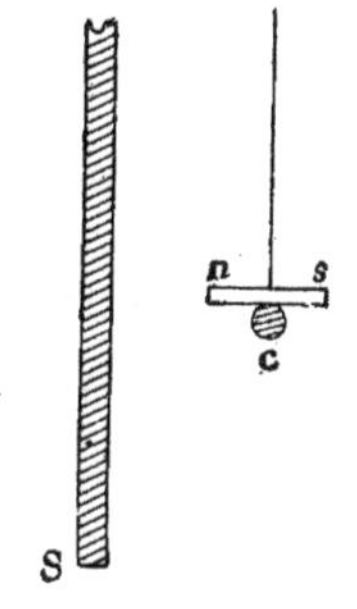

Fig. 151.

Coulomb faisait osciller une très petite aiguille aimantée devant les différents points du barreau (*fig.* 151). L'aiguille était supportée par un fil de cocon, et pour en ralentir les oscillations on l'avait collée à angle droit sur un gros fil de cuivre. On faisait osciller l'aiguille sous l'action de la terre, puis sous l'action simultanée de la terre et du barreau placé à une distance fixe dans le méridien de l'aiguille.

Eu égard à la petitesse de l'aiguille, on peut admettre qu'elle est soumise dans tous les cas à l'action d'une force constante d'intensité et de direction, et lui appliquer la formule du pendule. En désignant par F l'action de la terre sur l'un des pôles, par f celle du barreau, par n et par N les nombres d'oscillations que fait l'aiguille en un même temps quand elle oscille sous l'action de la force F seule ou sous l'action combinée des deux forces F et f, on a

$$\frac{N^2}{n^2} = \frac{F + f}{f},$$

et, par suite,

$$\frac{N^2 - n^2}{n^2} = \frac{f}{F}.$$

Si N′ est le nombre d'oscillations correspondant à un autre point du barreau, on aura

$$\frac{N'^2 - n^2}{{}^2 - n^2} = \frac{f'}{f}.$$

Le rapport $\frac{f'}{f}$ peut être considéré comme étant celui des deux composantes normales de la force magnétique aux points correspondants. Pour rendre le nombre obtenu à l'extrémité même du barreau comparable aux autres, Coulomb en doublait la valeur, correction qui ne laisse pas que d'être quelque peu arbitraire.

Dans une autre série d'expériences, Coulomb employait la méthode de torsion. Un aimant long, une aiguille à tricoter par exemple, était soutenu horizontalement par un fil métallique, de manière que le fil fût sans torsion quand l'aiguille était dans le méridien magnétique ; on mesurait la torsion à donner au fil pour maintenir l'extrémité de l'aiguille à une distance fixe et très petite des différents points du barreau placé verticalement dans le méridien de l'aiguille. Cette torsion donnerait encore une mesure approximative de la composante normale, si l'on pouvait admettre que le magnétisme de l'aiguille reste bien fixe et n'est point modifié d'une manière différente aux différents points du barreau.

Une troisième méthode consiste à mesurer la force nécessaire pour arracher une petite sphère ou un petit cylindre de fer doux appliqué aux différents points du barreau. Pour admettre, comme on le fait ordinairement, que l'effort mesuré est proportionnel au carré de la composante normale, il faudrait supposer que le coefficient d'aimantation de la sphère d'épreuve est indépendant de l'intensité (**171**) et que la présence de cette sphère n'altère point l'état magnétique du barreau précisément sur la région que l'on explore.

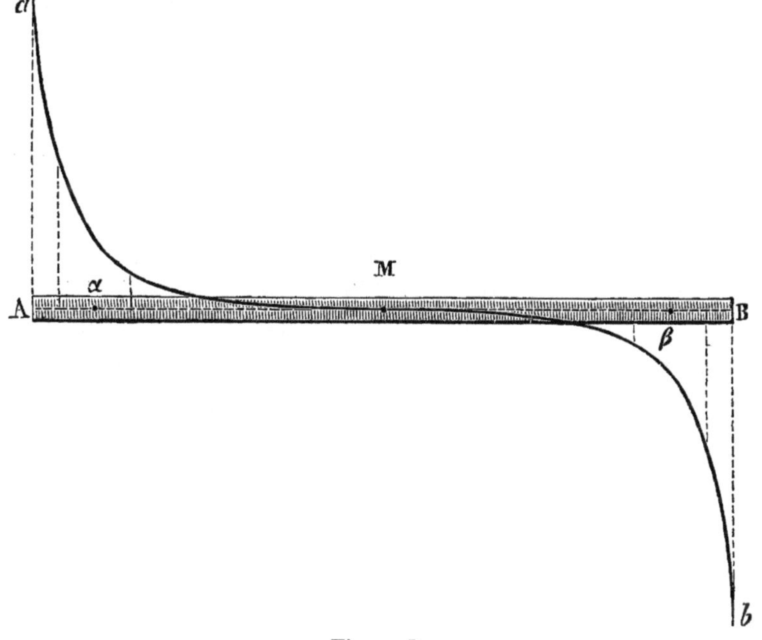

Fig. 152.

Nous verrons plus loin une méthode donnant d'une manière beaucoup plus correcte la valeur de la composante normale en chaque point du barreau (**271**).

186. — En élevant en chaque point du barreau des ordonnées proportionnelles aux nombres trouvés, on obtient une courbe que l'on peut appeler la courbe des composantes nornormales (*fig.* 152), mais qui n'est pas, comme on le dit généralement, celles des densités superficielles. En particulier, les points du barreau correspondants au centre de gravité des surfaces comprises par ces courbes ne sont pas les véritables pôles de l'aimant. Un exemple très simple achèvera de mettre ce fait en évidence : un cylindre aimanté uniformément donnerait encore une courbe analogue à la figure 152, assignant aux pôles des positions intérieures α et β, tandis que la couche superficielle est limitée aux bases terminales et que les véritables pôles sont situés sur ces bases elles-mêmes.

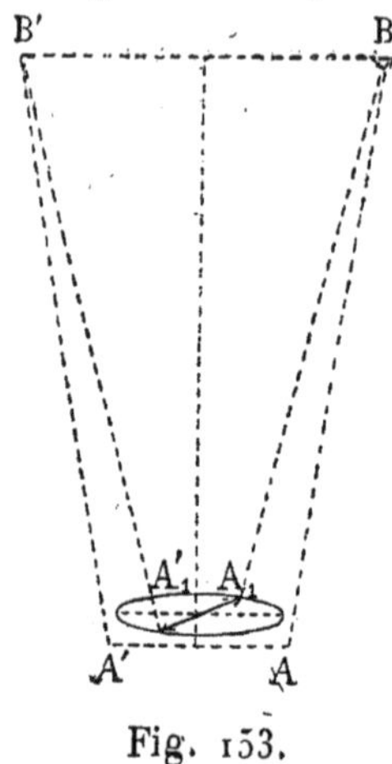

Fig. 153.

187. Moment magnétique d'un barreau. — Le moment MH (**150**) de l'action exercée sur un barreau par un champ uniforme d'intensité H, par exemple le champ terrestre, est directement accessible à l'expérience.

On suspendra l'aimant horizontalement par un fil métallique, de manière que le fil soit sans torsion quand l'axe de l'aimant est parallèle au champ; ce résultat est obtenu quand la direction est la même pour l'aimant et pour un barreau de cuivre de même forme qu'on lui substitue. L'angle dont il faut ensuite tordre le fil pour amener le barreau dans une position perpendiculaire au champ mesure le moment MH. En appelant θ l'angle de torsion et C le coefficient de torsion du fil, on a

$$MH = C\theta.$$

Au lieu d'un fil métallique, on peut employer une suspension bifilaire (*fig.* 153); dans ce cas, si on désigne encore par θ l'angle de torsion nécessaire pour maintenir le barreau dans la position transversale, on a

$$MH = C' \sin\theta,$$

C' étant le coefficient de torsion du bifilaire; si on pose $AA' = 2a$, $BB' = 2b$, $AB = l$, et qu'on représente par P le poids du système suspendu, on trouve facilement

$$C' = P\frac{ab}{l}.$$

On peut aussi déduire le moment MH de la durée T des oscillations du barreau suspendu horizontalement par un faisceau de fils de soie sans torsion. Le moment de l'action étant à chaque instant proportionnel au sinus de l'angle d'écart à partir de la position d'équilibre (**150**), le mouvement est pendulaire, et il suffit dans la formule du pendule simple

$$T = \pi\sqrt{\frac{l}{g}},$$

de remplacer l par le moment d'inertie K du barreau par rapport à l'axe d'oscillation, et g, par le moment de l'action pour l'écart $\frac{\pi}{2}$, c'est-à-dire par MH. On en déduit

$$MH = \frac{\pi^2 K}{T^2}.$$

Une fois obtenu le produit MH, on aura le moment magnétique M du barreau, si l'on connaît l'intensité H du champ.

On trouvera plus loin (**201**) une méthode permettant d'obtenir simultanément les deux quantités M et H.

188. Position des pôles. — Il est plus difficile de déterminer les deux facteurs du produit M, c'est-à-dire la distance $2a$ des deux pôles et la valeur m de la masse qu'il faut supposer concentrée en chacun d'eux. La seule méthode régulière serait de déterminer m par l'application du théorème de Green, en mesurant le flux de force qui émane de toute une moitié du barreau à partir de la ligne neutre; on en déduirait ensuite la distance $2a$ des pôles.

Les seules données qu'on ait actuellement sur la position des pôles sont celles de Coulomb pour les aimants cylindriques, et comme elles sont déduites des prétendues courbes de densité, elles n'ont qu'une valeur médiocre. Coulomb divisait les aimants en deux catégories, les aimants longs et les aimants courts, les aimants longs étant ceux dont la longueur est au moins égale à 50 fois le diamètre. Dans les aimants courts la distribution est figurée sensiblement par une droite BB′ (*fig.* 154) faisant avec l'axe un angle constant : le pôle, qui correspond au centre de gravité du triangle, est alors à une distance de l'extrémité égale au $\frac{1}{6}$ de la longueur. Cette loi doit être assez approchée, car Coulomb trouve par expérience que, toutes choses égales d'ailleurs, le moment varie comme le cube de la longueur.

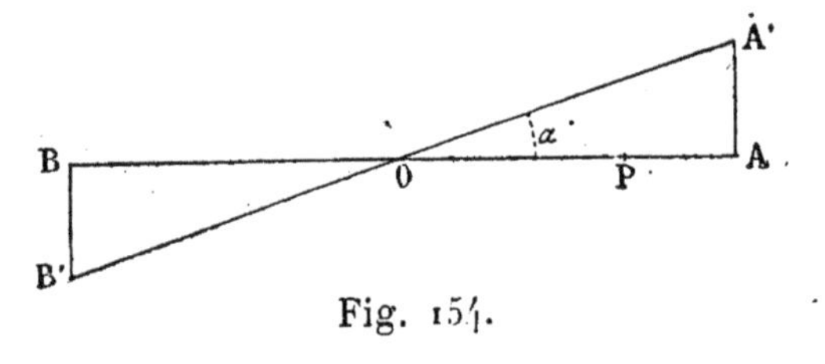

Fig. 154.

Pour les aimants longs, le magnétisme est représenté à chaque extrémité par un triangle dont la base est égale à 25 fois le diamètre du barreau, et peut être considéré comme insensible dans l'espace intermédiaire (*fig.* 155). Les pôles seraient alors à des distances constantes des extrémités égales à 7 ou 8 fois le diamètre. L'expérience montre en effet que pour des barreaux qui ne diffèrent que par la longueur, le moment est sensiblement proportionnel à $l - x$, l étant la demi-longueur du barreau et x une constante.

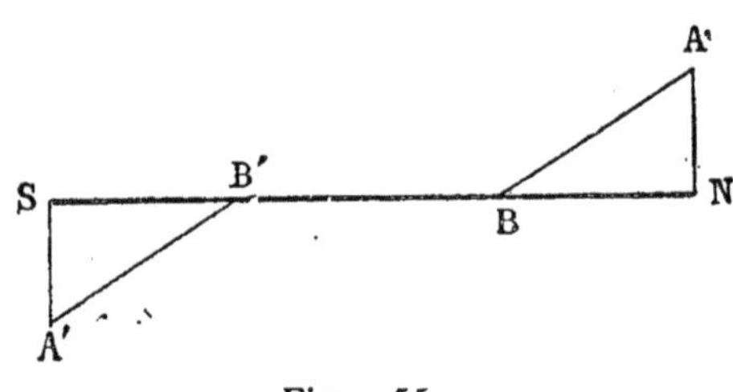

Fig. 155.

189. Influence de la trempe et du recuit. — La trempe et le recuit ont une influence considérable sur la force coercitive ; celle-ci est d'autant plus grande que l'acier a été trempé à une température plus élevée et qu'il a subi un refroidissement plus brusque. L'acier trempé très raide s'aimante à peine, mais retient fortement la presque totalité du magnétisme développé. Le recuit atténue les effets de la trempe. L'acier destiné aux barreaux est ordinairement recuit au *bleu*, c'est-à-dire à la température où l'acier prend une teinte bleue par suite de son oxydation superficielle.

La trempe et le recuit ont également une influence très marquée sur la résistance et sur le pouvoir thermo-électrique de l'acier. La résistance spécifique à 0° varie depuis 15000 C.G.S. pour l'acier doux, jusqu'à 47000 C.G.S. pour l'acier trempé très dur. La résistance fournit ainsi une échelle pouvant servir à définir l'état de l'acier. On reconnaît de cette manière que les effets du recuit se font sentir pour des températures relativement basses comme la température de 100°. Pour une température donnée l'effet du recuit augmente avec le temps et tend vers une limite.

190. Intensité d'aimantation de l'acier. — En divisant le moment d'un barreau par son volume, on a l'intensité d'aimantation moyenne. Dans les barreaux usuels, celle-ci varie de 200 à 400 unités C.G.S.; avec des barreaux très minces et très longs on a pu atteindre jusqu'à 800, c'est-à-dire presque la moitié de l'intensité d'aimantation maximum du fer doux. Si on prend 7,8 comme densité de l'acier, on voit que le *moment spécifique* ou le moment par gramme d'acier est de 25 à 50 pour les aimants usuels et qu'il peut atteindre au maximum 100 unités C.G.S.

Ces nombres ne sont d'ailleurs que des moyennes, l'intensité étant très loin d'être uniforme dans la masse du barreau. L'aimantation paraît résider surtout dans les couches superficielles.

Quand on soumet un barreau à des aimantations alternativement de sens contraires, on développe des couches superficielles qui semblent pénétrer d'autant plus profondément que l'action est plus grande. On peut mettre en évidence la superposition de ces couches en enlevant la couche superficielle, soit par un procédé mécanique, à la meule par exemple, soit par un procédé chimique comme la dissolution de la surface par un acide étendu.

191. Influence de la température. — Le moment d'un aimant diminue à mesure que la température s'élève. En général une partie de la modification est permanente et l'aimant ne reprend pas avec sa température initiale son moment primitif. Toutefois l'expérience montre que si l'on fait recuire un barreau à une température déterminée pendant un temps suffisant et par intervalles en le réaimantant chaque fois à saturation, on finit par le rendre insensible quant au moment permanent, à l'action de toute température inférieure à celle du recuit. Ainsi en maintenant pendant un temps total de 30 à 40 heures à la température de 100° les barreaux destinés aux instruments d'observation, on obtient des aimants dont le moment permanent peut être considéré comme fixe. Dans les limites des variations atmosphériques, les effets produits sont proportionnels aux variations de la température. Si on appelle M_0 et M les moments d'un même barreau aux températures zéro et t on peut poser

$$M = M_0 (1 - \alpha t),$$

α étant un coefficient dont la valeur varie d'un acier à un autre, mais qui reste toujours inférieure à un millième.

192. Procédés d'aimantation. — Pour obtenir une aimantation un peu intense de l'acier, il ne suffit pas de placer le barreau dans un champ magnétique; il faut, pour ainsi dire, en secouer les particules pour vaincre la force coercitive. Aujourd'hui on utilise surtout l'action des courants (**253**). Parmi les méthodes anciennes celles dont on fait encore le plus fréquent usage est celle de la *double touche* (*fig.* 156). Au milieu du barreau à aimanter, on applique les pôles opposés de deux barreaux égaux que l'on tient inclinés sous un angle de 30° environ et on les écarte simultanément jusqu'aux extrémités du barreau. On répète l'opération plusieurs fois de suite sur chacune des faces. Un pôle nord n se produit à l'extrémité abandonnée finalement par le pôle sud S, et un pôle sud *s* à l'extrémité abandonnée par le pôle nord N. On augmente l'action en faisant reposer les extrémités du barreau à aimanter sur les pôles de deux aimants fixes, ces pôles étant de même nom que les pôles correspondants des aimants mobiles. C'est le procédé de la *double touche séparée.*

Au lieu de séparer les deux barreaux, on peut les laisser

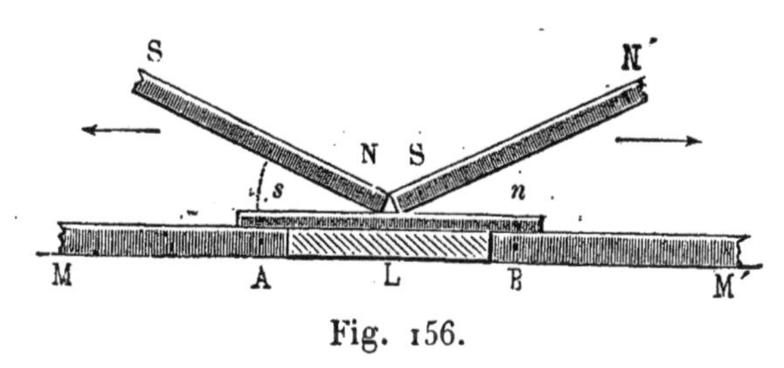

Fig. 156.

juxtaposés comme dans la figure 156 et les promener ensemble d'un bout à l'autre du barreau en ayant soin de partir du milieu et de s'arrêter au milieu, après avoir passé un même nombre de fois sur les deux moitiés. Ce procédé est désigné sous le nom de *double touche unie.* Il est préférable au premier quand il s'agit de gros barreaux.

193. Faisceaux magnétiques. — L'aimantation ne dépas-

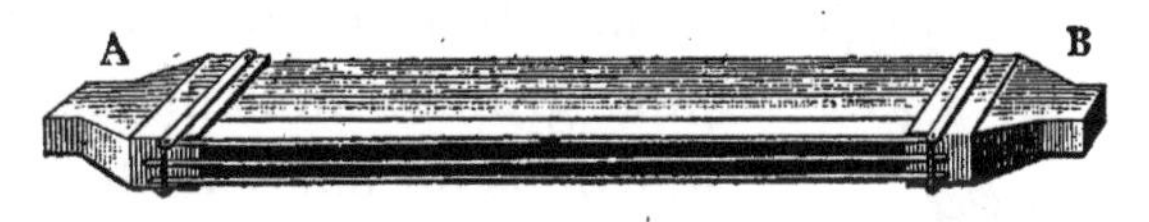

Fig. 157.

sant pas les couches superficielles, on a été conduit, pour obtenir des barreaux puissants de grande dimension, à les composer de lames minces qu'on aimante isolément et qu'on juxtapose ensuite. Les pôles de même nom, tous du même côté, sont ordinairement encastrés dans une pièce de fer doux qui s'aimante par influence et donne sur sa face terminale un pôle de même nom que ceux qu'elle réunit (*fig.* 157).

194. Action démagnétisante. — Le moment magnétique d'un faisceau est loin d'être la somme des moments des lames qui le composent et si, après quelque temps, on vient à le démonter on trouve que la valeur du moment a diminué pour chacune des lames, mais surtout pour les lames centrales.

Il est facile de voir en effet que chacune des lames éprouve

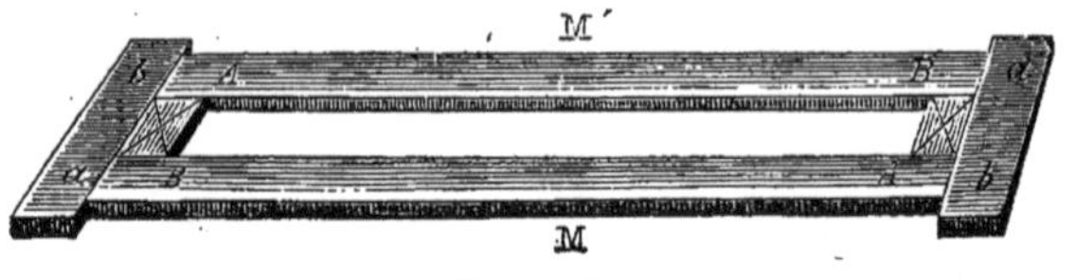

Fig. 158.

de la part de toutes les autres une action démagnétisante qui tend à y développer une aimantation de sens contraire à celle qu'elle possède.

Dans un barreau unique, chaque portion est soumise de la même manière à l'action démagnétisante de toutes les autres. Il en résulte un affaiblissement progressif du barreau d'abord très rapide et ensuite beaucoup plus lent. La grandeur de cette action dépend de la forme du barreau : elle est beaucoup plus grande dans un barreau court que dans un barreau de forme allongée. Elle explique comment il est impossible de réaliser un aimant cylindrique uniforme ; les extrémités des filets sélénoïdaux qui devraient rester parallèles et aboutir à la base du cylindre se repoussent mutuellement et viennent aboutir aux surfaces latérales ; les pôles qui devraient se trouver sur les bases mêmes sont ainsi rejetés à l'intérieur.

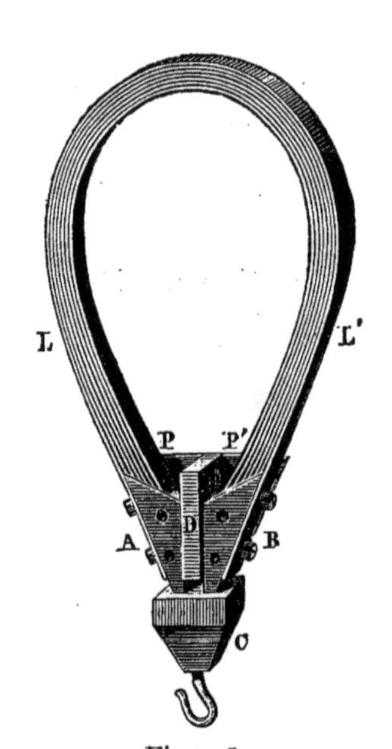

Fig. 159.

Toutes les causes qui, comme les chocs, les vibrations, les variations brusques de température, peuvent avoir pour effet de vaincre l'inertie des molécules, aident à l'effet des actions démagnétisantes et font tomber rapidement le moment magnétique d'un barreau.

195. Armatures des aimants. — L'action démagnétisante serait évidemment nulle dans un aimant en forme d'anneau fermé dans lequel tous les filets magnétiques seraient fermés sur eux-mêmes et par suite sans action à l'intérieur et à l'extérieur (**160**). Dans la pratique on cherche autant que possible à se rapprocher de cette condition. Les barreaux prismatiques sont groupés par deux aussi identiques que possible et placés parallèlement dans une boîte, les pôles de noms contraires disposés en regard et réunis par des pièces de fer doux qui complètent, pour ainsi dire, le circuit magnétique (*fig.* 158).

Fig. 160.

Dans les aimants en fer à cheval, on réunit les deux pôles par une pièce de fer doux qu'on appelle l'*armature* (*fig.* 159). Les formes adoptées pour l'armature et pour les pièces de fer doux qui terminent le faisceau ont pour but de ramener autant que possible les filets magnétiques au parallélisme et les empêcher de s'épanouir sur les faces latérales. On peut ainsi obtenir des aimants pouvant porter des poids considérables.

La figure 159 représente un aimant en fer à cheval formé, d'après la méthode de M. Jamin, de lames d'acier flexibles aimantées séparément, puis encastrées dans des pièces polaires en fer doux. La figure 160 montre la disposition donnée ordinairement aux armatures d'un aimant naturel. Les deux pôles P et P' sont garnis de pièces polaires en fer doux A et B maintenues par un anneau transversal de cuivre.

L'expérience montre qu'il y a avantage pour la conservation d'un aimant à lui faire porter une charge permanente. On peut même, en augmentant progressivement cette charge, faire porter à l'aimant un poids beaucoup plus grand que celui qu'il pouvait soulever tout d'abord. C'est ce qu'on appelle *nourrir* un aimant. Quand le contact se détache par suite d'un excès de charge, il retombe le plus souvent au-dessous de sa force primitive. On peut la lui restituer en recommençant à le nourrir.

196. Aimantation par l'action de la terre. — Il est rare de trouver un morceau d'acier ou de fer, à moins que ce ne soit du fer parfaitement doux, qui ne présente la polarité magnétique. L'aimantation s'est produite à un instant donné par suite d'un choc ou de toute autre action mécanique sous l'action de la terre. Un barreau de fer doux qu'on place parallèlement à l'aiguille d'inclinaison prend une aimantation temporaire, qui change de sens quand on retourne le barreau bout pour bout. Mais il suffit de frapper un coup de maillet sur l'extrémité de la barre pour qu'elle garde l'aimantation due à sa situation actuelle. Un nouveau coup frappé sur la barre placée transversalement au champ suffit pour lui enlever tout son magnétisme. Un faisceau de fil de fer doux tordu sur lui-même tandis qu'on le tient dans la direction de l'aiguille conserve également une aimantation permanente.

CHAPITRE XIX

MAGNÉTISME TERRESTRE

197. — Champ terrestre. — Le champ terrestre qui peut être considéré comme uniforme en un lieu donné (**147**), varie en intensité et en direction d'un point à l'autre du globe; il varie en outre en un même lieu avec le temps.

Nous savons que son action sur un barreau aimanté se réduit à un couple. Pour avoir la direction de la force en un point, il suffit d'abandonner librement le barreau à son action, en le soustrayant à toute autre action que celle du champ : la direction prise par l'axe magnétique sera la direction même de la force. Tel sera le cas d'un barreau suspendu librement par son centre de gravité.

Dans nos régions, cette direction est à peu près du nord au sud, mais fortement inclinée sur l'horizon, le pôle nord pointant vers le sol.

Nous définirons cette direction au moyen de deux angles, la *déclinaison* et l'*inclinaison.*

On appelle *méridien magnétique* le plan vertical passant par la direction de la force terrestre.

La *déclinaison* est l'angle que fait le méridien magnétique avec le méridien astronomique. La déclinaison est dite *orientale* ou *occidentale* suivant que le pôle nord du barreau est à l'est ou à l'ouest du méridien astronomique.

L'*inclinaison* est l'angle que fait la direction de la force terrestre avec sa projection sur le plan horizontal.

Soient D la déclinaison, I l'inclinaison, T l'intensité du champ; nous désignerons par H la composante horizontale TcosI et par Z la composante verticale TsinI.

198. — Il serait impossible de réaliser un instrument dans lequel le barreau serait suspendu librement par son centre de gravité. Dans la pratique on emploie deux appareils, l'un dans lequel le barreau est seulement mobile autour d'un axe vertical : on l'appelle *boussole de déclinaison;* l'autre dans lequel l'aiguille est mobile seulement autour d'un axe horizontal passant par son centre de gravité : c'est la *boussole d'inclinaison.*

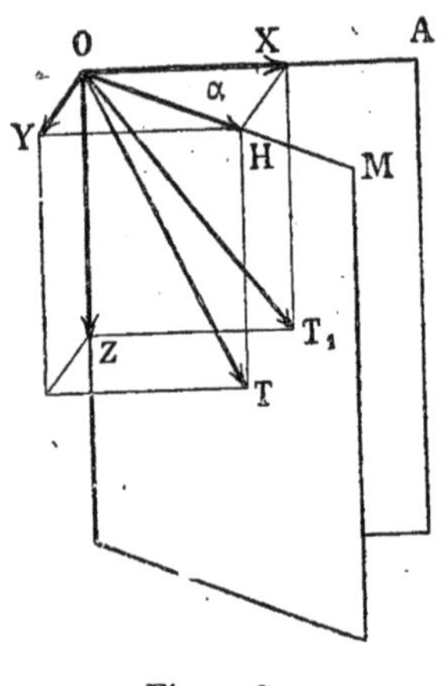

Fig. 161.

Supposons le barreau dans une position quelconque (*fig.* 161) et soit α l'angle qui fait le plan vertical OA qui le contient avec le méridien magnétique OM; la force T qui agit sur chaque unité de masse du pôle placé en O peut être décomposée en trois autres, dont deux sont situées dans le plan du barreau, l'une verticale $Z = T\sin I$, indépendante de l'angle α, l'autre horizontale $X = H\cos\alpha$, et dont la troisième $Y = H\sin\alpha$, également horizontale, est perpendiculaire au plan.

199. Boussole de déclinaison. — Si l'aiguille est mobile seulement autour d'un axe vertical, elle n'obéit qu'aux composantes horizontales; sa position d'équilibre est celle où son axe est dans le méridien magnétique. Quand on l'en écarte d'un angle α, le couple qui agit sur l'aiguille et tend à la ramener à sa position d'équilibre a pour valeur

$$MH\sin\alpha,$$

M étant le moment de l'aiguille. Il est proportionnel au sinus de l'angle d'écart; la loi du mouvement de l'aiguille abandonnée à elle-même sera la même que celle du pendule.

Pour réaliser la condition fondamentale de l'appareil, il n'est pas nécessaire que l'axe vertical de rotation de l'aiguille soit rigide, il suffit que l'aiguille soit suspendue horizontalement par un fil de cocon ou qu'elle repose par une chape d'agate sur un pivot (*fig.* 162).

Supposons en effet l'aiguille suspendue par son centre de gravité et chargeons le côté sud par un poids p situé à une distance d du point de suspension tel que

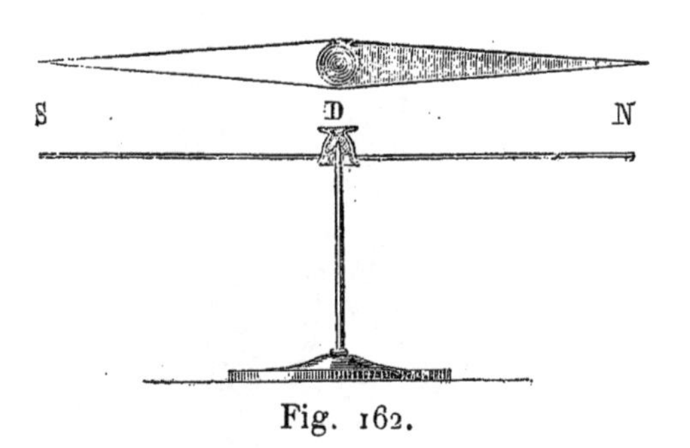

Fig. 162.

$$pd = MZ = MT\sin I;$$

l'aiguille restera horizontale dans un azimuth quelconque, puisque la composante verticale est indépendante de α.

La mesure de la déclinaison consiste à déterminer le méridien astronomique et à mesurer l'angle que fait avec ce plan l'axe magnétique de l'aiguille. En réalité, l'angle qu'on observe est celui que fait avec le méridien l'*axe de figure* de l'aiguille, lequel peut ne pas coïncider avec l'axe magnétique. Il suffit pour faire la correction de retourner l'aiguille face pour face (*fig.* 163) : l'axe magnétique ab reprend toujours la même direction et l'axe de figure prend dans les deux cas des posi-

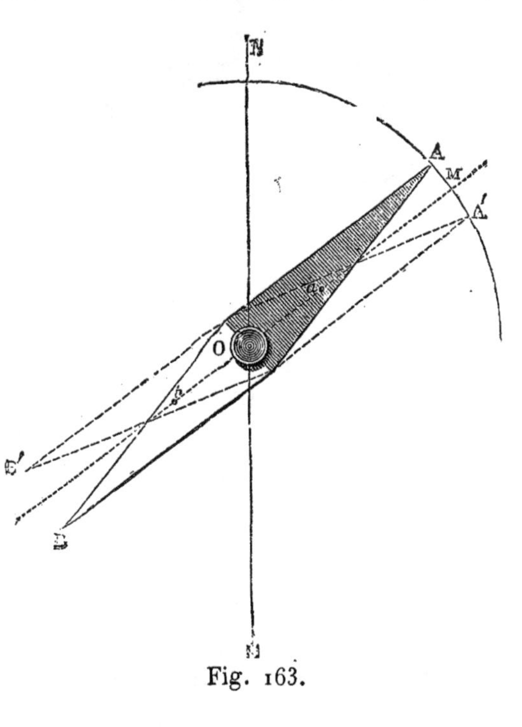

Fig. 163.

tions symétriques AB et A'B'. La moyenne des deux angles AON, A'ON donne l'angle cherché MON.

Réciproquement, si la déclinaison est connue, il sera facile de retrouver le méridien astronomique; lorsque l'aiguille est au repos, le plan vertical qui fait avec sa direction un angle égal à la déclinaison, à l'est ou à l'ouest du pôle nord suivant que la déclinaison est occidentale ou orientale, est le méridien astronomique.

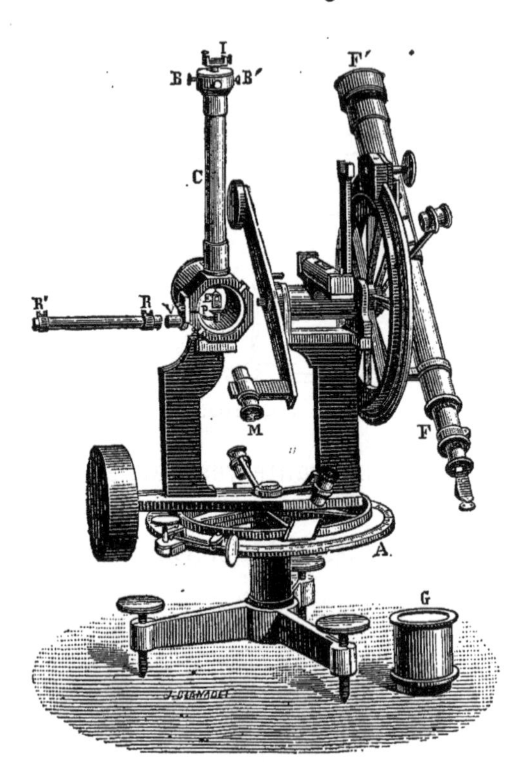

Fig. 164.

La figure 164 représente la boussole de déclinaison de Brünner. L'instrument est un théodolite portant en E un aimant suspendu horizontalement par un fil de cocon sans torsion. On commence par déterminer le méridien géographique par une opération astronomique exécutée au moyen de la lunette F; puis on fait tourner l'instrument autour de l'axe vertical jusqu'à ce que l'extrémité de l'axe de l'aimant tombe sous la réticule du microscope M. L'angle dont il a fallu faire tourner l'instrument mesure la déclinaison. Pour éliminer les erreurs, on pointe l'aimant par ses deux extrémités, on le retourne face pour face, et on recommence la lecture.

200. Boussole d'inclinaison. — L'aiguille étant mobile seulement dans le plan vertical perpendiculaire à l'axe, n'obéit qu'aux composantes situées dans ce plan.

Soit α l'angle du plan avec le méridien magnétique, les composantes efficaces sont Z et $H\cos\alpha$, lesquelles donnent une résultante

$$T_1 = \sqrt{Z^2 + H^2\cos^2\alpha},$$

qui fait avec l'horizontale un angle i déterminé par la relation

$$\cot g\, i = \frac{H\cos\alpha}{Z} = \cot g\, I \cos\alpha$$

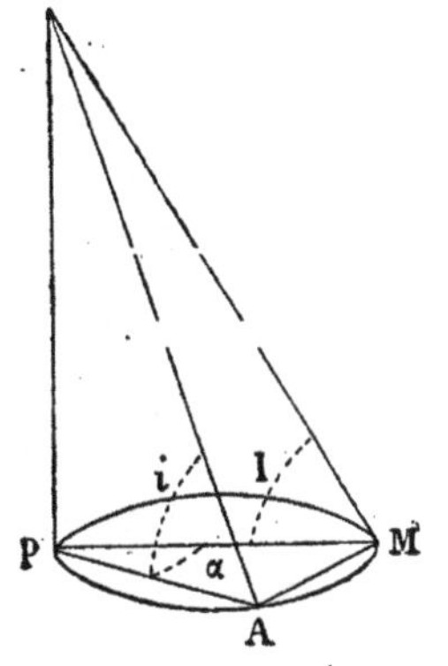

Fig 165.

Cette direction i est celle que prendra l'aiguille; on peut l'appeler *l'inclinaison apparente* dans l'azimut α. Pour $\alpha = 0$, on a $i = I$, l'inclinaison apparente est l'inclinaison vraie; pour $\alpha = \frac{\pi}{2}$, il vient $i = \frac{\pi}{2}$ et l'aiguille est verticale.

Pour des angles α et $\alpha \mp \frac{\pi}{2}$ différant de $\frac{\pi}{2}$, l'inclinaison apparente prend des valeurs i et i' satisfaisant aux relations

$$\cot g\, i = \cot g\, I \cos\alpha,$$
$$\cot g\, i' = \mp \cot g\, I \sin\alpha.$$

Ajoutant après avoir élevé au carré, on obtient

$$\cot g^2 i + \cot g^2 i' = \cot g^2 I,$$

formule souvent utilisée pour déterminer l'inclinaison.

Dans une rotation complète autour d'un axe vertical OP (*fig.* 165), le prolongement de l'aiguille trace sur le plan horizontal une circonférence dont le diamètre PM est égal à $OP \cot g\, I$.

La figure (166) représente la boussole d'inclinaison de Brünner. L'aiguille est une lame d'acier en forme de losange très aigu, traversée en son milieu par un axe cylindrique en acier, lequel repose sur deux agates taillées en biseau et dont les arêtes sont dans un même plan horizontal. La lecture se fait au moyen d'une alidade M qu'on déplace sur le limbe et qu'on rend à chaque observation exactement parallèle à l'aiguille. A cet effet, l'alidade porte deux petits miroirs concaves ayant leur centre dans le plan de l'aiguille et qui donnent, dans ce même plan, une image réelle et renversée de ses extrémités. On amène l'image renversée de la pointe au contact de la pointe elle-même.

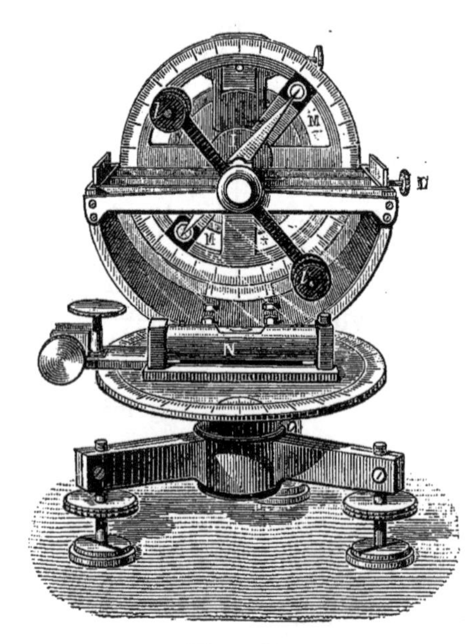

Fig. 166.

Pour l'observation, on peut orienter le limbe vertical dans le méridien magnétique et faire la mesure directe de l'angle I; pour déterminer le plan du méridien, on tourne le limbe jusqu'à ce que l'aiguille soit verticale et on le fait tourner ensuite de 90°.

Souvent aussi on détermine les deux angles i et i' correspondant à deux positions du limbe distantes de 90°.

Plusieurs causes d'erreur sont à éliminer : outre celle du centrage qui s'élimine par la lecture des deux extrémités de l'aiguille; celle du zéro de la graduation, par le retournement du limbe de 180°, et celle de l'axe magnétique, par le retournement face pour face de l'aiguille, il faut se préoccuper de l'erreur qui provient de ce que le centre de gravité n'est pas rigoureusement sur l'axe de rotation. On l'élimine en renversant l'aimantation de l'aiguille et recommençant toute la série des observations. La mesure d'un angle dans un azimut donné est ainsi la moyenne de 16 lectures.

201. Mesure de l'intensité. Méthode de Gauss. — On mesure toujours la composante horizontale H; la force totale s'en déduit par la formule

$$T = \frac{H}{\cos I},$$

I étant l'inclinaison.

La méthode employée consiste à déterminer pour un même barreau le produit $MH = A$ et le quotient $\frac{M}{H} = B$; on en tire

$$M = \sqrt{AB}, \qquad \text{et} \qquad H = \sqrt{\frac{A}{B}}.$$

Le produit MH s'obtient, soit par la méthode de torsion, soit par la méthode des oscillations (**187**).

Dans ce dernier cas on a

$$MH = \frac{\pi^2 K}{t^2},$$

K étant le moment d'inertie du système oscillant et t la durée d'une oscillation infiniment petite; celle-ci se déduit de la durée t_1 observée par la formule bien connue $t = t_1\left(1 - \frac{\alpha^2}{16}\right)$, α étant l'amplitude de l'oscillation.

202. Mesure de $\frac{M}{H}$. Méthode de déviation. — On fait agir le barreau sur une très petite aiguille aimantée suspendue horizontalement et dont on peut mesurer les déviations par la méthode du miroir, le barreau étant placé dans une des positions principales (**154**). L'axe du barreau est perpendiculaire au méridien (*fig.* 167); dans la position 1, son centre est placé sur le prolongement de l'aiguille; dans la position 2, son axe va passer par le centre de l'aiguille.

Si le barreau était infiniment petit par rapport à la distance $AO = R$, l'action qu'il exercerait sur l'unité de masse placée en O serait (**154**)

$$F_1 = 2\frac{M}{R^3} \qquad \text{1}^{\text{re}} \text{ position.}$$

$$F_2 = \frac{M}{R^3} \qquad \text{2}^{\text{e}} \text{ position.}$$

Si l'aiguille est elle-même infiniment petite, le champ peut être considéré comme uniforme dans l'espace qu'elle occupe, et le moment du couple qui tend à l'écarter de sa position d'équilibre est, en ne considérant que la deuxième position, $M'F_2 = M'\frac{M}{R^3}$ (**150**). Soit α la déviation de l'aiguille, on a comme condition d'équilibre

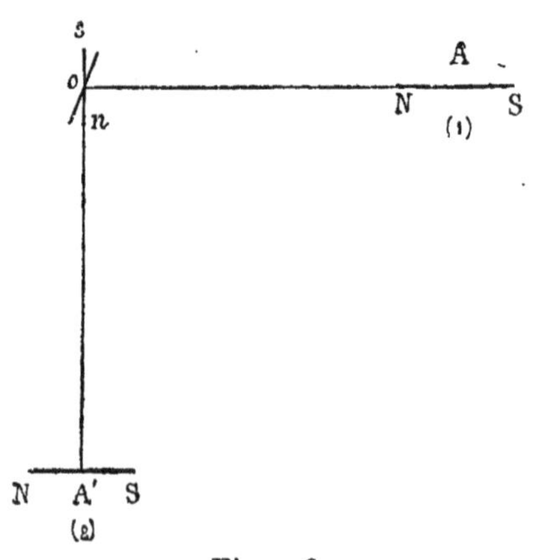

Fig. 167.

$$\frac{MM'}{R^3}\cos\alpha = M'H\sin\alpha;$$

d'où

$$\frac{M}{H} = R^3 \operatorname{tang}\alpha.$$

Si le barreau et l'aiguille ne sont pas infiniment petits, le moment du couple, au lieu d'être $\frac{MM'}{R^3}$ sera évidemment de la forme

$$\frac{MM'}{R^3}(1+f)$$

f étant une fonction des longueurs L et l du barreau et de l'aiguille et de la distance R, laquelle doit s'annuler pour $R = \infty$. D'autre part, cette fonction ne doit pas changer de signe quand on change le signe de L, de l ou de R et par suite, elle ne doit renfermer que des puissances paires de ces quantités. En effet, si on retourne un des aimants, ce qui revient à changer le signe de L, ou de l, ou si on place le barreau déviant à gauche au lieu de le placer à droite, ou au nord au lieu de le placer au sud, le moment change de signe sans changer de grandeur, et comme le premier facteur a changé de signe avec M ou M′ dans le premier cas et avec R· dans le second, il faut que le second facteur reste invariable.

L'expérience montre qu'on obtient une approximation suffisante en posant $f=\frac{a^2}{R^2}$, a étant une constante qui ne dépend que des dimensions du barreau et de l'aiguille et qu'on déterminera par l'expérience en mesurant les déviations α et α' correspondant à deux distances R et R′. On aura les deux équations

$$\tan g\,\alpha = \frac{M}{H}\frac{1}{R^3}\left(1+\frac{a^2}{R^2}\right),$$

$$\tan g\,\alpha' = \frac{M}{H}\frac{1}{R'^3}\left(1+\frac{a^2}{R'^2}\right);$$

dont on déduit

$$\frac{M}{H}=\frac{R'^5\tan g\,\alpha' - R^5\tan g\,\alpha}{R'^2-R^2}.$$

La discussion montre que les meilleures conditions expérimentales sont celles où l'on prend $\frac{R}{R'}=\frac{3}{4}$.

203. Valeur des éléments magnétiques à Paris. — Au 1er janvier 1888 on avait à Paris[1] :

$$D=15°52',1$$
$$I=65°14',7$$
$$H=0,19480$$
$$Z=0,42245$$
$$T=0,46520$$

[1] A Saint-Maur, par 0°9′23″ longitude est, et 48°48′04″ latitude nord.

204. Distribution du magnétisme terrestre. — Les éléments du magnétisme terrestre varient d'un point à l'autre du globe suivant une loi compliquée, mais que dans une première approximation on peut réduire à une formule très simple : la distribution est celle qui résulterait de l'action d'un aimant infiniment petit *ns* situé au centre de la terre et dont l'axe ferait un angle d'environ 15° avec l'axe de rotation NS.

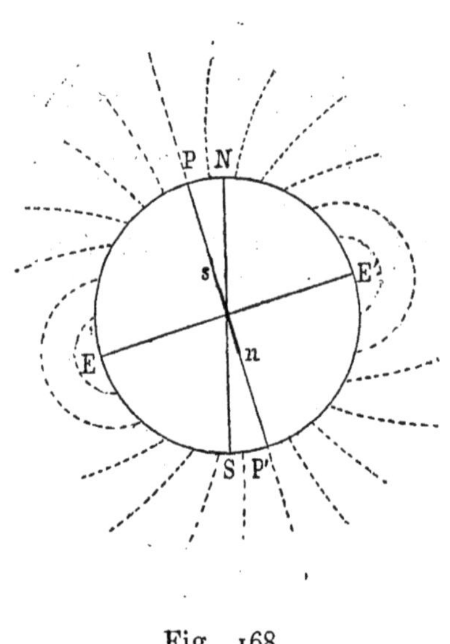

Fig. 168.

Les propriétés d'un aimant infiniment petit (**154**) permettent de se rendre compte immédiatement des conséquences de cette hypothèse.

Le champ terrestre est symétrique par rapport à l'axe PP' de l'aimant (*fig.* 168). La grandeur et la direction de la force sont les mêmes en tous les points d'un cercle perpendiculaire à PP' ; celui qui passe par le centre est l'*équateur magnétique* EE' ; les autres sont les *parallèles magnétiques*. Pour tous points de l'équateur magnétique, la force est horizontale et l'inclinaison nulle ; sur un parallèle de latitude λ par rapport à l'équateur magnétique, l'inclinaison est donnée par la formule

$$\tang I = 2 \tang \lambda,$$

et l'intensité totale par la formule

$$T^2 = T_e^2 (1 + 3 \sin^2 \lambda);$$

T_e étant l'intensité à l'équateur. L'intensité augmente du simple au double depuis l'équateur jusqu'aux points P et P' où l'axe de l'aimant rencontre la surface de la terre et qu'on appelle improprement les *pôles magnétiques terrestres*. En ces points la force est verticale.

Tout grand cercle passant par l'axe PP' est un *méridien magnétique*. La déclinaison en un point M (*fig.* 169) est l'angle de ce grand cercle avec le méridien géographique ; elle varie évidemment d'un point à un autre le long d'un même méridien. Il n'y a d'exception que pour le grand cercle, comme celui du plan de la figure, qui passe à la fois par les deux axes PP' et NS et qui est à la fois le méridien magnétique et le méridien géographique ; en tous ses points la déclinaison est nulle et l'aiguille pointe exactement vers le nord. D'un côté de ce plan, le pôle nord dévie vers l'ouest et la déclinaison est occidentale ; de l'autre, il dévie vers l'est et la déclinaison est orientale.

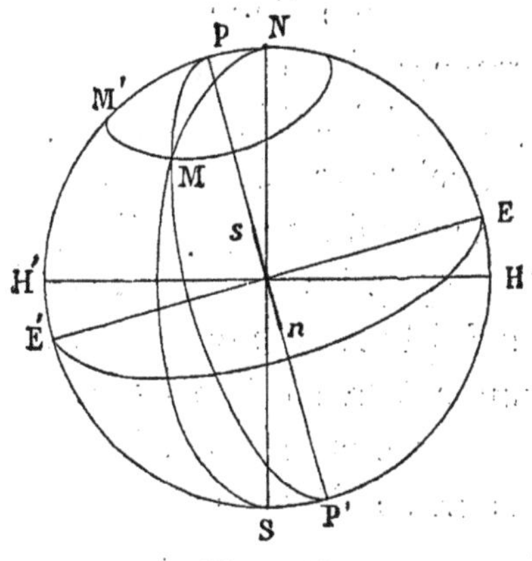

Fig. 169.

Le moment magnétique ϖ du globe est donné par la formule

$$\varpi = T_e R^3$$

En prenant $T_e = 0,33$ et $R^3 = \frac{8.10^{27}}{\pi^3}$, on trouve

$$\varpi = 8,5 . 10^{25} \text{ C.G.S.}$$

L'hypothèse d'un aimant infiniment petit est équivalente à celle de deux couches de glissement (**24**), laquelle est elle-même équivalente à celle d'une aimantation uniforme dans le sens de l'axe PP'. L'intensité d'aimantation serait dans ce cas

$$A = \frac{\varpi}{\frac{4}{3}\pi R^3} = \frac{T_e R^3}{\frac{4}{3}\pi R^3} = \frac{3}{4\pi} T_e = 0,079,$$

c'est-à-dire environ $\frac{1}{3000}$ de l'intensité d'aimantation d'un aimant de force moyenne (**190**).

205. Théorie de Gauss. — L'hypothèse précédente ne donne qu'une approximation assez grossière. Gauss a traité le problème d'une manière plus générale, en supposant distribuées d'une manière quelconque les masses magnétiques qui produisent le champ terrestre.

Quelle que soit la distribution de ces masses, elles donnent en chaque point un potentiel déterminé. Supposons tracées dans le champ les surfaces de niveau correspondant à des valeurs équidistantes du potentiel. Un certain nombre de ces surfaces coupent la surface de la terre suivant des lignes que nous appellerons les *parallèles magnétiques* et qui jouissent de la propriété d'être en chaque point perpendiculaires au méridien magnétique, puisqu'ils sont perpendiculaires à la verticale comme tracés sur la surface de la terre suppposée sphérique et perpendiculaires à la direction de la force, comme appartenant à des surfaces de niveau. Ces lignes sont des *lignes de niveau* par rapport à la composante horizontale et la valeur moyenne de cette composante varie en chaque point en raison inverse de leur écartement.

L'équateur magnétique correspond à la surface $V = 0$, laquelle si la distribution n'est pas trop dissymétrique passera dans le voisinage du centre; l'équateur sépare les points de la surface pour lesquels le potentiel est positif, de ceux pour lesquels il est négatif; l'inclinaison n'y est pas nécessairement nulle, ni la force constante. Il en est de même des parallèles magnétiques.

Les points où la force est verticale et qu'on appelle improprement les pôles sont ceux où la surface du globe est tangente à la dernière surface du niveau qui le rencontre.

Il suffirait donc de tracer les lignes de niveau de la surface du globe pour connaître la distribution du magnétisme. Gauss a démontré que, dans le cas le plus général, ces lignes peuvent être exprimées algébriquement par des formules renfermant 24 coefficients; de telle sorte qu'en déterminant une fois pour toutes ces coefficients par un nombre égal d'observations, il suffit d'introduire dans les formules les cordonnées géographiques d'un point du globe, pour obtenir la valeur des éléments magnétiques en ce point.

Les calculs de Gauss faits pour l'année 1838 assignent aux deux pôles les positions suivantes :

Pôle nord	lat. 73° 35′,	long. 97° 59′ O
Pôle sud	lat. 72° 35′,	long. 150° 10′ E

Ils sont loin, comme on voit, de correspondre aux extrêmités d'un même diamètre.

206. Variations du magnétisme terrestre. — Les éléments du magnétisme terrestre en un lieu donné ne sont pas fixes, mais subissent des variations avec le temps. Parmi ces variations, les unes sont accidentelles, les autres présentent au contraire un caractère périodique bien marqué.

Variations séculaires. — Les variations à longue période peuvent être représentées par une rotation continue et uniforme de l'axe magnétique autour de l'axe terrestre, rotation qui s'effectuerait dans le sens des aiguilles d'une montre pour un observateur placé au pôle nord et dans une période d'environ 900 ans (*fig.* 170). Ainsi à Paris dont la position sur la figure est représentée par le point P, la déclinaison d'abord orientale, était nulle en 1666; depuis cette époque, elle est occidentale et a été en augmentant jusqu'en 1824 ou elle a atteint 24°; elle est actuellement décroissante et redeviendra nulle vers 2114; le pôle magnétique sera alors de l'autre côté du pôle nord par rapport à nous. Quant à l'inclinaison, elle diminue lentement depuis 1666 et continuera à diminuer jusqu'en 2400 environ.

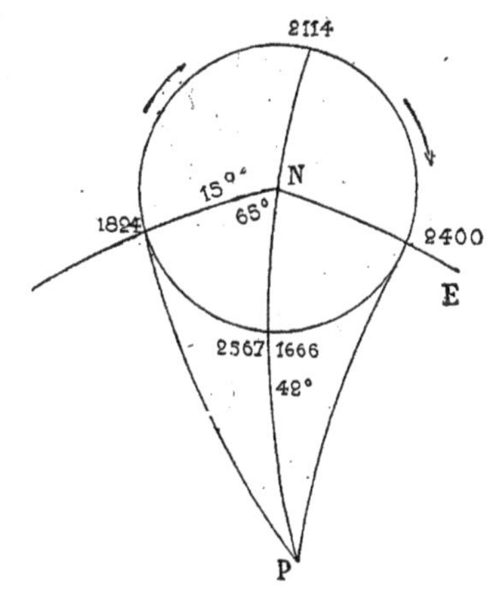

Fig. 170.

Variations diurnes. — Les variations à courte période paraissent liées au mouvement apparent du soleil, de la lune, etc., et suivent des lois qui ne sont pas encore connues.

Les variations portent surtout sur la déclinaison, laquelle présente en un même lieu une oscillation diurne bien marquée avec deux maxima et deux minima. L'amplitude de l'excursion de l'aiguille est beaucoup plus grande pendant le jour que pendant la nuit. L'heure des élongations extrêmes est très différente suivant les stations. A Paris le maximum d'excursion vers l'ouest se produit vers une heure de l'après-midi.

Variations accidentelles. — Ces variations semblent se produire simultanément sur une grande partie de la surface du globe et paraissent en relation directe avec les aurores boréales. On les désigne sous le nom d'orages magnétiques.

Les variations diurnes ou accidentelles sont observées au moyen d'instruments spéciaux appelés *appareils de variation*; les petits mouvements des barreaux, amplifiés par la méthode du miroir, sont enregistrés d'une manière continue par la photographie. On observe ordinairement les variations de la déclinaison, de la composante horizontale et de la composante verticale; les premières au moyen d'un petit barreau suspendu horizontalement dans le méridien par des fils de cocon; les secondes par un barreau horizontal maintenu, par la torsion d'un fil métallique ou d'une suspension bifilaire, dans un plan perpendiculaire au méridien magnétique; les troisièmes par un barreau horizontal mobile autour d'un couteau à la manière du fléau d'une balance.

CHAPITRE XX

ÉLECTROMAGNÉTISME

207. Électromagnétisme. — Nous ne nous sommes occupés jusqu'à présent que des actions *intérieures* du courant, c'est-a-dire des effets produits par le courant dans le conducteur même qui en est le siège. Il nous reste à étudier les actions produites en dehors du conducteur, et que, pour cette raison, on appelle actions *extérieures* du courant. La partie de la science qui embrasse ces phénomènes porte le nom d'*électromagnétisme;* elle a son origine dans l'expérience d'Œrsted (juillet 1820) et doit son principal développement aux travaux d'Ampère et de Faraday.

208. Expérience d'Œrsted. — Règle d'Ampère. — Un

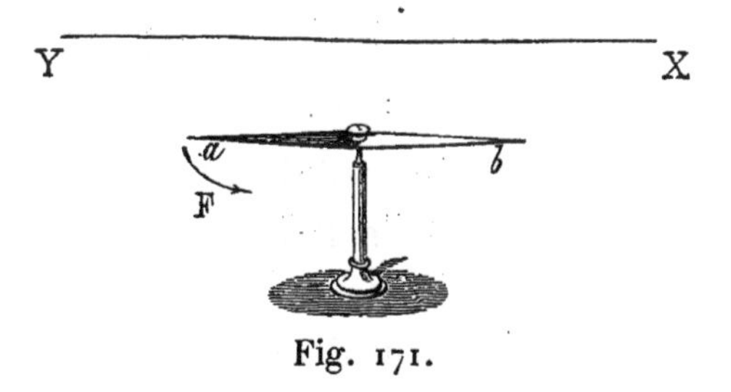

Fig. 171.

conducteur traversé par un courant et approché d'une aiguille aimantée l'écarte de sa position d'équilibre (*fig.* 171) : tel est le fait observé par Œrsted. Le sens de la déviation est donné dans chaque cas par cette règle très simple d'Ampère : qu'on suppose un observateur couché dans le fil de manière que le courant entre par les pieds et sorte par la tête ; l'observateur tournant la face vers l'aiguille, voit toujours *le pôle nord se porter à sa gauche*, que nous appellerons *la gauche du courant*.

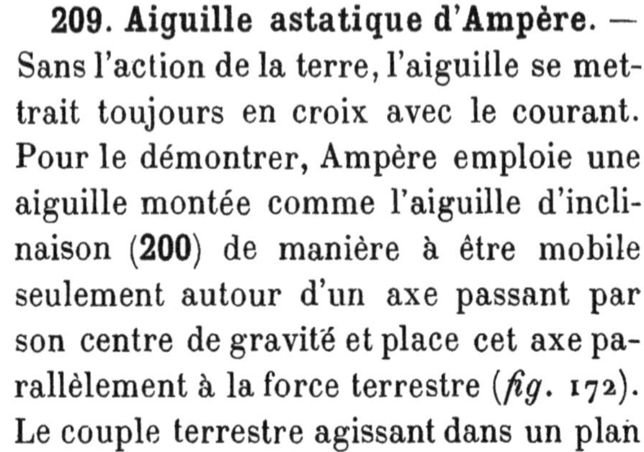

Fig. 172.

209. Aiguille astatique d'Ampère. — Sans l'action de la terre, l'aiguille se mettrait toujours en croix avec le courant. Pour le démontrer, Ampère emploie une aiguille montée comme l'aiguille d'inclinaison (**200**) de manière à être mobile seulement autour d'un axe passant par son centre de gravité et place cet axe parallèlement à la force terrestre (*fig.* 172). Le couple terrestre agissant dans un plan passant par l'axe est sans effet sur l'aiguille. Le courant la mettant toujours en croix avec lui, il faut en conclure que son action s'exerce dans un plan perpendiculaire au fil conducteur.

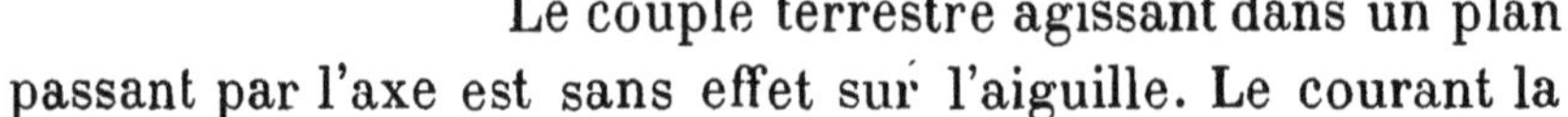

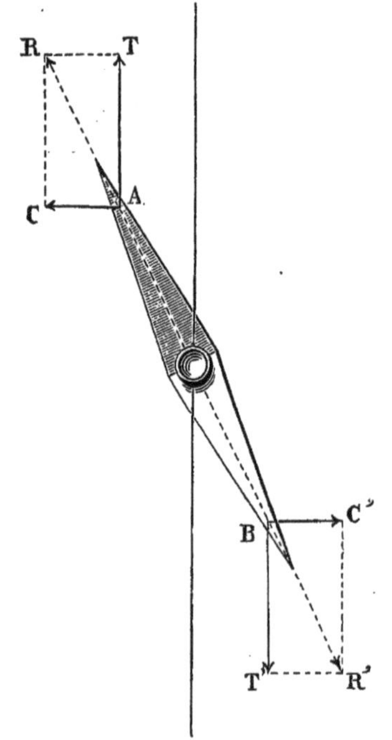

Fig. 173.

210. Galvanomètre. — Si on tend le fil au-dessus d'une aiguille horizontale de manière qu'il lui soit parallèle dans la position d'équilibre, la direction que prend l'aiguille est celle de la résultante de deux forces horizontales qu'on peut considérer comme agissant sur chaque pôle : l'une due au champ terrestre et parallèle au méridien, l'autre due à l'action du courant, située dans un plan perpendiculaire au fil et par suite normale à la première (*fig.* 173).

L'expérience montre que, toutes choses égales d'ailleurs, la déviation est indépendante du degré d'aimantation de l'aiguille, ce qui prouve que les deux composantes gardent entre elles un rapport constant et par suite que l'action du courant, comme celle du champ terrestre, est proportionnelle à la masse magnétique du pôle considéré.

La déviation augmente d'ailleurs avec l'intensité du courant et, par suite, peut lui servir de mesure. Tel est le principe de la mesure *électromagnétique* du courant et de l'instrument appelé par Ampère *galvanomètre*.

En général, pour augmenter l'action du courant, on enroule le fil conducteur autour d'un cadre au centre duquel est placée l'aiguille et on fait coïncider le plan du cadre avec le méridien magnétique (*fig.* 174). Il est facile de voir en appliquant la règle d'Ampère que les actions des diverses portions du cadre sont concordantes, comme ayant toutes leur gauche du même côté. Ce cadre est souvent désigné sous le nom de *multiplicateur de Schweigger*.

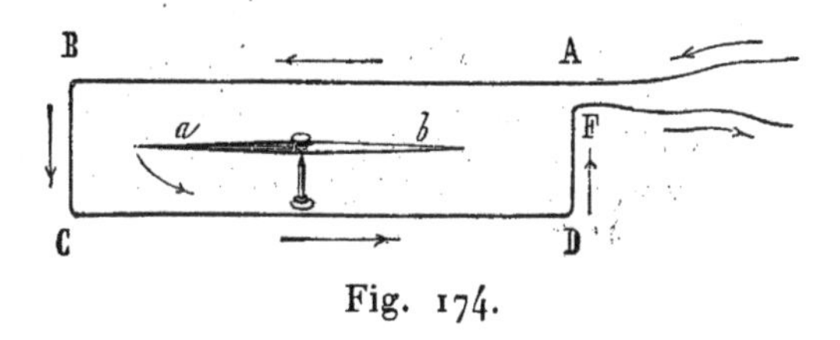

Fig. 174.

211. Courants mobiles d'Ampère. — Si, dans l'expérience d'Œrsted, on rend l'aimant fixe et le conducteur mobile, celui-ci doit tourner de manière à laisser à sa gauche le pôle nord de l'aimant. L'expérience se réalise facilement au moyen des *courants mobiles* d'Ampère.

Le courant arrive à deux godets *a* et *b* (*fig.* 175) placés sur une même verticale et pleins de mercure. Un fil conducteur convenablement replié forme un cadre dont les extrémités terminées par des pointes d'acier viennent plonger dans les godets. Ce cadre repose par une seule des pointes qui sert d'axe de rotation.

Supposons le cadre rectangulaire ; si on en approche un aimant, il tend à se mettre en croix avec lui, le pôle nord étant à gauche. L'effet est maximum quand l'aimant est placé au milieu du cadre, toutes les actions étant alors concourantes.

212. Direction du cadre sous l'action de la terre. —

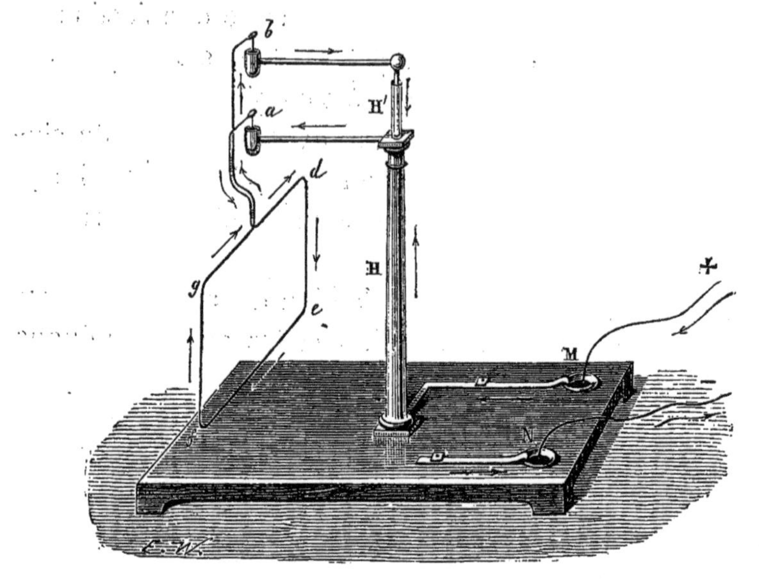

Fig. 175.

La terre agit sur le cadre à la manière d'un aimant et tend

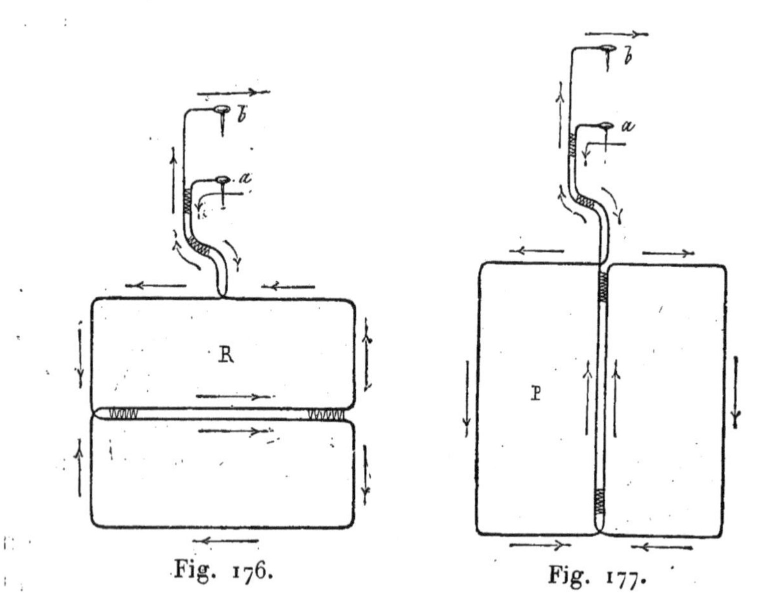

Fig. 176. Fig. 177.

à le placer perpendiculairement au méridien magnétique. Dans la position d'équilibre, le courant en descendant dans la branche qui se place à l'est, ascendant dans celle qui se place à l'ouest, autrement dit, un observateur placé au nord voit le courant *circuler dans le cadre en sens inverse* des aiguilles d'une montre.

On obtient des cadres indifférents à l'action de la terre ou *astatiques* en les composant de deux portions de surface égales et entourées par des courants circulant en sens contraires (*fig.* 176 et 177).

213. Actions des courants sur les courants. Expérience d'Ampère. — L'emploi des cadres mobiles conduisit Ampère à l'importante découverte des actions des courants sur les courants (sept. 1820).

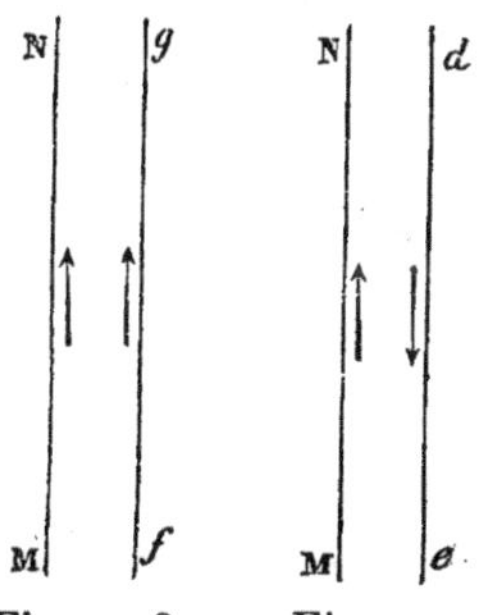

Fig. 178. Fig. 179.

Prenons le cadre rectangulaire astatique de la figure 176. Si on approche d'un des côtés verticaux un fil conducteur rectiligne traversé par un courant, faisant ou non partie du circuit du cadre, on constate que *deux courants parallèles et de même sens* (*fig.* 178) *s'attirent* et que *deux courants parallèles et de sens contraires* (*fig.* 179) *se repoussent.*

Si on approche le conducteur du côté horizontal du cadre astatique de la figure 177, on voit celui-ci tourner jusqu à ce que *les deux courants soient parallèles et de même sens* (*fig.* 180). On énonce souvent ce fait de la manière suivante : *deux courants faisant un angle s'attirent et tendent à se mettre parallèles s'ils s'approchent tous deux ou s'éloignent tous deux du sommet de l'angle ou de la perpendiculaire commune; ils se repoussent si l'un s'approche du sommet tandis que l'autre s'en éloigne.*

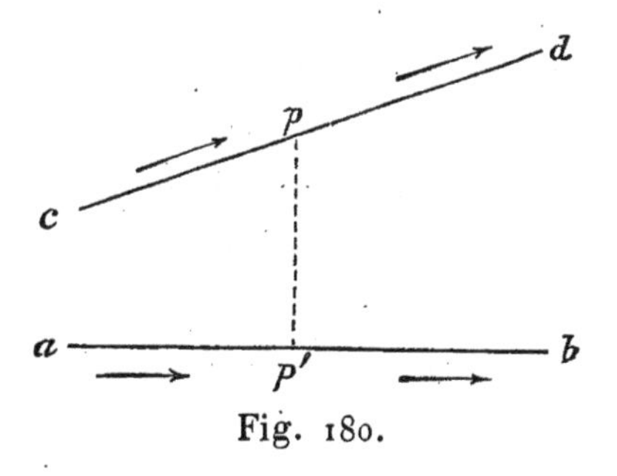

Fig. 180.

214. Courants de sens contraires. — Courants sinueux. Si on approche soit d'un aimant, soit d'un cadre, un fil conducteur replié sur lui-même comme dans la figure 181, l'action est nulle; donc, *deux courants égaux et de sens contraires produisent des actions égales et de sens contraires.*

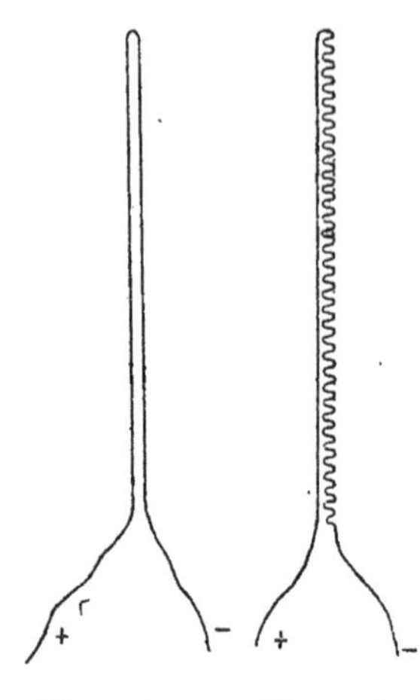

Fig. 181. Fig. 182.

Il en est encore de même avec l'arrangement de la figure 182 où le fil replié, au lieu d'être rectiligne, présente des sinuosités; celles-ci peuvent être quelconques, à la condition de s'écarter peu du fil rectiligne et de ne pas s'enrouler autour. D'où ce théorème important : *l'action d'un courant sinueux est identique à celle d'un courant rectiligne ayant les mêmes extrémités.*

215. Champ d'un courant. — Le fait essentiel qui ressort des expériences d'Œrsted et d'Ampère, c'est que le courant électrique crée autour de lui un champ; et que le champ d'un courant et celui d'un aimant, et aussi celui de deux courants peuvent réagir l'un sur l'autre et donner lieu à des actions mécaniques à distances, analogues à celles qui se produisent entre les aimants. Ampère a démontré que le champ d'un courant est un véritable champ magnétique, c'est-à-dire un champ de même nature que celui qui est créé par les aimants. L'identité n'est pas seulement une identité de forme comme celle que nous avons trouvée entre le champ électrique et le champ magnétique (**146**), mais une identité réelle et absolue. Si le champ est dû à une modification du milieu, la modification est de même espèce dans les deux cas. Il en résulte que tout effet produit à distance par des aimants devra pouvoir être réalisé par un système convenablement choisi de courants. C'est ce que nous allons démontrer.

Il est facile de montrer tout d'abord que le champ d'un

courant possède les propriétés essentielles d'un champ magnétique : il produit des actions égales et contraires sur des masses magnétiques égales et de signes contraires et l'action est en chaque point proportionnelle à la masse magnétique placée en ce point (**210**). La forme du champ peut être mise en évidence par l'expérience ordinaire des spectres magnétiques.

216. Champ d'un courant rectiligne indéfini. — Considérons, par exemple, une portion rectiligne du circuit assez grande pour qu'on puisse l'assimiler à une droite indéfinie. En produisant le spectre magnétique sur un plan perpendiculaire au courant, on reconnaît que les lignes de force sont des circonférences concentriques ayant leurs centres sur l'axe du fil (*fig.* 183). Les surfaces de niveau sont par suite des plans équidistants passant par l'axe. La force est la même en tous les points d'une même circonférence, et par suite l'action du courant est symétrique par rapport à l'axe du conducteur. Biot et Savart ont montré que son intensité varie en raison inverse de la distance.

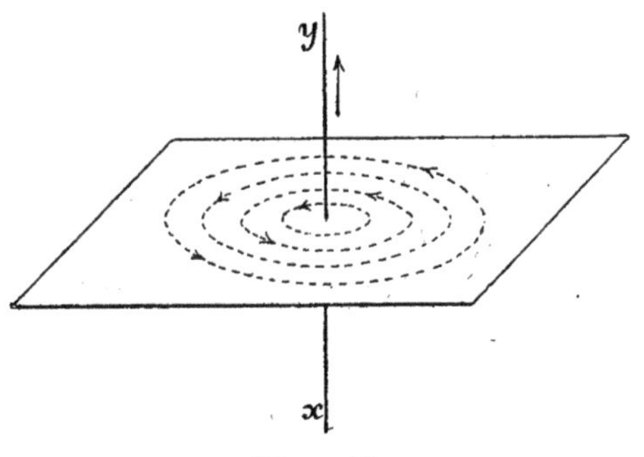

Fig. 183.

217. Expérience de Biot et Savart. — L'expérience consiste à faire osciller une très petite aiguille aimantée d'abord sous l'action seule de la Terre, et ensuite sous l'action simultanée de la Terre et du courant rectiligne indéfini. Le courant étant vertical, on suspend horizontalement l'aiguille dans le plan IA mené par le courant perpendiculairement au méridien magnétique (*fig.* 184). Si l'aiguille est très petite par rapport à sa distance au courant, elle peut être considérée comme soumise de sa part, en ses deux pôles, à l'action de deux forces égales, directement opposées et, pour un sens convenable du courant, de même direction que la composante horizontale terrestre. La position d'équilibre de l'aiguille n'est pas changée, et si on l'en écarte, son mouvement reste pendulaire. En désignant par K une constante dépendant du moment d'inertie de l'aiguille et de son aimantation, par H l'action de la Terre, par Φ et Φ' celle du courant aux distances a et a', enfin par n, N et N', les nombres d'oscillations faites dans un même temps sous l'action des forces H, $H+\Phi$ et $H+\Phi'$, on a

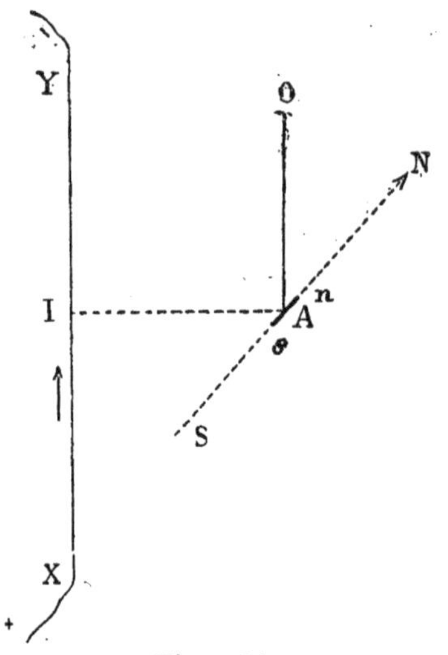

Fig. 184.

$$n^2 = KH$$
$$N^2 = K(H+\Phi),$$
$$N'^2 = K(H+'\Phi);$$

l'expérience donne

$$\frac{\Phi}{\Phi'} = \frac{N^2 - n^2}{N'^2 - n^2} = \frac{a'}{a}.$$

Ainsi, *l'action du courant indéfini varie en raison inverse de la distance*, elle est d'ailleurs proportionnelle à l'intensité; on peut donc poser

$$\Phi = 2k\frac{i}{a},$$

k étant un coefficient qui dépend de l'unité choisie pour l'intensité. $a\Phi$ est le moment du couple qui agit entre le courant indéfini et l'unité de pôle. Ce couple est constant, quelle que soit la distance, pour une même intensité; il est situé dans le plan mené par le pôle perpendiculairement au courant.

218. Lois élémentaires. — Il y a deux manières de se représenter les actions qui s'exercent à distance entre deux corps. On peut les considérer comme se produisant par l'intermédiaire du milieu qui les sépare, par suite d'une modification de ce milieu ; c'est la méthode de Faraday. Ou bien on peut faire abstraction du milieu, et admettre que les actions à distance sont la résultante de forces agissant directement entre tous les éléments des deux corps pris deux à deux ; c'est la méthode de Newton et d'Ampère. La première est plus physique et paraît mieux répondre à la nature intime des phénomènes ; la seconde est plus mathématique en ce sens qu'elle se prête plus facilement au calcul.

Le problème se réduit dans ce dernier cas à trouver la *loi élémentaire* du phénomène ; par exemple relativement à l'action d'un courant et d'un aimant, la loi de l'action entre un élément de courant et un pôle ; dans le cas de deux courants, l'action d'un élément de courant sur un élément de courant.

La loi de l'action élémentaire ne peut être donnée directement par l'expérience : sur un pôle, de même que sur un élément de courant rendu mobile, on ne peut observer que l'action d'un courant fermé. La loi élémentaire est donc seulement déterminée par la condition de donner, quand on l'applique à un circuit fermé, un résultat conforme à celui que fournit l'expérience. Elle peut ne correspondre à aucune réalité physique ; mais appliquée à un circuit fermé, elle n'en donne pas moins des résultats rigoureux.

219. Loi de Laplace. — Laplace a montré que la loi élémentaire qui satisfait à l'expérience de Biot et Savart, autrement dit l'action réciproque d'un pôle et d'un élément de courant, est donné par la formule

$$\varphi = k\frac{mids\sin\alpha}{r^2},$$

m étant la masse du pôle, *ds* la longueur de l'élément, *r* la distance du pôle au milieu de l'élément, enfin α l'angle de l'élément ds et de la distance r; et que cette action est appliquée au milieu de l'élément, perpendiculairement à sa

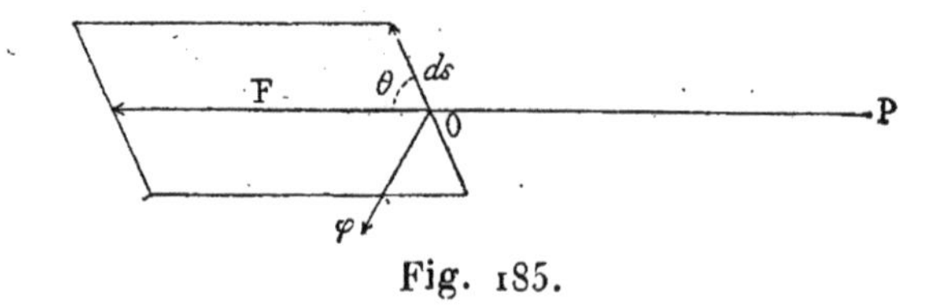

Fig. 185.

direction et à la droite r, et à droite de l'observateur placé dans l'élément et qui regarde le pôle (*fig.* 185). L'action réciproque de l'élément sur le pôle est appliquée au même point et en sens inverse.

Il paraît extraordinaire au premier abord que l'action de l'élément sur le pôle soit appliquée à l'élément; le principe de l'égalité de l'action et de la réaction exige cependant que les deux forces soient appliquées au même point et directement opposées. Quand le courant est fermé, la résultante des actions passe néanmoins par le pôle. C'est un fait qu'Ampère a vérifié par l'expérience en montrant qu'un courant fermé n'a aucune action sur un aimant mobile seulement autour d'un axe passant par ses pôles. On s'en rend compte facilement dans le cas d'un circuit plan et vis-à-vis d'un pôle situé dans ce plan (*fig.* 186) : les forces φ et φ' relatives à deux éléments correspondants ds et ds' sont des forces parallèles et de sens contraires et dont la résultante, en vertu de la loi de Laplace, passe précisément par ce pôle.

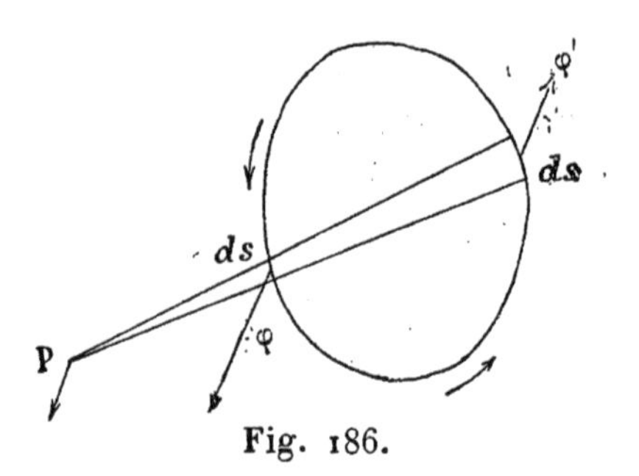

Fig. 186.

220. Généralisation de la formule de Laplace. — Si l'on remarque que, dans l'expression de φ, $\frac{m}{r^2}$ est la valeur F du champ magnétique au point O, milieu de l'élément et que

$F ds \sin\alpha$ est l'aire dA du parallélogramme construit sur l'élément ds et la force F, on peut écrire, en représentant par I l'intensité exprimée en fonction de l'unité qui rend $k = 1$ et qu'on appelle *l'unité électromagnétique*, unité qui, comme nous le verrons (**323**) équivaut à 10 ampères,

$$\varphi = \mathrm{I}F ds \sin\alpha = \mathrm{I} dA,$$

et énoncer comme il suit la loi de Laplace :

L'action qui s'exerce sur un élément de courant placé dans un champ magnétique est égale au produit de l'intensité électromagnétique du courant par l'aire du parallélogramme construit sur l'élément et sur l'intensité du champ. Cette force est normale au plan du parallélogramme et dirigée vers la gauche de l'observateur placé dans le courant et qui regarde dans la direction du champ.

221. Action d'un courant circulaire sur son axe. — Comme application de la formule de Laplace, calculons l'action d'un courant circulaire sur un pôle égal à l'unité placé en un point P de l'axe (*fig.* 187). Soit a le rayon et r la distance d'un point de la circonférence au point P. L'angle α d'un élément avec la distance r est $\frac{\pi}{2}$;

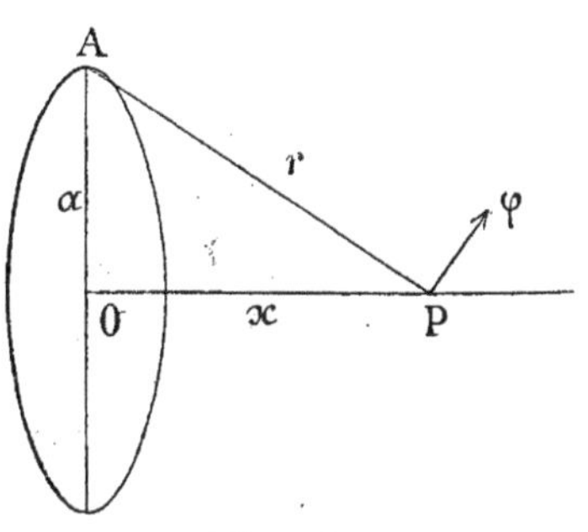

Fig. 187.

la formule se réduit donc pour l'unité de courant à

$$\varphi = \frac{ds}{r^2}.$$

Nous pouvons considérer cette force comme appliquée au point P, perpendiculairement au plan rds. On aura sa composante suivant l'axe en multipliant φ par le cosinus de l'angle PAO ou $\frac{a}{r}$, ce qui donne $\frac{a ds}{r^3}$.

Pour avoir l'action totale de courant, il faut donc multiplier $\frac{a}{r^3}$ par la somme des éléments ds, c'est-à-dire par la circonférence $2\pi a$, ce qui donne

$$F = \frac{2\pi a^2}{r^3} = \frac{2S}{r^3},$$

S étant la surface du cercle. Au centre, on a $r = a$ et par suite

$$F = \frac{2\pi}{a}.$$

222. — Abstraction faite des difficultés de calcul, on pourra de la même manière calculer, au moyen de la formule de

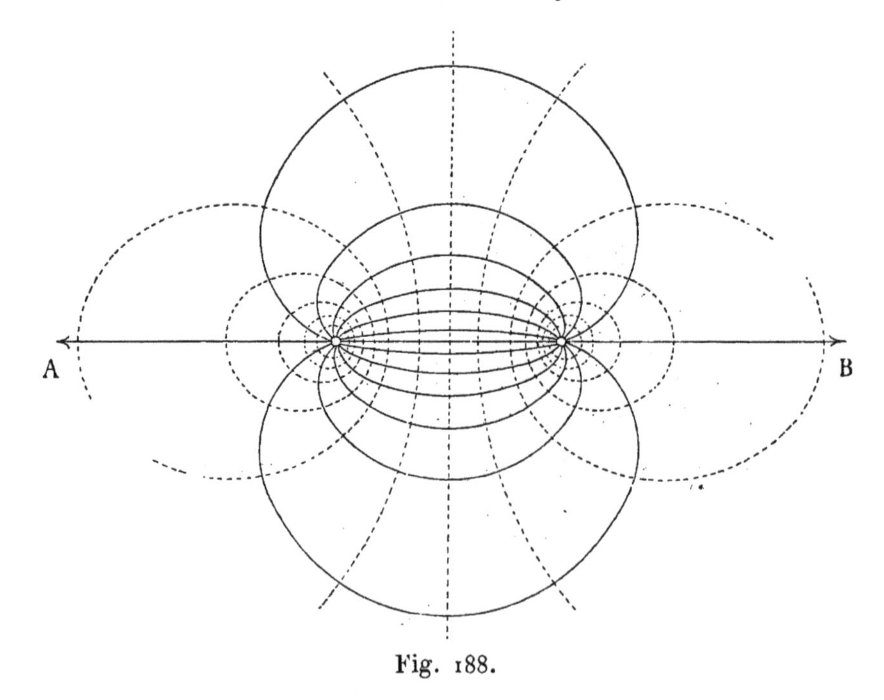

Fig. 188.

Laplace, l'intensité du champ en chaque point. La figure 188 représente le champ d'un courant circulaire. Les lignes pointillées représentent les lignes de force dans un plan passant par l'axe du courant. Ces lignes traversent le cercle de droite

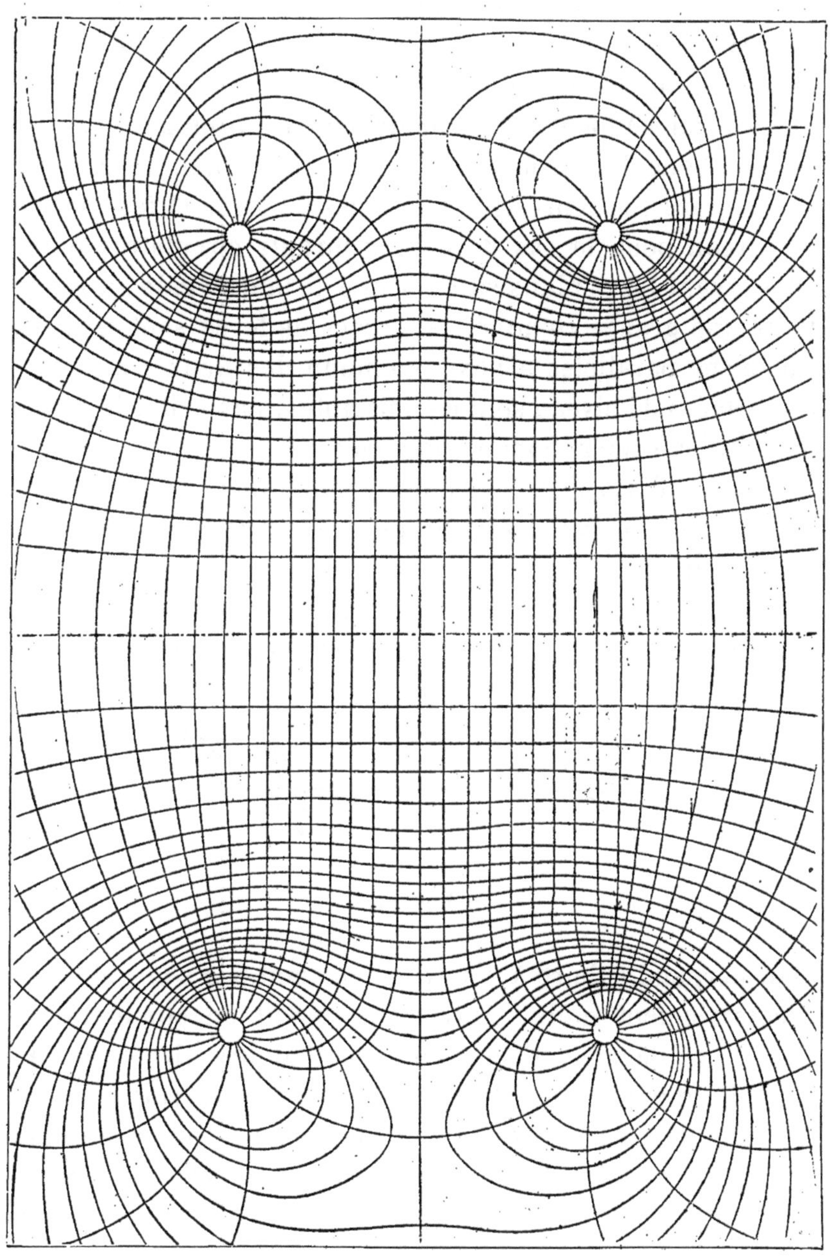

Fig. 189.

Champ magnétique de deux courants circulaires.

à gauche pour un observateur couché dans le courant et qui regarde vers l'intérieur. C'est cette direction que nous prendrons comme le sens positif de l'axe du courant. Les lignes pleines qui coupent orthogonalement les premières sont les intersections des surfaces de niveau par le plan de la figure.

La figure 189 représente les lignes de force et les surfaces de niveau pour le cas de deux courants circulaires parallèles, ayant leurs plans situés à une distance égale au rayon. Dans une grande étendue, les lignes de force sont très sensiblement parallèles à l'axe commun des deux courants et les surfaces de niveau sont équidistantes; par suite, le champ peut être considéré comme uniforme.

223. Loi d'Ampère. — Ampère admet que l'action de deux éléments de courants est dirigée suivant la droite qui joint leurs milieux.

Il remarque que, par raison de symétrie, l'action qui s'exerce entre deux éléments de courant dont l'un est situé dans un

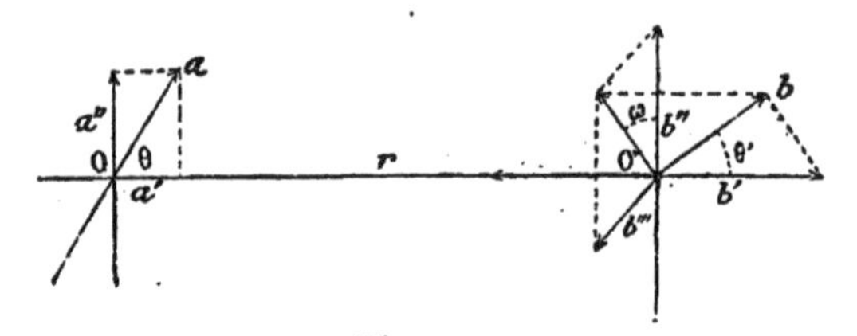

Fig. 190.

plan perpendiculaire à l'autre et passant par son milieu est nécessairement nulle. Autrement quand on changerait le sens de ce dernier, l'action qui est toujours dirigée suivant la droite qui joint les deux éléments, ne pourrait à la fois changer de signe et rester symétrique par rapport au plan.

Enfin, il conclut de la loi des courants sinueux que l'action d'un élément peut être remplacée par celle de ses projections sur trois axes rectangulaires.

Considérons deux éléments ds, ds' (*fig.* 190); soient a et b leurs grandeurs, i et i' leurs intensités exprimées au moyen d'une unité quelconque, θ et θ' les angles qu'ils font avec la droite OO′ qui joint leurs milieux, enfin ω l'angle des deux plans menés par OO′ et les deux éléments. Nous prendrons comme axes la ligne OO′ et deux perpendiculaires l'une dans le plan aOO′, l'autre normale à ce plan.

L'élément $ds = a$ n'a que deux projections

$$a' = ds \cos\theta,$$
$$a'' = ds \sin\theta;$$

les trois projections de l'élément b sont

$$b' = ds' \cos\theta',$$
$$b'' = ds' \sin\theta' \cos\omega,$$
$$b''' = ds' \sin\theta' \sin\omega.$$

L'action totale se compose des actions de chacun des éléments a' et a'' sur chacun des éléments b', b'', b'''.

De ces six actions, quatre sont nulles en vertu du principe de symétrie, celles de a' sur b'' et sur b''' et celles de a'' sur b' et sur b'''.

Il n'y a donc à tenir compte que de l'action de a'' sur b'' et de a''' sur b''.

La première s'exerce entre deux éléments parallèles et perpendiculaires à la droite qui joint leurs milieux. Elle est proportionnelle à la longueur et à l'intensité de chacun des deux éléments et à une certaine fonction de la distance qui les sépare; on peut la représenter par

$$ii' ds ds' \sin\theta \sin\theta' \cos\omega\, f(r),$$

r désignant la distance OO′.

La seconde qui s'exerce entre deux éléments dirigés suivant une même droite, pourra se représenter de même par

$$mii' ds ds' \cos\theta \cos\theta'\, f(r),$$

m étant le rapport des actions qui s'exercent entre les éléments, à une même distance, dans la deuxième situation et dans la première. Ces deux actions dirigées suivant la droite OO′ s'ajoutent, et on a pour expression de l'action totale

$$\psi = ii'dsds'(\sin\theta\sin\theta'\cos\omega + m\cos\theta\cos\theta')f(r);$$

en appelant ε l'angle que font entre eux les deux éléments, on a, en vertu d'un théorème connu,

$$\cos\varepsilon = \cos\theta\cos\theta' + \sin\theta\sin\theta'\cos\omega,$$

et par suite,

$$\psi = ii'dsds'[\cos\varepsilon + (m - 1)\cos\theta\cos\theta']f(r).$$

Deux expériences vont servir à déterminer $f(r)$ et m.

Dans la première, Ampère fait agir un courant rectiligne indéfini MN (*fig.* 191) sur deux portions verticales et parallèles AB et CD d'un cadre mobile, et constate que l'équilibre a lieu quand les distances du courant aux deux lignes AB et CD sont proportionnelles aux longueurs de ces lignes. Il en résulte que l'action du courant indéfini sur un élément parallèle varie en raison inverse de la distance, comme l'action du même courant indéfini sur un pôle (**217**) ; l'action

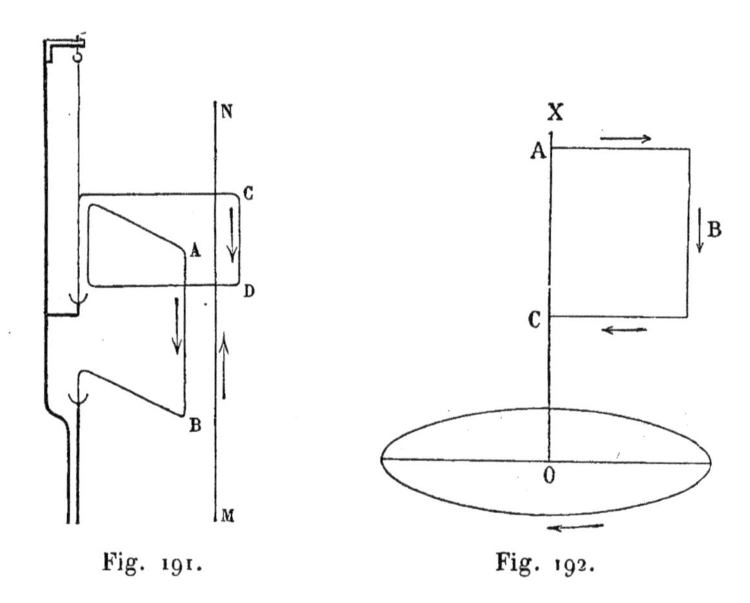

Fig. 191. Fig. 192.

élémentaire est donc, comme dans ce dernier cas, en raison inverse du carré de la distance et l'on peut poser, en désignant par n une constante dépendant de l'unité choisie pour l'intensité,

$$f(r) = \frac{n}{r^2}.$$

La seconde expérience consiste à montrer qu'un courant circulaire est sans action sur un courant mobile autour d'un axe perpendiculaire au plan du courant circulaire et passant par son centre (*fig.* 192). quand les deux extrémités du courant mobile aboutissent à l'axe. L'expression de cette condition que nous ne pouvons développer ici, conduit comme conséquence à la relation

$$m = -\frac{1}{2}.$$

On a donc finalement pour la loi de l'action réciproque de deux éléments de courant

$$\psi = \frac{nii'ds\,ds'}{r^2}\left(\cos\varepsilon - \frac{3}{2}\cos\theta\cos\theta'\right).$$

Pour deux éléments parallèles et perpendiculaires à la droite qui joint leurs milieux, on a $\varepsilon = 0$, $\theta = \theta' = \frac{\pi}{2}$ et par suite

$$\psi_1 = \frac{nii'ds\,ds'}{r^2}$$

pour deux éléments dirigés suivant la droite qui joint leurs milieux, $\varepsilon = \theta = \theta' = 0$; par suite

$$\psi_2 = -\frac{nii'ds\,ds'}{2r^2},$$

le signe — indiquant qu'il s'agit d'une répulsion. Ampère en avait conclu que *deux éléments consécutifs d'un même courant se repoussent* et avait cherché à vérifier le fait par une expérience (*fig.* 193) qu'on ne peut considérer comme tout à fait démonstrative, le fait pouvant recevoir une autre interprétation (**235**). Deux masses de mercure séparées par une cloison isolante sont reliées par un fil de fer contourné de manière à former deux branches horizontales parallèles *np* et *rq* et une

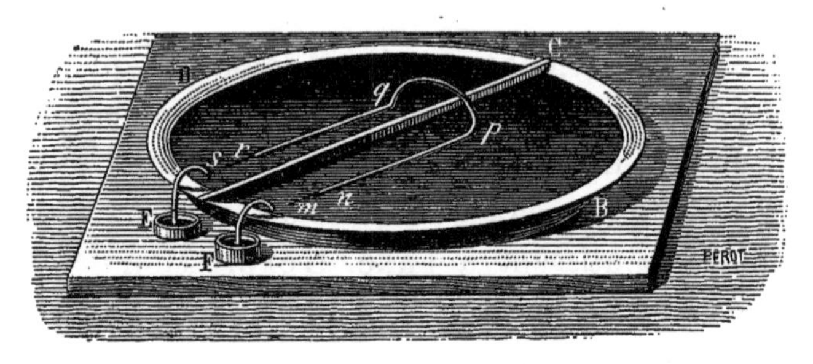

Fig. 193.

partie transversale, en forme de pont *pq*, qui relie les deux premières. Au moment où l'on établit la communication avec la pile, on voit le fil glisser à la surface du mercure et s'éloigner des points par lesquels arrive le courant.

224. Identité d'un courant et d'un aimant infiniment petits. Théorème d'Ampère. — Considérons au point O un courant infiniment petit de surface dS, et calculons par la formule de Laplace l'action qu'il exerce sur un pôle égal à l'unité placé en P (*fig.* 194). On trouve que l'action F est indépendante de la forme de la courbe qui limite la surface dS et qu'elle est proportionnelle au produit $kidS$ de l'intensité par la surface du courant.

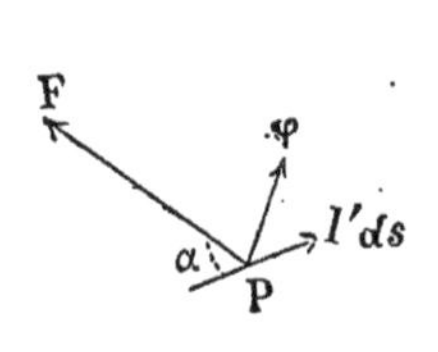

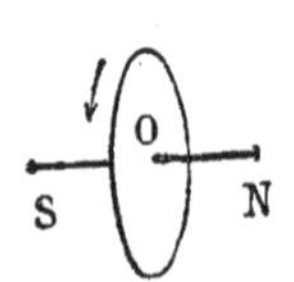

Fig. 194.

D'autre part, soit NS un aimant infiniment petit, de moment ϖ, perpendiculaire à la surface du courant et en son milieu, le pôle nord étant à la gauche du courant; l'action au point P (**154**) est exprimée par la même formule que celle du courant, avec cette seule différence que le facteur $kidS$ dans le premier cas est remplacé par le facteur ϖ dans le second. Les deux actions seront donc identiques pour une valeur de l'intensité telle que

$$kidS = \varpi,$$

ou si l'on prend comme unité d'intensité celle qui rend $k = 1$, c'est-à-dire l'unité électromagnétique,

$$IdS = \varpi.$$

Sous cette condition, le champ du courant et de l'aimant tous deux infiniment petits, sont identiques *vis-à-vis d'un pôle*. Reste à démontrer qu'ils sont identiques vis-à-vis d'un élément de courant.

Plaçons au point P un élément de courant $I'ds$. L'action qui résulte de l'intensité F du champ *dû à l'aimant* est donnée par la formule de Laplace (**220**)

$$\varphi = I'Fds \sin\alpha.$$

Calculons maintenant par la formule d'Ampère l'action du courant fermé sur l'élément; on trouve, tout calcul fait, une force φ' de même direction que la précédente et ayant pour expression

$$\varphi' = \frac{1}{2} nI'Fds \sin\alpha.$$

Les deux actions φ et φ' ont même direction et leurs expressions ne diffèrent que par un facteur resté indéterminé; elles sont donc proportionnelles.

Si on admet, comme le vérifie d'ailleurs l'expérience, qu'elles sont identiques, on en conclut $n = 2$.

225. — Supposons que le petit aimant soit un feuillet de même surface dS que le courant ; soit h son épaisseur et σ la densité sur les bases ; on a (**161**)

$$\varpi = h\sigma dS = \Phi dS;$$

la condition d'équivalence d'un courant infiniment petit et d'un feuillet de même contour est donc :

$$I = \Phi;$$

autrement dit, *l'intensité électromagnétique du courant doit être égale à la puissance magnétique du feuillet.*

226. Équivalence d'un courant fermé et d'un feuillet magnétique. — Considérons maintenant une surface de forme quelconque terminée à un contour S (*fig.* 195) ; coupons cette surface par deux systèmes de plans parallèles infiniment voisins de manière à la décomposer en éléments infiniment petits, et supposons les contours de tous les éléments parcourus par des courants de même intensité I, tournant tous dans le même sens. Chaque ligne de séparation de deux éléments contigus est parcourue par deux courants égaux et de sens contraires dont les actions s'annulent. Il ne reste d'efficaces que les portions de courant qui correspondent aux éléments linéaires du contour, et leur action est évidemment la même que celle d'un courant unique de même intensité qui parcourrait le contour et constituerait le courant fermé S. D'autre part chacun des courants élémentaires peut être remplacé par le feuillet équivalent, et l'ensemble de ces feuillets constitue un feuillet de même contour que le courant fermé et d'une puissance magnétique égale à son intensité. D'où il suit que *l'action d'un courant fermé est identique*

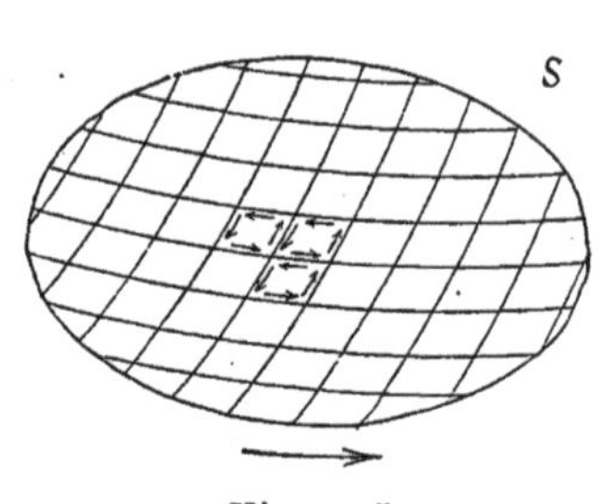

Fig. 195.

a celle d'un feuillet magnétique de même contour et dont la puissance magnétique est égale à l'intensité électromagnétique du courant.

La face positive du feuillet est à la gauche du courant.

227. Solénoïde électromagnétique. — Ampère a donné le nom de solénoïde [1] électromagnétique au système formé par des courants fermés infiniment petits (*fig.* 196), de même surface et de même intensité, distribués, à des distances infiniment petites et égales, le long d'une courbe de forme quelconque appelée *directrice*, passant par leur centre de gravité et normale en chaque point au plan du courant.

Chaque courant peut être remplacé par le feuillet équivalent et si on donne à ces feuillets une hauteur égale à l'intervalle de deux courants, les faces opposées de deux feuillets consécutifs sont en coïncidence et le système se réduit à un filet solénoïdal (**159**).

A
B

Fig. 196.

Soit λ la surface des courants, h leur distance ou $n_1 = \frac{1}{h}$ le nombre des courants par unité de longueur, I l'intensité, enfin σ la densité magnétique sur les faces terminales du filet, on a comme condition de l'équivalence (**225**)

$$h\sigma = \mathrm{I},$$

et, par suite,

$$\sigma = \frac{\mathrm{I}}{h} = n_1 \mathrm{I}.$$

L'action du solénoïde est indépendante de la forme de la directrice; elle est celle de deux masses $\pm n_1 \mathrm{I}\lambda$ situées aux deux extrémités.

1. σωληνοειδής, qui a la forme d'un canal.

228. Cylindre électromagnétique. — Ampère appelle ainsi un système de courants circulaires égaux, parallèles et équidistants. Chaque courant pouvant être remplacé par le feuillet équivalent, le système est lui-même équivalent à un cylindre aimanté uniformément, présentant sur ses bases une densité magnétique

$$\sigma = n_1 \mathrm{I}.$$

On réalise facilement ce système de courants en enroulant un fil en hélice sur la surface d'un cylindre. Chacun des éléments de spire peut être remplacé par ses projections sur l'axe et sur un plan perpendiculaire à l'axe. Pour chaque spire la somme des projections équivaut, parallèlement à l'axe, à une droite égale au pas et, perpendiculairement à l'axe, à un cercle de même rayon que le cylindre. Si la section du cylindre est petite, on détruit sensiblement l'effet des premières en faisant revenir le fil en sens contraire parallèlement à l'axe. On y réussit encore mieux en recouvrant ce cylindre d'un nombre pair de couches dans lesquelles l'inclinaison des spires soit alternativement de sens contraires.

Quand la bobine ainsi formée est traversée par un courant, son action sur les points extérieurs est celle d'un cylindre aimanté uniformément, et dont le moment aurait pour valeur

$$\mathrm{M} = n_1 \mathrm{IS} l = n \mathrm{IS},$$

l étant la longueur du cylindre et n le nombre total des spires.

Sur un point intérieur, l'action est celle qui s'exercerait dans une fente infiniment mince perpendiculaire à l'axe du même cylindre (**176**). Si on considère un point assez éloigné des extrémités pour que l'action des bases soit négligeable, l'action se réduit à celle des deux surfaces en regard, laquelle a pour valeur

$$\mathrm{F} = 4\pi\sigma = 4\pi n_1 \mathrm{I}.$$

Elle peut être considérée comme constante dans toute l'étendue de la section. On a par suite pour la valeur du flux qui traverse la section S

$$Q = 4\pi n_1 IS.$$

Un pareil cylindre présente toutes les propriétés d'un barreau aimanté.

Suspendu horizontalement (*fig.* 197), il prend sa position d'équilibre dans le méridien magnétique, l'extrémité tournée

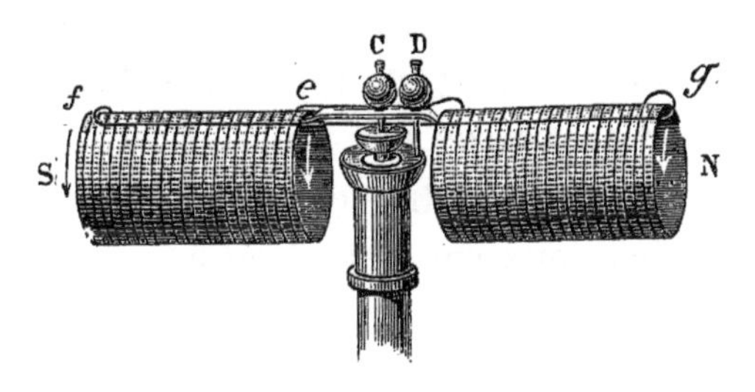

Fig 197.

vers le nord étant celle qu'il faut regarder pour voir le courant circuler en sens inverse des aiguilles d'une montre.

On peut répéter avec le cylindre suspendu toutes les expériences d'attraction ou de répulsion des pôles de noms contraires ou de même nom, soit qu'on emploie des aimants, soit qu'on se serve de cylindres électromagnétiques.

Dans le cylindre électromagnétique les pôles sont rigoureusement sur les faces terminales au lieu d'être rejetés à l'intérieur comme dans les aimants Il faut d'ailleurs se garder de confondre un cylindre électromagnétique avec un aimant creux : dans l'aimant creux toutes les lignes de force tant intérieures qu'extérieures partent de l'extrémité positive pour aller s'absorber à l'extrémité négative ; dans le cylindre électromagnétique, les lignes de force intérieures sont la continuation des lignes de force extérieures et constituent des courbes fermées qui n'aboutissent jamais à des masses magnétiques.

229. Expériences de vérification de Weber. — On doit à Weber une vérification très précise de l'équivalence d'un cylindre électromagnétique et d'un aimant et par suite de la formule d'Ampère dont celle-ci est une conséquence.

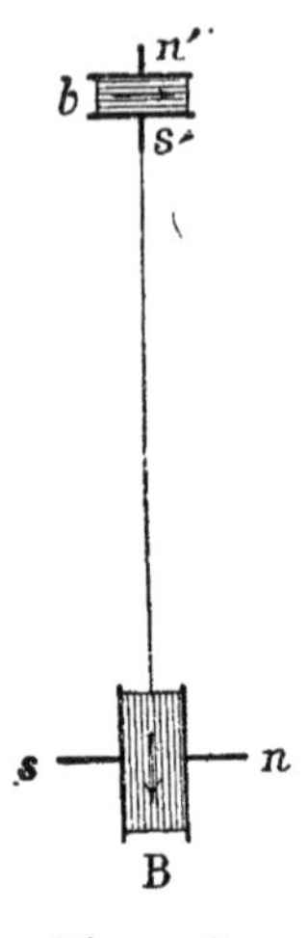

Fig. 198.

Le système des expériences est celui que Gauss a employé pour déterminer le rapport $\frac{M}{H}$ (**201**). A l'aimant *ns* placé dans l'une des positions principales par rapport à l'aiguille mobile *n's'* (*fig.* 198), on substitue une bobine B traversée par un courant, et on reconnaît que la déviation de l'aiguille est la même dans les deux cas quand on a

$$M = nIS$$

M étant le moment du barreau nS la surface de la bobine et I l'intensité du courant.

On substitue de même à l'aiguille n'S' une petite bobine *b* traversée par un courant. Si on suppose identiques les conditions de la suspension, on trouve, qu'il s'agisse de l'aimant *ns* ou de la bobine B, que la déviation est la même quand on a

$$M' = n'I'S',$$

M' étant le moment de l'aiguille et n'I'S' celui de la petite bobine.

CHAPITRE XXI

ACTIONS ÉLECTROMAGNÉTIQUES

230. Potentiel d'un courant fermé. — Un courant fermé étant équivalent au feuillet magnétique de même contour, aura le même potentiel. Pour un point P d'où l'on voit le contour sous un angle ω, le potentiel d'un courant d'intensité I sera

$$V = \omega I,$$

ω étant pris positivement ou négativement suivant que le point considéré voit la face positive ou négative du courant, autrement dit la face qui est à la gauche ou à la droite de l'observateur couché dans le courant et regardant vers l'intérieur.

Comme pour le feuillet, ce potentiel représente le travail nécessaire pour amener une masse magnétique positive égale à l'unité depuis l'infini jusqu'au point P ; mais il ne le représente qu'à la condition que la masse magnétique n'ait pas traversé le circuit ; autrement il faut ajouter à ωI autant de fois $4\pi I$ que la masse a traversé de fois le circuit de la face positive à la face négative.

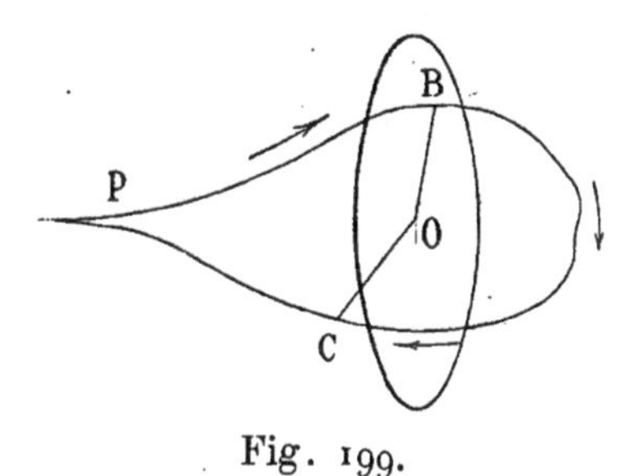

Fig. 199.

En effet, supposons qu'on prenne la masse magnétique en P pour lui faire traverser le circuit et la faire revenir au même point par un chemin quelconque (fig. 199). Nous pouvons supposer le circuit plan. Ce chemin rencontre le plan du circuit en deux points l'un intérieur B, l'autre extérieur C.

De P en B l'angle apparent du contour varie de ω à 2π, le travail correspondant est $(2\pi - \omega)$ I. De B en C l'angle varie -2π à o, et le travail augmente de 2πI. Enfin de C en P le potentiel croît de o à ω et le travail correspondant est ωI. Le travail total est donc égal à 4πI. Il serait -4πI, si le parcours avait été effectué en sens contraire.

On voit par là que si, dans le champ d'un courant, on fait parcourir à un pôle de masse m un circuit fermé, le travail est nul si le circuit ne traverse pas le courant, et qu'il est égal à $\pm 4\pi m$I, si les deux contours se pénètrent.

Il en résulte que si l'on passe d'un point à un autre dans le champ d'un courant, la variation du potentiel électromagnétique $V - V'$ doit être augmentée d'autant de fois 4πI qu'on a traversé de fois la surface du circuit dans un sens contraire à la direction du champ.

231. Énergie relative d'un courant fermé. — De même l'énergie relative d'un courant fermé dans un champ aura pour expression (**163**)

$$W = -IQ,$$

Q représentant le flux de force qui traverse le contour en pénétrant par la surface négative.

Pour deux positions ou deux états successifs pour lesquels les valeurs de Q sont Q_1 et Q_2, l'accroissement d'énergie potentielle $W_2 - W_1$, laquelle est égale au travail qu'il a fallu dépenser contre les forces électromagnétiques, a pour valeur

$$W_2 - W_1 = I(Q_1 - Q_2).$$

Ainsi tout changement qui diminue le flux de force qui pénètre par la surface négative correspond à un travail négatif des forces électromagnétiques; tout changement qui augmente le même flux, à un travail positif des mêmes forces. *Ce travail est égal au produit de l'intensité du courant par la variation du flux.*

232. Énergie relative de deux courants fermés. — Si le champ est dû à un autre courant d'intensité I′, on a (**164**)

$$W = II'M,$$

M étant le coefficient d'induction mutuelle des deux courants pour la position qu'ils occupent; autrement dit la valeur du flux qui, lorsque l'intensité est égale à l'unité, émane de l'un d'eux pour pénétrer par la surface positive de l'autre.

Cette énergie représente le travail qu'il a fallu dépenser contre les forces électromagnétiques pour amener les deux courants dans leur position actuelle depuis l'infini ou à partir d'une position dans laquelle le coefficient M était nul.

233. Énergie intrinsèque d'un courant fermé. — Si le courant fermé est en dehors de tout champ magnétique, le seul flux qui le traverse est celui qui est dû au courant lui-même. Si on désigne par L la valeur de ce flux quand l'intensité est égale à l'unité, sa valeur est LI pour l'intensité I. Ce flux traverse d'ailleurs le circuit en pénétrant par la face négative (**222**). Si le courant était supprimé, la variation du flux correspondrait encore à un travail positif des forces électromagnétiques; mais ce travail ne serait plus égal au produit de la variation du flux par l'intensité du courant, comme lorsque l'intensité reste constante, mais, comme il est facile de s'en rendre compte par un raisonnement analogue à celui du § **52**, égal à la moitié de ce produit, c'est-à-dire à

$$\frac{1}{2} LI^2,$$

cette quantité représente le travail qu'a coûté la création du courant dans le circuit, celui-ci étant soustrait à toute action étrangère; on l'appelle *l'énergie intrinsèque* du courant.

234. Autre forme de l'expression du travail électromagnétique. — Lorsque, dans un champ donné, le circuit éprouve un déplacement ou une déformation amenant une variation $Q_2 - Q_1$ du flux, le travail T_1^2 effectué par les forces électromagnétiques a pour valeur (**231**)

$$T_1^2 = I\ (Q_2 - Q_1).$$

Considérons les intersections par un plan quelconque (*fig.* 200) des tubes de force qui correspondent au circuit fermé dans les deux états ; le flux Q_1 correspond à la surface ABCD,

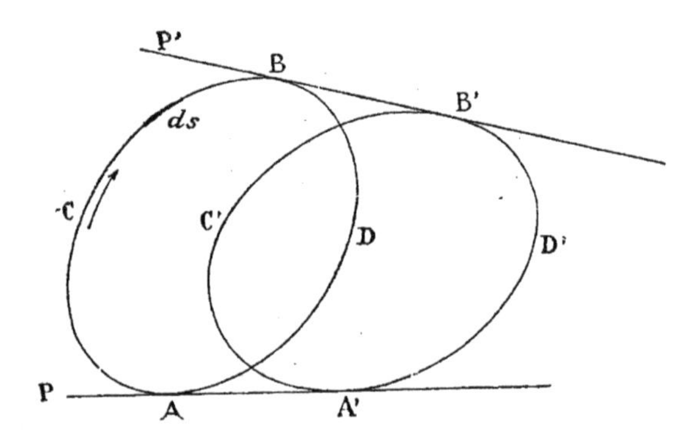

Fig. 200.

le flux Q_2 à la surface A'B'C'D'. Si on désigne par Q et Q' les flux correspondant aux deux surfaces A'ACBB'C' et AA'DB'BD', on a évidemment :

$$Q_2 - Q_1 = Q' - Q.$$

Mais Q' est le flux coupé par l'arc BDA, Q le flux coupé par l'arc ACB ; le travail électromagnétique est donc proportionnel à la différence des flux coupés par les deux arcs, ou à la somme algébrique du flux coupé par tout le contour, si on convient de compter comme positif le flux coupé par un élément qui se déplace vers la gauche de l'observateur qui regarde dans la direction du champ, et négatif dans le sens contraire. Par suite, *le travail électromagnétique est égal au produit de l'intensité du courant par le flux coupé par le contour du circuit.*

235. Actions électromagnétiques. — Tout système abandonné à lui-même tend à dépenser l'énergie qu'il possède ;

les positions d'équilibre sont celles où l'énergie passe par un minimum. Un courant tendra donc toujours vers l'état où il recevra par sa face négative le maximum de flux.

Ainsi, sous l'action de son propre flux, un circuit tendra à présenter la plus grande surface possible; si son contour est flexible, il tendra à prendre la forme d'un cercle, le cercle étant la plus grande surface comprise dans un périmètre donné. L'expérience d'Ampère sur la répulsion apparente de deux éléments de courants consécutifs (**223**) peut s'expliquer de la même manière.

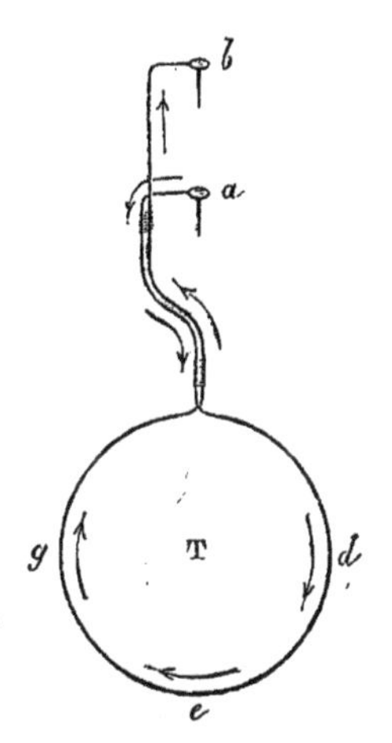

Fig. 201.

Dans un champ magnétique, le courant aura pour position d'équilibre stable celle où il présentera au champ la plus grande surface négative. Ainsi pour un cadre mobile autour d'un axe vertical dans le champ terrestre (fig. 201) la position d'équilibre sera celle où le plan du cadre est perpendiculaire au méridien, le courant, pour un observateur placé au nord, circulant en sens inverse des aiguilles d'une montre. Si S est la surface du cadre et H la composante horizontale du champ terrestre, le flux qui traverse la surface dans la position d'équilibre stable est SH. Si on tourne le cadre de 180, il est $-$SH. La variation du flux de la première position à la seconde est 2SH; le travail auquel elle correspond et par suite l'énergie potentielle dans la dernière position, est pour une intensité I

$$W = 2ISH.$$

De même, si le cadre est mobile autour d'un axe horizontal passant par son centre de gravité (fig. 202) et perpendiculaire au méridien, son plan se place perpendiculairement à l'aiguille d'inclinaison.

Enfin, un cadre est évidemment astatique s'il se compose de deux surfaces égales et de signes contraires (**212**).

On expliquera de la même manière les effets d'attraction et de répulsion des courants parallèles. Les portions qu'on fait agir l'une sur l'autre appartiennent toujours à deux circuits fermés. Supposons les deux circuits situés dans le même

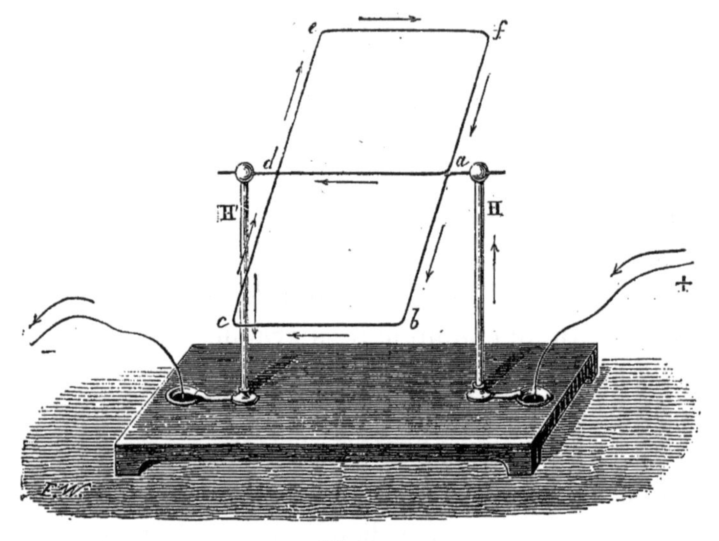

Fig. 202.

plan; si les deux portions parallèles sont de même sens, les surfaces tournées du même côté sont de signes contraires et un rapprochement des deux parties rectilignes augmente pour chacun des circuits le flux de force qu'il reçoit de l'autre par sa surface négative. — L'inverse a lieu quand les portions parallèles et voisines sont de sens contraires, les faces des deux circuits tournées du même côté sont de même signe.

236. Rotations électromagnétiques. — On sait qu'un système de corps, chacun de forme invariable, soumis uniquement à l'action de forces s'exerçant entre les différents points et fonctions seulement de la distance, ne peut jamais donner lieu à un mouvement de rotation continu toujours dans le même sens. Il résulte en effet du principe des forces vives que la partie mobile du système reprend toujours la même vitesse dans les mêmes positions et que par suite le travail des forces pour une révolution complète est toujours nul. Comme on ne peut supprimer les résistances passives, le système s'arrête nécessairement après un parcours plus ou moins long.

Tel sera le cas d'un système d'aimants ou de courants fermés de forme invariable, lesquels sont équivalents à des feuillets ; mais il n'en est plus de même si les courants sont déformables, s'ils renferment des parties liquides, des contacts glissants. Faraday a montré le premier qu'on pouvait obténir dans ce cas des mouvements de rotation continus. Pour que ces mouvements se produisent, il faut que les forces tendent à donner au système des vitesses croissantes à chaque révolution ; la vitesse s'accélère jusqu'à ce que les frottements fassent équilibre aux forces accélératrices, et alors elle devient constante. Le travail dépensé pour l'entretien du mouvement est emprunté à chaque instant, comme les autres travaux du courant, aux énergies chimiques mises en jeu dans la pile.

237. Rotation d'un courant par un aimant. — Un courant de forme quelconque est mobile autour d'un axe coïncidant avec l'axe de l'aimant. Si les extrémités du courant sont de part et d'autre d'un même pôle (*fig.* 203), le courant tourne d'un mouvement continu entraîné vers la gauche de l'observateur qui regarde dans la direction des lignes de force.

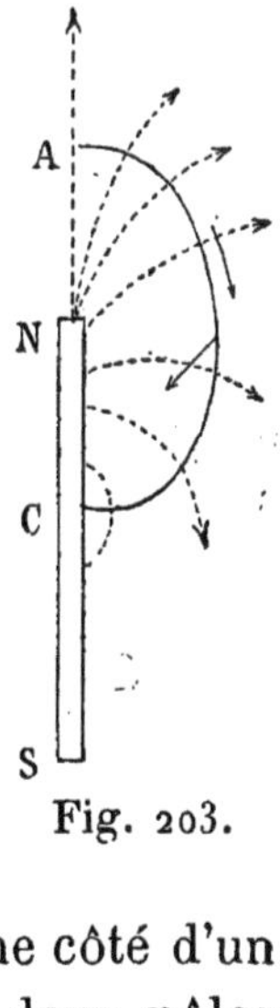

A
N
C
S

Fig. 203.

Avec cette position des extrémités, chaque ligne de force n'est coupée qu'une fois par le courant ; elle le serait toujours deux fois, une fois avec le signe +, une fois avec le signe —, si les deux extrémités du courant étaient du même côté d'un des pôles en dehors, ou de part et d'autre des deux pôles soit en dedans, soit en dehors ; le flux total coupé serait alors nul et il n'y aurait aucun mouvement.

Le flux coupé par l'arc sera maximum si l'extrémité C correspond au milieu de l'aimant; il est alors, pour une rotation complète, le flux total qui émane de l'un des pôles. Si m est la masse du pôle, sa valeur est $4\pi m$ (**42**) et le travail électromagnétique correspondant à un tour est $4\pi m\mathrm{I}$. Le moment du couple de rotation par rapport à l'axe est constant et égal à

$$\frac{4\pi m\mathrm{I}}{2\pi} = 2m\mathrm{I};$$

il est indépendant de la grandeur et de la forme de l'arc AB.

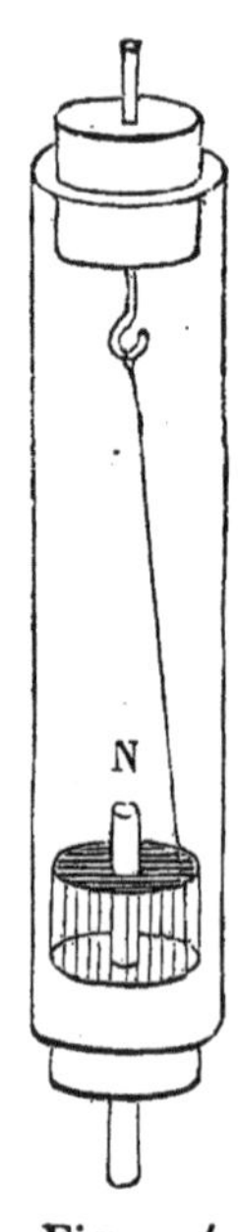

Fig. 204.

Cette expérience peut être faite d'une manière très simple au moyen du petit appareil représenté dans la figure 204. Il consiste en un tube de verre fermé par deux bouchons; dans le bouchon inférieur passe l'extrémité d'un aimant autour duquel on verse du mercure, mais de manière que le pôle dépasse le niveau; à l'autre bouchon est suspendu un petit fil de platine dont l'extrémité inférieure plonge dans le mercure. Ce fil prend un mouvement de rotation dès qu'il est traversé par le courant.

238. Rotation d'un aimant par un courant. — L'aimant de forme cylindrique est lesté par un cylindre de platine de manière à pouvoir flotter verticalement dans le mercure, un de ses pôles en dehors (*fig.* 205). L'expérience peut se faire de deux manières. Dans la figure 205 *bis*, le courant, amené près du bord, suit la surface du mercure et s'échappe par une tige fixe placée au centre; l'aimant flotte dans une position excentrique. Dans la figure 205, la partie émergente de l'aimant sert de conducteur au courant, la pointe fixe plongeant dans une petite cavité pratiquée à la partie supérieure et remplie de mercure. L'aimant tourne autour de son axe. Dans les deux cas, les masses magnétiques qui constituent le pôle émergeant, suivent les lignes de force du courant (**216**) et pour un tour entier, le travail de ces forces est égal à $4\pi m\mathrm{I}$. Avec un pôle nord et le sens du courant indiqué par les flèches, la rotation a lieu en sens inverse des aiguilles d'une montre.

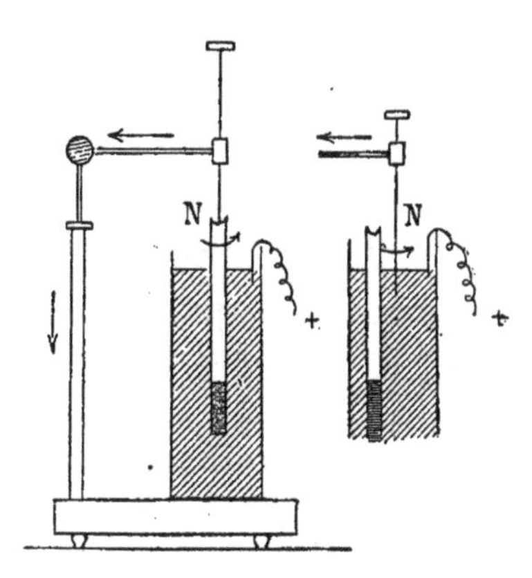

Fig. 205 et 205 *bis*.

La rotation de l'aimant n'a lieu que grâce à la fluidité du mercure : un seul des pôles traverse le courant fermé. Avec un circuit rigide et un aimant également rigide, la rotation ne pourrait avoir lieu, les travaux correspondant aux deux pôles étant nécessairement égaux et de signes contraires. Avec un aimant flexible dont les deux pôles pourraient se déplacer d'une manière indépendante, on verrait le pôle

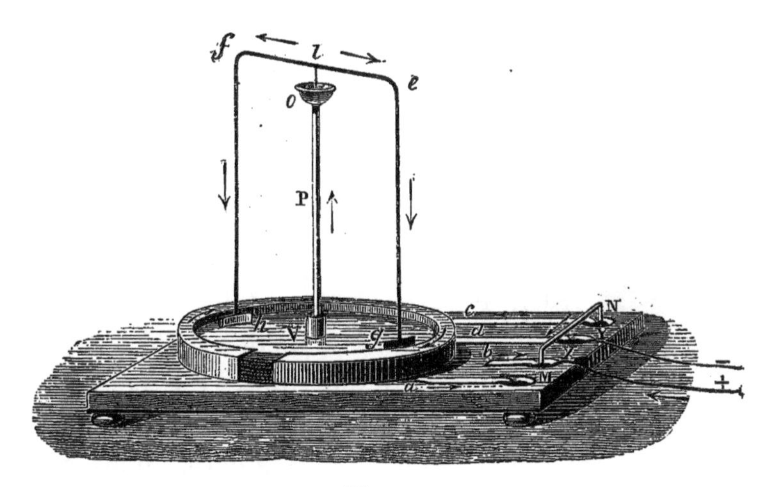

Fig. 206.

positif s'enrouler dans un sens autour du courant et le pôle négatif en sens contraire.

239. Rotation d'un courant par un courant. — L'expérience se fait au moyen de l'appareil représenté dans la figure 206. Les extrémités g et h des branches mobiles plongent dans une dissolution de sulfate de cuivre en communication avec le pôle négatif de la pile. Le vase V est entouré d'une spirale de cuivre dans laquelle circule le courant. L'expérience est tout à fait l'analogue de celle de Faraday (**237**). Si l'on se reporte à la figure 188 qui montre les lignes de force d'un courant circulaire dans un plan passant par l'axe, on voit que les actions qui s'exercent sur toutes les parties du cadre mobile sont concourantes. Avec la disposition de la figure, la rotation a lieu en sens inverse des aiguilles d'une montre; autrement dit encore, le courant descendant dans la branche verticale remonte le courant horizontal.

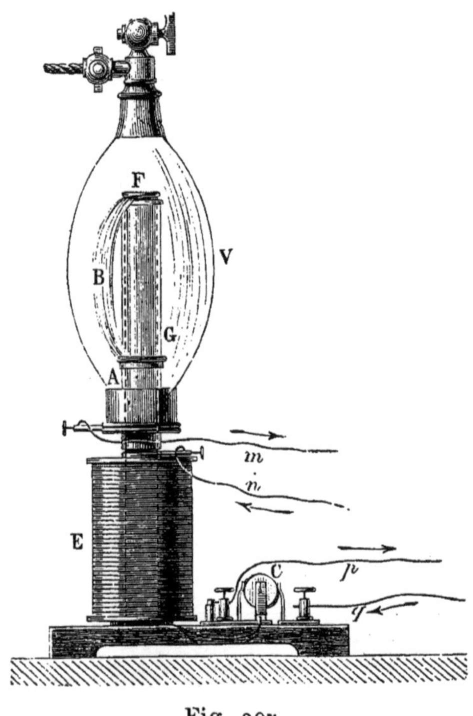

Fig. 207.

240. Rotation des liquides et des gaz. — Lorsque le courant traverse un liquide, les filets liquides qui sont le siège du courant se comportent comme des courants mobiles et obéissent aux actions électromagnétiques. L'expérience peut être faite de bien des manières, nous citerons la suivante qui est due à Davy.

Deux fils de platine isolés sauf à leurs extrémités pénètrent par le fond d'un vase plein de mercure et viennent affleurer un peu au-dessous de la surface. Pendant le passage du courant, le mercure se soulève au-dessus de chaque fil, comme si chacun d'eux était une source de liquide. En plaçant un pôle, un pôle nord par exemple au-dessus du monticule formé, on voit le mercure prendre un mouvement de rotation très rapide, dans le sens des aiguilles d'une montre au-dessus du fil négatif et en sens contraire, au-dessus du pôle positif.

Dans l'expérience de de La Rive (*fig.* 207) on fait jaillir dans un gaz raréfié, un arc B entre deux électrodes A et F séparées par un tube de verre G. A l'intérieur du tube pénètre l'une des extrémités d'un aimant. Pour un observateur placé au-dessus de l'appareil, l'arc tournera dans le sens des aiguilles d'une montre, si le pôle de l'aimant étant un pôle nord, le courant va de F en A.

Les mêmes effets se produisent sur l'arc électrique qui jaillit entre deux charbons.

241. Roue de Barlow. — Une roue métallique dentée mobile autour d'un axe horizontal (*fig.* 208) est disposée

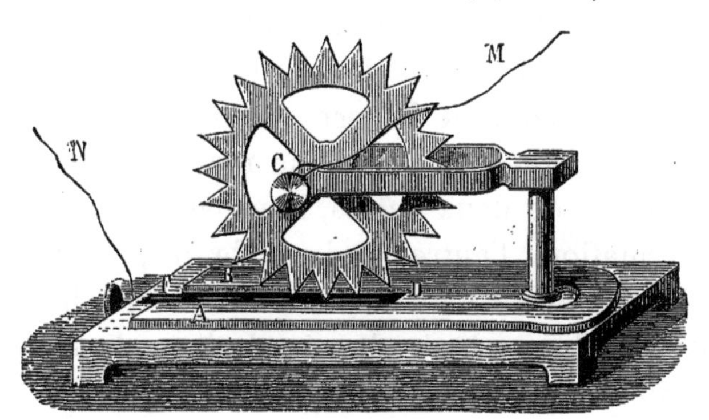

Fig. 208

de manière qu'une ou plusieurs dents plongent à la partie inférieure dans une auge remplie de mercure. Un aimant en fer à cheval comprend l'auge entre ses deux branches. Si on met l'axe d'une part, le mercure d'autre part, en communication avec la pile, la roue prend un mouvement de rotation. Si le courant est centrifuge et si le pôle nord de l'aimant est en avant de la figure, le mouvement a lieu en sens inverse des aiguilles d'une montre.

Supposons que l'appareil soit placé dans un champ uniforme et soit H la composante du champ parallèle à l'axe. Appelons a le rayon de la roue et θ l'angle de deux dents consécutives, et supposons la surface de mercure placée de telle sorte qu'une dent touche le liquide au moment où la précédente le quitte. Le courant va de l'axe à la dent en contact avec le mercure, le flux qu'il coupe dans le mouvement qui substitue une dent à l'autre est $\frac{1}{2}a^2\theta H$; le travail électromagnétique correspondant est $\frac{1}{2}a^2\theta HI$. Pour un tour complet le travail est $\frac{1}{2}2\pi a^2 HI$ ou ISH, S étant la surface totale de la roue.

242. Rotation d'un courant par l'action de la Terre. — L'expérience se fait avec l'appareil représenté dans la figure 206, seulement on ne fait pas passer de courant dans la spirale. Avec la disposition de la figure, le cadre tend à prendre sous l'action de la terre un mouvement de rotation en sens inverse des aiguilles d'une montre. Décomposons la force terrestre en deux autres, l'une verticale Z parallèle à l'axe de rotation, l'autre horizontale H perpendiculaire à cet axe. S'il n'existait qu'une branche verticale, comme le courant y est descendant, elle viendrait se placer à l'est perpendiculairement au méridien magnétique de manière à présenter à la composante H la face négative du circuit mobile. Mais avec deux branches, le circuit est astatique relativement à la composante H. La composante verticale Z agit sur les portions horizontales du circuit; en appelant $2a$ leur projection sur un plan horizontal, le flux coupé à chaque tour est $2\pi a^2 Z$ et le travail correspondant $2\pi a^2 ZI$ pour une intensité I du courant.

CHAPITRE XXII

AIMANTATION PAR LES COURANTS

243. Expérience d'Arago. — Le fait de l'aimantation du fer par le courant a été découvert par Arago dès 1820. Il remarqua qu'un fil de cuivre traversé par un courant et plongé dans la limaille, l'attire et s'en charge uniformément sur toute sa surface. Chaque parcelle de limaille, devenant un petit aimant, se place perpendiculairement au fil, suivant la ligne de force, le pôle nord à gauche du courant. Les actions qui s'exercent sur les deux pôles donnent une résultante qui est dirigée vers l'axe du fil et fait équilibre au poids.

De même, un barreau s'aimante quand on le met en croix avec le courant. On augmente l'action, comme dans le multiplicateur, en enroulant le fil en hélice perpendiculairement à l'axe du barreau. Le sens de l'aimantation est celui des lignes de force à l'intérieur de l'hélice. Il est à remarquer que cette direction est indépendante du sens de l'enroulement, et qu'elle dépend seulement du sens dans lequel le courant tourne autour de l'axe. Ces deux directions sont liées par la même relation que le mouvement de progression et le mouvement de rotation d'un tire-bouchon. Plusieurs formules sont employées pour définir la position des pôles par rapport au courant. La plus simple est celle d'Ampère : le pôle nord est à la gauche du courant. On dit souvent aussi que le pôle nord est à l'extrémité de l'hélice où l'on voit le courant circuler en sens inverse des aiguilles d'une montre.

Si on change brusquement le sens de l'enroulement en repliant le fil sur lui-même, on change le sens de rotation du courant, et par suite celui de l'aimantation. L'expérience se fait facilement en enroulant un fil de cuivre recouvert de soie sur un tube de verre, et plaçant à l'intérieur du tube une

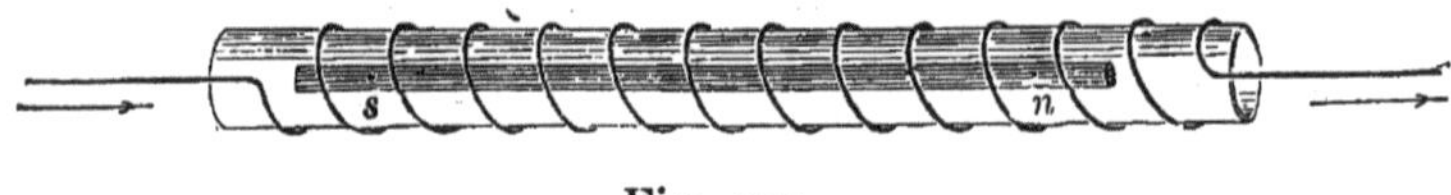

Fig. 209.

aiguille à tricoter (*fig.* 209 et 210). On a autant de pôles intérieurs ou de *points conséquents* qu'il y a de renversements du

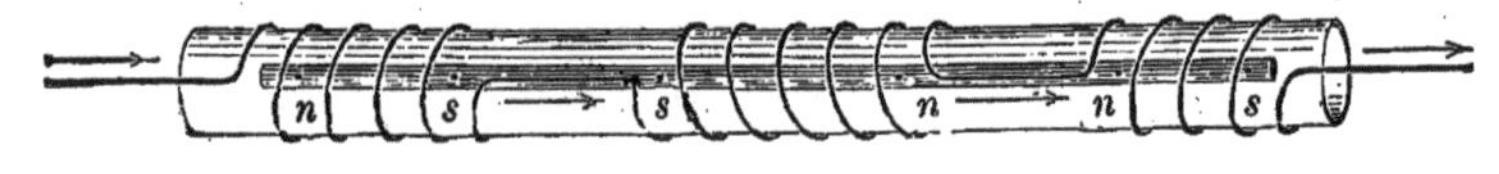

Fig. 210.

courant. Ces pôles sont alternativement de signes contraires. Ceux des extrémités sont de même nom ou de noms contraires, suivant que le nombre des renversements est pair ou impair.

244. Électro-aimants. — L'aimantation du fer doux par le courant joue un rôle capital dans les applications de l'électricité. Non seulement les aimants ainsi obtenus peuvent être rendus plus puissants que les aimants d'acier; mais la propriété qui les caractérise quand le fer est bien doux, d'être essentiellement temporaires, de n'exister que pendant le passage du courant, de naître et de s'annuler, pour ainsi dire, instantanément avec lui, les rend propres à une foule d'applications mécaniques.

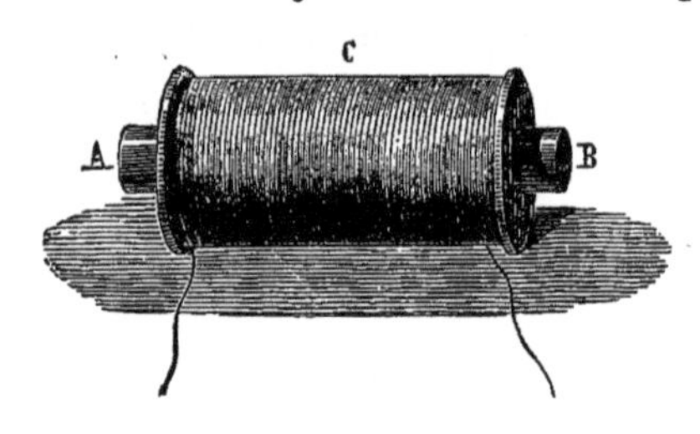

Fig. 211.

Les aimants temporaires obtenus par l'action du courant sur le fer doux portent le nom d'*électro-aimants*. Le fil conducteur, isolé par du coton ou de la soie, est enroulé en spirale autour du noyau de fer doux. A une première couche enroulée, par exemple, de gauche à droite, on en superpose une seconde, enroulée de droite à gauche, et ainsi de suite ; on a déjà dit que le sens dans lequel se succèdent les spires n'a aucune influence sur leur action.

Fig. 212.

Le noyau de fer doux peut être rectiligne (*fig.* 211), ou en forme de fer à cheval (*fig.* 212). Dans ce dernier cas, on supprime ordinairement les spires dans la partie courbe. L'enroulement sur les deux branches doit être fait de manière à donner des pôles de noms contraires aux deux extrémités, et par suite, être le même que si le barreau avait été courbé une fois l'enroulement fait ; il doit paraître de sens contraire sur les deux branches à un observateur qui regarde les deux extrémités (*fig.* 213).

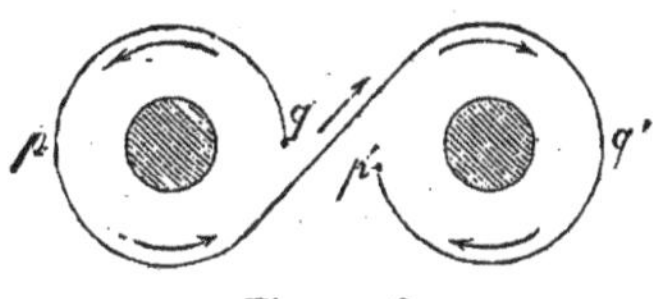

Fig. 213.

245. Remarques générales sur les électro-aimants. — Le champ d'une bobine est invariable de forme, mais son intensité varie en chaque point proportionnellement à l'intensité du courant. L'aimantation d'un morceau de fer doux, placé à l'intérieur de cette bobine, variera suivant une loi beaucoup plus compliquée, variable avec les conditions de l'expérience, et qu'il n'est pas possible de comprendre dans une formule générale.

Nous nous bornerons à quelques remarques générales et à l'examen de quelques cas particuliers.

Supposons la gorge de la bobine remplie par une masse de métal homogène et le courant réparti uniformément dans toute la section. Nous appellerons *densité* du courant l'intensité par unité de surface.

Nous pouvons nous figurer la section de la gorge décomposée en un nombre quelconque d'éléments égaux entre eux, et la masse de métal partagée en un même nombre d'anneaux concentriques isolés. Quel que soit le nombre de ces anneaux, l'action du courant reste toujours la même, ainsi que la dépense calorifique résultant de la loi de Joule. Mais le système de ces anneaux parcourus par des courants égaux et parallèles est équivalent à celui d'une bobine d'un même nombre de spires, qui donnerait dans la section de la gorge la même densité moyenne de courant. De là cette conséquence remarquable que, quel que soit le fil qui garnisse la bobine, l'aimantation reste la même, ainsi que la dépense calorifique, si la densité moyenne du courant reste la même.

Remarquons que la dépense calorifique de la bobine est la même avec et sans le noyau de fer doux. Si la production de l'aimantation coûte du travail, il n'en faut pas plus dépenser pour la maintenir, que pour maintenir un ressort dans une position fixe après qu'il a été comprimé.

Toute la dépense utile se réduisant à l'échauffement du fil de la bobine, les conditions du maximum de travail seront réalisées quand la résistance du fil de l'électro-aimant sera égale à celle du reste du circuit (**117**).

246. Cas d'une bobine longue. — Soit une longue bobine cylindrique à enroulement uniforme comprenant n_1 spires

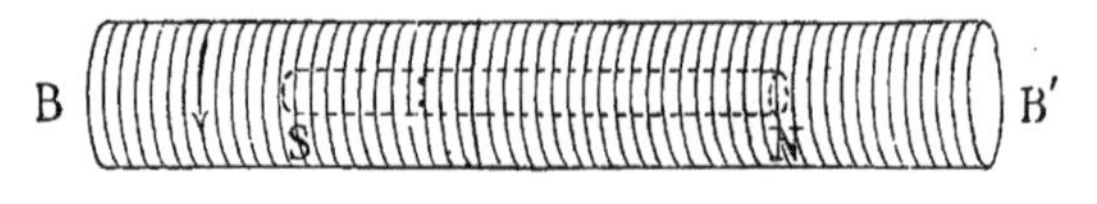

Fig. 214.

par unité de longueur, et à l'intérieur un barreau cylindrique mince placé concentriquement (*fig.* 214). Le champ intérieur de la bobine est uniforme, et sa valeur, pour un courant d'intensité I, est (**228**)

$$F = 4\pi n_1 I;$$

l'aimantation du cylindre est également uniforme avec une intensité d'aimântation

$$A = 4\pi n_1 kI.$$

Le flux d'induction est pour l'unité de surface (**177**)

$$B = \mu F = 4\pi n_1 (1 + 4\pi k)I,$$

et, pour la section entière S du barreau,

$$Q = BS.$$

L'action ne dépend donc, pour une intensité donnée, que du nombre n_1 des spires par unité de longueur, et nullement de leur forme et de leur grandeur. On aura donc tout intérêt, pour réduire la dépense calorifique, à leur donner la longueur minimum, en les enroulant directement sur le noyau.

L'action *spécifique* du fil ou son action par unité de longueur sera ainsi rendue maximum.

247. Aimant annulaire. — Si le noyau a la forme d'un tore, recouvert sur toute sa surface de courants équidistants situés dans un plan passant par l'axe (*fig.* 215), le système peut être considéré comme formé de solénoïdes fermés concentriques, et est sans action sur l'extérieur. Tous les solénoïdes ne sont pas identiques, la distance h de deux courants élémentaires variant sur chaque circonférence en raison inverse de son rayón.

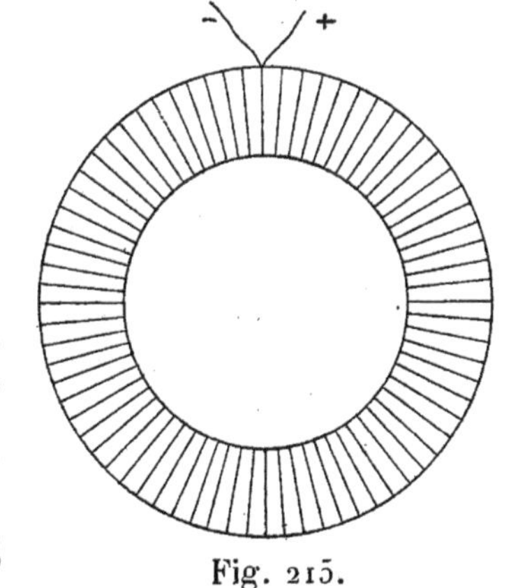

Fig. 215.

Mais si le rayon de la section S est petit par rapport au rayon de l'anneau et si n_1 est le nombre des courants par unité de longueur dans la circonférence moyenne, on peut sans erreur sensible supposer la puissance de tous les filets égale à celle du filet moyen ; et prendre pour valeur approchée du flux d'induction qui traverse la section pour l'intensité I du courant

$$Q = BS = \mu F.S = \mu.\ 4\pi n_1 I.\ S.$$

En multipliant les deux membres par la longueur l de la circonférence moyenne et désignant par n le nombre total des spires, on peut écrire cette équation

$$Ql = \mu.4\pi n IS.$$

ou encore

$$(1) \qquad 4\pi n I = \frac{1}{\mu}\frac{l}{S}Q.$$

248. — On arriverait directement à cette expression de la manière suivante : faisons parcourir à l'unité de pôle un canal infiniment mince ayant pour axe la circonférence moyenne. Si F est la valeur de la force (**177**), le travail est Fl ; d'autre part, il est égal de autant de fois $4\pi I$, qu'on a traversé de fois le plan du courant (**230**) ; par suite,

$$Fl = 4\pi I.\ n_1 l.$$

En substituant à F sa valeur $\frac{1}{\mu}\frac{Q}{S}$ (**177**), on retombe sur l'expression (1).

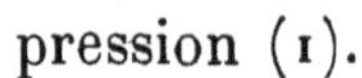

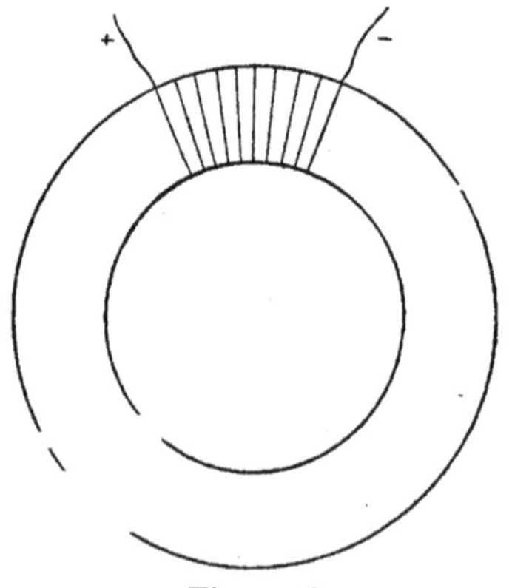

Fig. 216.

La quantité Q peut, comme nous le verrons (**274**), être déterminée par l'expérience.

249. — Le même calcul s'applique au cas plus compliqué où le noyau serait recouvert de spires dans une partie seulement de sa longueur. Le système n'est plus sans action sur l'extérieur, et des lignes de force émanent des régions voisines des extrémités de la bobine. Soit Q le flux dans la partie recouverte de longueur l, Q' le flux dans la partie découverte de longueur l', et n le nombre total de spires, on aura, par le même raisonnement, en supposant que la variation du flux se fait brusquement dans le plan de séparation des deux parties,

$$\frac{1}{\mu}\frac{l}{S}Q+\frac{1}{\mu}\frac{l'}{S}Q'=4\pi nI. \tag{2}$$

Si la seconde partie de l'anneau n'est pas de même matière que la première, il suffit de remplacer μ par μ' dans le second terme du premier membre.

Si l'anneau se composait de plusieurs segments de nature et par suite de perméabilité différente, il y aurait à chaque jonction passage d'une partie du flux de l'intérieur à l'extérieur et la surface de chaque segment ne serait plus en réalité un tube de force. Mais si le segment ne laisse échapper qu'une faible portion de flux le long de sa surface, et que la variation se produise brusquement à la jonction, on pourra encore écrire la même équation en faisant la somme des termes tels que $\frac{1}{\mu}\frac{l}{S}Q$ relatifs à chaque segment.

Le circuit magnétique peut avoir, d'ailleurs, une autre forme que celle d'un tore, pourvu que, dans chacune de ses parties, la surface du noyau puisse être assimilée à un tube de force.

250. Résistance magnétique. — La formule (1) du § **248**

$$4\pi nI=\frac{1}{\mu}\frac{l}{S}Q$$

peut être rapprochée de celle d'Ohm

$$E=RI.$$

Cette dernière exprime que la force électromotrice est égale au produit du flux d'électricité qu'elle détermine dans le circuit par la résistance de ce circuit; si on désigne par ρ la résistance spécifique, par l la longueur et S la section, la résistance du circuit égale à $\rho \frac{l}{S}$ (**64**). Dans la première, la quantité $4\pi n I$ peut être considérée comme la force qui produit l'aimantation ou la *force magnétomotrice* et on voit qu'elle est égale au flux d'induction qu'elle détermine dans le circuit magnétique multiplié par un facteur $\frac{1}{\mu} \frac{l}{S}$ qu'on peut appeler par analogie la *résistance magnétique* du circuit. La comparaison de l'expression des deux résistances montre qu'elles varient toutes deux proportionnellement à la longueur et en raison inverse de la section, et que le coefficient μ est l'inverse de la résistance spécifique et représente par suite la conductibilité; c'est précisément ce qu'exprime le nom de *perméabilité* qui lui a été donné (**176**).

Mais l'analogie est plutôt dans les formules que dans le fond même des choses. Le caractère essentiel de la résistance électrique est de ne dépendre que de la nature, de la forme et de la température du conducteur, et nullement de la force électromotrice à laquelle il est soumis et du flux qui le traverse, tandis que la résistance magnétique est une fonction de ces mêmes quantités.

A part cette restriction qui est fondamentale, l'analogie se poursuit dans les formules. La formule (2)

$$4\pi n I = \frac{1}{\mu} \frac{l}{S} Q + \frac{1}{\mu'} \frac{l'}{S'} Q'$$

relative à un circuit magnétique fermé correspond à la seconde loi de Kirchhoff (**114**). La première s'appliquera également: si par exemple au § **249**, Q étant le flux dans la partie recouverte et Q′ le flux dans la partie découverte, on désigne par Q″ le flux qui passe dans l'air, on a

$$Q = Q' + Q''.$$

Le flux d'induction *se conserve* comme le flux d'électricité.

251. Électro-aimant en fer à cheval. — Les conditions d'un circuit fermé sont sensiblement réalisées dans les électro-aimants en fer à cheval, quand l'armature a été combinée de manière à ne laisser échapper aux points de contact qu'une portion négligeable de flux.

On obtient sous cette forme des électro-aimants ayant une *force portative* considérable. Nous avons vu qu'on pouvait obtenir jusqu'à 20 kilogrammes par centimètre carré (**175**).

252. Électro-aimant de Ruhmkorff. — Parmi les diverses

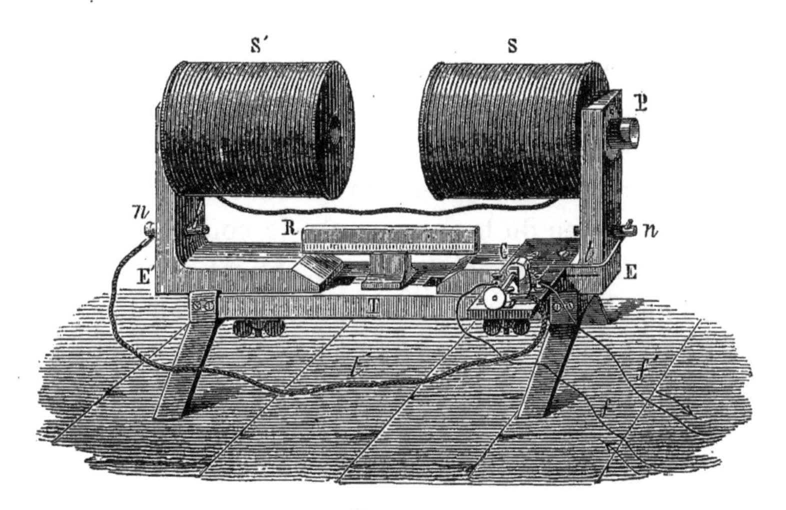

Fig. 217.

formes données aux électro-aimants, nous citerons celle que lui a donnée Ruhmkorff (*fig.* 217).

L'appareil se compose de deux bobines égales S et S', ayant

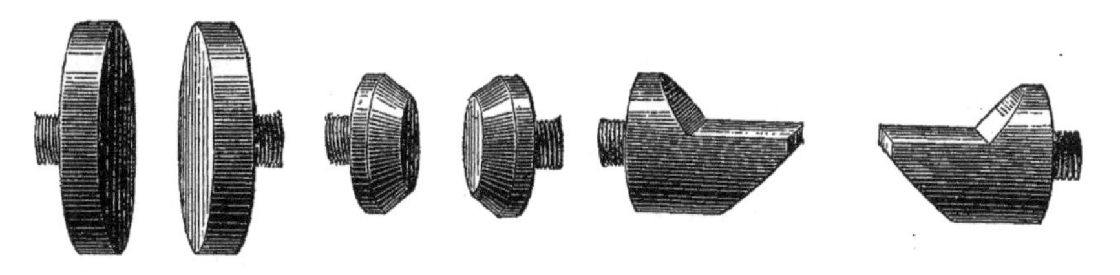

Fig. 218. Fig. 219. Fig. 220.

leurs axes en coïncidence ; elles sont reliées par un châssis de fer doux qui permet de les placer à des distances variables. Suivant qu'on veut avoir un champ uniforme ou un champ variable, on munit les extrémités des bobines d'armatures ayant la forme de disques plats, ou de cônes ou de biseaux (*fig.* 218, 219, 220).

Le champ est d'autant plus intense que les armatures sont plus rapprochées. Avec un courant de 50 ampères et une distance de 2 centimètres, on peut atteindre une intensité d'environ 10 000 unités C.G.S., entre les deux armatures.

253. Aimantation de l'acier. — L'emploi des courants remplace généralement celui des aimants pour l'aimantation des barreaux d'acier.

On emploie un anneau formé de quelques spires d'un gros fil dans lequel on fait passer un courant intense. On place l'anneau au milieu du barreau, puis, le courant établi, on le promène d'une extrémité à l'autre. Après avoir passé sur chaque moitié un même nombre de fois, on ramène l'anneau au milieu, et on interrompt le courant. Ce procédé rappelle celui de la double touche unie (**192**), avec cette différence, que l'action reste toujours de même sens sur toutes les parties du barreau, et que le déplacement de l'anneau n'a pour effet que de faire varier successivement en chaque point l'intensité de la force magnétisante.

Pour les aimants en fer à cheval, on se sert d'un double anneau formé par un fil enroulé en forme de 8 ; on engage les branches du fer à cheval dans chacune des boucles, et on fait aller et venir l'anneau un certain nombre de fois le long des branches. On obtient ainsi des aimantations très intenses et très régulières.

254. Aimantation transversale. — Supposons qu'on enroule un fil de fer ou d'acier en hélice autour d'un tube de verre et qu'on fasse passer un courant par un fil de cuivre coïncidant avec l'axe du tube. Si I est l'intensité du courant, a le rayon extérieur du tube, l'action exercée par le courant indéfini suivant un élément quelconque du fil de fer, est égale à $\frac{2I}{a}$ (217). Le fil de fer devient un filet solénoïdal, il est sans action sur un point extérieur et si on le déroule on trouve des pôles de noms contraires à ses deux extrémités.

L'effet est le même sur un fil de fer traversé par un courant. La surface s'aimante transversalement et peut être considérée comme constituée par des filets solénoïdaux circulaires, perpendiculaires à l'axe. Tous ces solénoïdes étant fermés, l'action est nulle à l'extérieur. Mais si on sciait le fil longitudinalement suivant son axe, les deux arêtes formant la limite de chaque section présenteraient les propriétés de deux lignes polaires de signes contraires.

255. Pouvoir rotatoire magnétique. — Toute substance transparente, solide, liquide ou gazeuse, placée dans un

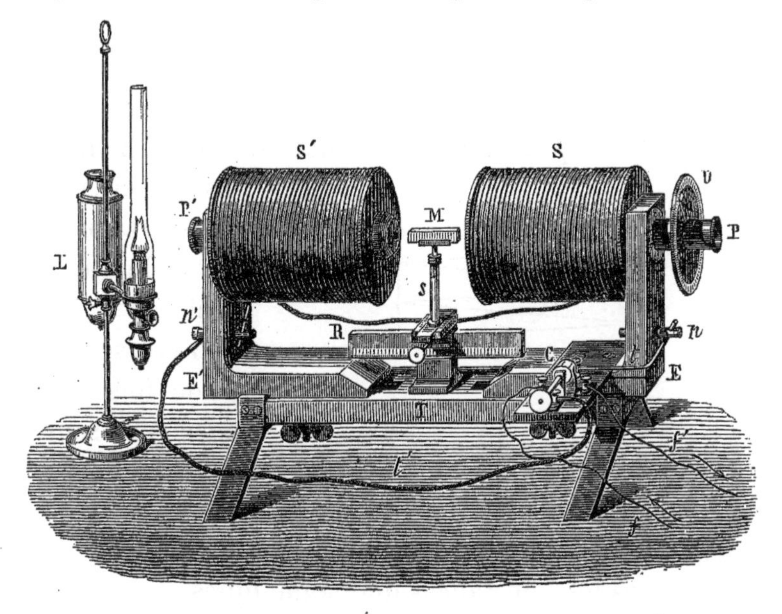

Fig. 221.

champ magnétique, acquiert la propriété de faire tourner le plan de polarisation d'un rayon de lumière qui le traverse. L'effet est maximum quand la direction du rayon est celle des lignes du champ; il est nul quand les deux directions sont rectangulaires. L'action est moindre sur les substances biréfringentes que sur les corps monoréfringents. Le verre pesant de Faraday (boro-silicate de plomb) parmi les solides, le sulfure de carbone parmi les liquides. sont particulièrement sensibles à l'action du magnétisme.

L'expérience se fait facilement au moyen de l'électro-aimant de Ruhmkorff (*fig.* 221), le noyau de fer doux est creux et le rayon traverse l'appareil suivant l'axe PP′; P′ est le polariseur, P l'analyseur, M la substance en expérience. Supposons la lumière homogène; l'analyseur étant à l'extinction, la lumière reparaît dès qu'on fait passer le courant, et pour l'éteindre de nouveau, il faut tourner l'analyseur d'un angle qu'on lit sur le limbe D, et qui mesure la rotation. En renversant le sens du courant, on obtient une rotation double.

Pour une substance donnée, le sens de la rotation est indépendant du sens dans lequel le rayon se propage; il est le même que la propagation ait lieu dans le sens des lignes de force ou en sens contraire. Il en résulte que si le rayon revient sur lui-même et traverse une seconde fois la substance en sens inverse, la rotation est doublée. On peut ainsi, en augmentant le trajet du rayon par des réflexions successives (*fig.* 222), augmenter la rotation dans la même proportion.

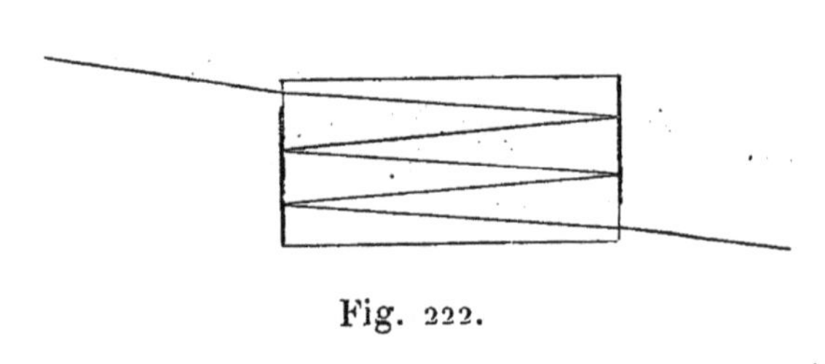

Fig. 222.

Pour toutes les substances diamagnétiques, le sens de la rotation est celui du courant qui produit le champ. C'est ce sens que nous prendrons comme positif. La rotation est, au contraire, négative pour la plupart des substances magnétiques.

256. Loi de Verdet. — *La rotation du plan de polarisation entre deux points est proportionnelle à la différence du poten-*

tiel magnétique qui existe entre ces deux points, autrement dit, *au travail correspondant au déplacement de l'unité de pôle du premier point au second.*

Si V et V′ sont les potentiels magnétiques aux deux points considérés pris sur le trajet du rayon, l'angle θ dont a tourné le plan de polarisation est exprimé par la relation

$$\theta = \omega (V - V'),$$

ω étant la rotation qui, pour la substance considérée, correspond à une différence de potentiel égale à l'unité. Cette quantité a reçu le nom de *constante de Verdet*; elle définit le pouvoir rotatoire du corps. Pour les diverses raies du spectre elle varie *à peu près* en raison inverse du carré de la longueur d'onde.

Pour la raie D et à la température 0°, la valeur de la constante est 0′,040 pour le sulfure de carbone, et 0′,013 pour l'eau. Elle diminue quand la température s'élève; pour le sulfure de carbone on a

$$\omega_t = \omega_0 (1 - 0,00104t - 0,000014t^2).$$

257. Galvanomètre optique. — La rotation du plan de polarisation fournit un moyen commode de mesurer l'intensité d'un courant en valeur absolue.

Plaçons une longueur e de la substance dans un champ uniforme, par exemple suivant l'axe d'une bobine longue ayant n_1 spires par unité de longueur. La différence de potentiel par centimètre est $F = 4\pi n_1 I$ (**228**); si θ est la rotation observée, on a

$$\theta = \omega 4\pi n_1 I e,$$

expression qui n'exige que deux mesures, celle de e et de θ.

Plus simplement encore, plaçons la substance, le sulfure de carbone, par exemple, dans un long tube fermé par des glaces à ses extrémités, et entourons-le en son milieu d'une bobine formée d'un nombre n de spires d'une grandeur et d'une forme quelconques (*fig.* 223). Si le tube est assez long pour que l'action de la bobine soit négligeable à ses extrémités, le rayon polarisé, en traversant le tube, passe d'un point où le potentiel est nul à un autre point où il est également nul.

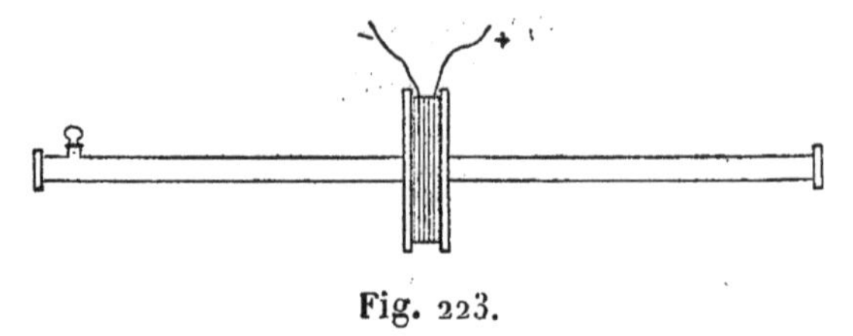

Fig. 223.

Mais il a traversé n fois le circuit et le potentiel a varié d'autant de fois $4\pi I$ (**230**), on a donc

$$\theta = \omega 4 \pi n I.$$

Le procédé n'exige aucun ajustement, les spires pouvant être placées d'une manière quelconque et tout se réduit à en compter le nombre.

258. Phénomène de Hall. — Considérons une lame métallique très mince (*fig.* 224), munie de quatre électrodes A, B, a, b, les deux premières pouvant être mises en communication avec une pile, les deux autres avec un galvanomètre. Quand le courant est établi entre A et B, on peut toujours disposer les deux électrodes a et b, de manière qu'aucun courant ne passe dans le galvanomètre. Les deux points a et b sont alors au même potentiel.

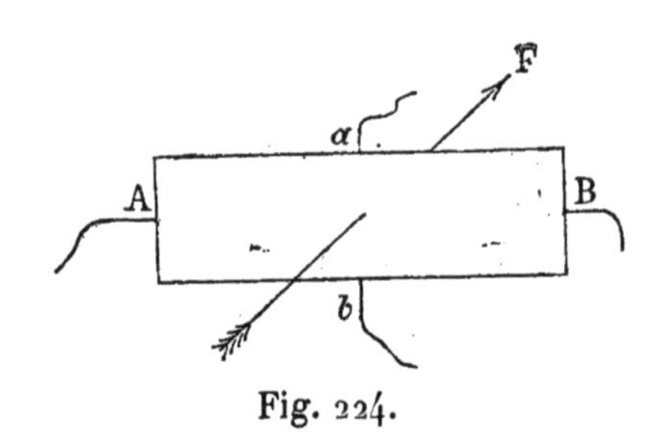

Fig. 224.

Il suffit de placer la lame dans un champ magnétique intense perpendiculairement aux lignes de force, pour qu'une portion du courant soit dérivée dans le galvanomètre. L'expérience montre qu'une décharge instantanée se partage, toutes choses égales d'ailleurs, de la même manière et dans le même rapport qu'un courant continu.

L'électricité est entraînée dans le sens de la force électromagnétique φ, c'est-à-dire de a vers b à travers le galvanomètre (*fig.* 224), dans le cas du fer, du cobalt, du zinc; en sens contraire, c'est-à-dire de b vers a par le galvanomètre, avec le nickel, l'or, l'argent, le bismuth; l'effet paraît nul avec le platine et le plomb.

Soit I l'intensité du courant primaire, i l'intensité du courant dérivé, F l'intensité du champ; si on désigne par V_a et V_b les potentiels des points a et b, et par R la résistance entre ces deux points, on a, en vertu de la loi d'Ohm

$$E = V_a - V_b = iR.$$

L'expérience montre que si on désigne par e l'épaisseur de la lame et par C une constante, la loi du phénomène est donnée par la formule

$$E = C\frac{IF}{e}.$$

On trouve pour la valeur de la constante C

Bismuth	— 8580,0
Nickel	— 14,0
Or	— 0,66
Zinc	+ 0,83
Cobalt	+ 2,40
Fer	+ 7,85
Antimoine	+ 14,0

Le signe + correspond au cas où le courant suit la direction de la force électromagnétique.

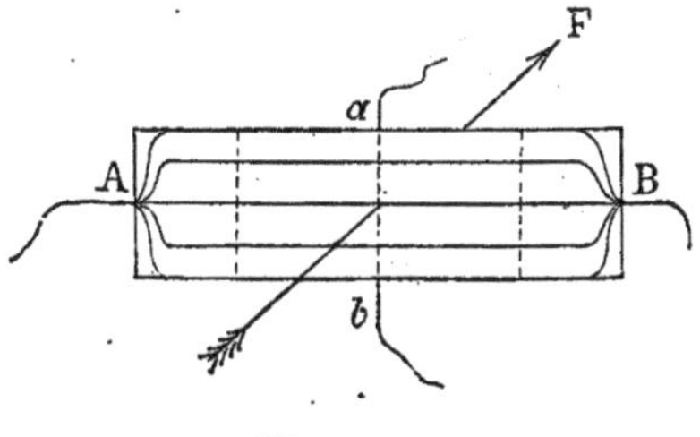

Fig. 225.

Le phénomène est dû à une modification des lignes de flux

du courant sous l'influence du champ magnétique. Si la lame est homogène et de même épaisseur en tous ses points, le courant considéré à une petite distance des électrodes A et B se trouve distribué uniformément; les lignes de flux sont des parallèles à AB et les lignes équipotentielles des perpendiculaires aux premières (*fig.* 225).

Quand on excite le champ, les lignes de flux et les lignes équipotentielles se déforment pour le bismuth comme le mon

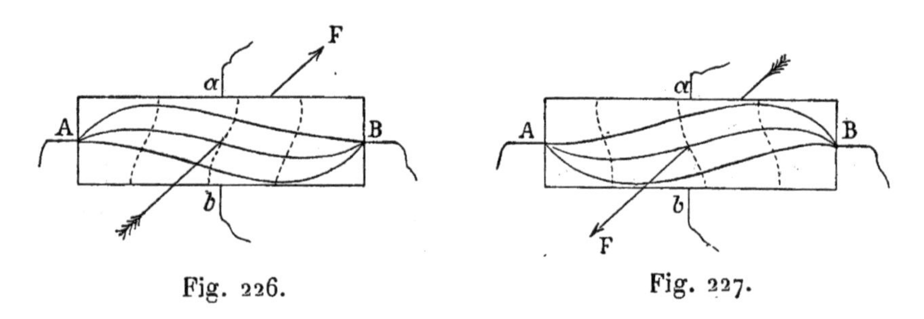

Fig. 226. Fig. 227.

trent les figures 226 et 227, le potentiel du point *b* devien plus grand que celui de *a* dans le premier cas et plus peti dans le second.

En même temps, la résistance du bismuth augmente.

CHAPITRE XXIII

INDUCTION

259. Courants d'induction. — Toutes les fois que par un procédé quelconque on modifie le flux de force magnétique qui traverse un circuit fermé, celui-ci devient le siège d'un courant *temporaire* dont la durée est égale à celle de la variation du flux. Ce courant est appelé *courant d'induction*[1] ou *courant induit*. La découverte des courants d'induction est due à Faraday (1831).

Nous rappellerons d'abord les expériences fondamentales de Faraday.

260. Induction par les courants. — Un circuit AB fermé

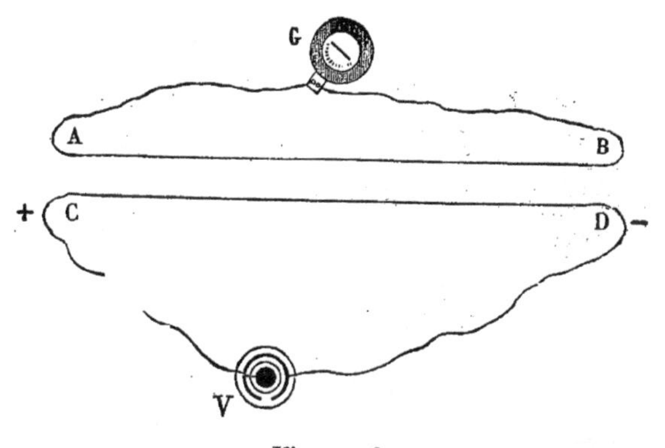

Fig. 228.

sur lui-même contient un galvanomètre ; un second circuit CD, parallèle au premier dans une grande partie de sa longueur, peut être à volonté fermé sur une pile (*fig.* 228). Nous appel-

1. Le mot *induction* est en anglais l'équivalent du mot français *influence*.

lerons le premier le circuit *induit*, le second le circuit *inducteur*. Chaque fois qu'on établit la communication avec la pile, le circuit induit AB est traversé par un courant de sens contraire au courant inducteur ou *inverse;* chaque fois qu'on rompt la communication, le courant induit est de même sens que le courant inducteur ou *direct.*

Aucun phénomène ne se manifeste dans le circuit induit, tant que le circuit inducteur est traversé par un courant constant et qu'il reste immobile. Mais on obtient un courant induit inverse dans le fil AB, dès qu'on en approche le fil CD, ou qu'on augmente l'intensité du courant inducteur; et un courant induit direct, dès qu'on l'éloigne ou qu'on diminue l'intensité.

En un mot, un courant qui s'établit, un courant qui s'approche ou un courant qui augmente d'intensité, détermine dans un circuit voisin un courant induit *inverse;* un courant qui finit, un courant qui s'éloigne, un courant qui diminue d'intensité, détermine un courant induit *direct.* Ces courants ont été appelés par Faraday *courants d'induction voltaélectrique.*

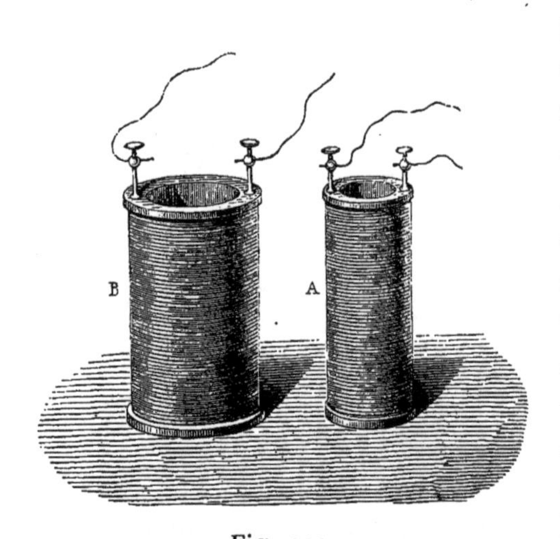

Fig. 229.

L'expérience se fait ordinairement avec deux bobines dont l'une peut s'engager dans l'autre (*fig.* 229); l'une A forme le circuit inducteur, l'autre B le circuit induit.

261. Induction par les aimants. — Si, dans la bobine creuse qui fait fonction de circuit induit, on introduit un aimant au lieu de la seconde bobine, les effets sont les mêmes, et pour avoir le sens du courant, il suffit de substituer, par a pensée, à l'aimant le cylindre électromagnétique équivalent (**228**). De même, toute augmentation dans l'intensité de l'aimant produit un courant inverse ; toute diminution, un courant direct. C'est l'*induction magnéto-électrique* de Faraday.

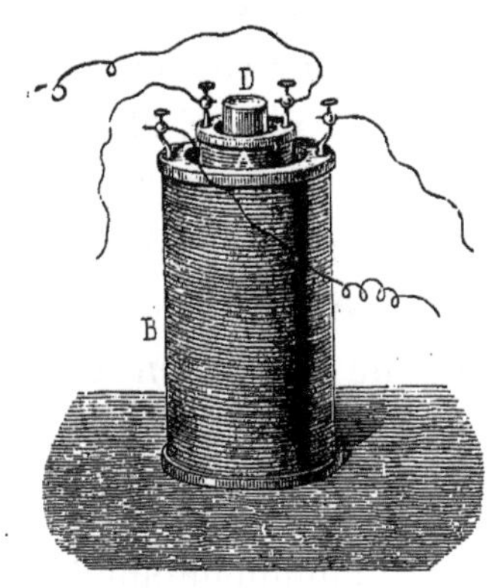

Fig. 230.

On obtient *simultanément* les deux effets d'induction et avec une intensité beaucoup plus grande, en plaçant à l'intérieur de la bobine inductrice un noyau de fer doux D (*fig.* 230). Au moment où le courant s'établit, le cylindre de fer doux s'aimante, et les deux actions, évidemment de même sens, s'ajoutent. Elles s'ajoutent également au moment de l'interruption du courant.

262. Induction par la terre. — Le déplacement d'un circuit fermé, d'une bobine par exemple, dans le champ terrestre, donne généralement un courant induit. Il en est de même de toute déformation produite dans un circuit placé dans le champ terrestre. Faraday appelle ces courants courants d'*induction tellurique*.

263. Self-induction. Extra-courant. — Enfin, Faraday a montré que toute variation de l'intensité du courant provoque, dans le circuit même qui en est le siège, un courant d'induction qui se superpose au courant principal et tend toujours à contrarier la variation actuelle d'intensité. On a donné à ce phénomène le nom d'*induction du courant sur lui-même* ou, plus brièvement, de *self-induction*, et au courant qui en est le résultat, le nom d'*extra-courant*. L'effet est surtout marqué dans les circuits qui renferment des bobines ou des électro-aimants. Dans ce cas, l'étincelle qui accompagne la rupture du circuit est beaucoup plus forte et plus bruyante que l'étincelle de fermeture, et si le corps d'un être vivant fait partie du circuit, elle produit des effets physiologiques très intenses; Faraday employait la disposition suivante pour mettre en évidence l'extra-courant produit au moment de la fermeture et de la rupture du circuit.

Une dérivation AB contenant un galvanomètre est jetée entre la pile E et la bobine R, et en K un interrupteur permet de fermer et de rompre le circuit (*fig.* 231). Soit α la position d'équilibre de l'aiguille sous l'influence du courant qui traverse la dérivation quand le circuit est fermé et le régime établi. On amènera artificiellement l'aiguille en α au moyen d'un butoir qui l'empêche de revenir au zéro (*fig.* 232). Quand on établit le courant, l'aiguille est lancée au delà de α par suite d'un extra-courant qui circule dans le sens RAB, c'est-à-dire en sens contraire du courant principal dans la bobine et dans le même sens dans la dérivation.

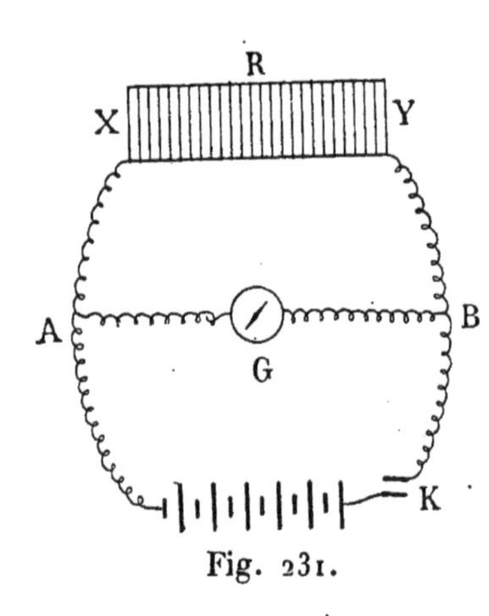

Fig. 231.

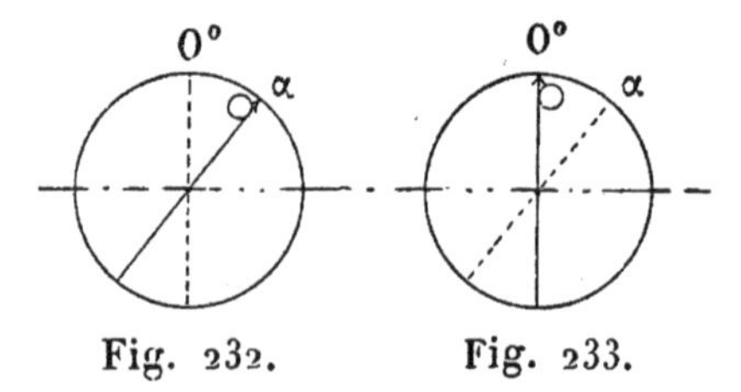

Fig. 232. Fig. 233.

On met ensuite le butoir en O (*fig.* 233) de manière à maintenir l'aiguille au zéro malgré le passage du courant; au moment où l'on rompt le circuit l'aiguille est lancée à gauche par l'extra-courant qui circule maintenant dans le sens RBA, c'est-à-dire dans le même sens que le courant primitif dans la bobine et en sens contraire dans la dérivation.

264. Caractère des phénomènes d'induction. — Tous les phénomènes d'induction ont, comme on voit, pour caractère commun de correspondre à une modification du champ magnétique dans lequel se trouve le circuit induit, que ce champ soit dû à des courants ou à des aimants extérieurs, ou au courant même qui parcourt ce circuit. Il reste à établir les lois qui déterminent le sens et la grandeur de ces courants.

Lenz a donné dès l'origine une règle très simple pour le sens des courants induits par déplacement : *le sens du courant induit est toujours celui qui, par son action électromagnétique, tend à s'opposer au déplacement.*

Mais c'est à M. Helmholtz et à sir W. Thomson qu'on doit les lois générales de l'induction ; ils les ont déduites du principe de la conservation de l'énergie.

Considérons un circuit de résistance totale R renfermant une pile de force électromotrice E. L'intensité I_0 du courant est donnée par la loi d'Ohm et l'énergie fournie par la pile est transformée tout entière en chaleur dans le circuit ; pour chaque intervalle de temps très petit dt, on a

$$EI_0 dt = I_0^2 R dt.$$

Supposons que le circuit soit dans un champ magnétique et que par un procédé quelconque on fasse varier d'une manière uniforme le flux Q qui traverse le circuit en pénétrant par sa face négative, de manière que dQ soit la variation qui correspond au temps dt. Cette variation est accompagnée d'un travail de même signe dT des forces électromagnétiques (**231**) et comme ce travail doit être également fourni par la pile, l'intensité ne peut plus être I_0 ; elle prend une valeur I définie par l'équation

$$EI dt = I^2 R dt + dT.$$

Mais on a $dT = I dQ$ (**234**), et par suite, en divisant par I,

$$E dt = IR dt + dQ.$$

On obtient finalement

$$I = \frac{E - \frac{dQ}{dt}}{R}.$$

L'intensité est donc celle que donnerait dans le circuit, en vertu de la loi d'Ohm, une force électromotrice $E - \frac{dQ}{dt}$; c'est-à-dire que les choses se passent comme si la variation de flux faisait naître dans le circuit une force électromotrice

$$e = \frac{dQ}{dt},$$

de sens contraire à la force électromotrice primitive et qui s'en retranche, si dQ est positif ; de même signe et qui s'y ajoute, si dQ est négatif. Cette force électromotrice est d'ailleurs indépendante de la force électromotrice fixe qui agit dans le circuit. L'expérience montre qu'elle est encore la *même*, quand cette dernière est nulle, c'est-à-dire quand le circuit est un simple conducteur fermé sur lui-même.

265. Loi générale de l'induction. — Force électromotrice. — Le raisonnement que nous venons de faire dans le cas d'une variation uniforme du flux peut être étendu à tous les cas et on peut énoncer sous la forme suivante la loi générale de l'induction :

La force électromotrice totale développée dans un circuit à un instant donné, a pour expression

$$e = \frac{dQ}{dt}, \tag{1}$$

dt étant un temps très court à partir de l'instant considéré et dQ la variation du flux qui traverse le circuit pendant ce temps.

Remarquons que l'expression $\frac{dQ}{dt}$ est la variation du flux à l'instant considéré, cette variation étant calculée pour une seconde[1].

Dans un circuit de résistance R, cette force électromo-

1. En langage mathématique, c'est la *dérivée par rapport au temps* du flux de force magnétique.

trice donne, à l'instant considéré, un courant d'intensité

$$(2) \qquad i = \frac{e}{R} = \frac{1}{R}\frac{dQ}{dt}.$$

et le sens de ce courant est tel que son axe (**222**) est de sens contraire au flux si dQ est positif et de même sens que ce flux, si dQ est négatif.

266. — La variation dQ du flux qui traverse le circuit pendant le temps dt, est la somme algébrique des flux coupés pendant le même temps par chacun des éléments du circuit (**234**); d'autre part, la force électromotrice totale peut être considérée comme la somme algébrique des forces électromotrices développées à l'instant considéré dans chacun des éléments du circuit. On peut donc dire qu'à chaque instant chacun des éléments du circuit est le siège d'une force électromotrice proportionnelle au flux coupé par l'élément à cet instant.

L'expérience montre que la loi s'étend d'ailleurs à un conducteur qui ne forme pas un circuit fermé : l'induction établit aux deux extrémités du fil ouvert une différence de potentiel égale à la somme algébrique des forces électromotrices développées dans chacun des éléments du circuit au même instant.

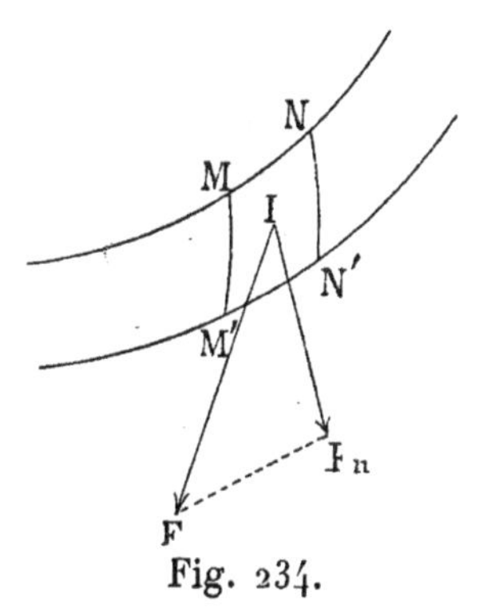

Fig. 234.

Supposons que dans le temps dt, l'élément $MN = ds$ (*fig.* 234) passe de la position MN à la position M'N' dans un champ d'intensité F. Si on désigne par F_n la composante normale à l'aire MNM'N' décrite par l'élément, on aura

$$dQ = \text{aire MNM'N'} \times F_n$$

et

$$e = \frac{dQ}{dt}.$$

Remarquons que dQ serait précisément le travail électromagnétique accompli par l'élément ds pendant le temps dt, s'il était parcouru par un courant égal à l'unité.

267. Quantité d'électricité. — La quantité dm d'électricité mise en mouvement dans le circuit pendant le temps dt a pour valeur

$$dm = i\,dt = \frac{dQ}{R}.$$

La quantité totale m correspondant à une variation finie $Q_2 - Q_1$ du flux s'obtiendra en faisant la somme de toutes les expressions semblables, et aura pour valeur

$$m = \frac{Q_2 - Q_1}{R}; \tag{3}$$

par suite, *la quantité totale d'électricité mise en mouvement par l'induction est égale au quotient de la variation totale du flux par la résistance du circuit.*

Elle ne dépend ni du temps qu'a duré la variation ni de la manière dont elle s'est effectuée.

CHAPITRE XXIV

CAS PARTICULIERS D'INDUCTION

268. Applications. — Nous appliquerons les formules fondamentales (1) (2) et (3) aux cas les plus importants.

Le cas le plus simple est celui où, passant d'un état stationnaire où le flux est Q_1 à un autre état stationnaire où le flux est Q_2, on veut déterminer la quantité d'électricité mise en mouvement. La formule (3) s'applique immédiatement. Si la variation a lieu dans un temps très court, la quantité m d'électricité parcourt le circuit à la manière d'une décharge et peut être facilement mesurée (**300**). C'est ce que nous appellerons un *courant momentané* ou *de décharge*.

Un second cas également simple est celui où la variation du flux est uniforme. Le circuit est le siège d'un courant constant dont l'intensité est donnée immédiatement par la formule (2) en prenant pour dQ le flux coupé dans l'unité de temps.

Un problème plus compliqué est celui qui consiste à déterminer l'intensité du courant à chaque instant pendant la période variable. Cette intensité est toujours donnée par la formule (2) ; mais dans l'évaluation de dQ, il y a à tenir compte non seulement de la variation du flux extérieur, mais de la variation du flux donné par le courant lui-même.

269. Courant de décharge par déplacement du circuit. — Cadre mobile dans un champ uniforme. — Considérons un circuit fermé de forme quelconque ; soit S sa surface que nous pouvons supposer plane. Si le cadre est dans un champ uniforme d'intensité F, et que son plan d'abord perpendiculaire au champ soit retourné face pour face, la variation du flux est égale à 2SF, et si R est la résistance totale du circuit, la quantité d'électricité mise en mouvement est

$$m = \frac{2SF}{R}.$$

Supposons qu'il s'agisse du champ terrestre ; si la rotation s'effectue autour d'un axe vertical, la composante horizontale H intervient seule. Le cadre, perpendiculaire au méridien, étant retourné face pour face, on a

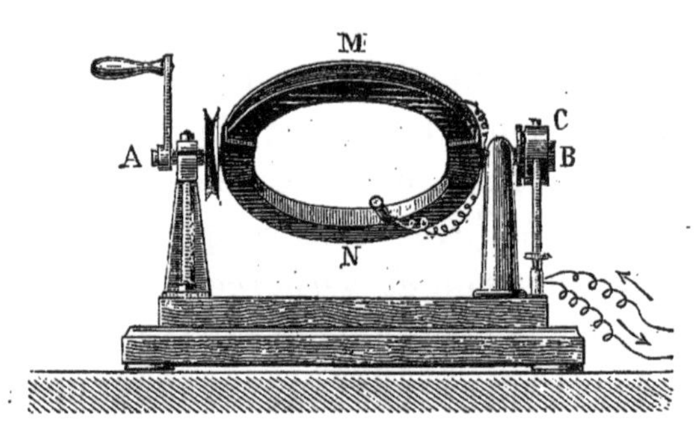

Fig. 235.

$$m_1 = \frac{2SH}{R}.$$

Si la rotation a lieu autour d'un axe horizontal, le plan du cadre étant d'abord horizontal, il n'y a à tenir compte que de la composante verticale, et on a

$$m_2 = \frac{2SZ}{R}.$$

On en déduit

$$\frac{m_2}{m_1} = \frac{Z}{H} = \text{tang}\,I.$$

Cette méthode a été indiquée par Weber pour déterminer l'inclinaison. L'appareil est connu sous le nom d'*inclinomètre de Weber* (*fig.* 235).

270. Mesure d'un champ magnétique. — La même méthode permettra, avec une très petite bobine mobile autour d'un axe situé dans son plan, de mesurer l'intensité d'un champ variable en ses différents points. Le plan de la bobine étant perpendiculaire à la direction du champ, on la fait tourner rapidement de 180° et on mesure le courant de décharge. Pour éviter la mesure de la surface, il suffit de déterminer la décharge donnée par la petite bobine dans un champ d'intensité connue.

271. Mesure de la composante normale en un point d'un aimant. — Supposons qu'on applique la petite bobine en un point de la surface du barreau, comme on ferait d'un plan d'épreuve, et qu'on la retourne face pour face ; le courant de décharge donnera le double du flux qui traversait la bobine et en divisant par la surface, on aura la valeur moyenne de la composante normale pour l'élément recouvert par la bobine.

On peut encore procéder autrement. Supposons le barreau cylindrique et un anneau circulaire l'enserrant étroitement (*fig.* 236). Si on fait passer l'anneau de M en M', la décharge mesurera le flux coupé pendant le déplacement. Ce flux, divisé par la surface, donnera la valeur moyenne de la composante normale.

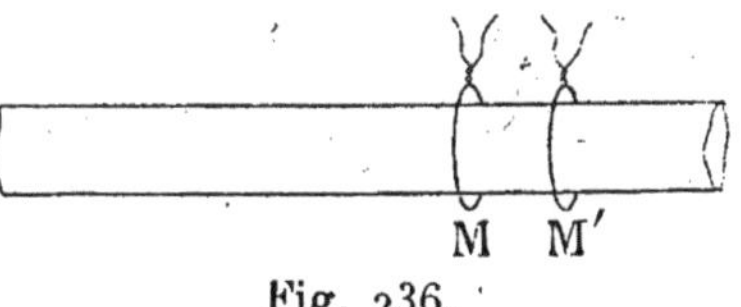

Fig. 236.

Si l'anneau sortait du barreau, et était emporté jusqu'à l'infini, la décharge mesurerait le flux total émané du barreau à partir du point M, et par suite, en vertu du théorème de Green (**42**) et de la propriété fondamentale des aimants (**149**), le flux qui traverse la section M.

272. Courants de décharge par variation du champ extérieur. — Cas de deux bobines. — Supposons le circuit immobile et la variation produite dans le champ extérieur. Soit Q le flux qui traverse le circuit ; si on l'annule on a une décharge $m = \frac{Q}{R}$; si on le rétablit, on a une décharge égale et de sens contraire ; si on renverse sa direction sans changer sa valeur, on a une décharge double

$$m = \frac{2Q}{R}.$$

Tel est le cas d'un courant induit dans un circuit fermé A

par la rupture ou la fermeture d'un circuit voisin B traversé par un courant. Soit I l'intensité du courant permanent dans B, et M la valeur du flux émané de B et qui traverserait A, si B était parcouru par un courant égal à l'unité, autrement dit, le coefficient d'induction mutuelle des deux circuits (**232**); on a $Q = MI$, et la décharge correspondant soit à la fermeture, soit à la rupture du circuit inducteur B, a pour valeur

$$m = \frac{MI}{R}.$$

Elle correspond dans les deux cas à la même quantité d'électricité ; mais la loi suivant laquelle varie l'intensité n'est pas la même : le temps qui correspond à la cessation du courant inducteur, même quand il est prolongé par l'étincelle est généralement plus court que celui qui correspond à l'établissement. Il en résulte que les valeurs de l'intensité sont plus grandes dans le courant direct que dans le courant inverse.

273. — Supposons le circuit C formé d'une bobine longue,

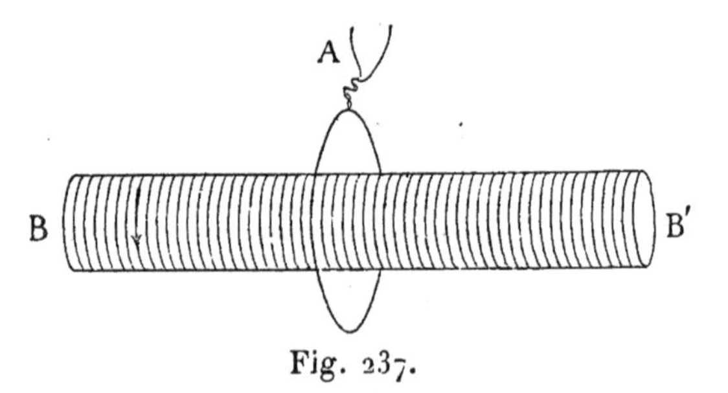

Fig. 237.

à enroulement uniforme, comprenant n_1 spires par unité de longueur et de section S, A étant un circuit fermé de forme quelconque qui l'entoure vers son milieu (*fig.* 237).

Le flux intérieur est $4\pi n_1 S$, et s'il y a n spires dans le circuit A, le coefficient d'induction mutuelle est

$$M = 4\pi n_1 n S.$$

274. Détermination des coefficients d'aimantation. — Supposons que la bobine B renferme un cylindre long de fer

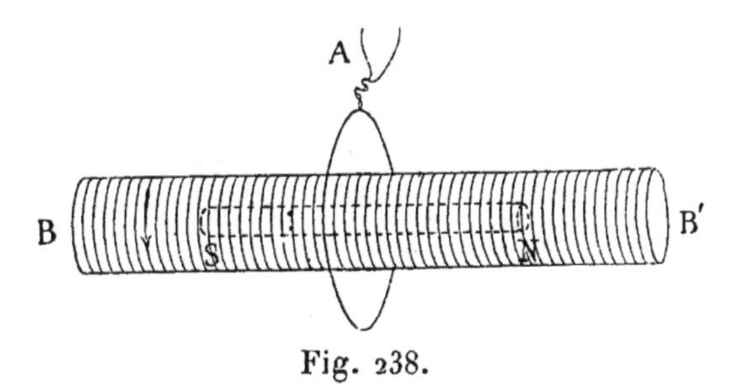

Fig. 238.

doux NS placé concentriquement (*fig.* 238). Soit S' sa section et I l'intensité du courant dans la bobine B.

L'intensité du champ à l'intérieur de la bobine est $F = 4\pi n_1 I$, et à l'intérieur du cylindre $B = \mu F$ (**177**). Le flux total Q qui traversera les n spires de la bobine A sera

$$Q = nF\,(S - S' + \mu S')$$

Si on renverse le courant, on mesurera une décharge correspondante au double de Q, et on pourra en déduire μ.

Si la bobine B est enroulée immédiatement sur le noyau, on a $S = S'$ et

$$Q = nBS = n\mu FS = 4\pi n_1 n\mu SI.$$

Le résultat est le même, quelles que soient la forme et la grandeur des spires de la bobine A, à la condition qu'il n'y ait pas de flux extérieur. La condition est remplie d'une manière rigoureuse avec une bobine annulaire (**247**) et d'une façon très approchée avec une bobine longue et un noyau formant également un cylindre long. Dans le cas contraire, on enroulera les spires de A directement sur le noyau, et la décharge donnera encore la mesure du flux d'induction qui traverse la section correspondante du noyau.

275. Courant constant. — Considérons une barre CC' glissant parallèlement à elle-même et d'un mouvement uniforme, sur deux rails AB et A'B' parallèles entre eux situés dans un plan vertical perpendiculaire au méridien magnétique (*fig.* 239). Le circuit est complété entre A et A′ par une résistance R, qui formera la résistance totale du circuit, si nous supposons négligeable la résistance des rails et celle de la barre transversale. Si b est la distance des deux rails et v la vitesse de translation de la barre, la variation du flux dans chaque seconde, autrement dit la force électromotrice, est bvH ; l'intensité du courant induit est constante et a pour valeur

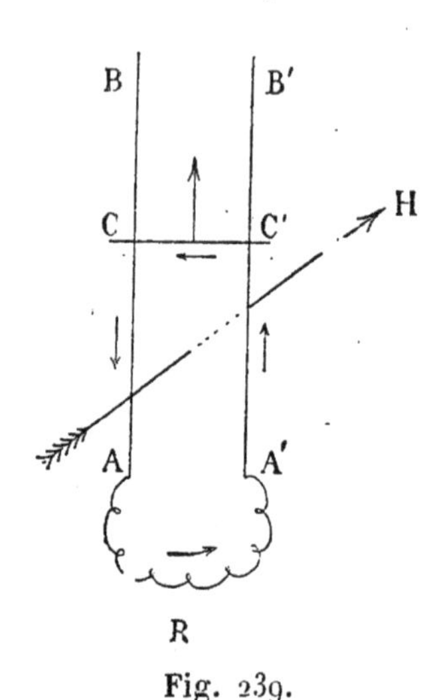

Fig. 239.

$$I = \frac{bH}{R} v.$$

Le sens du courant est celui qui est indiqué par les flèches, étant admis que la direction de H est d'avant en arrière et que la barre s'éloigne de AA′.

Pour l'unité de vitesse et l'unité à champ, la force électromotrice par unité de longueur de la barre est l'unité C.G.S. ou 10^{-8} volts. Par exemple, une barre d'un mètre qui se déplacerait horizontalement dans le champ terrestre avec une vitesse uniforme de 20 mètres, présenterait à ses deux extrémités une différence de potentiel de

$$100 . 0{,}422 . 2000 = 84400 \text{ C.G.S.} = 8{,}44 . 10^{-6} \text{ volts},$$

0,422 étant la valeur de la composante verticale du champ (**203**).

276. Disque de Faraday. — Un disque métallique de rayon a tourne dans un champ uniforme d'intensité H, autour d'un axe parallèle à la direction du champ (*fig.* 240). Deux ressorts fixes appliqués, l'un sur la circonférence, l'autre sur l'axe et reliés par un fil conducteur, complètent le circuit dont la résistance totale est R.

Si on désigne par ω la vitesse angulaire que nous supposons uniforme, le rayon OA, fixe dans l'espace, mais mobile par rapport au disque, coupe dans chaque unité de temps un flux égal à $\frac{1}{2}a^2\omega H$; il en résulte un courant d'intensité constante

$$I = \frac{1}{2}\frac{a^2\omega H}{R}.$$

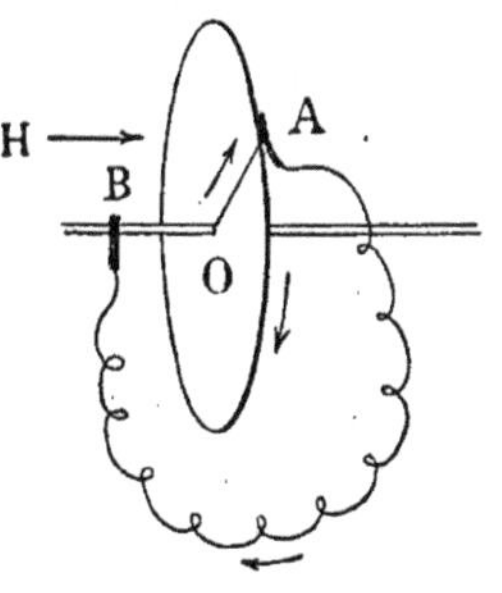

Fig. 240.

Si on désigne par T la durée de la révolution et par S la surface du disque, on a $\omega T = 2\pi$ et $S = \pi a^2$; l'expression devient

$$I = \frac{SH}{RT}.$$

Supposons au disque une surface d'un mètre carré et faisons-le tourner à raison de 10 tours par seconde autour d'un axe horizontal situé dans le méridien magnétique ; en prenant $H = 0{,}2$, on aura pour valeur de la force électromotrice

$$10^4 . 0{,}2 . 10 = 2.10^4 \text{ C.G.S.} = 2.10^{-4} \text{ volts.}$$

Si le circuit avait seulement une résistance de 10^{-4} ohms, l'intensité du courant serait de 2 ampères.

De même si l'on fait tourner d'un mouvement uniforme autour du pôle m l'arc de forme quelconque de la figure 241, l'arc coupera dans chaque unité de temps un flux égal à $m\omega$ et donnera dans un circuit de résistance R un courant uniforme

$$I = \frac{2m\omega}{R}.$$

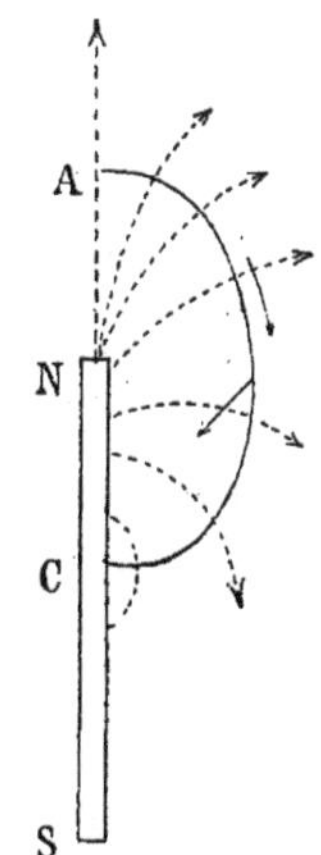

Fig. 241.

277. Période variable. Extra-courant de fermeture. — Soit E la force électromotrice de la pile, R la résistance totale et L le coefficient de self-induction du circuit, enfin I_0 l'intensité à l'état permanent. Pendant que le courant passe de o à I_0, la variation de flux est LI_0 et la quantité d'électricité mise en mouvement dans l'extra-courant est (**267**)

$$m = \frac{I_0 L}{R} = \frac{EL}{R^2}.$$

Le calcul montre que l'intensité de l'extra-courant à un instant quelconque est donnée par l'exponentielle

$$(9) \qquad i = \frac{E}{R} e^{-\frac{Rt}{L}} = I_0 e^{-\frac{Rt}{L}}.$$

Il est de sens contraire au courant principal; l'intensité de ce dernier au même instant a pour valeur

$$I = \frac{E}{R}\left(1 - e^{-\frac{Rt}{L}}\right).$$

Il semble résulter de cette formule que le régime ne s'établit qu'au bout d'un temps infini; mais l'exponentielle atteint très rapidement une valeur insensible et d'autant plus rapidement que R est plus grand et L plus petit.

Les deux facteurs L et R, le coefficient de self-induction et la résistance sont les deux constantes caractéristiques du circuit. Le courant s'établit d'autant plus vite dans le circuit que le rapport $\frac{L}{R}$ est plus petit. Ce rapport représente en réalité un temps (**325**).

278. Extra-courant de rupture. — Le problème est plus compliqué à la rupture parce que, pendant toute la durée de l'étincelle, le circuit reste fermé par une résistance variable et inconnue. La quantité totale d'électricité qui correspond à l'extra-courant, dépendant de la résistance, n'est pas la même qu'à la fermeture.

Elle lui deviendrait égale et la loi du courant induit serait encore donnée par la formule (9), si au lieu de rompre le circuit, on substituait à la pile un conducteur de même résistance.

279. Résistance fictive. — Pendant tout le temps que le courant croît, la force électromotrice d'induction, de sens opposé à la force électromotrice principale, produit un effet analogue à un accroissement de la résistance du circuit. Cet accroissement apparent, d'abord très grand, va en diminuant quand le courant approche de son maximum.

Dans une décharge ordinaire où l'intensité part de zéro pour atteindre un maximum et revenir à zéro, les choses se passent comme si la résistance augmentait dans la première période et diminuait pendant la seconde. Finalement, la quantité de la décharge n'est pas modifiée.

Supposons que la décharge traverse une dérivation dont les deux branches a et a' de résistance r et r' aient des coefficients de self-induction L et L′ très inégaux, le premier étant plus grand que le second. Dans la branche a, l'intensité sera plus petite pendant la première période, et plus grande pendant la seconde, que ne le demande le rapport des résistances ; mais il y aura finalement compensation, et les quantités totales d'électricité se seront partagées entre les deux branches suivant la loi ordinaire.

Tel est le cas de l'expérience de Faraday citée plus haut (**263**).

L'accroissement apparent de résistance qui se produit à l'origine d'une décharge peut être très considérable pour de grandes valeurs du coefficient de self-induction ou pour une variation très rapide de l'intensité. Toutes choses égales d'ailleurs, il doit être plus grand pour un fil de fer que pour un fil de cuivre ou de tout autre métal non magnétique, à cause de l'aimantation transversale du fil qui semble devoir augmenter dans une proportion très grande le coefficient de self-induction (**254**).

280. Cadre tournant d'un mouvement uniforme. — Considérons un cadre mobile autour d'un axe vertical et tournant d'un mouvement uniforme dans le champ terrestre (*fig.* 242). A ne considérer que le flux dû au champ, il est facile de voir que la variation est nulle quand le cadre est perpendiculaire au méridien, qu'elle est au contraire maximum quand le plan du cadre coïncide avec le méridien : par suite, que la force électromotrice correspondante, laquelle change de signe à chaque demi-tour, s'annule dans la première position et est maximum dans la seconde, et enfin est à chaque instant représentée par les ordonnées de la sinusoïde OAB (*fig.* 243)

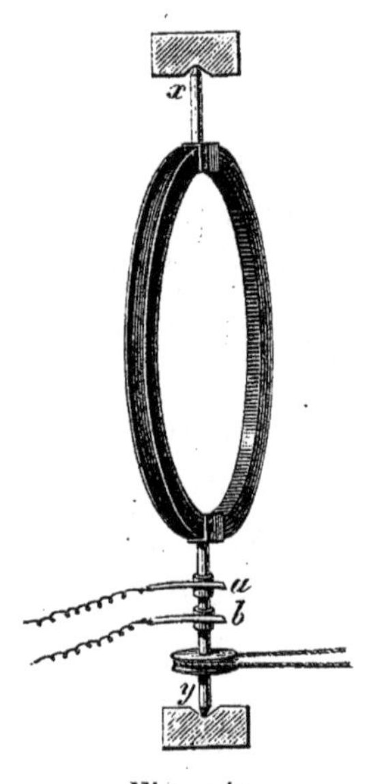

Fig. 242.

$$E = 2\pi \frac{SH}{T} \sin 2\pi \frac{t}{T} = \omega SH \sin \omega t,$$

S étant la surface du cadre, T la durée d'une révolution et $\omega = \frac{2\pi}{T}$ la vitesse angulaire.

Sans les effets de self-induction, l'intensité du courant serait représentée à chaque instant par une sinusoïde semblable ayant la même période et les mêmes nœuds. Si L est le coefficient de self-induction du circuit, qu'on désigne par E_0 la valeur maximum $\frac{2\pi}{T}$ SH de la force électromotrice et qu'on pose

$$\text{tang } 2\pi\varphi = \frac{2\pi L}{RT},$$

et

$$A = \frac{E_0}{\sqrt{R^2 + \frac{4\pi^2 L^2}{T^2}}} = \frac{E_0}{R} \cos 2\pi\varphi,$$

le calcul montre que l'intensité est donnée à chaque instant par la formule

$$I = A \sin 2\pi \left(\frac{T}{t} - \varphi\right),$$

et, par suite, est représentée par les ordonnées d'une sinusoïde telle que O'A'B' (*fig.* 243), de même période que la première, mais transportée d'une quantité $OO' = \varphi T$ dans le sens où l'on compte le temps.

Les choses se passent donc, au point de vue de l'intensité,

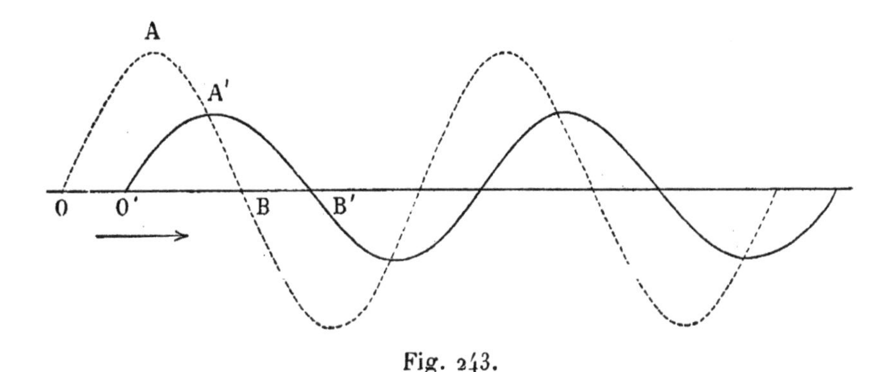

Fig. 243.

comme si la force électromotrice restant la même, la résistance du circuit avait augmenté dans le rapport de OA à OR ou de R à $\sqrt{R^2 + \frac{4\pi^2 L^2}{T^2}}$. Cette dernière quantité peut être appelée la *résistance apparente;* on voit qu'elle dépend du coefficient de self-induction et de la vitesse.

En outre, le changement de sens du courant, au lieu de se faire dans le plan normal au méridien, se fait un temps $t = \varphi T$ après le passage du cadre dans ce plan. C'est-à-dire au moment où il fait avec ce plan un angle $2\pi\varphi$. La fraction φ est ce qu'on appelle la *phase*. Le zéro de la sinusoïde qui représente le courant au lieu de coïncider avec le zéro de la sinusoïde qui représente la force électromotrice, est donc déplacé dans le sens du mouvement. Ce déplacement qu'on appelle encore le *retard* augmente quand la vitesse augmente et quand la résistance diminue, autrement dit quand le courant croît. Il est nul quand la résistance est infinie, c'est-à-dire quand le circuit est ouvert; maximum quand la vitesse est infinie. Sa valeur étant alors de 90°, le changement de signe se ferait dans le méridien. Ce retard est donc toujours compris entre 0° et 90° ; il est égal à 45° quand on a $R = \frac{2\pi L}{T}$.

Ce résultat peut être mis sous une forme géométrique très simple. Par le point O (*fig.* 244) que nous supposerons représenter la projection de l'axe de rotation du cadre, menons dans le plan de celui-ci une droite OB égale à la valeur maximum de la force électromotrice due au champ, c'est-à-dire à $E_0 = \frac{2\pi}{T} SH$. Si on suppose que cette ligne tourne avec le cadre d'un mouvement uniforme, dans le sens des aiguilles d'une montre par exemple, sa projection sur une droite OH parallèle à la direction du champ représentera, pour la position correspondante du cadre, la valeur de la force électromotrice due au champ.

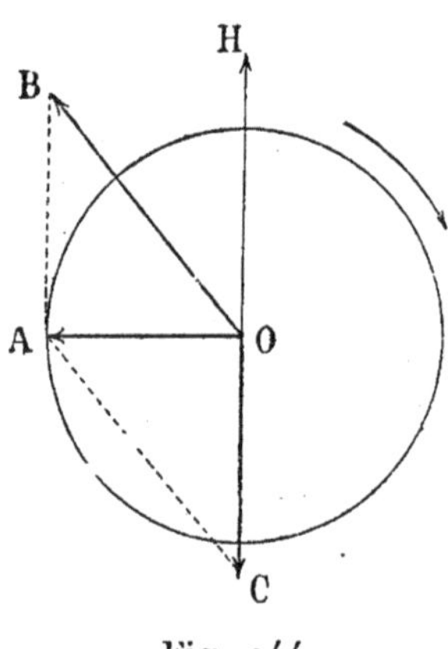

Fig. 244.

A partir du même point O et en sens contraire du mouvement, faisons un angle $\alpha = 2\pi\varphi$, c'est-à-dire tel que sa tangente soit égale à $\frac{2\pi L}{RT}$ et du point B abaissons la perpendiculaire BA. La ligne OA égale à $E_0 \cos 2\pi\varphi$ représente la valeur maximum de la force électromotrice effective, et sa projection sur la direction OH, pendant la rotation, la force électromotrice vraie au même instant, c'est-à-dire celle qu'il suffit de diviser par la résistance R du circuit pour avoir l'intensité actuelle.

La force électromotrice effective est à chaque instant la somme algébrique de la force électromotrice due au champ et de la force électromotrice de self-induction. Celle-ci présente d'ailleurs un retard de 90° sur la force électromotrice effective ; les maxima de l'une correspondent aux minima de l'autre et réciproquement. Il en résulte que la ligne OC qui fait un angle droit avec OA et complète le parallélogramme OBAC dont OA est la diagonale, représente la valeur maximum de la force électromotrice due à la self-induction et que sa projection sur la ligne OH pendant la rotation donne sa valeur pour la position du cadre qui coïncide avec la position correspondante de OB.

281. Induction dans les conducteurs non linéaires.

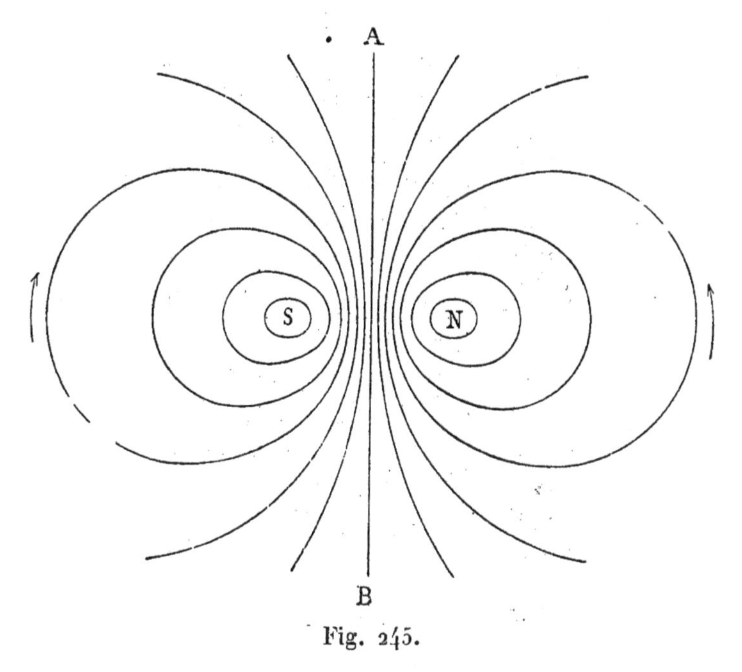

Fig. 245.

— Toute variation du flux détermine également des courants d'induction dans les conducteurs non linéaires. Déjà, en 1824, Gambey avait observé que les oscillations d'un barreau aimanté s'amortissent très vite quand il est placé au-dessus d'une plaque de cuivre. Le phénomène étudié par Arago avait été attribué d'abord à une forme particulière du magnétisme développée par le mouvement et désignée sous le nom de *magnétisme de rotation;* ce n'est qu'après la découverte de l'induction, par Faraday, qu'il fut rapporté à sa véritable cause.

Le déplacement relatif d'un pôle et d'une lame métallique

détermine des courants d'induction ; ces courants sont nécessairement fermés sur eux-mêmes. Supposons tracées sur la surface des lignes ayant en chaque point la direction du courant ; ces lignes de courant sont évidemment des courbes fermées s'enveloppant les unes les autres sans se couper jamais. D'autre part, l'espace compris entre deux lignes de courant infiniment voisines peut être considéré comme un courant fermé linéaire lequel est équivalent au feuillet de même contour (**226**).

Qu'on décompose ainsi la surface du conducteur en bandes infiniment minces, par des lignes de courant, et qu'on remplace chacune de ces bandes par le feuillet correspondant ; tous les courants qui tournent autour d'un point équivalent à un feuillet complexe dont la densité, en chaque point, est évidemment la somme des densités des feuillets superposés. La *figure* 245 représente les lignes de courant dans le cas d'une lame indéfinie se déplaçant horizontalement de droite à gauche au-dessous d'un pôle nord qui se projette au centre de la figure. Les courants dans la partie qui s'approche circulent en sens inverse des aiguilles d'une montre et correspondent à un feuillet ayant sa face positive ou nord tournée vers le haut; dans la partie qui s'éloigne, ils circulent dans le sens des aiguilles d'une montre et donnent un feuillet qui présente en dessus sa face négative, les actions qui s'exercent entre le pôle et les deux feuillets tendent, conformément à la loi de Lenz, à s'opposer au mouvement.

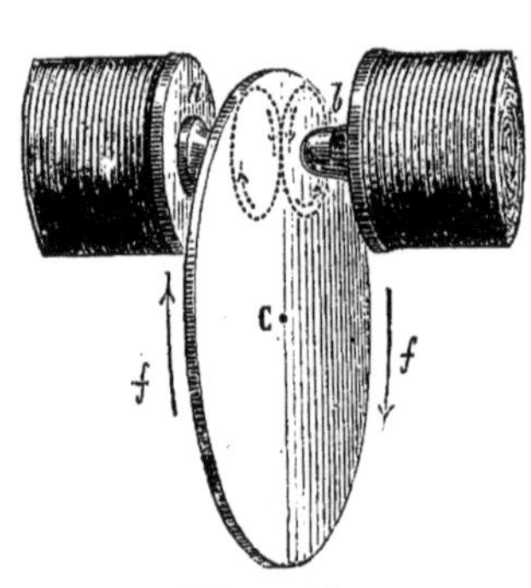

Fig. 246.

L'expérience peut être réalisée facilement au moyen d'un disque qu'on fait tourner entre les pôles (*fig.* 246) d'un électro-aimant. Le disque qui, avant le passage du courant, tourne avec facilité, présente une résistance considérable dès que l'électro-aimant est excité. L'effet est d'autant plus marqué que le disque est plus conducteur ;

on l'annule presque, en rompant la continuité par des traits de scie menés suivant les rayons (*fig.* 247).

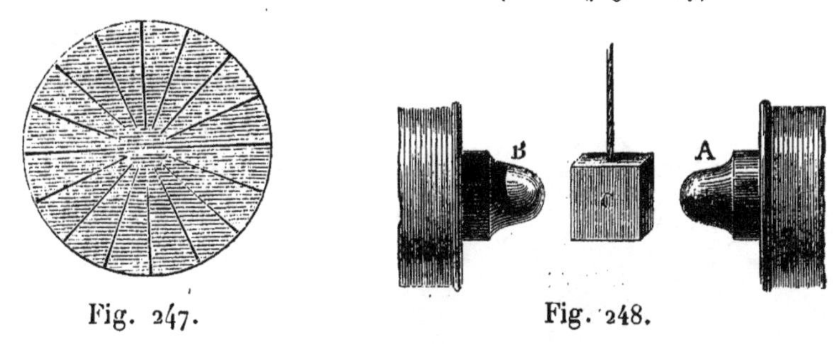

Fig. 247. Fig. 248.

De même, si on suspend un cube de cuivre entre les deux pôles d'un électro-aimant et qu'on torde le fil de suspension (*fig.* 248), le cube, abandonné à lui-même, prend un mouvement de rotation rapide; il s'arrête instantanément dès qu'on fait passer le courant.

282. Amortissement des boussoles. — On utilise le phénomène sous la forme même où l'avait observé Gambey, pour amortir les oscillations des boussoles et des aiguilles de galvanomètre.

L'action qui se produit agit comme une espèce de frottement qui s'oppose au mouvement relatif de l'aiguille et du conducteur et dont l'effet est, à chaque instant, proportionnel à l'intensité du courant et par suite à la vitesse relative.

283. Courants de Foucault. — L'énergie absorbée se retrouve sous forme de chaleur développée par le courant en vertu de la loi de Joule. Foucault, qui a fait le premier cette remarque, a donné à l'expérience une forme saisissante. A l'aide d'un système de roues dentées commandées par une manivelle, on entretient la rotation d'un disque de cuivre rouge entre les branches d'un puissant électro-aimant (*fig.* 249). Quand le courant passe, il faut un travail considérable pour entretenir le mouvement du disque et celui-ci atteint bientôt une température très élevée. L'expérience fournit un très bel exemple de la transformation du travail mécanique en chaleur.

On a donné le nom de courants de Foucault aux courants induits qui se produisent dans le noyau d'un électro-aimant, toutes les fois que l'intensité varie dans le fil qui l'entoure.

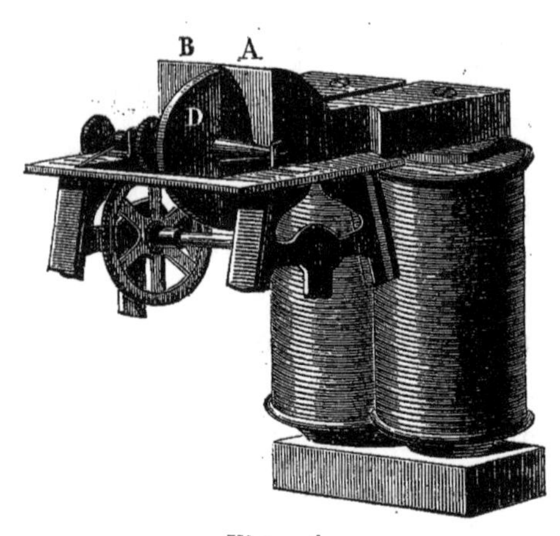

Fig. 249.

L'échauffement qui en résulte devient considérable quand le fil est traversé par une série rapide de courants interrompus ou par des courants alternatifs.

On atténue beaucoup cet échauffement et la perte de travail qui en est la conséquence, en formant le noyau de fils de fer isolés ou de lames minces parallèles à l'axe, par suite perpendiculaires à la direction suivant laquelle les courants d'induction tendent à se produire.

Les courants d'induction étant ainsi supprimés, les effets d'échauffement se réduisent alors sensiblement à ceux qui correspondent au travail de l'aimantation (**179**).

284. Théorie du magnétisme d'Ampère. — L'identité des actions produites par les courants et par les aimants conduisent naturellement à attribuer à une même cause les deux ordres de phénomènes. Ampère a beaucoup insisté sur ce point, qu'il y a impossibilité absolue de produire, au moyen d'aimants, certains effets du courant, par exemple les mouvements de rotation continus toujours dans le même sens (**236**), tandis qu'on peut réaliser par des combinaisons de courants fermés toutes les propriétés des aimants.

Considérons, en effet, un aimant quelconque. L'aimantation a, en chaque point, une direction déterminée, et cette direction varie d'une manière continue. Supposons tracées les lignes tangentes en chaque point, à cette direction. Avec des filets solénoïdaux de même puissance, qu'on juxtaposera le long de ces lignes, on pourra reproduire en chaque point l'intensité d'aimantation. Parmi ces filets, les uns aboutiront à la surface, les autres resteront ouverts à l'intérieur, d'autres, enfin, seront fermés sur eux-mêmes, et il est évident que leur ensemble reproduira, sans aucune hypothèse, la distribution réelle, et donnera la même action en un point quelconque, tant intérieur qu'extérieur.

On peut maintenant remplacer chaque filet solénoïdal par le solénoïde électro-magnétique équivalent, et par suite réaliser, au moyen des courants fermés infiniment petits, un système identique à l'aimant donné.

Telle est la partie essentielle et indiscutable de la théorie d'Ampère. Reste à déterminer l'origine, le siège et les propriétés de ces petits courants fermés.

Pour satisfaire au caractère essentiellement particulaire du magnétisme, il faut admettre qu'ils sont liés à la molécule, et qu'ils ne peuvent passer d'une molécule à une autre. Ils circulent, soit autour, soit à l'intérieur de la molécule. Ampère admettait et on admet que, dans le fer doux et l'acier, ils préexistent à l'aimantation, et que celle-ci ne fait que leur donner une orientation déterminée.

Quand ils n'obéissent qu'à leurs réactions mutuelles, ces courants sont orientés indifféremment dans toutes les directions, et la résultante de leurs actions sur tout point extérieur est nulle. Dans un champ magnétique, chacun tend à prendre la position où il reçoit le maximum de flux par sa face négative. Sous l'influence du champ, des réactions mutuelles et de la force coercitive, l'axe du courant prend une position plus ou moins oblique, par rapport au champ; l'aimantation est d'autant plus forte que l'obliquité moyenne est moindre. Le maximum correspondrait au cas où tous les axes des courants moléculaires seraient parallèles entre eux.

Si l'influence cesse, les courants n'obéissent plus qu'à leurs réactions mutuelles, et s'il s'agit de fer doux, toute trace d'orientation disparaît. Avec l'acier, la force coercitive s'opposant au libre déplacement des molécules, l'orientation subsiste pour une part plus ou moins grande.

On a fait quelquefois à cette théorie l'objection qu'un morceau de fer ou d'acier aimanté, étant le siège de courants permanents, devrait être une source permanente de chaleur. L'objection serait capitale s'il s'agissait, comme pour les courants ordinaires, d'une circulation d'électricité à travers un système de molécules ; mais il s'agit de courants circulant dans la molécule même, et comme on ne sait rien sur la nature des molécules et leurs propriétés, il n'y a aucune contradiction à supposer la résistance nulle.

La théorie qui explique le magnétisme doit expliquer le diamagnétisme. Weber a cherché à compléter, sur ce point, la théorie d'Ampère. L'hypothèse consiste à admettre dans chaque molécule d'un corps diamagnétique, des canaux dans lesquels des courants peuvent se propager sans résistance. Quand le corps est introduit dans un champ magnétique, ces canaux deviennent le siège de courants induits déterminant une polarité de sens contraire à celle du champ, et comme la résistance est nulle, ces courants persistent tant qu'une nouvelle variation du flux ne vient pas les modifier ou les détruire.

CHAPITRE XXV

GALVANOMÈTRE

285. Galvanomètre. — Le galvanomètre proprement dit est un instrument qui sert à mesurer l'intensité d'un courant par l'action qu'il exerce sur l'aiguille aimantée.

Il se compose essentiellement d'un cadre vertical sur lequel est enroulé le fil traversé par le courant, et d'une aiguille aimantée, suspendue horizontalement, placée au centre (*fig.* 250).

Le plan du cadre est mis en coïncidence avec le méridien magnétique et contient, par suite, l'aiguille dans sa position

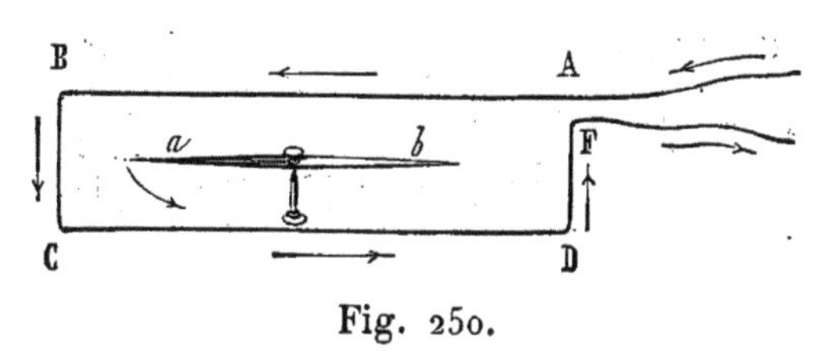

Fig. 250.

d'équilibre. Le champ terrestre et celui du courant, dans sa partie moyenne, sont alors rectangulaires.

Supposons le champ du courant uniforme dans la région occupée par l'aiguille et soit G son intensité pour l'unité de courant; elle sera GI pour l'intensité I, et sous l'action des deux champs, l'aiguille prendra une position d'équilibre faisant un angle α avec sa direction primitive. Si on désigne par H la composante horizontale terrestre, et par M le moment de l'aiguille, l'angle α est donné par l'équation d'équilibre

$$MH \sin\alpha = MGI \cos\alpha ;$$

d'où l'on tire

$$I = \frac{H}{G} \operatorname{tang} \alpha.$$

Ainsi, dans le cas où les deux champs sont uniformes et rectangulaires, la déviation est indépendante de la forme et de l'aimantation de l'aiguille, et sa *tangente est proportionnelle à l'intensité du courant.*

Cette condition de l'uniformité du champ, dans la région où se déplace l'aiguille, est d'une importance capitale dans tout galvanomètre. Elle supprime toute graduation empirique. Sa réalisation est d'ailleurs facile quand on n'emploie que de petites aiguilles et de faibles déviations.

La méthode du miroir (**78**) permet de mesurer avec toute la rigueur désirable des déviations qui ne dépassent pas 3°. La lecture sur l'échelle donne immédiatement $\operatorname{tang} 2\alpha$. Pour de si faibles déviations, on ne commet qu'une erreur en général négligeable, en prenant $\operatorname{tang} 2\alpha = 2 \operatorname{tang} \alpha$, et par suite en admettant que l'intensité, pour une distance fixe de l'échelle, est proportionnelle au déplacement $x - p$ de l'image.

286. Boussole des tangentes. — On désigne particulièrement sous le nom de *boussoles des tangentes* les instruments destinés aux mesures absolues directes, et le nom de *galvanomètre* est réservé aux instruments usuels employés pour les mesures de comparaison.

La mesure absolue de l'intensité dépend de la mesure de G et de H. Nous avons dit comment on obtient celle de H (**201**). La valeur de la quantité G, que nous appellerons la *constante galvanométrique*, doit être déduite des seules dimensions du cadre. Cela exige que les spires soient rigoureusement circulaires et enroulées avec assez de soin pour qu'on puisse en déterminer exactement le rayon. Il faut, en outre, que ce rayon soit très grand par rapport aux dimensions de l'aiguille, pour que le champ puisse être considéré comme uniforme dans le voisinage du centre.

Pour une spire de rayon a, l'action au centre est $\frac{2\pi}{a}$ (**221**); si n est le nombre des spires, on a

$$G = n\frac{2\pi}{a}.$$

Prenons $a = 25$, $n = 10$, d'où $G = 2{,}513$, et supposons $H = 0{,}1943$; on aura

$$I = \frac{1943}{25130}\operatorname{tang}\alpha.$$

Si l'échelle est placée à 1 mètre et qu'on observe un déplacement de l'image de 10 centimètres, on a $\alpha = \frac{1}{20}$ et par suite

$$I = \frac{1540}{25130}\cdot\frac{1}{20} = 0{,}00386\ \text{C.G.S.} = 0{,}0386\ \text{ampères}.$$

On obtient un champ beaucoup plus uniforme avec deux cadres placés parallèlement à une distance égale au rayon commun (**222**); une petite aiguille, munie d'un miroir, est placée au centre du système et est parallèle au plan des cadres dans sa position d'équilibre. Cette disposition est due à M. Helmholtz. Il y a avantage à construire l'instrument tout en bois pour éliminer plus sûrement toute trace de fer dans le bâti (*fig.* 251).

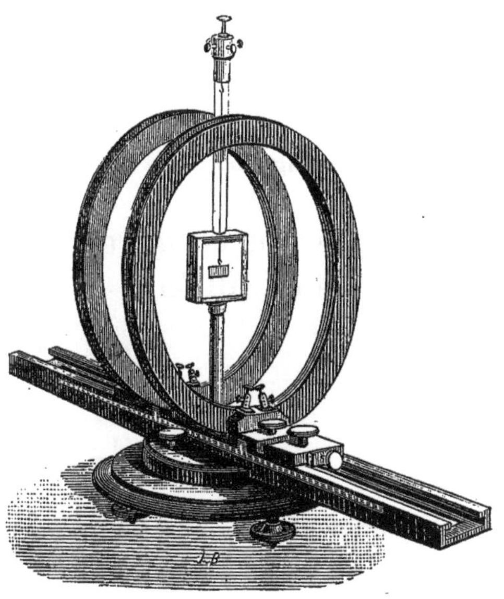

Fig. 251.

287. Boussole des sinus. — La figure 252 représente une boussole telle qu'on les construisait autrefois. L'aiguille est beaucoup trop grande pour les dimensions du cadre. L'instrument peut néanmoins être employé correctement comme *boussole des sinus*. Le cadre étant d'abord dans le plan du méridien magnétique, on le fait tourner autour de l'axe vertical dans le sens de la déviation de l'aiguille, jusqu'à ce qu'il reprenne, par rapport à celle-ci, la même situation relative. Cette condition est remplie quand l'index *cd* fixé à l'aiguille a repris la même situation sur le cadran A. Soit α l'angle dont il a fallu faire tourner le cadre, angle qui est mesuré sur le limbe horizontal C.

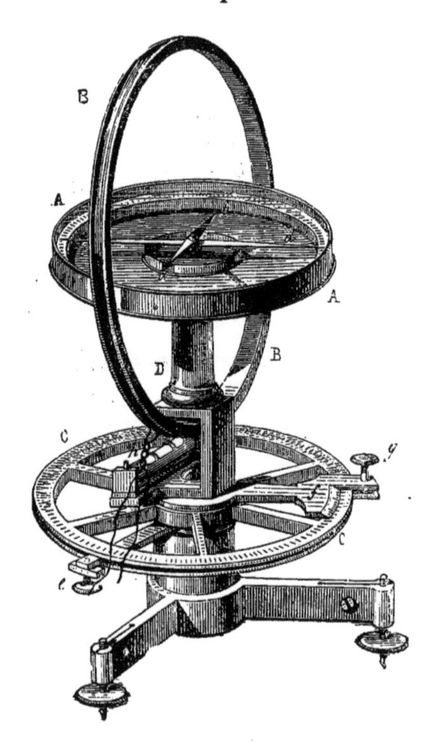

Fig. 252.

L'action du courant qui est MGI fait épuilibre à l'action de la terre qui est $\mathrm{MH}\sin\alpha$; on a

$$\mathrm{MGI} = \mathrm{MH}\sin\alpha,$$

d'où

$$\mathrm{I} = \frac{\mathrm{H}}{\mathrm{G}}\sin\alpha.$$

L'intensité est proportionnelle au sinus du déplacement du cadre, ce qui justifie le nom de l'instrument. Il n'est plus nécessaire que le champ soit uniforme.

L'instrument ne permet pas de mesurer des intensités supérieures à $\frac{\mathrm{H}}{\mathrm{G}}$.

288. Galvanomètres. — Forme de la bobine. — Dans les galvanomètres ordinaires, on n'a plus à se préoccuper de la possibilité du calcul direct de la constante G; on vise seulement à la sensibilité. Celle-ci est d'autant plus grande que, pour un même courant, la valeur de tang. α est plus grande; la sensibilité est donc mesurée par le rapport $\frac{G}{H}$ et par suite, d'autant plus grande que G est plus grand et H plus petit.

L'action d'une spire circulaire de rayon a sur un pôle situé en son centre est $\frac{2\pi}{a}$; sa longueur étant $2\pi a$, l'action de l'unité de longueur du fil, ou l'*action spécifique*, est $\frac{1}{a^2}$ et varie par suite en raison inverse du carré de la distance. On est donc conduit à diminuer autant que possible le rayon des spires et par suite la longueur de l'aiguille.

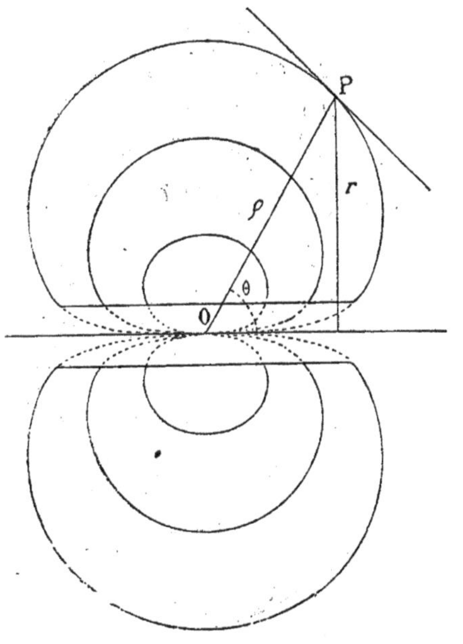

Fig. 253.

Quant à la forme à donner à la bobine pour utiliser au mieux l'action du fil, elle est déterminée par la condition que l'action spécifique soit la même en tous les points de la surface extérieure ; car s'il en était autrement, il y aurait avantage à transporter le fil de la position qu'il occupe à une autre où l'action spécifique serait plus grande. On est ainsi conduit à donner à la section méridienne la forme d'un cercle écrasé suivant le diamètre vertical (*fig.* 253); en désignant par c une constante, le rayon vecteur $u = OP$ est défini par l'équation

$$u^2 = c^2 \sin \theta.$$

La figure donne les courbes successives correspondant à des valeurs de c croissant en progression arithmétique; les parties pointillées des courbes correspondent au vide central ménagé pour l'aimant; celui-ci est perpendiculaire au plan de la figure et se projette en O. Dans la pratique, on ne s'astreint pas à donner rigoureusement à la section de la gorge la forme théorique représentée par la figure 253, mais celle d'un rectangle qui s'en rapproche autant que possible. Dans tous les cas, on voit que l'aimant se trouve en somme au milieu d'une bobine longue et que la petite étendue du champ dans laquelle se meut l'aiguille peut être considérée comme uniforme.

Un raisonnement analogue à celui du § **245** montrerait que l'action exercée par une bobine de profil donné est indépendante du fil employé si l'intensité du courant reste la même. Mais quand on aura à faire agir une force électromotrice donnée, l'intensité du courant dépendra de la résistance du fil. On sait que dans ce cas l'action sera maximum si la résistance du cadre est égale à celle du reste du circuit (**116**).

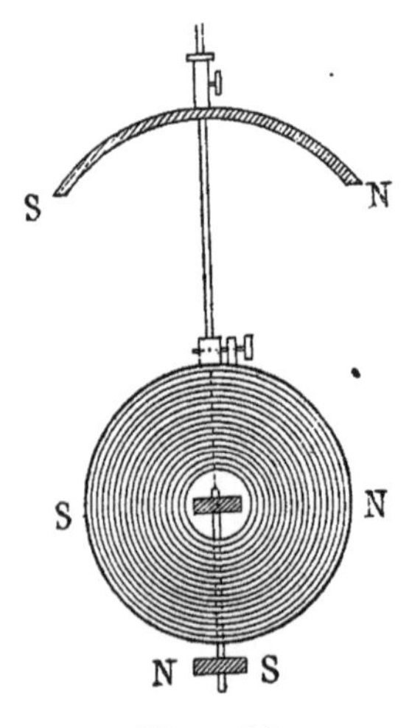

Fig. 254.

289. Aimant compensateur. — Deux procédés peuvent être employés séparément ou simultanément pour diminuer la valeur de H.

On peut compenser l'action de la terre par celle d'un aimant produisant au lieu occupé par l'aiguille un champ sensiblement uniforme et de sens contraire au champ terrestre. Cet aimant, appelé *aimant compensateur* ou *correcteur*, est ordinairement porté par une tige surmontant le cadre (*fig.* 254); une vis de pression permet de le fixer sur cette tige à une hauteur quelconque, et une vis tangente fait tourner la tige elle-même autour de son axe. L'aimant a ordinairement la forme d'un arc de cercle pour qu'on puisse au besoin amener ses pôles sur le prolongement de l'aiguille. La direction d'équilibre de l'aiguille est celle de la résultante des deux champs. Ainsi si OA est la direction du champ terrestre, OB celle du champ de l'aimant, OC sera la direction prise par l'aiguille (*fig.* 255). On voit que quand les deux champs sont presque égaux et de sens contraires, la résultante fait un angle voisin de 90° avec la direction commune. Dans ce cas la direction de la résultante et, par suite, la position d'équilibre de l'aiguille est fortement influencée par les variations du champ terrestre.

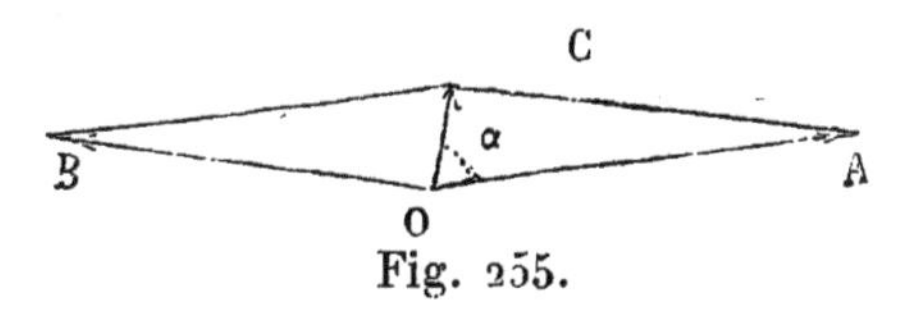

Fig. 255.

290. Aiguilles astatiques. — Le second procédé consiste à employer un système d'aiguilles astatiques (151). L'action de la terre sur le système peut être réduite à volonté; en plaçant dans l'intérieur du cadre une seule des aiguilles et laissant l'autre à l'extérieur, on augmente légèrement l'action du cadre, l'action qu'il exerce sur l'aiguille extérieure étant de même sens que l'action principale (*fig.* 254).

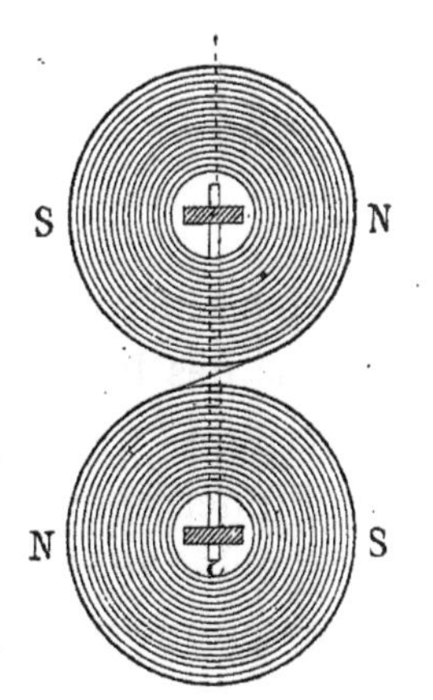

Fig. 256.

Mais on obtient un appareil plus symétrique et une action plus énergique, en employant deux cadres superposés (*fig.* 256), et plaçant au milieu de chacun d'eux une des aiguilles du système astatique.

Si le courant passe en sens contraire dans les deux bobines, les actions sont évidemment concordantes.

291. Amortissement. — L'aiguille oscillerait longtemps avant de prendre sa position d'équilibre, si on ne prenait des dispositions spéciales pour *amortir* les oscillations. On y arrive soit en augmentant la résistance de l'air par l'addition de palettes très légères fixées au support de l'aimant et oscillant avec lui, soit en favorisant la production des courants d'induction développés par le mouvement de l'aimant dans les conducteurs qui l'entourent, courants qui, en vertu de la loi de Lenz (**264**), tendent à s'opposer à son mouvement. Quand la résistance du circuit est faible, les courants développés dans le fil même du cadre suffisent à l'amortissement; dans les galvanomètres à grande résistance, on entoure parfois l'aiguille d'un conducteur en cuivre rouge formant le noyau de la bobine.

Que l'amortissement soit dû à la résistance de l'air ou aux courants induits, l'expérience montre que l'amplitude des oscillations décroît comme les termes d'une progression géométrique. On peut conclure que les causes retardatrices sont à chaque instant proportionnelles à la vitesse de l'aiguille. Si on désigne par α_0, α_1.. α_2.. les amplitudes successives, on a

$$\frac{\alpha_0}{\alpha_1} = \frac{\alpha_1}{\alpha_2} = \frac{\alpha_2}{\alpha_3} \ldots = \mathrm{C}^{\mathrm{te}}.$$

Représentons par e^{λ} la valeur de cette constante, e étant la base des logarithmes népériens. La quantité λ, qui n'est autre chose que le logarithme népérien du rapport de deux amplitudes consécutives, ou de la raison de la progression, est appelée le *décrément logarithmique* des oscillations et est prise comme mesure de l'amortissement. La durée τ de l'oscillation amortie est un peu plus grande que la durée T de l'oscillation du même système sans amortissement; les deux quantités sont liées par la relation

$$\tau = \mathrm{T}\sqrt{1 + \frac{\lambda^2}{\pi^2}}.$$

En augmentant progressivement l'amortissement, on finit par supprimer complètement les oscillations et obtenir un mouvement *apériodique*; l'aiguille écartée de sa position d'équilibre y revient avec une vitesse d'abord croissante; puis cette vitesse passe par un maximum, décroît et devient finalement nulle au moment où l'aiguille atteint sa position d'équilibre.

292. Shunts. — On étend beaucoup les limites dans lesquelles peut servir un galvanomètre par l'emploi des *shunts*. On désigne sous ce nom une dérivation prise sur les bornes du galvanomètre et qui permet de ne faire passer dans le cadre qu'une fraction connue du courant.

Soit g la résistance du galvanomètre, s celle du shunt, I le courant total, enfin i celui qui passe dans le galvanomètre et produit la déviation observée; on a, d'après la loi des courants dérivés (**115**),

$$gi = s(\mathrm{I} - i) \qquad \text{ou} \qquad \mathrm{I} = \frac{g+s}{s}\, i.$$

Le facteur $\frac{g+s}{s} = m$ par lequel il faut multiplier le courant observé pour avoir la valeur du courant principal, est appelé le *pouvoir multiplicateur* du shunt.

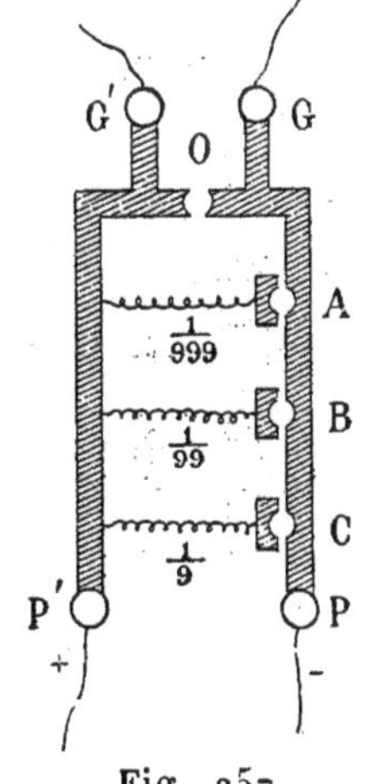

Fig. 257.

Les galvanomètres sont ordinairement munis de trois shunts ayant respectivement pour pouvoirs multiplicateurs 10, 100, 1000, et dont les résistances sont par suite $\frac{1}{9}$, $\frac{1}{99}$ et $\frac{1}{999}$ de celle du galvanomètre.

Le fil du galvanomètre étant attaché aux bornes G et G' et ceux de la pile, soit aux mêmes bornes, soit à d'autres bornes P et P' (*fig.* 257), il suffit de boucher avec une cheville métallique l'un des trous A, B ou C, pour introduire la dérivation correspondante. Quand on met la cheville en O, le galvanomètre est fermé sur lui-même; c'est la position de sûreté.

293. Galvanomètre différentiel. — Si on enroule simultanément deux fils identiques sur le cadre, les actions s'ajoutent, si l'on fait passer dans les deux fils des courants de même sens; elles se retranchent si les courants sont de sens contraires. L'action est nulle quand les courants de sens contraires sont égaux.

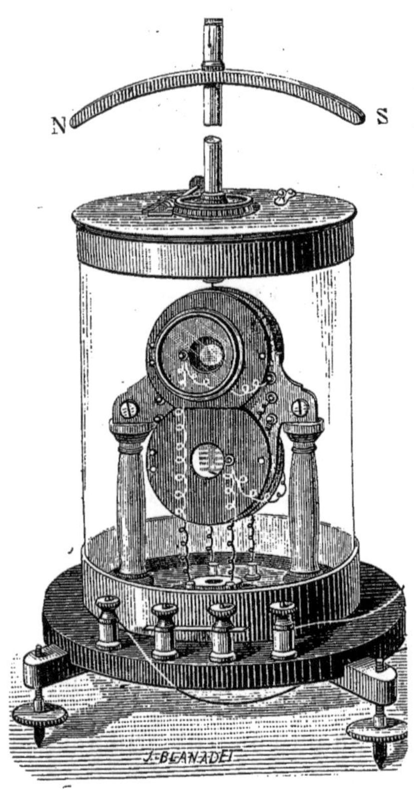

Fig. 258.

Un galvanomètre différentiel doit satisfaire à deux conditions : les deux circuits doivent avoir la même action sur l'aiguille et la même résistance. On s'assure de la première en attachant les fils de manière que les deux bobines soient à la suite l'une de l'autre, mais que le courant les parcoure en sens contraires; de la seconde, en mettant les deux bobines en dérivation l'une par rapport à l'autre, les courants circulant toujours en sens contraires; l'aiguille doit rester immobile dans les deux cas.

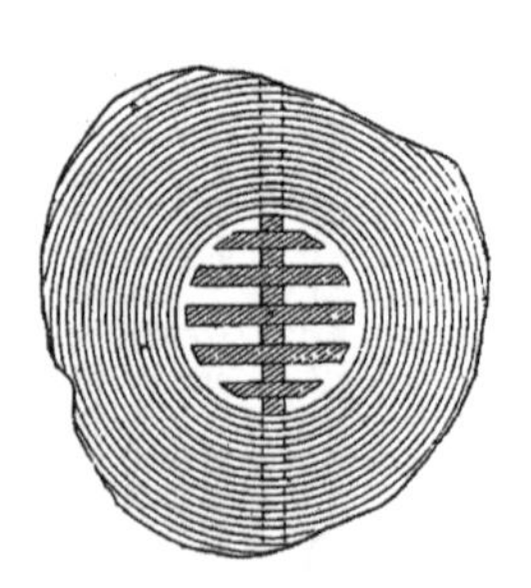
Fig. 259.

294. Galvanomètre Thomson. — Le galvanomètre le plus répandu aujourd'hui et qui répond le mieux aux conditions théoriques est celui de sir W. Thomson. La forme la plus employée est celle du galvanomètre astatique à deux bobines et à aimant correcteur (*fig.* 258). On lui donne ordinairement une résistance considérable, de 8 à 10 000 ohms. Les aiguilles ont environ 8 millimètres de longueur et sont constituées ordinairement par une série de petits barreaux parallèles (*fig.* 259); on a ainsi pour le même poids un plus grand moment magnétique.

Le petit miroir est collé sur un des systèmes d'aiguilles. L'amortissement est obtenu par une lame mince de mica fixée perpendiculairement au second système.

On transforme facilement l'instrument en galvanomètre différentiel en faisant passer le courant dans le même sens dans les deux cadres.

295. Galvanomètre de Nobili. — Beaucoup d'autres formes ont été données au galvanomètre. Nous reproduisons, pour mémoire seulement, le dessin du galvanomètre de Nobili (*fig.* 260), qui était jusqu'à ces dernières années le plus répandu en France. Les aiguilles sont des aiguilles à coudre de 5 à 6 centimètres de longueur. L'aiguille supérieure placée en dehors du cadre oscille au-dessus d'une plaque de cuivre rouge qui porte le cadran et sert à amortir les oscillations. Mais la fente qu'il est nécessaire d'y ménager pour introduire l'aiguille intérieure, a l'inconvénient d'interrompre la plaque au point même où se produit le maximum de vitesse, et de nuire beaucoup à l'amortissement.

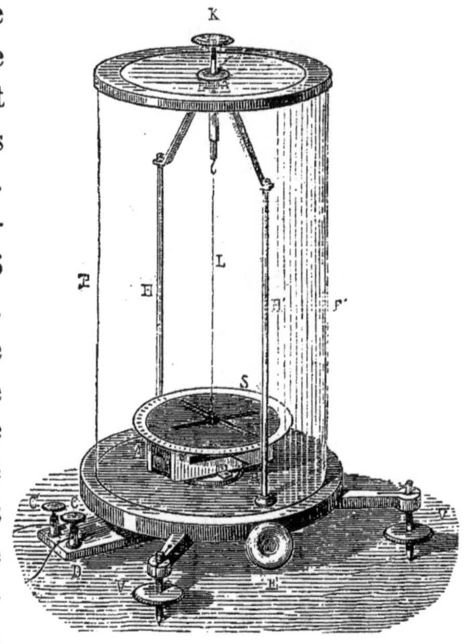

Fig. 260.

L'instrument est beaucoup moins sensible que le précédent; en outre, à cause de la grandeur des aiguilles, les déviations cessent d'être proportionnelles aux intensités dès qu'elles dépassent 20°; au delà, une raduation devient nécessaire.

296. Galvanomètre Deprez-d'Arsonval. — Un cadre rectangulaire (*fig.* 261) mobile autour d'un axe formé par deux fils métalliques qui servent à amener le courant, est placé dans le champ compris entre les deux branches d'un aimant en fer à cheval et un cylindre creux de fer doux, maintenu par un support indépendant à l'intérieur du cadre et qui s'aimante par influence. Quand le courant passe, le plan du cadre tend à se placer perpendiculairement au champ (**235**); un équilibre s'établit entre l'action électromagnétique et la torsion du fil. L'amortissement est produit par les courants d'induction dus aux mouvements du cadre dans le champ, et comme celui-ci est très intense, l'appareil est sensiblement apériodique lorsque le circuit est fermé par une résistance faible.

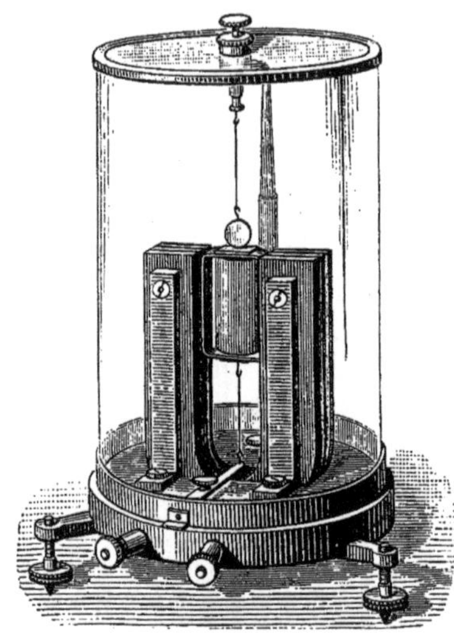

Fig. 261.

La lecture des déviations se fait au moyen d'un petit miroir attaché au cadre.

Si on désigne par S la surface totale comprise par les spires du cadre et par H l'intensité du champ supposé uniforme, enfin par C le coefficient de torsion du fil, l'équation d'équilibre est

$$\mathrm{SHI}\cos\alpha = \mathrm{C}\alpha;$$

on en déduit

$$\mathrm{I} = \frac{\mathrm{C}}{\mathrm{SH}} \frac{\alpha}{\cos\alpha}.$$

Pour les petites déviations α se confond avec sin α et l'intensité est sensiblement proportionnelle à la tangente de la déviation.

297. Électrodynamomètre. — Dans les électrodynamomètres on mesure le courant par l'action qu'il exerce sur un autre courant. Toutes choses égales d'ailleurs, l'action est proportionnelle au produit II′ des deux intensités et au carré de l'intensité si les deux conducteurs qui réagissent l'un sur l'autre sont parcourus par le même courant. Dans ce dernier cas le sens de l'action ne change pas quand on change le sens du courant.

L'électrodynamomètre de Weber se compose d'un cadre comme celui du galvanomètre, mais l'aimant est remplacé par une petite bobine soutenue par une suspension bifilaire dont les deux fils servent à amener le courant (*fig.* 262). On règle la suspension de manière que dans la position d'équilibre les axes des bobines soient perpendiculaires entre eux; en même temps pour diminuer autant que possible l'action de la terre sur la bobine mobile, on place son axe dans le méridien magnétique. Quand le courant passe, les axes des bobines tendent à se mettre parallèles. La bobine B entraîne avec elle le miroir M qui sert à mesurer la déviation.

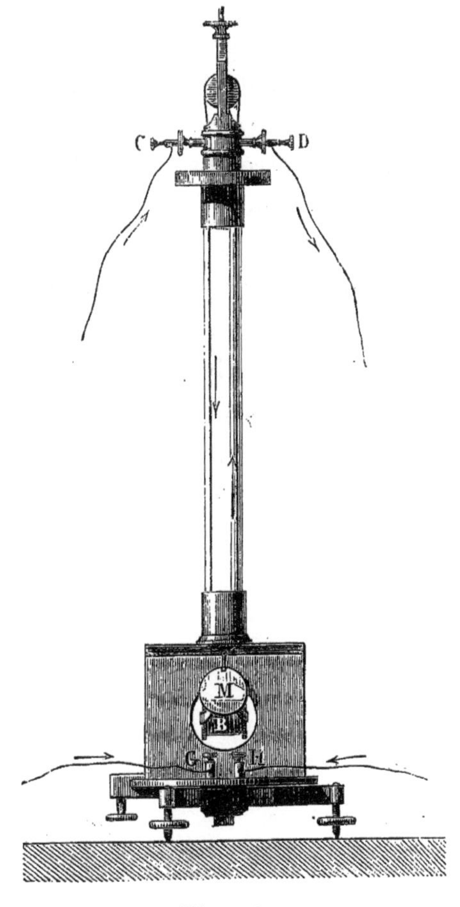

Fig. 262.

Si on suppose encore l'action du cadre constante dans

toute la région occupée par la bobine mobile, qu'on désigne par S la surface totale des spires et par C le coefficient de torsion du bifilaire, on a comme équation d'équilibre,

$$SGI^2 \cos\alpha = C \sin\alpha$$

et, par suite,

$$I^2 = \frac{C}{SG} \operatorname{tang}\alpha ;$$

le carré de l'intensité est proportionnel à la tangente de la déviation.

On pourrait également déduire le carré de l'intensité de l'attraction ou de la répulsion s'exerçant entre deux cadres parallèles maintenus à une distance fixe. Tels sont les électrodynamomètres-balances dans lesquels l'un des cadres est suspendu au fléau d'une balance et l'attraction mutuelle mesurée par des poids.

Il est impossible d'atteindre avec les électro-dynamomètres le degré de sensibilité qu'on obtient facilement avec le galvanomètre. Mais ils présentent sur ceux-ci deux avantages : les indications qu'ils donnent sont indépendantes de l'intensité du champ magnétique extérieur, et quand les deux bobines sont traversées par le même courant, indépendantes aussi des changements de sens du courant.

CHAPITRE XXVI

MESURES ÉLECTROMAGNÉTIQUES

298. Mesures usuelles. — Les mesures d'*intensité*, de *quantité*, de *force électromotrice*, de *résistance* et de *capacité*, sont celles qui se rencontrent le plus souvent dans la pratique. Toutes peuvent être faites au moyen du galvanomètre.

299. Mesure d'une intensité. — La mesure absolue se fait directement par la boussole des tangentes qui donne (**286**)

$$I = \frac{H}{G} \operatorname{tang} \alpha,$$

et indirectement par un galvanomètre taré. Il suffit de connaître la déviation du galvanomètre pour un courant donné. On fera passer simultanément un même courant par une boussole des tangentes et par le galvanomètre, shunté au besoin. Soient α et α' les déviations observées dans les deux instruments; si G' est la constante du cadre du galvanomètre et H' la composante horizontale du champ au point occupé par l'aiguille, on aura

$$I = \frac{H}{G} \operatorname{tang} \alpha = \frac{H'}{G'} \operatorname{tang} \alpha',$$

équation qui permettra de calculer le facteur par lequel il faut multiplier les indications du galvanomètre pour en déduire l'intensité, soit en unités C.C.S., soit en ampères.

Avec les galvanomètres de grande sensibilité, le tarage peut se faire plus simplement. Il suffit d'observer la déviation obtenue quand on ferme un couple de force électromotrice connue par une résistance très grande comprenant le galvanomètre. Supposons qu'il s'agisse d'un couple Daniell, que la résistance totale du circuit soit de 30 000 ohms et que le galvanomètre shunté au millième donne une déviation de 100 divisions de l'échelle.

L'intensité totale est de $\frac{1,07}{30\,000}$ dont le millième seulement passe dans le galvanomètre. Par suite une division correspond à un courant de

$$\frac{1,07}{30\,000.1000.100} = 3,6.10^{-10}\ \text{C.G.S.} = 3,6.10^{-9}\ \text{ampères.}$$

Tel est l'ordre de sensibilité qu'on observe dans les galvanomètres astatiques de grande résistance.

En général, on ne connaît pas la résistance de l'étalon, mais on peut la considérer comme négligeable devant la résistance du circuit. Si le galvanomètre est shunté au m^e, sa résistance g entre pour $\frac{g}{m}$ dans la résistance du circuit.

300. Mesure d'une quantité d'électricité. Galvanomètre balistique. — Quand une décharge traverse le galvanomètre, l'aiguille est lancée hors de sa position d'équilibre, et après avoir fourni un certain arc d'impulsion, y revient par une suite d'oscillations. Si la décharge est terminée avant que l'aiguille ait eu le temps de se déplacer d'une manière sensible, l'arc d'impulsion mesure la quantité d'électricité mise en mouvement.

Le problème est celui d'une force instantanée agissant sur un pendule.

Soient m le moment magnétique de l'aiguille, K son moment d'inertie par rapport à l'axe de rotation, et G la constante du cadre; à l'instant où l'intensité du courant de décharge est i, l'action exercée sur l'aiguille a pour moment $\mathrm{G}mi$, et pendant un temps infiniment court dt, elle communique à l'aiguille une vitesse angulaire $\frac{\mathrm{G}mi\,dt}{\mathrm{K}}$. Si l'aiguille est restée immobile pendant tout le temps de la décharge, la vitesse finale ou l'impulsion est la somme de tous les termes semblables, somme qui est évidemment égale à $\frac{Gmq}{K}$, q étant la quantité totale d'électricité mise en mouvement. On a, par suite, en désignant par ω la vitesse angulaire imprimée à l'aiguille,

$$K\omega = Gmq. \tag{1}$$

D'autre part, si on désigne par τ la durée de l'oscillation de l'aiguille, et par θ l'arc d'impulsion correspondant à la vitesse ω, la théorie du pendule donne

$$\tau = \pi\sqrt{\frac{K}{mH}} \tag{2}$$

et

$$\omega = \theta\frac{\pi}{\tau}. \tag{3}$$

En substituant dans l'équation (1) les valeurs de k et de ω tirées de (2) et (3), il vient, les facteurs communs supprimés,

$$q = \frac{H}{G}\frac{\tau}{\pi}\alpha = C\alpha. \tag{4}$$

On aura la constante C, en déterminant comme plus haut (**299**) le facteur $\frac{G}{H}$ et la durée de l'oscillation de l'aiguille, — ou plus simplement, en déterminant l'arc d'impulsion correspondant à la décharge d'une quantité connue d'électricité, par exemple celle qu'on obtient en faisant tourner de 180° dans le champ terrestre un cadre de surface connue (**269**).

Dans le calcul qui précède l'arc θ est celui que parcourrait l'aiguille sans l'amortissement. En réalité on observe un angle θ_1 plus petit que θ. Pour tenir compte de la différence il suffit d'observer l'amplitude θ_2 de l'oscillation qui suit immédiatement du même côté et de prendre

$$\theta = \theta_1 + \frac{\theta_1 - \theta_2}{4}.$$

En effet, entre les deux élongations θ_1 et θ_2 l'aiguille a fait quatre demi-oscillations et on peut admettre que la perte causée par l'amortissement sur l'arc d'impulsion est égale à la perte moyenne qui s'est produite sur chacune des demi-oscillations suivantes.

301. Courants alternatifs. — Si on fait passer dans le galvanomètre une série de décharges alternativement de sens contraires et se succédant à des intervalles très courts, la déviation mesure la somme algébrique de la quantité d'électricité qui passe, et si celle-ci est nulle, l'aiguille reste immobile ou éprouve seulement des déviations accidentelles. Tel est le cas d'un courant sinusoïdal ou encore des courants alternatifs qu'on obtient dans un circuit par une succession rapide de ruptures et de fermetures dans un circuit voisin (**272**). Dans ce cas, on peut employer l'électrodynamomètre : la déviation est proportionnelle au carré moyen de l'intensité, c'est-à-dire au nombre qui est la moyenne des carrés des intensités successives. Le même résultat peut être obtenu avec l'électromètre (**307**).

302. Mesure des résistances. — On mesure une résistance en la comparant, au moyen d'un courant, à une résistance connue. Il est impossible de comparer deux résistances sans y faire passer un courant, pas plus qu'on ne peut comparer deux masses sans les soumettre à l'action d'une force, la pesanteur, par exemple.

L'unité de résistance est l'ohm défini comme étant la résistance d'une colonne de mercure à 0° ayant un millimètre carré de section et 106 centimètres de longueur. La réalisation de l'étalon se réduit à une simple opération mécanique, le calibrage d'un tube et la pesée du mercure à zéro qu'il contient. On en fait des copies, soit en mercure (*fig.* 263), soit en maillechort (*fig.* 264). Ces copies ont la valeur marquée à une température déterminée. La variation de la résistance

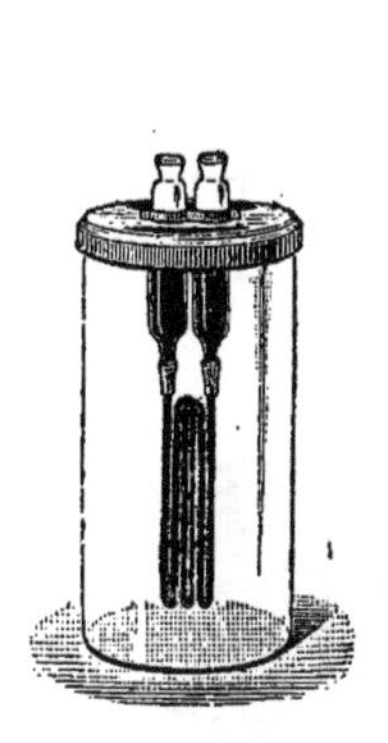

Fig. 263.

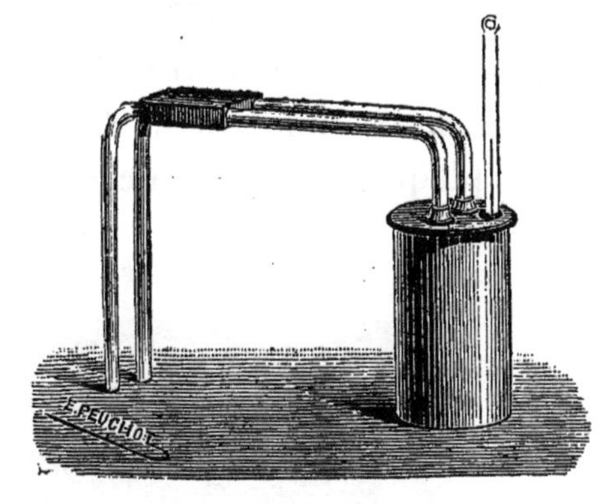

Fig. 264.

du mercure dans un tube de verre est donnée par la formule

$$R = R_0(1 + 0,0008649t + 0,00000112t^2);$$

celle du maillechort par la formule

$$R = R_0(1 + 0,00044t).$$

Un thermomètre renfermé dans la boîte qui contient le fil fait connaître la température.

303. Boîtes de résistances. — Il est nécessaire d'avoir à sa disposition une série de résistances dont les valeurs croissent d'une manière régulière. Elles sont formées ordinairement de bobines placées dans une même boîte et munies de clefs qui permettent de les introduire à volonté dans un circuit.

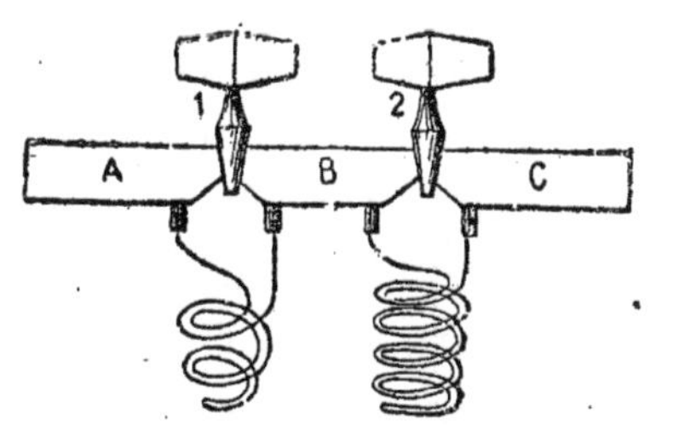

Fig. 265.

Pour éviter les effets d'induction, le fil est enroulé après avoir été replié sur lui-même. Il doit être parfaitement isolé. Les deux extrémités d'une même bobine aboutissent à deux masses de cuivre A et B (*fig.* 265), présentant entre elles un intervalle, qui peut être fermé par une cheville. Il suffit d'enlever la clef pour introduire la bobine dans le circuit.

La disposition la plus commode est celle des boîtes à cadrans ou à décades (*fig.* 266). Chaque cadran est composé de 9 bobines égales reliées entre elles par des plaques de cuivre au nombre de 10, numérotées de 0 à 9. Il n'y a pas de bobine entre les plaques 9 et 0. Au centre est un disque de cuivre

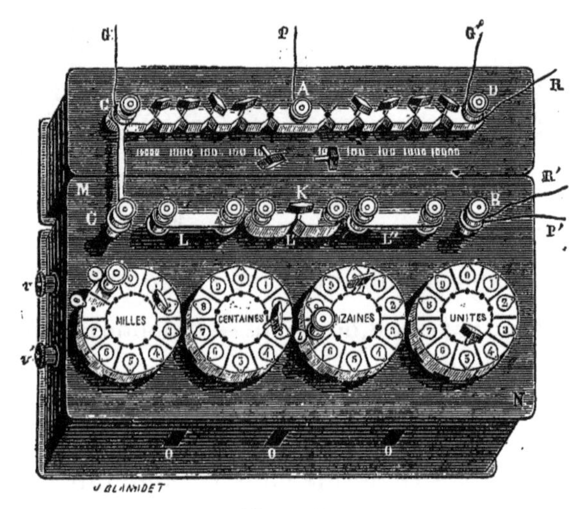

Fig. 266.

relié au zéro du cadran suivant par une des bandes de cuivre L, L′, L″. Les chevilles se placent entre le disque et les plaques de la couronne.

Un cadran correspond aux unités, le suivant aux dizaines, etc. Les chevilles telles qu'elles sont placées sur la figure introduisent entre les deux bornes B et C une résistance de 2305 ohms. K est une cheville de sûreté qui supprime, quand on l'enlève, toute communication entre les deux bornes B et C. Des chevilles spéciales, munies de serre-fil, et qui se placent dans des trous pratiqués au milieu des plaques de la couronne, servent à prendre une résistance quelconque sur les cadrans. Le reste la figure trouvera plus loin son explication.

304. Pont de Wheatstone. — La méthode de comparaison la plus employée est celle du *pont de Wheatstone*. Elle répond au problème suivant :

Un circuit étant bifurqué entre les deux points A et B (*fig.* 267), on demande de jeter un *pont* CD entre les deux dérivations tel qu'aucun courant ne passe par ce pont.

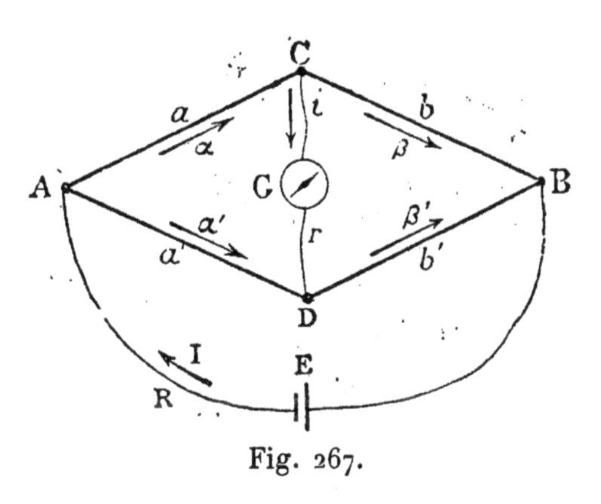

Fig. 267.

Il faut et il suffit que les deux points C et D soient au même potentiel.

Or, si on appelle a, a', b et b', les résistances des quatre branches AC, AD, CB, DB, V le potentiel du point A, V' celui du point B, la chute de potentiel de A en C a pour valeur

$$(V - V')\frac{a}{a + b},$$

et de A en D

$$(V - V')\frac{a'}{a' + b'};$$

on doit donc avoir

$$\frac{a}{a + b} = \frac{a'}{a' + b'},$$

et par suite :

$$\frac{a}{a'} = \frac{b}{b'} \quad \text{ou} \quad ab' = a'b;$$

autrement dit les résistances des quatre branches du *parallélogramme* doivent former une proportion.

On voit que l'état d'équilibre est indépendant de la résistance des branches que contiennent la pile et le galvanomètre ; ces deux branches sont dites *conjuguées*.

Cette disposition donne un procédé très simple pour comparer deux résistances b et b' puisque lorsqu'il n'y a pas de courant dans le pont CD, leur rapport est celui des deux résistances a et a' choisies à volonté.

Supposons les quatre branches du parallélogramme formées de barres métalliques elles-mêmes sans résistance, mais permettant d'insérer telle résistance qu'on désire (*fig.* 268).

Soit b la résistance à mesurer, b' la résistance étalonnée qu'on lui compare et qu'on ajuste de manière à établir l'équi-

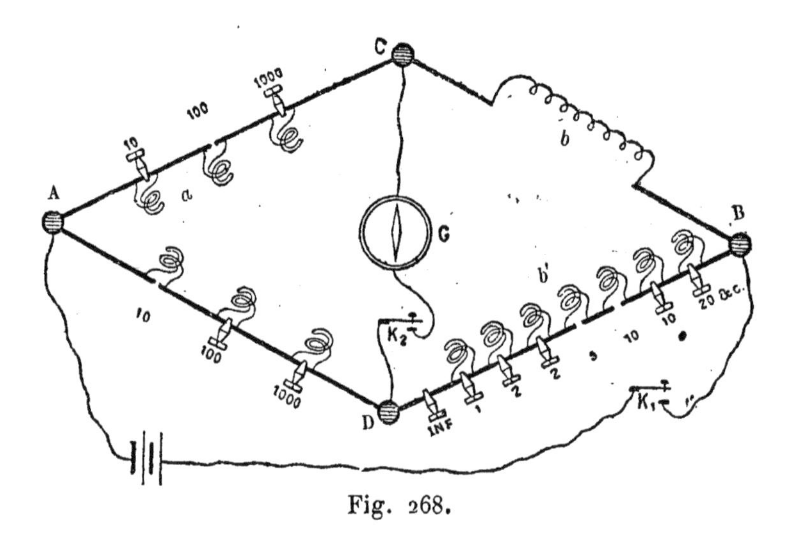

Fig. 268.

libre, a et a' des résistances arbitraires. Si on prend $a = a'$, on a aussi $b = b'$; mais il suffit d'établir tel rapport qu'on voudra entre les branches a et a', pour que les conditions d'équilibre correspondent au même rapport dans les branches b et b'.

La disposition de Wheatstone est souvent comparée à une balance, les résistances a et a' correspondant aux deux bras du fléau; mais à l'inverse de ce qui a lieu pour les poids, il faut, pour l'équilibre, que les résistances qu'on compare soient proportionnelles aux bras du levier.

Les bras a et a' comprennent des résistances égales deux à deux et égales à 10, 100, 1000. Dans la figure, le rapport établi entre les deux bras est celui de 10 à 1, et comme la résistance b' est égale à 15 ohms, la résistance mesurée est de 150 ohms.

Pour éviter l'effet des courants d'induction sur l'aiguille du galvanomètre, on ne ferme le circuit du galvanomètre au moyen de la clef K_2, qu'après avoir fermé le circuit de la pile en abaissant la clef K_1.

La portion CAD de la figure 267 représente le fléau de la boîte à cadrans. Les bobines contenues dans les bras a et a' sont de 10, 100, 1,000 et 10,000 ohms. On peut donc établir tous les rapports correspondant à toutes les puissances de 10, de 10^{-3} à 10^3.

305. Pont à corde. — Remplaçons dans le parallélogramme ordinaire (*fig.* 269) un des sommets C par un fil rectiligne A'B', le long duquel puisse se déplacer l'extrémité C de la branche du galvanomètre. Si on désigne par l la longueur du fil A'B' supposé cylindrique et homogène,

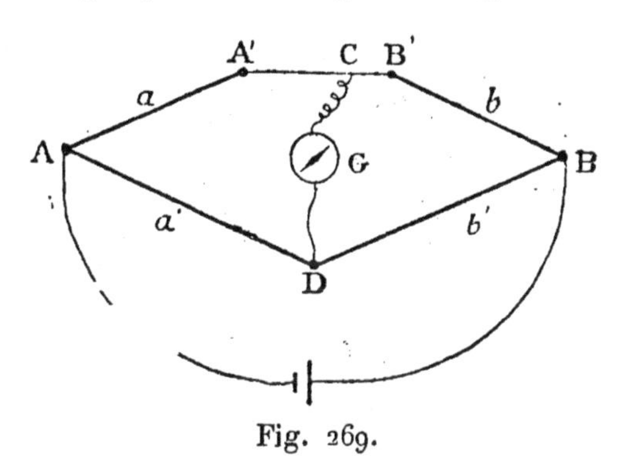

Fig. 269.

par x la distance A'C, et qu'on suppose les résistances exprimées en unités de longueur du fil A'B', on a pour équation d'équilibre

$$\frac{a'}{b'} = \frac{a+x}{b+l-x}.$$

Le fil, ordinairement en maillechort, forme un des côtés d'un rectangle allongé (*fig.* 270), dont les trois autres côtés sont constitués par de larges bandes de cuivre de résistance négligeable, entre lesquelles sont placées les deux résistances à comparer b' et a', et deux résistances connues a et b. Si on remplace ces deux dernières par des barres sans résistance, on a simplement

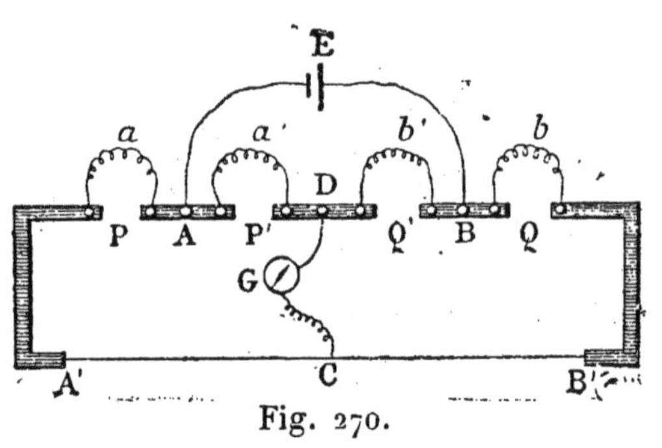

Fig. 270.

$$\frac{a'}{b'}=\frac{A'C}{B'C}.$$

L'appareil est surtout commode pour la comparaison de résistances presque identiques telle que la comparaison d'une copie à son étalon.

306. Résistance d'une pile. — On ferme la pile par une très grande résistance contenant un galvanomètre et on lit une intensité i; on met sur les pôles de la pile une dérivation dont la résistance soit de même ordre que celle de la pile, on lit une intensité i'. Si ρ est la résistance de la pile et s celle de la dérivation, on a

$$\frac{\rho}{s}=\frac{i-i'}{i'}.$$

En effet, soit E la force électromotrice de la pile, g la résistance du circuit, on a, en appliquant les lois de Kirchhoff (**114**)

$$E=i(g+\rho)=i'\left(g+\rho\frac{g+\rho}{s}\right),$$

ou

$$E=ig\left(1+\frac{\rho}{g}\right)=i'g\left(1+\frac{\rho}{s}+\frac{\rho}{g}\right).$$

Si g est pris assez grand pour que $\frac{\rho}{g}$ soit négligeable, l'équation se réduit

$$i=i'\left(1+\frac{\rho}{s}\right)$$

c'est-à-dire à la formule précédente.

307. Mesure des forces électromotrices. — L'électromètre donnera immédiatement la mesure de la force électromotrice d'un couple par comparaison avec un étalon. On peut également employer le galvanomètre, à la condition d'y joindre une grande résistance. Si la résistance du couple est négligeable devant celle du circuit, les forces électromotrices sont, comme avec l'électromètre, proportionnelles aux déviations.

On mesurera de la même manière la différence de potentiel qui existe entre deux points A et B d'un fil traversé par un courant. Si I est l'intensité du courant et R la résistance du fil entre les deux points, on a $e = RI$; la mesure de e permet de déterminer I quand on connaît R. Le procédé est souvent employé pour mesurer de grandes intensités.

Il est surtout commode dans le cas des courants alternatifs; on emploie l'électromètre à quadrans en reliant l'aiguille à l'une des paires de quadrans (**77**). Les deux paires de quadrans sont mises respectivement en communication avec les deux extrémités A et B de la résistance R. La déviation de l'aiguille étant proportionnelle au carré de la différence de potentiel, ne change pas avec le signe de cette différence. Si donc les courants alternatifs se succèdent à des intervalles très petits en comparaison de la durée de l'oscillation de l'aiguille, celle-ci prend une déviation fixe proportionnelle au carré moyen de l'intensité. Si θ est la déviation et qu'on désigne par I_m cette valeur moyenne, on a

$$\theta = AV_m^2 = AR^2 I_m^2,$$

et par suite

$$I_m = \frac{1}{R}\sqrt{\frac{\theta}{A}}.$$

308. Méthode de comparaison. — Par un fil homogène AB (*fig.* 271), on fait passer un courant tel que la chute du potentiel de A en B soit supérieure aux forces électromotrices qu'on veut comparer. Le pôle positif du couple est attaché au point A par l'intermédiaire d'un galvanomètre, le pôle négatif est relié à un curseur C qui se déplace sur le

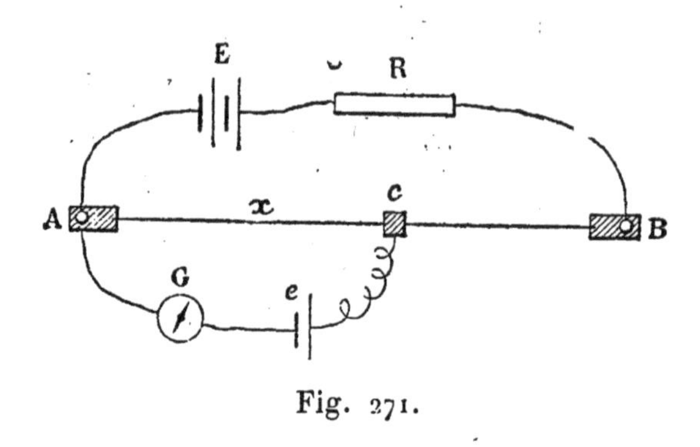

Fig. 271.

fil. On détermine la distance $x = AC$ à laquelle il faut placer le curseur pour que l'aiguille du galvanomètre reste au zéro. Si on désigne par I l'intensité du courant dans le fil AB, l'application de la deuxième loi de Kirchhoff au circuit fermé AC qui ne contient pas de courant dans la branche AGC, donne

$$e = Ix;$$

autrement dit, la force électromotrice du couple est égale à la chute du potentiel de A en C. Avec le couple de comparaison, on aura de même

$$e' = Ix';$$

on en déduit

$$\frac{e}{e'} = \frac{x}{x'}.$$

309. Piles fermées. — On a ainsi la force électromotrice d'un couple en circuit ouvert. Il est également intéressant de connaître la force électromotrice du couple en marche, c'est-à-dire la force électromotrice modifiée par les effets de polarisation. Les deux couples à comparer E et E' sont mis dans un même circuit (*fig.* 272) de manière que les forces électromotrices s'ajoutent; on jette un pont contenant un galvanomètre entre un point arbitraire A et un point B choisi de telle manière que l'aiguille reste au zéro. Soient R et R′ les résistances des deux segments AEB et AE′B du circuit; le courant étant nul dans AB, l'intensité a une même valeur I dans les deux segments. L'application de la seconde loi de Kirchhoff donne

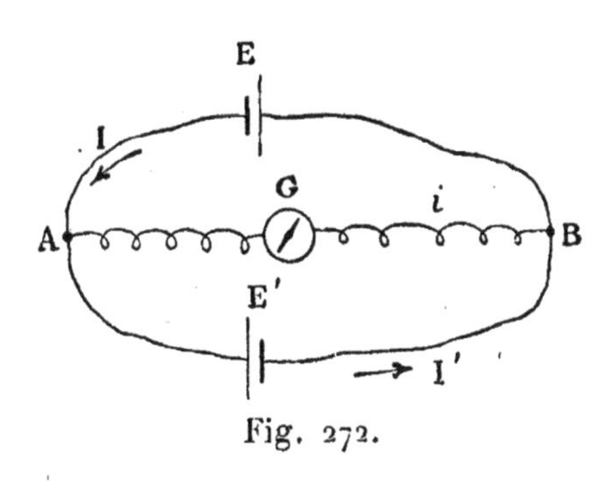

Fig. 272.

$$E = RI,$$
$$E' = R'I;$$

d'où

$$\frac{E}{E'} = \frac{R}{R'}.$$

Pour éviter la mesure des deux résistances R et R′, on ajoute à chacune d'elles une résistance connue, x pour la première, x' pour la seconde, telles que le courant reste nul dans AB; on a alors

$$\frac{E}{E'} = \frac{R}{R'} = \frac{R + x}{R' + x'} = \frac{x}{x'}.$$

310. Mesure des capacités. — Pour comparer deux capacités, il suffit de comparer les quantités d'électricité qui les chargent à un même potentiel. On met les deux armatures du condensateur en communication avec les deux pôles d'une pile et on mesure la charge par le galvanomètre balistique. Les charges, et par suite les capacités, sont comme les arcs d'impulsion.

La même méthode peut être employée avec une capacité connue pour mesurer la force électromotrice d'une pile ou plutôt pour comparer les forces électromotrices de deux couples.

On peut comparer directement deux capacités par une disposition analogue au pont de Wheatstone (*fig.* 273). Les deux condensateurs C et C′ tiennent la place des deux branches b et b' du parallélogramme, leurs armatures extérieures étant en communication avec le sol. On ajuste les deux résistances a et a', de manière qu'en élevant ou abais-

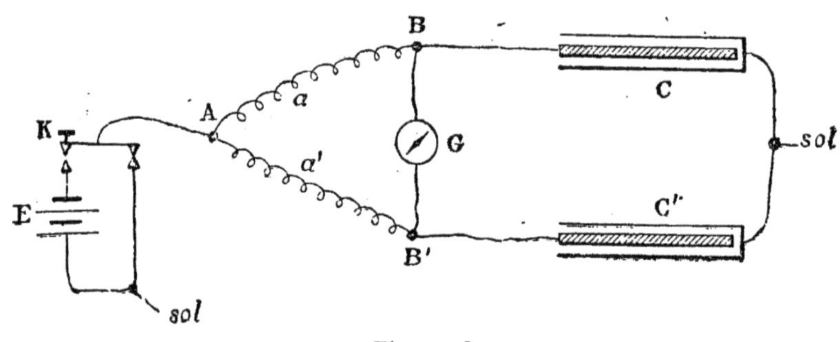

Fig. 273.

sant la clef K qui établit la communication avec la pile, aucun courant ne passe dans le galvanomètre.

L'équilibre exige que les deux extrémités B et B′ du pont soient au même potentiel, c'est-à-dire, qu'à un instant quelconque, les charges Q et Q′ soient proportionnelles aux capacités C et C′; comme ces charges sont proportionnelles aux courants qui les amènent et que ces derniers sont en raison inverse des résistances, on a

$$\frac{c}{c'} = \frac{a'}{a}.$$

CHAPITRE XXVII

UNITÉS ÉLECTRIQUES

311. Unités fondamentales. Unités dérivées. — On mesure toujours une quantité en la comparant à une unité de même espèce. Les diverses unités pourraient être choisies arbitrairement et indépendamment les unes des autres ; et, en fait, c'est ainsi qu'on a procédé pendant longtemps. Mais ce système a l'inconvénient, quand il ne masque pas complètement les relations qui existent entre les diverses grandeurs, d'exiger des calculs fastidieux pour établir leurs rapports. Pour ne considérer qu'un cas très simple, on voit quelle complication offrirait la géométrie, si au lieu de prendre pour unités de surface et de volume le carré et le cube ayant pour côtés l'unité de longueur, on prenait une surface et un volume arbitraires.

En faisant dépendre l'unité de surface et l'unité de volume de l'unité de longueur, on obtient un *système coordonné*, dans lequel les diverses unités dérivent d'une même unité appelée *unité fondamentale*, et, pour cette raison, sont appelées *unités dérivées*.

312. Dimensions d'une unité dérivée. — Les unités dérivées changent évidemment quand on change l'unité fondamentale : suivant qu'on prend le mètre ou le centimètre pour unité de longueur, l'unité de volume devient un million de fois plus grand ou plus petit. On appelle *dimension d'une unité dérivée* la formule qui représente la relation qui la rattache à l'unité ou aux unités fondamentales dont elle dépend.

Si nous convenons de représenter l'unité de longueur par

le symbole [L], les dimensions de l'unité de surface seront représentées par le symbole [L^2] et celles de l'unité de volume par le symbole [L^3].

313. Relation entre l'expression numérique d'une quantité et l'unité. — Il est évident que le nombre qui exprime la grandeur d'une quantité ou son *expression numérique* varie en raison inverse de la grandeur de l'unité. La même longueur sera exprimée par un nombre 100 fois plus grand quand on l'évaluera en centimètres que quand on l'évaluera en mètres. D'une manière générale, si n et n' sont les expressions numériques d'une même quantité quand on l'évalue au moyen des unités [N] ou [N'], on a

$$n[N] = n'[N'],$$

ou

$$\frac{n'}{n} = \frac{[N]}{[N']}.$$

314. Les trois unités fondamentales. Système absolu. — L'électricité est un mode de l'énergie. Tous les phénomènes électriques sont des phénomènes mécaniques et, comme ceux-ci, dépendent de trois éléments primordiaux et irréductibles : l'*espace*, la *matière* et le *temps*. Toutes les grandeurs qui se rapportent aux uns ou aux autres peuvent être dérivées de trois unités fondamentales, l'*unité de longueur*, l'*unité de masse* et l'*unité de temps*.

Un pareil système de mesures est appelé *système absolu*.

315. Unités dérivées mécaniques. — Les principales grandeurs considérées en mécanique sont la *vitesse*, l'*accélération*, la *force*, le *travail* ou l'*énergie*.

Vitesse [v]. — C'est le chemin parcouru dans l'unité de temps ou le quotient d'une longueur par un temps. Les dimensions sont

$$[v] = [LT^{-1}].$$

Accélération [γ]. — C'est l'accroissement de la vitesse pour l'unité de temps ou le quotient d'une vitesse par un temps :

$$[\gamma]=[LT^{-2}].$$

Force $[f]$. — La force est le produit d'une masse par une accélération,

$$[f]=[LMT^{-2}].$$

Travail. Énergie, [W]. — Le travail est le produit d'une force par un chemin, le chemin parcouru par son point d'application. La force vive, qui est une quantité de même espèce, est le produit d'une masse par le carré d'une vitesse. On a dans les deux cas

$$[W]=[L^2MT^{-2}].$$

316. Unités dérivées électriques. — Les grandeurs les plus importantes en électricité sont la *quantité d'électricité*, l'*intensité de courant*, la *résistance*, la *force électromotrice*, la *capacité* et la *quantité de magnétisme*. Ces diverses quantités sont reliées par les lois fondamentales établies par l'expérience, et la condition que nous nous sommes imposée de rejeter de l'expression de ces lois tout coëfficient parasite, implique un certain nombre d'équations de condition auxquelles doivent satisfaire les unités dérivées pour former un *système coordonné*.

Ainsi, la quantité d'électricité, l'intensité, la résistance et la force électromotrice sont reliées,

par la loi de Faraday (**104**)

$$I=\frac{q}{t}, \tag{1}$$

par la loi d'Ohm (**105**)

$$I=\frac{E}{R}, \tag{2}$$

par la loi de Joule (**109**)

$$W=JQ=I^2Rt, \tag{3}$$

La capacité est définie au moyen de la quantité et du potentiel ou de la force électromotrice (**49**), par la formule

$$(4) \qquad q = \mathrm{CE}.$$

Enfin, les grandeurs électriques sont reliées aux grandeurs magnétiques par la loi d'Ampère (**225**)

$$(5) \qquad \mathrm{I} = \Phi.$$

Soit 5 équations entre 6 quantités; de telle sorte qu'une seule reste arbitraire et que celle-ci une fois choisie, les autres seront déterminées.

317. Divers systèmes d'unités. — Pour constituer un système absolu, il est nécessaire que la quantité prise comme point de départ puisse être exprimée en unités mécaniques. C'est ce qu'on peut faire, soit pour la quantité d'électricité, en partant de la loi de Coulomb (**7**)

$$(6) \qquad f = \frac{qq'}{r^2},$$

soit pour la quantité de magnétisme, en partant également de la loi de Coulomb (**144**),

$$(7) \qquad f = \frac{mm'}{r^2}.$$

On a donc le choix entre deux systèmes, mais deux systèmes qui sont incompatibles et exclusifs. Le premier est le *système électrostatique;* le second, le *système électromagnétique*.

Il n'y a aucune raison théorique qui donne la supériorité à l'un des systèmes sur l'autre. Les quantités se présentent d'une manière plus simple et plus spontanée sous l'une ou l'autre forme, suivant la nature du problème et des instruments de mesure employés. L'emploi si général du galvanomètre donne au système électromagnétique une importance pratique prépondérante.

Nous allons déterminer les dimensions des unités dérivées dans les deux systèmes. Nous représenterons par de petites lettres les quantités évaluées dans le système électrostatique, et par des majuscules les expressions des mêmes grandeurs dans le système électromagnétique.

318. Système électrostatique. — *Quantité d'électricité* $[q]$. — Si dans la formule de Coulomb (6), on fait $q = q'$, on a

$$q = d\sqrt{f}.$$

On en déduit pour les dimensions de q

$$[q] = [d][f^{\frac{1}{2}}] = [L^{\frac{3}{2}} M^{\frac{1}{2}} T^{-1}].$$

Intensité de courant $[i]$. — La loi de Faraday (1) donne

$$[i] = \frac{[q]}{[t]} = [L^{\frac{3}{2}} M^{\frac{1}{2}} T^{-2}].$$

Résistance $[r]$. — Elle est définie par la loi de Joule (3); on a

$$[r] = \frac{[W]}{[i^2][t]} = [L^{-1} T];$$

ses dimensions sont celles de l'inverse d'une vitesse.

Force électromotrice ou *potentiel électrostatique* $[e]$. — La loi d'Ohm (2) donne

$$[e] = [i][r] = [L^{\frac{1}{2}} M^{\frac{1}{2}} T^{-1}];$$

on arriverait au même résultat en se rappelant que le potentiel électrostatique est de la forme $\frac{q}{r}$ (**37**).

Capacité électrostatique $[c]$. — La formule (4) donne

$$[c] = \frac{[q]}{[e]} = [L].$$

La capacité électrostatique est donc une longueur, comme on l'a déjà vu (**51**).

Quantité de magnétisme $[m]$. — La puissance d'un feuillet est le produit d'une densité superficielle par une longueur ; une densité superficielle est le quotient d'une quantité par une surface : finalement, la puissance d'un feuillet est le quotient d'une quantité de magnétisme par une longueur. Les dimensions de la puissance du feuillet étant les mêmes que celles de l'intensité en vertu de la loi d'Ampère (5), on a

$$[m] = [i][L] = [L^{\frac{5}{2}} m^{\frac{1}{2}} T^{-2}].$$

319. Système électromagnétique. — *Quantité de magnétisme* $[m]$. — La loi de Coulomb donne encore

$$[m] = [L^{\frac{3}{2}} M^{\frac{1}{2}} T^{-1}].$$

Puissance magnétique $[\Phi]$. *Intensité de courant* $[I]$. — On en déduit immédiatement

$$[\Phi] = [I] = [L^{\frac{1}{2}} M^{\frac{1}{2}} T^{-1}].$$

Quantité d'électricité $[Q]$. — La quantité d'électricité étant le produit d'une intensité par un temps, on a

$$[Q] = [L^{\frac{1}{2}} M^{\frac{1}{2}}].$$

Résistance $[R]$. — La résistance est encore définie par la loi de Joule, qui donne

$$[R] = \frac{[W]}{[I^2][t]} = [LT^{-1}];$$

les dimensions sont donc celles d'une vitesse.

Force électromotrice $[E]$. — La loi d'Ohm donne

$$[E] = [I][R] = [L^{\frac{3}{2}} M^{\frac{1}{2}} T^{-2}].$$

Capacité $[C]$. — La capacité étant le rapport de la charge à la différence du potentiel, on a encore

$$[C] = \frac{[Q]}{[E]} = [L^{-1} T^{2}].$$

320. Relations entre les deux systèmes d'unités. — On obtiendra le rapport qui existe entre deux unités correspondantes, en égalant les expressions numériques d'une même quantité dans les deux systèmes. Ainsi une même quantité de travail W peut avoir pour expression :

$$\begin{aligned} W &= i^2rt = I^2Rt, \\ &= eit = EIt, \\ &= eq = EQ, \\ &= e^2c = E^2C. \end{aligned}$$

On en déduit, en désignant par a une constante,

$$a = \sqrt{\frac{R}{r}} = \frac{i}{I} = \frac{E}{e} = \frac{q}{Q} = \sqrt{\frac{c}{C}}.$$

Ces relations ont lieu entre les valeurs numériques ; entre les unités, on aura les rapports inverses (**313**)

$$\frac{[Q]}{[q]} = \frac{[I]}{[i]} = \frac{[e]}{[E]} = a,$$

$$\frac{[r]}{[R]} = \frac{[C]}{[c]} = a^2.$$

Il résulte de ces relations que la quantité d'électricité qui correspond à l'unité électromagnétique est a fois plus grande que celle qui correspond à l'unité électrostatique. Si dans les égalités précédentes on remplace chaque unité dérivée par ses dimensions, on trouve que le rapport a lui-même pour dimensions $[LT^{-1}]$, par suite les dimensions d'une vitesse. C'est ce qu'il est d'ailleurs facile de voir directement par la comparaison des expressions d'une même résistance. Une résistance électromagnétique est une vitesse (**319**), une résistance électrostatique l'inverse d'une vitesse (**318**) ; le rapport est le carré d'une vitesse ; ce rapport est égal à a^2, il en résulte que a est une vitesse ou tout au moins une quantité de même nature qu'une vitesse.

Ce nombre tel que l'a fourni l'expérience se trouve avoir la même expression numérique que la vitesse de la lumière. Il est peu probable que ce soit une coïncidence fortuite et non le signe d'une corrélation encore inconnue entre les phénomènes électriques et les phénomènes lumineux.

321. Remarques sur les unités des deux systèmes. — Dire que les dimensions des unités relatives à une même grandeur sont différentes dans les deux systèmes, c'est dire que ces unités ne sont pas de même espèce, ce qui semble impliquer contradiction. Une comparaison très simple lèvera la difficulté. Pour exprimer la distance de deux villages, si le cantonnier dit 8 kilomètres, le paysan dira 2 heures, le premier employant comme unité une *longueur*, et le second un *temps*. La relation qui relie les deux unités est précisément la même que celle qui unit l'unité d'électricité électrostatique à l'unité électromagnétique : la vitesse du piéton dans le premier cas joue le même rôle que la vitesse de la lumière dans le second.

Il faut dire, si l'on veut être tout à fait correct, non pas que l'unité électromagnétique de quantité vaut a unités électrostatiques, mais que la quantité d'électricité qui correspond à une unité électromagnétique est a fois plus grande que celle qui correspond à une unité électrostatique, comme on dit que la distance qui correspond à une heure de marche vaut quatre fois celle qu'on appelle un kilomètre.

322. Choix des unités fondamentales. Système C.G.S. — Le choix des unités fondamentales de *longueur*, de *masse* et de *temps* est évidemment arbitraire. Pour l'unité de temps, la seconde sexagésimale, telle qu'un jour solaire moyen en compte 86400, s'impose naturellement. Pour l'unité de longueur, il convenait de prendre le mètre ou un multiple du mètre exprimé par une puissance de 10.

Pour l'unité de masse, il y a avantage à prendre la masse de l'unité de volume de l'eau à son maximum de densité, autrement dit la masse de l'unité de poids. La masse d'un corps et son poids sont alors exprimés par le même nombre.

Le congrès des électriciens, réuni à Paris en 1881, a décidé de prendre comme unités fondamentales :

Le *centimètre* comme unité de longueur,
La *masse du gramme* comme unité de masse,
La *seconde sexagésimale* comme unité de temps,

et de désigner sous le nom de *système absolu* C.G.S. le système d'unités physiques correspondant.

L'unité de vitesse est la vitesse d'un centimètre par seconde.

L'unité d'accélération, celle qui croît d'un centimètre par seconde.

La force égale à l'unité ou la *dyne* est celle qui, agissant sur une masse d'un gramme, lui communique en une seconde une accélération d'un centimètre. Cette masse prenant sous l'action de son poids, égal à un gramme, une accélération de 981 centimètres, le poids d'un gramme, considéré comme force, vaut 981 dynes. Le poids d'un milligramme vaut donc presque une dyne et le poids d'un kilogramme presque un million de dynes ou une *mégadyne*, en employant la préfixe *méga* pour désigner un multiple de l'unité par 10^6.

L'unité de travail ou l'*erg* est le travail fourni par l'unité de force ou la dyne quand son point d'application se déplace d'un centimètre. Un *kilogrammètre* vaut évidemment 981.10^5 ou à peu près 10^8 ergs.

Une calorie-gramme valant 0,425 kilogrammètres, vaudra $0,425.981.10^5 = 4,17.10^7$ ergs. Inversement, un erg correspond à $2,4.10^{-8}$ calories.

Les deux unités de force et de travail sont les seules qui aient reçu une dénomination spéciale. Les autres sont simplement désignées sous le nom d'unités C.G.S. Ainsi pour la quantité d'électricité, on dira l'*unité électrostatique C.G.S.*, l'*unité électromagnétique C.G.S.*, etc.

323. Unités pratiques. — Malheureusement les valeurs des unités électriques C.G.S. ne se trouvent pas en rapport convenable avec les grandeurs que l'on rencontre dans la pratique. Ainsi, dans le système électromagnétique, l'unité de résistance C.G.S. n'est guère que la résistance d'un vingt millième de millimètre d'un fil de cuivre d'un millimètre de diamètre; l'unité de force électromotrice C.G.S, la cent millionième partie de la force électromotrice d'un couple Daniell; par contre, l'unité de capacité est à peu près celle d'une sphère dont le rayon vaudrait plus d'un million de fois le rayon terrestre.

On a été ainsi conduit pour les cinq grandeurs qui se présentent à chaque instant dans la pratique, savoir la *résistance*, la *force électromotrice*, l'*intensité du courant*, la *quantité d'électricité* et la *capacité*, à prendre comme unité des multiples décimaux convenables des unités C.G.S. et à leur donner des noms pour en faciliter l'emploi. Ce système a été consacré, sous la forme suivante, par le congrès de Paris.

L'unité pratique de résistance est égale à 10^9 unités absolue C.G.S. et prend le nom d'*ohm*[1];

L'unité pratique de force électromotrice est égale à 10^8 unités absolues C.G.S. et porte le nom de *volt*[2];

On appelle *ampère* le courant produit par la force électromotrice d'un volt dans un circuit ayant une résistance d'un ohm : l'ampère vaut 10^{-1} unités C.G.S.

On appelle *coulomb* la quantité d'électricité qui dans une seconde traverse la section d'un conducteur parcouru par un courant d'un ampère : le coulomb vaut 10^{-1} unités C.G.S.

On appelle *farad* la capacité définie par la condition qu'un

1. L'unité de résistance ainsi définie se trouvait être à peu près celle d'une colonne de mercure de 1 mètre de longueur et 1 millimètre carré de section, ou encore d'un kilomètre de fil télégraphique en fer de 4 millimètres de diamètre. Nous verrons plus loin comment on a déterminé sa valeur exacte.

2. L'unité de force électromotrice ainsi choisie se trouvait être à peu près celle d'un couple Daniell.

coulomb la charge au potentiel d'un volt : le farad vaut 10^{-9} unités C.G.S.

Les préfixes *méga* et *micro* sont employés pour désigner des multiples ou sous-multiples de l'unité principale par un million. Ainsi le multiple appelé *mégohm* vaut 10^6 ohms ; le *microfarad* vaut 10^{-6} farads ou 10^{-15} unités C.G.S. En réalité le microfarad est l'unité pratique de capacité (**51**).

Nous avons adopté (**40**) comme unité pratique de travail le *watt*, lequel, étant égal au produit d'un coulomb par un volt, vaut 10^7 unités C.G.S. ou 10^7 ergs. Le kilogrammètre valant 981.10^5 ou sensiblement 10^8 ergs, vaut 9,81 ou environ 10 watts [1].

Nous avons vu que la calorie-gramme vaut $4,17.10^7$ ergs. Elle vaut donc 4,17 watts. Réciproquement un watt correspond à 0,24 calorie-gramme.

L'unité pratique de puissance mécanique est le *watt-seconde*. L'unité employée dans l'industrie est le cheval-vapeur qui correspond à un travail de 75 kilogrammètres par seconde. Le cheval-vapeur vaut donc $75.981.10^5 = 736.10^7$ ergs-seconde, soit 736 watts-seconde.

324. Valeurs comparatives des unités pratiques et des unités C.G.S. — Le tableau suivant donne les nombres d'unités C.G.S. soit électrostatiques, soit électromagnétiques, qui correspondent aux unités pratiques :

		U. électrom. C. G. S.	U. électrost. C. G. S.
Résistance.............	Ohm.......	10^9	$10^9 : a^2$.
Force électromotrice...	Volt........	10^8	$10^8 : a$.
Intensité...............	Ampère....	10^{-1}	$10^{-1}\, a$.
Quantité...............	Coulomb...	10^{-1}	$10^{-1}\, a$.
Capacité...............	Farad......	10^{-9}	$10^{-9}\, a^2$.

Avec les unités C.G.S. le nombre a est égal à 3.10^{10}.

1. Il est intéressant de remarquer que les unités pratiques constituent elles-mêmes un système absolu dans lequel on prend pour valeurs des unités fondamentales :

$[L] = 10^7$ mètres ou le quart du méridien terrestre,
$[M] = 10^{-11}$ de la masse d'un gramme,
$[T] =$ une seconde.

325. TABLEAU DES DIMENSIONS.

UNITÉS FONDAMENTALES.

Longueur	[L]
Masse	[M]
Temps	[T]

UNITÉS DÉRIVÉES MÉCANIQUES.

Vitesse	$[LT^{-1}]$
Accélération	$[LT^{-2}]$
Force	$[LMT^{-2}]$
Travail	$[L^2MT^{-2}]$

UNITÉS DÉRIVÉES ÉLECTRIQUES ET MAGNÉTIQUES.

	Système électrostatique.	Système électromagnétique.
Quantité d'électricité	$[L^{\frac{3}{2}}M^{\frac{1}{2}}T^{-1}]$	$[L^{\frac{1}{2}}M^{\frac{1}{2}}]$
Force électrique	$[L^{-\frac{1}{2}}M^{\frac{1}{2}}T^{-1}]$	$[L^{\frac{1}{2}}M^{\frac{1}{2}}T^{-2}]$
Potentiel électrique Force électromotrice	$[L^{\frac{1}{2}}M^{\frac{1}{2}}T^{-1}]$	$[L^{\frac{3}{2}}M^{\frac{1}{2}}T^{-2}]$
Capacité	[L]	$[L^{-1}T^2]$
Résistance	$[L^{-1}T]$	$[LT^{-1}]$
Intensité de courant Puissance d'un feuillet	$[L^{\frac{3}{2}}M^{\frac{1}{2}}T^{-2}]$	$[L^{\frac{1}{2}}M^{\frac{1}{2}}T^{-1}]$
Quantité de magnétisme	$[L^{\frac{5}{2}}M^{\frac{1}{2}}T^{-2}]$	$[L^{\frac{3}{2}}M^{\frac{1}{2}}T^{-1}]$
Force magnétique	$[L^{-\frac{3}{2}}M^{\frac{1}{2}}]$	$[L^{-\frac{1}{2}}M^{\frac{1}{2}}T^{-1}]$
Potentiel magnétique	$[L^{-\frac{1}{2}}M^{\frac{1}{2}}]$	$[L^{\frac{1}{2}}M^{\frac{1}{2}}T^{-1}]$
Moment magnétique	$[L^{\frac{7}{2}}M^{\frac{1}{2}}T^{-2}]$	$[L^{\frac{5}{2}}M^{\frac{1}{2}}T^{-1}]$
Intensité d'aimantation	$[L^{\frac{1}{2}}M^{\frac{1}{2}}T^{-2}]$	$[L^{-\frac{1}{2}}M^{\frac{1}{2}}T^{-1}]$
Constante de Verdet	$[L^{\frac{1}{2}}M^{-\frac{1}{2}}]$	$[L^{-\frac{1}{2}}M^{-\frac{1}{2}}T]$
Coefficients d'induction	$[L^{-1}T^2]$	[L]

CHAPITRE XXVIII

DÉTERMINATION DE L'OHM

326. Étalons de mesure. — Les unités pratiques étant définies, il s'agissait de réaliser des étalons qui en fussent la représentation matérielle. Les seuls pour lesquels cette réalisation soit possible sont les étalons de résistance, de force électromotrice et de capacité. Il suffit d'ailleurs d'avoir l'un d'eux pour en dériver facilement les autres. L'étalon de résistance étant celui qui par sa nature offre le plus de garantie au point de vue de la précision et de la fixité, c'est sur sa détermination qu'a porté dans ces dernières années l'effort des physiciens de tous les pays.

Le problème à résoudre était celui-ci : quelle est la longueur de la colonne de mercure à 0°, ayant un millimètre carré de section, dont la résistance est égale à 10^9 unités électromagnétiques C.G.S., c'est-à-dire à un ohm?

La résistance d'un conducteur dans le système électromagnétique est une quantité de même nature qu'une vitesse (**319**), c'est-à-dire le quotient d'une longueur par un temps. Il en résulte que la mesure d'une résistance doit se réduire en dernière analyse à la mesure d'une longueur et d'un temps; si d'autres quantités interviennent dans le calcul des expériences, elles ne peuvent y figurer que sous forme de rapports.

Les deux formules d'Ohm et de Joule fournissent chacune une méthode de mesure. Mais la formule de Joule contient le coefficient J représentant l'équivalent mécanique de la chaleur, lequel, dans l'état actuel de la science, n'est pas connu avec une exactitude suffisante pour qu'on puisse en faire la base de la détermination de l'ohm.

La formule d'Ohm fait dépendre la mesure de la résistance de la connaissance en valeur absolue d'une force électromotrice. Les seules forces électromotrices susceptibles d'une évaluation directe sont les forces électromotrices d'induction dont le calcul revient à celui d'une surface ou d'un coefficient d'induction. On peut d'ailleurs avoir recours soit à un phénomène instantané, soit à un phénomène continu. Les trois méthodes suivantes sont en même temps les plus simples et celles qui ont conduit aux résultats les plus dignes de confiance.

327. Cadre tournant. Méthode de Weber. — Un cadre de surface connue S est mobile autour d'un axe vertical. Le cadre étant placé perpendiculairement au méridien, on le fait tourner brusquement de 180° et on mesure la décharge par le galvanomètre balistique. On a d'une part, en appelant R la résistance totale du circuit (**319**),

$$m = \frac{2SH}{R};$$

d'autre part (**300**),

$$m = \frac{H}{G}\frac{\tau}{\pi}\theta.$$

On en déduit

$$R = 2SG\frac{\pi}{\tau}\frac{1}{\theta}.$$

Comme on voit, la valeur du champ terrestre s'élimine d'elle-même, et, en outre de la surface du cadre et de l'arc d'impulsion de l'aiguille, les seules quantités à déterminer sont la durée de l'oscillation de l'aiguille et la constante du cadre du galvanomètre.

328. Induction mutuelle de deux bobines. Méthode de Kirchhoff. — Soit M le coefficient d'induction mutuelle de deux bobines fixes; l'une est fermée sur le galvanomètre balistique avec lequel elle forme un circuit de résistance totale R; l'autre peut être mise en communication avec une pile qui donne un courant d'intensité I dans l'état permanent. Quand on renverse le courant, on a (**272**)

$$m = \frac{2MI}{R},$$

et, d'autre part,

$$m = \frac{H}{G}\frac{\tau}{\pi}\theta.$$

Une boussole des tangentes donne d'ailleurs

$$I = \frac{H}{G'}\operatorname{tang}\alpha;$$

on déduit de ces équations

$$R = 2M\frac{G}{G'}\frac{\operatorname{tang}\alpha}{\theta}\frac{\pi}{\tau}.$$

Le champ terrestre s'élimine encore. Quant au rapport $\frac{G}{G'}$, des constantes du galvanomètre et de la boussole, on l'obtiendra en faisant passer simultanément un même courant dans les deux instruments (**299**).

329. Courant constant. Méthode de Lorenz. — Un disque tourne autour de son axe d'un mouvement uniforme; si S est la surface du disque, T la durée de la révolution, H la composante du champ parallèle à l'axe et R la résistance du circuit, l'intensité du courant est donnée par la formule (**276**)

$$I = \frac{SH}{RT}.$$

Au lieu d'employer le champ terrestre, mettons l'axe de rotation perpendiculaire au méridien et en coïncidence avec l'axe d'une bobine circulaire concentrique traversée par un courant I'. Si on désigne par M le flux de force magnétique qui, pour l'unité de courant, émane de la bobine et rencontre le disque, ce flux est égal à MI′ pour le courant I′ et la formule devient

$$I = \frac{MI'}{RT}.$$

Supposons, enfin, que le courant qui parcourt la bobine soit le courant même produit par la rotation du disque ; on a $I = I'$ et par suite

$$R = \frac{M}{T}.$$

Tout se réduit au calcul de la quantité M et à la mesure de la durée de la révolution. La formule est ainsi réduite à sa simplicité idéale, puisque la résistance se trouve exprimée par le quotient d'une quantité linéaire par un temps (**326**).

330. Valeur de l'ohm. Ohm légal. — Ces diverses méthodes ont donné pour la valeur de l'ohm, c'est-à-dire pour la longueur de la colonne de mercure à 0° ayant 1 millimètre carré de section, des nombres variant de 106,2 à 106,3 centimètres. En présence de l'incertitude qui restait sur le quatrième chiffre, la commission internationale a adopté le nombre rond de 106 centimètres et a donné à l'unité ainsi définie le nom d'*ohm légal*. C'est l'unité qui est ordinairement adoptée dans les boîtes de résistance.

331. Mesure du nombre *a*. — Le rapport a de l'unité électromagnétique d'électricité à l'unité électrostatique (**320**) est le rapport d'une longueur à un temps, c'est-à-dire une vitesse. C'est une quantité déterminée dont la grandeur est indépendante du choix des unités fondamentales et dont l'expression numérique seule variera avec ces unités. Il était d'une haute importance théorique et pratique d'en déterminer la valeur.

La suite d'égalités (**320**)

$$a = \sqrt{\frac{R}{r}} = \frac{i}{I} = \frac{q}{Q} = \frac{E}{e} = \sqrt{\frac{c}{C}},$$

montre qu'il y a autant de méthodes pour déterminer cette constante que de quantités pouvant être mesurées à la fois en unités électromagnétiques et en unités électrostatiques. En réalité trois seulement, savoir : la quantité d'électricité, la force électromotrice et la capacité, peuvent être mesurées directement en unités électrostatiques. Trois méthodes ont donc pu être employées pour déterminer le nombre a.

332. Mesure d'une quantité d'électricité. — L'expérience consiste à charger un condensateur, à mesurer par la balance de Coulomb une fraction connue de la charge totale et, d'autre part, à mesurer cette charge par le galvanomètre balistique. On a ainsi la mesure d'une même quantité d'électricité dans les deux systèmes. Le quotient du nombre fourni par la balance de Coulomb par le nombre donné par le galvanomètre balistique est précisément le nombre cherché. L'expérience a été faite par MM. Weber et Kohlrausch.

333. Mesure d'une force électromotrice. — On fait passer un courant constant dans un fil ; soit I l'intensité du courant et R la résistance en unités absolues C.G.S. comprise entre les deux extrémités A et B du fil. La différence de potentiel entre les deux points A et B exprimée en unités électromagnétiques est IR. Un électromètre absolu (**80**) mis en communication avec les deux points A et B donne en unités électrostatiques la même différence. Le quotient du premier nombre par le second sera le nombre a.

334. Mesure d'une capacité. — On prend un condensateur formé de deux plateaux parallèles séparés par une lame d'air ; l'un est assez grand pour être considéré comme indéfini, l'autre est entouré d'un anneau de garde (**80**). Si S est la surface de la plaque mobile et e la distance des deux plateaux, la capacité électrostatique est donnée par la formule (**56**)

$$c = \frac{S}{4\pi e}.$$

On charge le condensateur à un potentiel V et on le décharge à travers le galvanomètre balistique (**300**). On a

$$m = \frac{H}{G}\frac{\tau}{\pi}\theta = CV.$$

Supposons que le potentiel V soit celui qui existe entre deux points A et B d'un fil présentant une résistance R et traversé par un courant I, on a

$$V = RI = R\frac{H}{G'}\operatorname{tang}\alpha,$$

et, par suite,

$$C = \frac{1}{R}\frac{G'}{G}\frac{\tau}{\pi}\frac{\theta}{\operatorname{tang}\alpha}.$$

Le rapport de c à C est égal à a^2.

335. Valeur de a. — Les valeurs obtenues pour a, par ces différentes méthodes, oscillent autour de 3.10^{10} C.G.S. Par conséquent, la constante a est une vitesse de 3.10^{10} centimètres par seconde. Cette vitesse est précisément celle de la lumière dans le vide.

CHAPITRE XXIX

MACHINES A COURANTS CONSTANTS.

336. Machines à courants constants. — Génératrice, réceptrice. — Nous prendrons comme type de ces machines le disque de Faraday (**276**) : un disque métallique (*fig.* 274), actionné par un moteur quelconque, est mis en rotation autour d'un axe dans un champ uniforme. Deux contacts ou *balais*, appuyant l'un sur la circonférence, l'autre sur l'axe, mettent le disque en communication avec un circuit extérieur. Un courant se produit et si le mouvement de rotation est uniforme, ce courant est rigoureusement constant. Si on désigne par H la composante du champ parallèle à l'axe, par S la surface du disque, par n le nombre de tours par seconde et par R la résistance du circuit, l'intensité du courant a pour valeur (**276**)

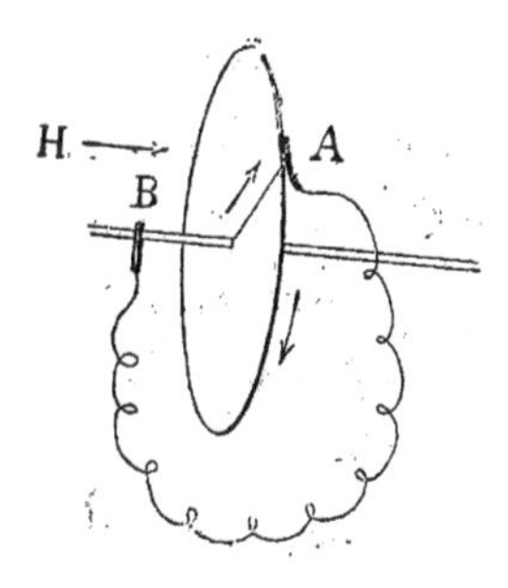

Fig. 274.

$$I = \frac{nSH}{R}. \qquad (1)$$

La machine est évidemment réversible. Si on supprime le moteur et qu'on intercale une pile dans le circuit, on a une roue de Barlow (**241**). A un même sens du courant correspondent dans les deux cas des rotations de sens contraires. Le produit ISH représente, dans l'un et l'autre cas, le travail correspondant à un tour ; dans le premier, ce travail est fourni par le moteur et dépensé dans le circuit sous forme électrique ; dans le second, il est fourni par la pile et utilisé à l'extérieur sous forme mécanique. Dans le premier cas, la machine fonctionne comme *génératrice*, et dans le second, comme *réceptrice*.

337. Machines magnéto- et dynamo-électriques. — Si le champ dans lequel on fait tourner le disque est produit par des aimants fixes ou des électro-aimants excités par une source étrangère quelconque, de manière que le champ électrique soit indépendant du jeu de la machine, celle-ci est dite *magnéto-électrique*. Pour une vitesse donnée, la machine se comporte comme une pile. La formule (1) montre d'ailleurs que la force électromotrice est proportionnelle à la vitesse.

Mais on conçoit que le champ dans lequel tourne le disque puisse être entretenu par le courant même qui le traverse. Il suffit de mettre dans le circuit le fil de la bobine ou de l'électro-aimant qui donne le champ, en un mot le fil de l'*inducteur*. L'intensité H du champ est alors fonction de l'intensité I du courant. La machine porte le nom de *dynamo-électrique* ou simplement de *dynamo*. On peut d'ailleurs faire passer dans l'inducteur soit la totalité du courant, soit une dérivation, soit encore, en enroulant deux fils sur l'inducteur, la totalité du courant par l'un et une dérivation par l'autre. La dynamo est dite, suivant le cas, *dynamo en série*, en *dérivation*, ou *compound*.

338. Dynamo sans fer doux. — Deux cas sont à distinguer suivant que l'inducteur de la dynamo renferme ou ne renferme pas de fer doux. Si l'inducteur est une simple bobine, sans noyau de fer doux, l'intensité du champ est proportionnelle à l'intensité du courant, et en désigant par C une constante, on peut poser

$$SH = CI.$$

L'équation (1), qui donne en général l'intensité, se réduit à une équation de condition

$$n = \frac{R}{C} \tag{2}$$

entre la constante C, la résistance R et la vitesse ; la condition est indépendante de l'intensité et doit être satisfaite pour que la machine fonctionne.

En effet, l'énergie empruntée dans chaque seconde au moteur est égale à nCI^2, l'énergie dépensée dans le circuit pendant le même temps est RI^2. Il faut qu'on ait

$$nCI^2 = RI^2,$$

c'est-à-dire l'équation (2). Cette équation exprime donc que dans chaque unité de temps la machine dépense juste le travail qu'on lui fournit.

Pour une vitesse $n_1 < n$, la machine, pour toute intensité, dépense plus qu'elle ne reçoit ; elle ne peut s'entretenir et quel que soit le courant qu'on y lance, elle s'éteint sans s'amorcer. Pour toute vitesse $n_2 > n$ l'intensité augmente indéfiniment jusqu'à la fusion des fils, à moins que le moteur ne *cale*, ou que la résistance augmentant par l'échauffement ne finisse par devenir égale à n_2C. Enfin pour la valeur n, l'intensité est uniquement déterminée par la puissance du moteur ; encore faut-il que la résistance et par suite la température soit maintenue constante. Une pareille machine ne pourrait être utilisée dans la pratique.

339. Dynamo avec fer doux. — Si l'inducteur est un électro-aimant, le champ est encore une fonction de l'intensité, mais une fonction plus complexe. Il croît d'abord à peu près proportionnellement à l'intensité, puis moins rapidement et enfin tend vers une limite quand on apppoche de la saturation. Désignons par φ (I) le flux coupé dans un tour du disque quand l'intensité est I ; la fonction φ (I) représente la force électromotrice pour une vitesse d'un tour par seconde ; elle sera de $n\varphi$ (I) pour une vitesse de n tours. Quant au produit Iφ (I), il représente, quelle que soit la vitesse, le travail positif ou négatif correspondant à un tour du disque.

Toutes les propriétés de la machine sont connues quand on connaît la fonction φ (I). La courbe obtenue en prenant I comme abscisse et φ (I) comme ordonnée s'appelle la *caractéristique*.

340. Machine employée comme réceptrice. — Supposons la machine attelée à une pile de force électromotrice constante E et son arbre en relation avec un outil ou un frein qui lui impose un travail constant T par tour, quelle que soit la vitesse. Le travail fourni par la machine à chaque tour pour l'intensité I étant $I\varphi(I)$, il faut qu'on ait $I\varphi(I) = T$. Soit R la résistance du circuit. Si la pile ne peut donner l'intensité I dans la résistance R, la machine ne tournera pas; si elle peut donner une intensité plus grande, l'intensité restera toujours égale à I, seulement la machine tournera avec une vitesse plus ou moins grande, de manière à consommer toujours l'énergie disponible. Pour une vitesse de n' tours par seconde, il y aura dans la machine une chute de potentiel $E' = n'\varphi(I)$ et l'on aura

$$E = IR + n'\varphi(I). \tag{3}$$

En mettant cette équation sous la forme

$$I = \frac{E - E'}{R},$$

on voit que la chute E′ joue le rôle d'une force électromotrice inverse.

On a pour le rendement

$$u = \frac{E'}{E},$$

et pour le travail effectué par la machine dans chaque seconde

$$E'I = E'\frac{E - E'}{R}.$$

Ce travail est exprimé par le produit de deux facteurs

dont la somme est constante : il est maximum quand les deux facteurs sont égaux, c'est-à-dire quand on a

$$2E' = E,$$

autrement dit quand l'intensité I est la moitié de celle que la pile donnerait dans le circuit de résistance R, la machine étant calée. Le rendement est égal à 0,50. C'est le résultat auquel nous étions arrivés précédemment (**117**).

341. Machine fonctionnant comme génératrice. — La machine est entraînée par un moteur et le courant est employé à effectuer un travail tel que l'échauffement d'une résistance, ou une décomposition chimique, ou l'entraînement d'une réceptrice. Le problème est de déterminer l'intensité correspondant à une vitesse donnée ou inversement.

Supposons un circuit simple de résistance totale et R la machine tournant à une vitesse de n tours par seconde, la loi d'Ohm donne

$$I = \frac{n\varphi(I)}{R};$$

d'où l'on déduit

$$\frac{\varphi(I)}{I} = \frac{R}{n}.$$

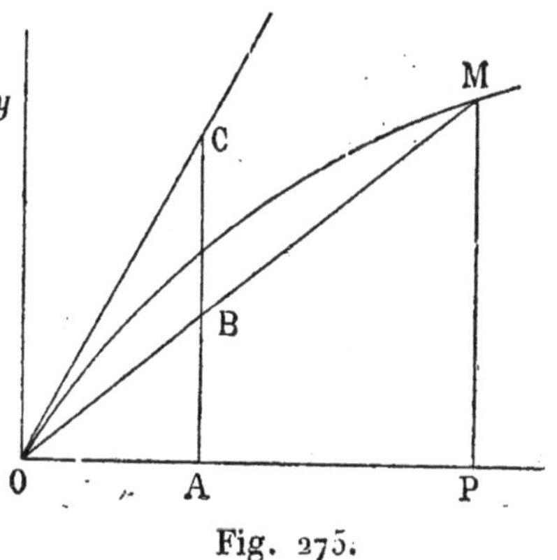

Fig. 275.

Si OM est la caractéristique (*fig.* 275) et que OP représente I, MP représente $\varphi(I)$, et $\frac{\varphi(I)}{I} = \frac{MP}{OP}$ n'est autre chose que la tangente de l'angle MOP. Il suffira donc, pour résoudre le problème, de prendre sur la figure $OA = 1$, d'élever en A une perpendiculaire et de prendre sur cette perpendiculaire une longueur $AB = \frac{R}{n}$; l'intersection de la droite OB avec la courbe donnera le point M et par suite l'intensité $OP = I$.

On voit que l'intensité restera constante si on fait croître n proportionnellement à R.

Pour une vitesse donnée, l'intensité diminue quand R augmente, le point M se rapprochant de plus en plus de l'origine. Il en est ainsi jusqu'à ce que $\frac{R}{n}$ devienne égal à AC, OC étant la tangente à la courbe menée par l'origine. A partir de cette valeur, il n'y a plus de solution; la machine cesse de s'amorcer. L'explication est la même que précédemment (**338**); la machine dépenserait plus qu'elle ne reçoit.

Si le champ variait proportionnellement au courant, comme lorsque l'inducteur est sans fer doux, la caractéristique se réduirait à une droite passant par l'origine et on voit

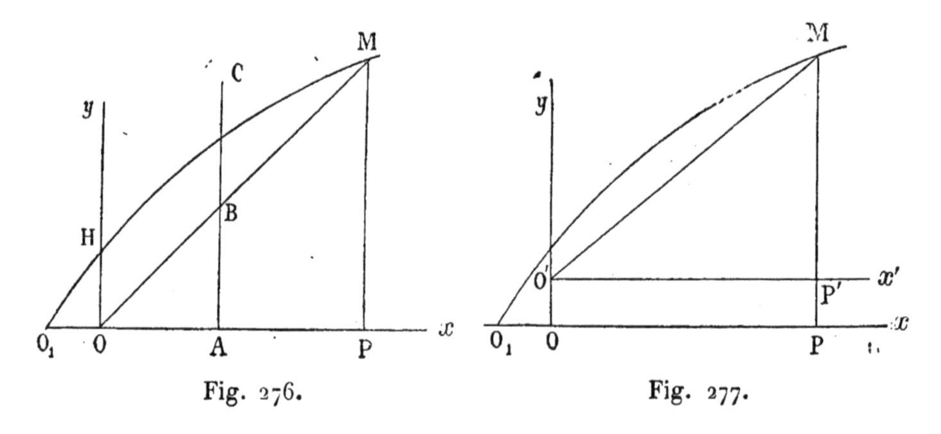

Fig. 276. Fig. 277.

comment, pour une vitesse donnée, ce régime ne peut s'établir que pour une valeur déterminée de la résistance, l'intensité du courant restant d'ailleurs indéterminée.

Si l'électro-aimant possède du magnétisme rémanent, ou s'il porte un second fil parcouru par un courant indépendant de la machine, $\varphi(I)$ n'est plus nul pour $I = o$; la caractéristique ne passe plus par l'origine, elle est simplement déplacée parallèlement à elle-même d'une quantité OO_1 (*fig.* 276), de manière que pour $I = o$, on ait $\varphi(o) = OH$. L'intensité s'obtient par la même construction, seulement la machine s'anime toujours, quelle que soit la résistance.

342. — Supposons qu'avec la résistance R le circuit renferme une force électromotrice constante E′ indépendante de l'intensité, celle d'un voltamètre par exemple. L'équation

$$I = \frac{n\varphi(I) - E'}{R}$$

donne

$$I\frac{R}{n} = \varphi(I) - \frac{E'}{n},$$

expression qui montre que si l'on prend sur la caractéristique (*fig.* 277) $OO' = \frac{E'}{n}$ et que par le point O′ on mène Ox', parallèle à Ox, on a $MP' = I\frac{R}{n}$; que par suite, pour avoir le point M qui détermine l'intensité, il suffit de mener la droite qui a pour coefficient angulaire $\frac{R}{n}$ non plus par l'origine O, mais par le point O′.

343. — Supposons enfin que la machine ait à faire tourner une réceptrice. Soient φ (I) et φ' (I) les fonctions caractéristiques des deux machines. L'intensité qui est évidemment la même pour les deux est déterminée, comme on l'a vu, par la condition $I\varphi'(I) = T$, T étant le travail constant qui correspond à un tour de la réceptrice.

En désignant par n et n' les nombres de tours par seconde, on a pour l'intensité

$$I = \frac{n\varphi(I) - n'\varphi'(I)}{R}, \tag{4}$$

pour le rendement

$$u = \frac{n'\varphi'(I)}{n\varphi(I)} \tag{5}$$

enfin pour le travail utilisé par seconde

$$W' = n'I\varphi'(I). \tag{6}$$

Si les deux machines sont identiques, ces expressions se réduisent à

$$
(7) \qquad \begin{aligned} I &= \frac{(n-n')\varphi(I)}{R}, \\ u &= \frac{n'}{n}, \\ W' &= n' I \varphi(I). \end{aligned}
$$

La première montre que, pour une intensité donnée, la différence des vitesses est proportionnelle à la résistance du circuit; la seconde, que le rendement est égal au rapport des vitesses; la troisième, que le travail transmis est proportionnel à la vitesse de la réceptrice.

Pour une valeur donnée de n, le travail transmis serait nul si la réceptrice ne tournait pas; il serait encore nul, en même temps que l'intensité, si elle tournait aussi vite que la génératrice. Il est évident qu'entre les deux valeurs $n'=0$ et $n'=n$, il y en a une pour laquelle le travail sera maximum. Mais φ (I) étant lui-même une fonction de n', il est impossible de déterminer la condition du maximum tant qu'on ne connaît pas la fonction φ. Il est donc inexact de dire, comme on le fait souvent, que le maximum a lieu pour $n'=\frac{n}{2}$ et correspond au rendement 0,50.

344. Transport de l'énergie. — Supposons qu'on veuille obtenir à la réceptrice un travail déterminé W' avec une vitesse n' et un rendement u. L'équation (6) donnera I, l'équation (5) n et l'équation (4) R. Les trois équations conduisent à la relation

$$
W' = n^2 u(1-u)\frac{\varphi^2(I)}{R}
$$

qui montre qu'on peut transmettre un même travail avec un même rendement, et les mêmes vitesses de la génératrice et de la réceptrice, à la condition de prendre $\frac{\varphi^2(I)}{R} = C^{te}$, c'est-à-dire de faire varier la fonction caractéristique des deux machines proportionnellement à la racine carrée de la résistance totale du circuit. Supposons, par exemple, qu'on multiplie la résistance par 25, il faudra dans chaque machine rendre la force électromotrice par tour 5 fois plus grande. L'intensité donnée par la formule (6) deviendra 5 fois plus petite. Les deux machines produisent le même travail qu'auparavant au même nombre de tours, et l'énergie consommée par la résistance I^2R n'aura pas changé de valeur.

Pour rendre la force électromotrice des deux machines 5 fois plus grande on pourra modifier leur disposition et leur grandeur; mais on peut aussi, à chaque bout du circuit, accoupler sur le même arbre 5 machines identiques aux primitives, en les réunissant en série.

345. — Les résultats obtenus dans ce chapitre s'appliquent aux machines à courant rigoureusement uniforme comme le disque de Faraday. Malheureusement, les machines de ce genre ne donnent que des courants faibles. Les courants très intenses obtenus au moyen des machines usuelles résultent d'effets beaucoup plus complexes. En particulier, la force électromotrice pour une intensité donnée n'est plus proportionnelle à la vitesse, et si φ (I) représente la force électromotrice pour une vitesse d'un tour, la force électromotrice pour une vitesse de n tours n'est plus exactement représentée par $n\,\varphi(I)$.

CHAPITRE XXX

MACHINES À COURANTS CONTINUS.

346. Machine Gramme. — Organes essentiels. — L'organe principal de la machine est une bobine formée d'une série de *boucles* B toutes enroulées dans le même sens et entourant complètement un anneau de fer doux A (*fig.* 278). Chaque boucle communique à la suivante par l'intermédiaire d'une lame conductrice ou *touche* appliquée sur un cylindre isolé concentrique à l'anneau, faisant corps avec lui et qu'on appelle le *collecteur*. Le circuit des boucles est ainsi fermé sur lui-même; si on mettait en communication avec les pôles d'une pile deux touches quelconques diamétralement opposées, le courant se diviserait également entre les deux moitiés de l'anneau, et le noyau de fer doux s'aimanterait de manière à avoir ses deux pôles, l'un à l'entrée, l'autre à la sortie du courant. Chacune des boucles peut d'ailleurs être composée de plusieurs spires.

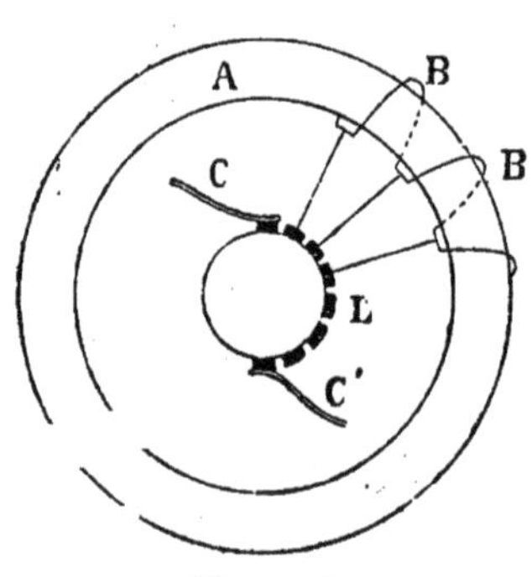

Fig. 278.

L'anneau est placé entre les pôles d'un aimant ou d'un électro-aimant en fer à cheval et mis par un mécanisme quelconque en mouvement de rotation uniforme (*fig.* 279). Deux balais c, d, appuient sur le collecteur aux extrémités d'un diamètre sensiblement perpendiculaire à la ligne des pôles de l'aimant et recueillent les courants produits dans l'anneau; ce sont les pôles de la machine.

Sans l'anneau de fer doux, le champ compris entre les branches de l'aimant, ou plutôt les *pièces polaires c,d*, de fer doux qui y sont rattachées, serait sensiblement uniforme; l'anneau prenant par influence des pôles de noms contraires à ceux qui leur font face, absorbe les lignes de force qui en émanent,

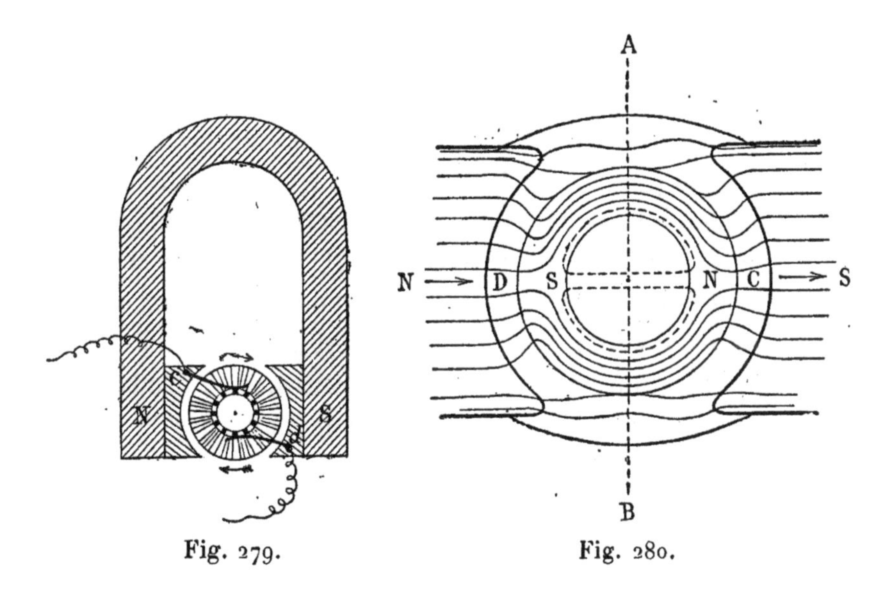

Fig. 279. Fig. 280.

les conduit dans sa masse, de sorte qu'un très petit nombre seulement traversent le vide intérieur de l'anneau (*fig.* 280). Il en résulte que dans le mouvement des boucles il n'y a de flux coupé que par la partie de chaque spire qui garnit l'anneau extérieurement. D'ailleurs il est indifférent pour l'explication du jeu de la machine que le noyau de fer doux reste immobile et qu'on fasse seulement glisser tout autour l'ensemble des boucles; ou que le noyau tourne lui-même en entraînant les boucles; les pôles se déplacent alors dans l'anneau en gardant une situation fixe dans l'espace. Dans ce dernier cas qui est celui de la pratique, il est important, pour éviter la production dans la masse de l'anneau des courants induits, dits courants de Foucault (**283**), de le former de spires de fil de fer ou de lames minces juxtaposées, les spires ou les lames étant isolées les unes des autres et ayant leurs plans perpendiculaires à l'axe de l'anneau, autrement dit au plan des spires.

La forme générale de l'anneau est ordinairement celle d'un cylindre creux.

347. Jeu de la machine. — Considérons d'abord une boucle unique et supposons qu'on lui fasse faire un tour complet. Pour se rendre compte des effets d'induction produits sur la boucle on peut considérer les variations du flux qui traverse sa surface ou le flux coupé à chaque instant par les différents éléments du contour (**234**). Dans la première manière de voir, en A et en B le plan de la boucle est perpendiculaire au flux, mais en passant par ACB de la première position à la seconde, la boucle tourne de 180°. Si on désigne par Q_a le flux total qui traverse l'anneau en se partageant entre les deux moitiés, la variation du flux dans la boucle est précisément égale à Q_a. Une variation égale et de signe contraire se produit dans la boucle dans la seconde partie de son parcours de B en A par D.

Dans la seconde manière, il est facile de voir qu'il n'y a de flux coupé que par la portion de la spire qui recouvre l'anneau extérieurement. La force électromotrice d'induction est nulle en A, va en croissant de A en C, puis en décroissant de C en B. En B elle devient nulle, change de signe, et repasse ensuite par la même série de valeurs, mais changées de signe, dans la seconde partie du parcours de B en A.

Le sens de la force électromotrice dans la boucle est donc de sens inverse de part et d'autre du diamètre vertical. Dans les conditions de la figure où les lignes du champ vont de gauche à droite, et où le mouvement de la boucle se fait dans le sens des aiguilles d'une montre, le courant va d'avant en arrière du tableau dans la partie extérieure de la spire pendant le trajet BDA et d'arrière en avant dans le trajet ACB. La force électromotrice en chaque point du parcours est représentée par une courbe telle que ABA (*fig.* 281).

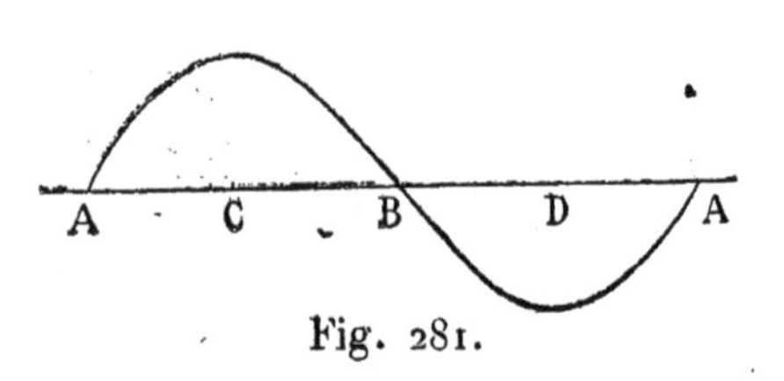

Fig. 281.

Considérons maintenant, à un instant donné, l'ensemble des boucles en mouvement : toutes celles qui sont à gauche du diamètre AB sont le siège de forces électromotrices de même sens, agissant par exemple, par suite du sens de l'enroulement, pour faire courir le courant dans les spires de B vers A ; et, comme toutes les boucles communiquent entre elles, ces forces électromotrices ajoutent leurs effets et tendent à produire un courant de B vers A ; toutes celles qui sont à droite du diamètre AB sont également le siège de forces électromotrices de même sens : ce sens relativement à chaque boucle est inverse du premier, mais comme celle-ci présente maintenant vers le bas la partie tournée antérieurement vers le haut, le sens des forces électromotrices tend encore à faire aller le courant de B vers A, et ce courant est évidemment égal au premier.

Les deux balais mettant les points A et B en communication avec le circuit extérieur, celui-ci sera parcouru par un courant continu de A vers B et égal à la somme des courants que parcourent les deux moitiés de l'anneau. Le cas est le même que celui d'une pile dont les éléments seraient montés en deux séries égales et parallèles (*fig.* 282) ; pour rendre l'analogie complète, il faudrait supposer que la force électromotrice des éléments décroît symétriquement dans chaque série depuis le milieu, où elle est maximum, jusqu'aux extrémités, où elle est nulle.

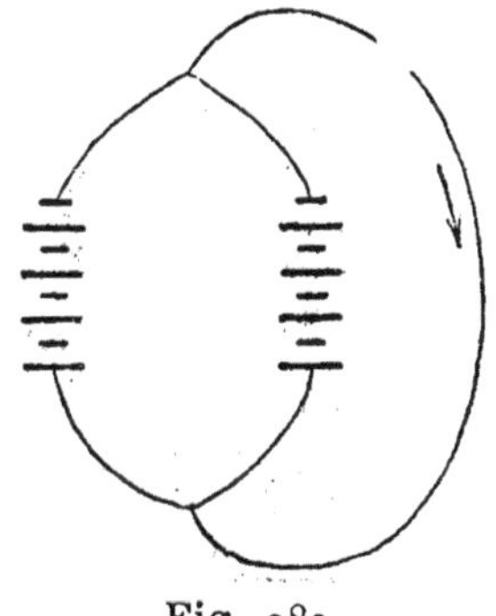

Fig. 282.

348. Variations du courant. — Le courant est continu, mais il n'est pas rigoureusement uniforme. Un balai est alternativement en contact avec une touche unique ou avec deux ; dans ce dernier cas une des touches est fermée en court circuit et distraite de l'ensemble. De là des variations périodiques de la résistance et par suite de l'intensité. La courbe figurative du courant en fonction du temps, au lieu d'être une droite parallèle à l'axe du temps, est une ligne dentelée, la longueur de chaque dent correspondant au temps nécessaire pour qu'une touche se substitue à la précédente.

La dentelure sera d'autant moins accusée et le courant se rapprochera d'autant plus de l'uniformité que le nombre des éléments et par suite celui des touches sera plus considérable.

349. Déplacement des balais. — Dans l'explication qui précède, nous n'avons pas tenu compte d'effets secondaires, qui jouent en réalité un rôle important.

En premier lieu, le courant qui circule en sens inverse dans les deux moitiés de l'anneau lui donne une aimantation ayant pour axe le diamètre de contact des balais et par suite perpendiculaire à celle qui résulte du champ; avec le sens du courant qui résulte des conditions de la figure et du sens supposé de l'enroulement, un pôle sud se développe en A et un pôle nord en B. Les deux aimantations se superposant, l'axe de l'aimantation résultante a une direction telle que N'S' (*fig.* 283), inclinée à la direction primitive du champ d'un angle d'autant plus grand que l'intensité du courant est plus grande. Les lignes de force subissent une distorsion, et le diamètre correspondant à la force électromotrice nulle et aux extrémités duquel doivent être placés les balais, est transporté de AB en A'B' dans le *sens du mouvement*. L'angle de *calage* des balais est déterminé pratiquement par la condition de supprimer les étincelles.

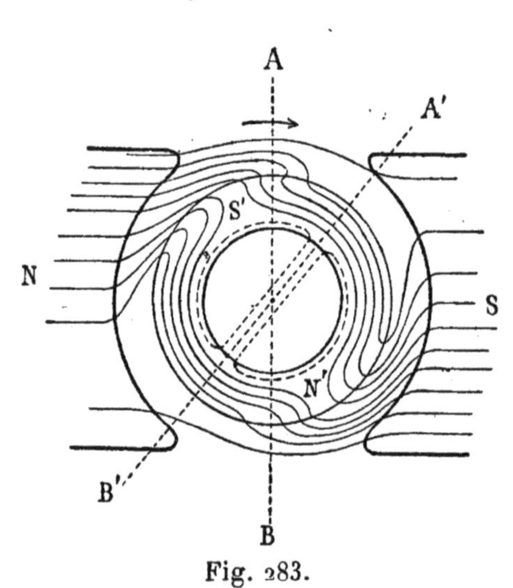

Fig. 283.

Si la machine fonctionne comme réceptrice et qu'on amène

par les balais un courant de même intensité et de même sens que le précédent, rien ne sera changé dans la figure au point de vue de la distribution des lignes de force; seulement l'anneau prendra un mouvement de sens contraire, et tournera en sens inverse des aiguilles d'une montre; les balais devront encore être placés en A'B' et par suite il aura fallu transporter le diamètre de contact de AB en A'B' *en sens contraire du mouvement.*

350. Pertes d'énergie. — Au moment où le balai passe d'une touche à la suivante, le courant que traversait la touche interposée s'annule et prend une valeur égale et de signe contraire; il en résulte une perte d'énergie égale à $\frac{l}{2}\frac{I^2}{4}$, l étant le coefficient de self-induction d'une boucle et I le courant total (**233**); l'effet se reproduisant deux fois par tour pour chaque boucle, si on désigne par $2m$ le nombre des boucles et par n le nombre de tours par seconde, la perte est de $2ml\frac{I^2}{4}$ par tour et $n2ml\frac{I^2}{4}$ ou $nL\frac{I^2}{4}$ par seconde, L étant le coefficient de self-induction de l'anneau entier. Cette perte est égale à celle que causerait une augmentation de résistance nL de l'anneau. Elle est proportionnelle à la vitesse, proportionnelle au nombre total des spires, mais indépendante du nombre des sections entre lesquelles elles sont distribuées. Ces changements de sens successifs du courant dans les différentes boucles ont encore pour effet de produire dans les boucles voisines des effets d'induction tendant à diminuer la force électromotrice.

Toutes ces causes et quelques autres encore qui, quoique d'importance moindre, n'en ont pas moins un effet réel, font que les lois de la machine Gramme sont beaucoup moins simples que celles de la machine idéale que nous avons considérée dans le chapitre précédent. En particulier, il n'est plus vrai que, pour une intensité donnée, la force électromotrice soit proportionnelle à la vitesse. L'application des formules données pour la machine à courant uniforme ne donne le plus souvent qu'une approximation assez grossière.

351. Différents types de machines. — On construit des machines Gramme de toute force et de toute dimension suivant la puissance qu'on veut développer et les conditions d'utilisation de cette puissance. L'industrie fournit des machines pouvant donner depuis 200 jusqu'à 40000 watts par seconde. On a même construit des dynamos pouvant absorber 300000 watts. Pour une même puissance, la construction de la machine différera suivant la valeur relative des deux facteurs du travail, la force électromotrice et l'intensité. Il est rare que l'on dépasse 210 volts aux bornes dans les machines destinées à l'éclairage. Pour les transmissions on va jusqu'à 2000 volts ; mais il ne paraît pas qu'on puisse beaucoup dépasser cette limite dans une machine destinée à un travail journalier.

Fig. 284.

Une des formes les plus simples et les plus avantageuses de la machine Gramme est celle qui est désignée sous le nom de *type supérieur* (*fig.* 284). L'anneau tourne simplement entre les pièces polaires d'un aimant en fer à cheval. Les noyaux sont en fonte et venus d'un même jet avec le bâti.

Une autre forme très répandue est celle qui est désignée sous le nom de *type d'atelier* (*fig.* 285). Les pièces polaires

Fig. 285.

sont excitées par des électro-aimants à *points conséquents*. L'enroulement du fil est de sens contraires sur chacune des deux moitiés des noyaux AA′ et BB′, de manière à donner un pôle nord par exemple en AA′ et un pôle sud en BB′.

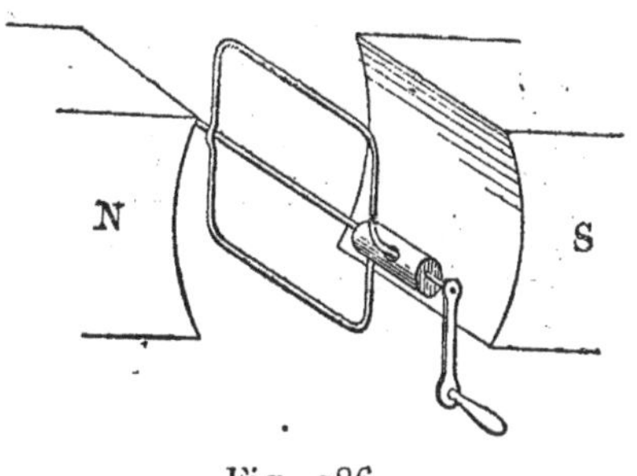

Fig. 286.

352. Machine Siemens. — La machine Siemens ne diffère de la machine Gramme que par l'enroulement de l'induit. L'organe élémentaire est un cadre rectangulaire (*fig.* 286) tournant d'un mouvement uniforme entre les pôles d'un électro-aimant. Les deux côtés du cadre parallèles à l'axe sont, à chaque instant, le siège de forces électromotrices égales et de signes contraires, mais qui ajoutent évidemment leurs effets pour faire circuler un courant dans le même sens tout autour du cadre. Cette force électromotrice est maximum dans le plan parallèle au champ; elle est nulle et change de signe dans le plan perpendiculaire.

L'anneau de la machine Gramme est remplacé par un tambour de fer doux, lequel est recouvert, à l'extérieur seulement et parallèlement aux génératrices, par des cadres analogues au précédent et situés dans des plans équidistants passant par l'axe. Chacun des cadres est formé de plusieurs spires, et tous sont mis en communication continue par l'intermédiaire d'un collecteur Gramme, la fin d'une section et le commencement de la suivante aboutissant à une même touche. Ainsi le fil qui part de la touche n° 1 va directement au pourtour du tambour, suit la génératrice correspondante, traverse diamétralement la seconde base, revient par la génératrice opposée, et après avoir donné huit spires parallèles, revient finalement rejoindre la touche n° 2 et ainsi de suite; le fil qui part de la touche diamétralement opposée recouvre exactement le premier, de sorte que le tambour est recouvert sur toute sa surface de deux couches de fil.

Deux balais placés dans un plan sensiblement perpendiculaire au champ recueillent un courant continu, mais un peu moins uniforme que celui de la machine Gramme, le nombre de sections étant en général moindre.

Ainsi la différence essentielle des deux machines est que dans l'anneau Gramme, le fil est enroulé sur l'anneau extérieurement et intérieurement; dans le tambour Siemens, il est seulement à l'extérieur et ce tambour pourrait être un cylindre plein.

Ces deux machines ont servi de types à un grand nombre de dynamos qui n'en diffèrent que par des détails de construction et des particularités secondaires.

353. Calcul d'une machine. — Les propriétés d'une machine dynamo telle que la machine Gramme, prise dans son ensemble, peuvent être considérées comme résultant du mouvement relatif de deux circuits fermés, dont chacun est le siège d'un flux d'espèce particulière : le circuit magnétique, siège d'un flux qu'on appelle le flux d'induction, le circuit électrique, siège d'un flux qui est le courant électrique, les deux flux étant reliés par la relation $4\pi n I = \frac{1}{\mu} \frac{l}{S} Q$ (**247**).

Le circuit magnétique est formé par le fer à cheval des inducteurs, par le noyau de fer doux de l'anneau ou du tambour, noyau qu'on désigne souvent par analogie sous le nom d'*armature* et par l'espace compris entre les pièces polaires et l'armature, espace rempli par de l'air ou du cuivre et auquel on donne souvent le nom d'*entre-fer*.

Le flux d'induction n'est pas le même dans toutes les parties du circuit : une partie échappe à la sortie des inducteurs; une nouvelle fraction, à l'entrée dans l'armature. On cherche à rendre la perte minimum par la construction; on peut admettre qu'elle représente une fraction constante du flux pour une machine donnée.

Soient Q_a le flux d'induction qui traverse l'armature en se partageant également entre les deux moitiés; Q_e le flux de l'entre-fer, Q_i celui de l'inducteur; en représentant par p et q des facteurs plus grands que l'unité, et qui peuvent être déterminés par l'expérience, on peut poser

$$Q_e = pQ_a,$$
$$Q_i = qQ_e = pqQ_a.$$

Il est évident que si l'on connaît Q_a, on connaît la force électromotrice. A chaque tour, la variation du flux pour une spire est Q_a; s'il y a $2m$ spires et que n soit le nombre des tours par seconde, on a

$$E = 2mnQ_a.$$

Représentons par la lettre R affectée de l'indice correspondant, le facteur $\frac{1}{\mu}\frac{l}{S}$ relatif à chacune des parties du circuit, autrement dit la résistance magnétique de cette partie (**250**). Le nombre R varie avec l'induction magnétique et doit pouvoir être déterminé pour chaque valeur de l'induction d'après des expériences préalables. Si on applique la formule (2) du § **250**, en remarquant que dans l'armature il y a autant de spires traversées dans un sens que de spires traversées en sens contraire et que, par suite, celles-ci donnent un terme nul dans l'expression de la force magnétomotrice, on aura

$$Q_a(R_a + pR_\alpha + pqR_i) = 4\pi NI,$$

N étant le nombre des spires de l'inducteur et I l'intensité du courant qui les traverse.

En se donnant des valeurs de Q_a, on pourra calculer les valeurs de I correspondantes et construire une courbe en prenant I comme abscisse et Q_a comme ordonnée. On obtient ainsi une espèce de *caractéristique* de la machine qui ne dépend pas de la vitesse, comme la caractéristique employée plus haut (**339**), et qu'on peut appeler sa caractéristique magnétique.

Dans les machines actuelles, on cherche à obtenir la plus grande valeur possible de Q_a dans l'armature, par exemple des valeurs d'induction allant jusqu'à 20 000 ou 30 000 unités par centimètre carré (**177**). Dans les inducteurs, au contraire, on cherche à ne pas dépasser la demi-saturation. C'est d'après cette considération et d'après les valeurs admises pour les coefficients p et q, qu'on calculera la section des inducteurs par rapport à celle de l'armature.

CHAPITRE XXXI

MACHINES A COURANTS ALTERNATIFS.

354. Propriétés générales. — Le type des machines à courants alternatifs est un cadre tournant avec une vitesse constante dans un champ uniforme (*fig.* 287). Le courant est sinusoïdal. Nous avons vu (**280**) que si l'on prend autour d'un point O (*fig.* 244) trois droites OB, OA, OC, la première égale au maximum de la force électromotrice due au champ $\frac{2\pi}{T}$SH, la seconde faisant avec la première un angle $\alpha = 2\pi\varphi$ dont la tangente soit égale au nombre $\frac{2\pi L}{RT}$ et qui soit la projection de OB, la troisième faisant avec la seconde un angle droit, et complétant le parallélogramme dont celle-ci est la diagonale ; et que, les faisant tourner d'un mouvement uniforme autour du point O, on considère leurs projections sur une droite fixe OH représentant la direction du champ, la projection de OB représente à chaque instant la force électromotrice e_0 due au champ ; celle de OB, la force électro-motrice de self-induction ε ; celle de OA, la force électromotrice effective e, c'est-à-dire celle qu'il faut diviser par la résistance du circuit pour avoir l'intensité du courant au même instant.

Fig. 287.

Le travail correspondant à un intervalle de temps infiniment petit dt est égal à $eidt$. En faisant la somme de tous ces travaux élémentaires pour une unité de temps, on trouve

$$W = \frac{EA}{2} = \frac{A^2R}{2},$$

E étant la valeur maximum de la force électromotrice effective ou OA, et A la valeur maximum de l'intensité ou $\frac{OA}{R}$.

On trouve également que, pour une vitesse donnée, le travail W est maximum, quand on a

$$R = \frac{2\pi L}{T} = \omega L;$$

l'angle α est alors de 45° et les lignes OA et OC sont égales. Si on appelle valeur moyenne d'une quantité qui varie comme un sinus, une quantité telle que son carré soit égal à la moyenne des carrés des valeurs par lesquelles elle passe pendant toute une période, on trouve que cette valeur moyenne est égale à la valeur maximum divisée par $\sqrt{2}$. La valeur moyenne de la force électromotrice due au champ est donc $\frac{OB}{\sqrt{2}}$, celle de la force électromotrice effective $\frac{OA}{\sqrt{2}}$. Quand le triangle rectangle AOC est isocèle, on a $\overline{OB}^2 = 2\overline{OA}^2$, et par suite le maximum de travail correspond au cas où la valeur moyenne de la force électromotrice effective est la moitié de la valeur moyenne de la force électromotrice due au champ, résultat analogue à celui qui a été trouvé pour les machines à courants continus (**117**).

355. Machines couplées. — Des machines à courants alternatifs ne peuvent être associées dans un même circuit qu'à la condition d'avoir la même période. Il n'y a aucune difficulté si elles sont montées sur le même arbre; mais quand elles n'ont d'autre connexion que les connexions électriques, elles n'en finissent pas moins par prendre la même période. Toutefois, l'accouplement ne se fait pas sans difficulté et on réussit mieux en plaçant les machines en série parallèle qu'en série linéaire. Elles peuvent également fonctionner l'une comme machine génératrice, l'autre comme machine réceptrice. Nous appliquerons le mode de représentation déjà employé à l'étude de ce dernier cas.

Soient OC et OD les lignes représentatives des forces électromotrices maximum E et E′ de la génératrice et de la réceptrice (*fig.* 288) ; OB représente leur résultante, et si l'angle BOA est pris égal à $2\pi\varphi$ tel que $\tan 2\pi\varphi = \frac{2\pi L}{RT}$, la projection OA de cette résultante est la force électromotrice effective qui, divisée par R, donnera l'intensité du courant. La ligne OE, qui complète le parallélogramme OBAE, représente la force électromotrice de self-induction. Il ne reste plus qu'à faire tourner la figure tout d'une pièce autour du point O dans le sens du mouvement des aiguilles d'une montre et à prendre la projection des diverses lignes sur OH, pour avoir à chaque instant la valeur des forces électromotrices qui leur correspondent.

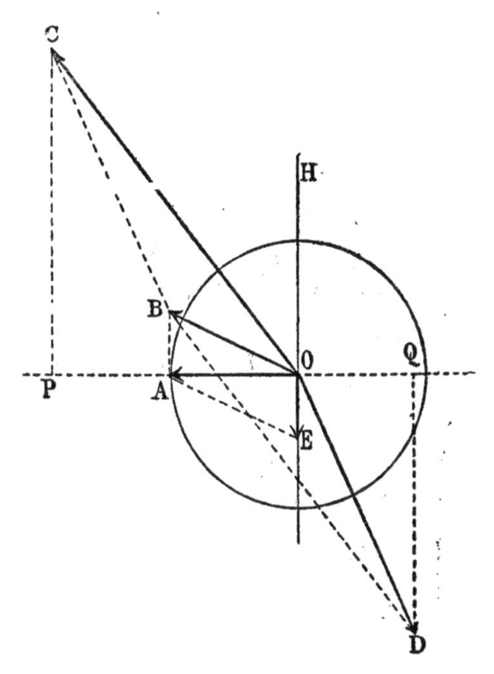

Fig. 288.

Le travail de la force électromotrice effective est celui qui est converti en chaleur dans le circuit en vertu de la loi de Joule. On l'obtiendra en multipliant la force électromotrice effective moyenne $\frac{OA}{\sqrt{2}}$ par l'intensité moyenne

$\frac{A}{\sqrt{2}}$; il est égal à $\frac{OA}{2R}.OA$. Pour obtenir le travail correspondant à chacune des autres forces électromotrices, il ne suffit pas de faire le produit analogue de sa valeur moyenne par l'intensité moyenne, il faut encore, pour tenir compte de la différence de phase entre la force électromotrice considérée et l'intensité, multiplier par le cosinus de l'angle qui correspond à cette différence, c'est-à-dire l'angle que fait avec OA la ligne qui représente la force électromotrice.

On aura ainsi, pour le travail absorbé par la génératrice $\frac{EA}{2}\cos\alpha$ ou $\frac{OA}{2R}.OP$; pour le travail rendu par la réceptrice $\frac{E'A}{2}\cos\alpha'$ ou $\frac{OA}{2R}.OQ$. De telle sorte que le travail de la génératrice, le travail de la réceptrice et le travail calorifique sont respectivement proportionnels aux lignes

$$OP, \quad OQ, \quad OA.$$

Le rendement est égal à

$$\frac{OQ}{OP},$$

et le coefficient de perte par le circuit à

$$\frac{OA}{OP}.$$

La construction est d'ailleurs générale. Dans la figure 289, où les deux projections OP et OQ tombent du même côté du point O, les deux machines absorbent du travail, et ces travaux s'ajoutent pour fournir le travail calorifique du circuit.

356. Divers types de machines. — Les machines à courants alternatifs sont très nombreuses : ce sont celles qui se présentent spontanément. Les courants des machines Gramme et Siemens ne sont continus que grâce à l'artifice du collecteur qui fait, dans des limites convenables, la sommation de courants élémentaires en réalité alternatifs. Quelle que soit la machine, on pourrait redresser le courant dans le circuit extérieur par un commutateur convenable; mais l'emploi des commutateurs entraîne toujours une perte d'énergie se traduisant par des étincelles qui mettent rapidement les collecteurs hors de service.

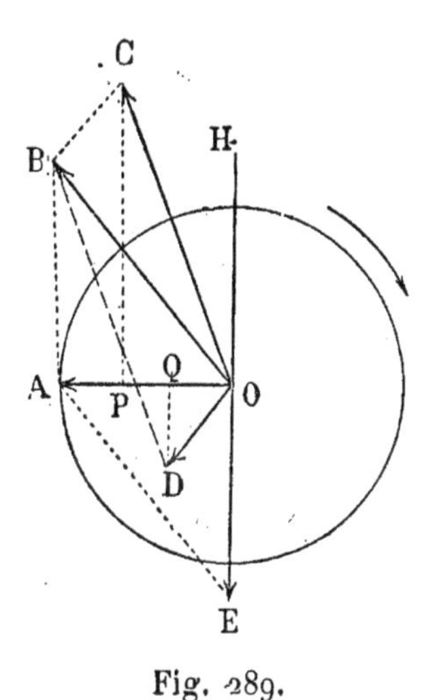

Fig. 289.

Le changement de sens du courant n'a d'ailleurs aucun inconvénient dans un grand nombre d'applications, en particulier pour l'éclairage électrique.

Un des caractères des machines à courants alternatifs est de donner facilement des potentiels très élevés. C'est là un point très important quand il s'agit de transporter l'énergie à distance (**344**).

Elles paraissent plus redoutables, au point de vue des accidents de personnes, que les machines à courants continus.

Au point de vue du rendement, elles ne paraissent pas inférieures aux machines à courants continus. Du reste l'expérience montre qu'elles ne s'échauffent pas davantage pendant la marche.

Une remarque très importante a été faite par sir W. Thomson : dans le cas des courants alternatifs à courte période, la densité du courant ne peut plus être considérée comme uniforme dans toute la section du conducteur, la théorie montre qu'elle va en diminuant à partir de la surface. Avec 5 000 périodes par minute, soit 160 renversements du courant par seconde, ce qui est le régime généralement adopté, toutes les fois qu'on a besoin d'une section de conducteur de cuivre de plus d'un centimètre carré, il y a avantage à prendre un tube creux dont l'épaisseur ne dépasse pas 3 millimètres. Les couches sous-jacentes ne recevraient qu'une faible portion du flux, et le métal du conducteur est ainsi mieux utilisé.

Nous dirons seulement quelques mots de la machine Siemens et de la machine Gramme.

357. Machine Siemens. — L'inducteur se compose de deux couronnes d'électro-aimants alternativement de sens contraires qui sont placées en regard, verticalement et à une petite distance l'une de l'autre, de manière que les axes des bobines des deux couronnes soient en coïncidence et que les pôles opposés soient de noms contraires. L'espace compris entre les deux couronnes constitue un champ magnétique dont les maxima, alternativement de sens contraires, coïncident avec les axes des bobines. Le système induit se compose d'une couronne de bobines plates, sans noyau de fer doux, en nombre égal à celles des électro-aimants de chaque couronne. Ces bobines sont enroulées alternativement en sens contraires et se déplacent d'un mouvement uniforme dans le champ inducteur (*fig.* 290). La variation du flux est nulle quand les axes des bobines mobiles coïncident avec ceux des bobines fixes, et c'est à ce moment que se produirait le changement de sens du courant sans les effets de self-induction. Une période complète correspond à l'intervalle qui sépare deux pôles de même nom. Si la couronne porte huit bobines, le nombre de périodes est de quatre par tour.

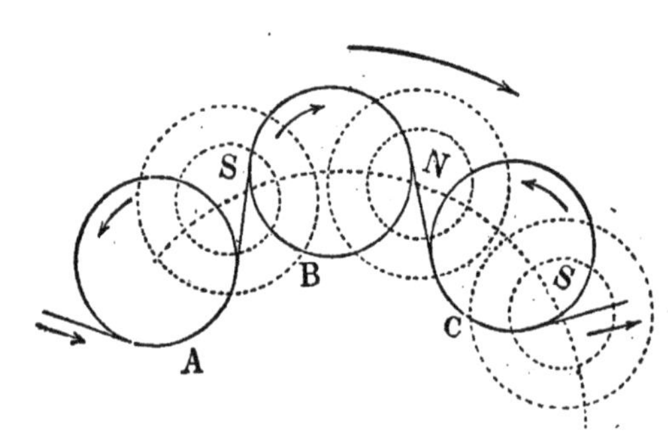

Fig. 290.

Le courant est exactement solénoïdal. Les électro-aimants sont animés par une machine à courants continus indépendante, appelée *excitatrice*.

358. Machine Gramme. — Dans la machine Gramme, l'induit est fixe, l'inducteur mobile (*fig.* 291). L'induit est constitué par un tambour cylindrique formé, comme l'anneau (**346**), d'un noyau en fils de fer doux recouvert de spires parallèles aux génératrices du cylindre. Ces spires sont partagées en huit sections enroulées alternativement en sens contraires. L'inducteur est formé de huit électro-aimants à pôles alternés qui tournent à l'intérieur du tambour. Ces électro-aimants

Fig. 291.

entraînent avec eux le flux d'induction qui parcourt le noyau et traverse les différentes spires; à chaque instant le courant a la même valeur dans toutes les sections; ces courants sont alternativement de sens contraires, mais s'ajoutent par suite du mode d'enroulement.

Dans les types plus récents, la tendance des constructeurs est d'augmenter considérablement la masse du fer doux tant dans l'inducteur que dans l'induit, de manière à ne jamais approcher de la saturation, et atteindre tout au plus la demi-saturation.

359. Transformateurs. — Au lieu d'utiliser directement le courant alternatif, on peut l'employer à exciter un courant de même espèce dans un circuit voisin (**272**). Le courant primaire correspondait à un certain nombre de volts et d'ampères, E et I, le courant secondaire correspondra à d'autres nombres E′ et I′. Si la transformation s'est faite sans perte d'énergie, on aura

$$EI = E'I',$$

et on pourra, par une disposition convenable des appareils, modifier à volonté, suivant les besoins, les deux facteurs du produit.

Ces appareils sont appelés *transformateurs*.

Ils paraissent appelés à jouer un grand rôle dans le transport à distance de l'énergie. Un exemple fera comprendre l'importance pratique de la question [1].

Supposons qu'on veuille distribuer 100 ampères sous une force électromotrice de 100 volts, soit 50 000 watts, à une distance de 500 mètres, avec une perte de 10 p. 100.

Pour la transmission directe, le conducteur de 1 000 mètres devra avoir une résistance de 0,02 ohm; sa section sera de 833 millimètres carrés; son poids, de 75 tonnes; son prix, d'environ 200 000 francs.

Si on transporte la même somme d'énergie par un courant de 50 ampères sous 1 000 volts et qu'on transforme ensuite ce courant primaire en un courant secondaire de 500 ampères sous 100 volts, la résistance du fil pourra être de 2 ohms; sa section sera de 8,33 millimètres; son poids, de 750 kilogrammes; son prix, de 2 500 francs.

360. Divers types de transformateurs. — Dans tout transformateur, il y a trois circuits à considérer : le circuit primaire, le circuit secondaire et le circuit magnétique. Il y a tout avantage à employer un circuit magnétique fermé.

1. H. Fontaine, *Éclairage à l'électricité*, p. 461. 3e édit., Baudry, 1888.

Les types qui paraissent donner les meilleurs résultats sont représentés dans les figures 292 et 293. La disposition du premier est celle de l'anneau Gramme : sur un noyau de fer doux sont enroulés simultanément les deux circuits primaire et secondaire *ab* et AB. Dans le second, les deux circuits électriques sont enroulés ensemble, de manière à constituer le noyau, et c'est le fil de fer qui est enroulé extérieurement. L'un est donc à *noyau*, l'autre à *enveloppe* de fer

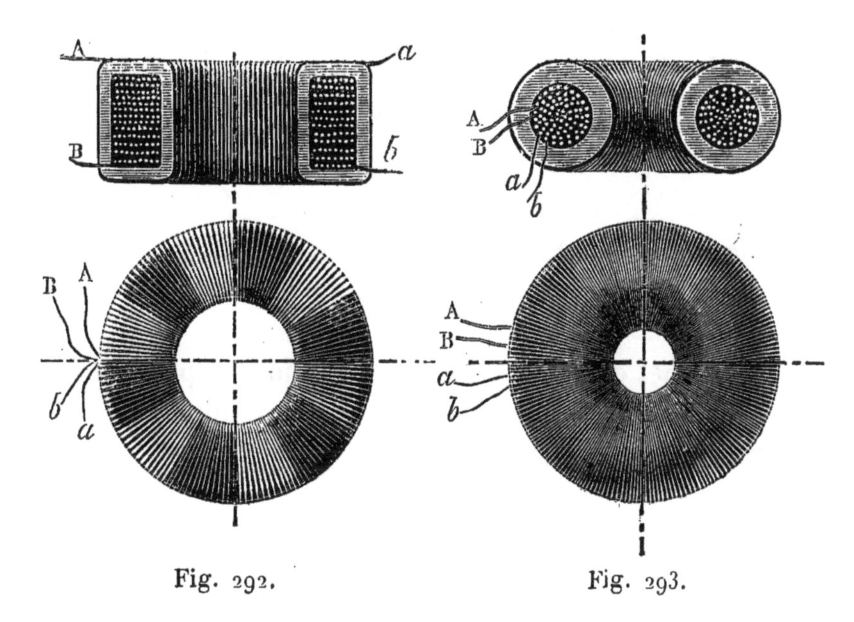

Fig. 292. Fig. 293.

doux; dans le premier, l'aimantation est longitudinale; dans le second, transversale (**254**). Les deux systèmes paraissent, d'ailleurs, donner des résultats équivalents.

Supposons qu'on établisse aux deux bornes du circuit primaire une différence de potentiel variant suivant la loi du sinus, les deux circuits électriques et le circuit magnétique seront le siège de flux suivant la même loi, ayant la même période, mais des phases différentes.

La variation du flux d'induction est la même pour chaque spire du circuit primaire et du circuit secondaire : si n et n' sont les nombres respectifs de spires et qu'on représente par

Q la valeur maximum du flux d'induction magnétique, les valeurs maximum des forces électromotrices développées dans les deux circuits ont pour valeurs (**280**)

$$E = n\frac{2\pi}{T}Q, \qquad E' = n'\frac{2\pi}{T}Q;$$

elles sont donc entre elles comme les nombres des spires.

Soient R et R' les résistances des deux fils enroulés sur l'anneau ; à un instant donné, la différence de potentiel aux bornes du circuit primaire ε est égale à la valeur actuelle de la force électromotrice e augmentée de la chute du potentiel due à la résistance

$$\varepsilon = e + Ri;$$

on a de même aux bornes du circuit secondaire

$$\varepsilon' = e' - R'i'.$$

Si on admet que dans chacun des circuits la phase du courant coïncide avec celle de la force électromotrice, le travail absorbé par le circuit primaire du transformateur est (**354**)

$$\frac{1}{2}EI + \frac{1}{2}RI^2.$$

L'énergie disponible aux bornes du circuit secondaire est

$$\frac{1}{2}E'I' - \frac{1}{2}R'I'^2;$$

le rendement est donc

$$\frac{E'I' - R'I'^2}{EI + RI^2},$$

ou sensiblement, si les résistances sont négligeables,

$$\frac{E'I'}{EI}.$$

L'expérience montre que ce rapport est très voisin de

l'unité. La différence entre EI et E'I' est convertie en chaleur dans le transformateur, et elle doit être attribuée surtout au travail de l'aimantation (**179**).

L'expérience montre, comme pour les machines à courants alternatifs, qu'il y a avantage à faire travailler les transformateurs sous faible induction et à ne pas dépasser la demi-saturation.

361. Bobine de Ruhmkorff. — La bobine de Rumkorff est un véritable transformateur dans lequel, à l'inverse de ce qui a lieu dans les transformateurs modernes, on cherche, au moyen d'un courant de grande intensité produit par un générateur de force électromotrice faible, à obtenir sur le fil induit une force électromotrice considérable, capable de donner de longues étincelles, de charger des batteries, en un

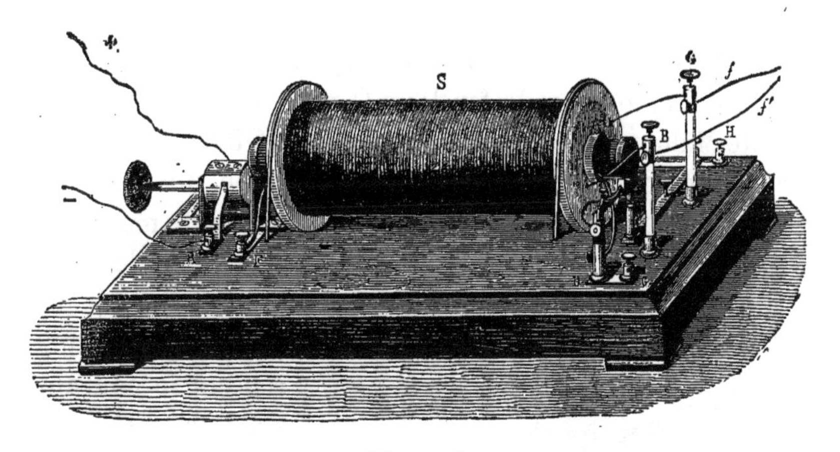

Fig. 294.

mot de reproduire tous les effets qu'on obtient ordinairement avec les machines électrostatiques.

L'appareil (*fig.* 294) se compose d'un noyau de fer doux de forme cylindrique constitué par un faisceau de fils parallèles ; ce noyau est recouvert d'un fil de gros diamètre formant le fil primaire et par-dessus d'un nombre considérable de tours d'un fil fin, aboutissant à deux bornes B et C qu'on appelle les pôles de la machine. Le fil induit est parfaitement isolé pour éviter les étincelles intérieures. Au lieu de l'enrouler par couches successives parallèles à l'axe, on l'enroule sous forme de galettes perpendiculaires à l'axe et qu'on sépare par des cloisons isolantes. De cette manière, la différence de potentiel va en croissant d'une extrémité à l'autre du fil, sans qu'une différence de potentiel trop grande existe jamais entre deux couches voisines.

Le courant primaire est fourni par une pile et l'induction produite par l'interruption et le rétablissement du courant. Ce système, qui ne pourrait convenir dans le cas d'un circuit magnétique fermé à cause du magnétisme rémanent (**174**), peut être employé dans le cas d'un cylindre court, et même il est préférable à l'emploi d'un courant sinusoïdal en ce sens qu'il permet d'obtenir des variations plus brusques.

362. Interrupteur. — L'interruption se fait souvent au moyen d'un morceau de fer doux O placé au-dessous de l'extrémité M du noyau (*fig.* 295). Le marteau OD et son enclume *e* avec les pièces correspondantes font partie du circuit primaire. Si le courant passe, le noyau s'aimante, le marteau est soulevé, et le courant interrompu; le marteau en retombant rétablit le courant et ainsi de suite.

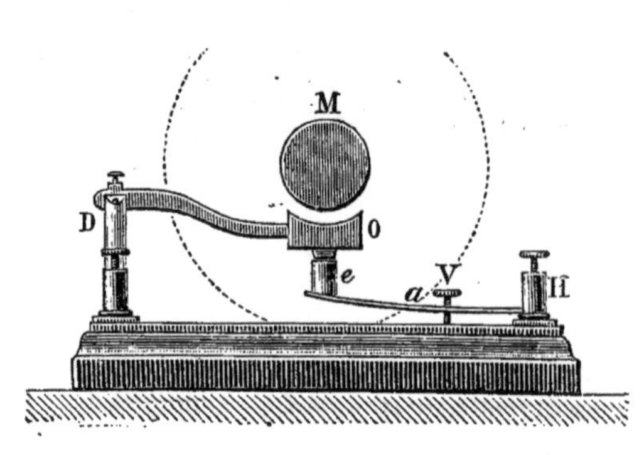

Fig. 295.

La durée de l'interruption est prolongée par l'étincelle qui jaillit entre le marteau et l'enclume. Pour rendre l'interruption plus brève, Foucault la produit au moyen d'une pointe de platine plongeant dans du mercure et à laquelle on donne un mouvement de va-et-vient (*fig.* 296). On réduit beaucoup l'étincelle en recouvrant le mercure d'une couche d'alcool. Le mouvement de va-et-vient est entretenu par une pile et un électro-aimant indépendants.

363. Condensateur de Fizeau. — On augmente la puissance de la bobine en reliant les extrémités du fil primaire respectivement à chacune des armatures d'un condensateur.

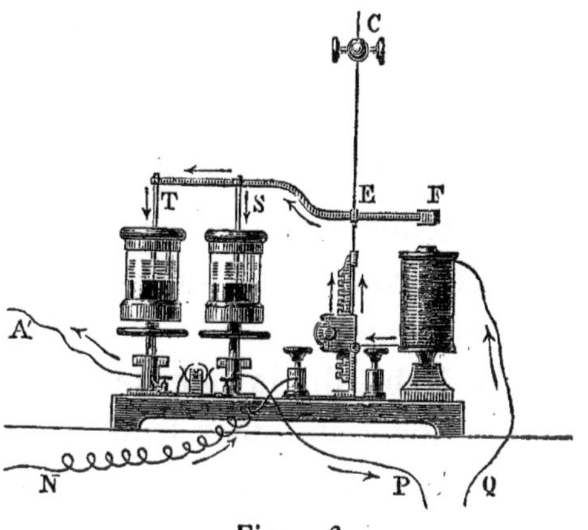

Fig. 296.

L'effet principal du condensateur est, au moment de l'interruption, de diminuer la différence de potentiel entre les deux points de rupture, l'électricité de l'extra-courant trouvant à s'écouler dans le condensateur.

364. Courant direct et inverse. — Si on réunit par un conducteur les deux pôles de la machine, celui-ci est parcouru par deux courants égaux et de sens contraires ayant une action nulle sur le galvanomètre (**301**).

Si on coupe le fil et qu'on écarte les extrémités, le courant continue à passer sous forme d'étincelles très bruyantes pouvant atteindre parfois une très grande longueur. Les grandes bobines de Ruhmkorff, qui ont environ 60 centimètres de longueur et portent 120 kilomètres de fil induit, peuvent donner des étincelles de 45 centimètres.

Ces étincelles sont toujours un peu grêles. On peut les rendre plus nourries et moins fréquentes en mettant les extrémités du fil induit en communication avec les armatures du condensateur. On augmente ainsi la capacité du fil. Comme une bouteille de Leyde serait incapable, avec les grosses bobines, de supporter la différence de potentiel qui se produit entre les deux pôles, on emploie une cascade (**59**).

Quand on écarte progressivement les deux extrémités des

fils rattachés aux pôles, on constate en général que le courant direct passe plus facilement que le courant inverse, et qu'on peut même, en augmentant suffisamment la distance, livrer seulement passage au premier.

Quand on relie les pôles par un tube contenant un gaz rarifié, un tube de Geissler par exemple, on obtient de belles stratifications. L'étude de ces apparences lumineuses au moyen d'un miroir tournant, conduit à cette conclusion que chacune des décharges n'est pas un phénomène continu, mais se produit par une série d'oscillations alternativement de sens contraires.

365. Débit de la bobine. — Comme pour les autres machines électrostatiques, le débit peut être mesuré par le temps nécessaire pour charger une batterie à un potentiel donné. Les deux armatures de la batterie isolée sont mises en communication d'une part avec les branches d'un excitateur ayant ses boules à une distance D, d'autre part avec les deux bornes de la bobine, mais en laissant sur un des fils une interruption $d < D$, pour ne laisser passer que le courant direct et empêcher la batterie de se décharger à chaque alternative.

A chaque étincelle de la bobine, la batterie reçoit la même quantité d'électricité; au bout d'un certain temps, elle se décharge par l'excitateur. Ce phénomène est périodique et une étincelle de la batterie correspond à un même nombre n d'étincelles de la bobine. L'expérience montre que la quantité d'électricité correspondant à une étincelle de la bobine va en diminuant quand la rapidité des interruptions dépasse une certaine limite.

CHAPITRE XXXII

ÉCLAIRAGE ÉLECTRIQUE

366. Éclairage par incandescence. — L'énergie électrique est employée à l'éclairage sous deux formes : l'*incandescence* et l'*arc voltaïque*.

La première méthode consiste à porter un fil conducteur à une température assez élevée pour qu'il devienne lumineux. On a d'abord essayé le platine, mais il se désagrège rapidement. Le corps qui se prête le mieux à cet emploi est un filament de charbon placé dans le vide pour éviter sa combustion par l'air. Dans la lampe Édison (*fig.* 297), le charbon est un filament de bambou convenablement calciné; il est fixé aux extrémités de deux fils de platine soudés dans le verre et formant électrodes; le tout est renfermé dans une ampoule où l'on fait le vide avec une pompe à mercure.

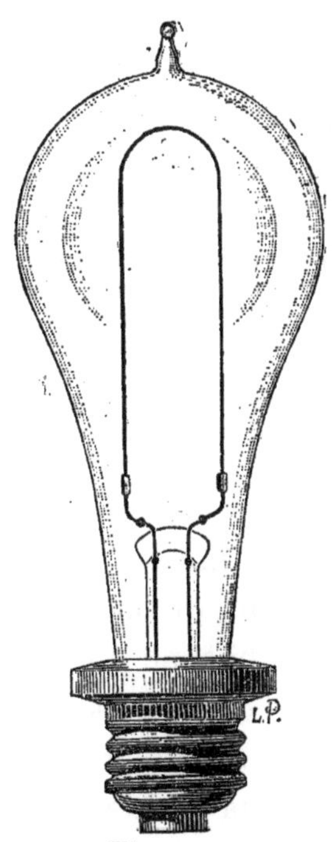

Fig. 297.

L'éclat lumineux augmente rapidement avec l'intensité du courant; mais la durée de la lampe diminue d'autant.

Les conditions du maximum d'économie sont celles où le gain en lumière et la perte en durée, évalués tous deux en argent, se compensent exactement.

L'équilibre de température est atteint, quand la quantité

de chaleur perdue par rayonnement est égale à celle qui est dégagée en vertu de la loi de Joule. Le rapport qui existe entre la quantité de lumière émise et l'énergie dépensée est fonction de la température seule, et ne dépend pas de la forme des filaments de charbon, à la condition qu'ils aient le même pouvoir émissif. En mesurant la quantité de chaleur abandonnée par la lampe à un calorimètre à parois opaques qui absorbe la totalité du rayonnement et à un calorimètre transparent qui laisse passer toute la partie lumineuse, on trouve qu'en marche normale celle-ci représente environ 5 p. 100 de l'énergie totale.

Une lampe Édison donnant 1,71 carcels fonctionne avec un courant de 0,8 ampère et une différence de potentiel de 100 volts; elle dure environ 1,000 heures.

L'énergie consommée par seconde est $100 \times 0{,}8 = 80$ watts, un peu plus d'un dixième de cheval; ce qui donne environ 16 carcels par cheval. La résistance d'une lampe à chaud est de $\frac{100}{0{,}8} = 125$ ohms.

Les lampes sont généralement placées en dérivation. Supposons qu'on ait n lampes identiques; soit r la résistance de chacune d'elles, i l'intensité du courant qui la traverse; soit, d'autre part, E la force électromotrice du générateur d'électricité et R la résistance du circuit en dehors des lampes; la résistance ρ de l'ensemble des n lampes en dérivation est égale à $\frac{r}{n}$, et on a

$$E = (R + \rho)\,ni = (nR + r)\,i$$

le travail utile est nri^2 et le rendement $\frac{r}{nR + r}$.

Supposons qu'on veuille faire fonctionner des lampes du type précédent au moyen d'une pile de Bunsen. Admettons que la résistance extérieure R se réduise à celle de la pile; pour obtenir le maximum de travail il faut prendre

$nR = r = 125$ ohms. La formule précédente donne en appelant x le nombre des éléments

$$1,8x = 250 . 0,8 = 200.$$

D'où l'on tire $x = 112,1$. Il faudra donc 112 éléments en série linéaire quel que soit le nombre de lampes à entretenir. La résistance seule des éléments devra varier avec le nombre des lampes et sera égale à $\frac{125}{112 . n} = \frac{1,116}{n}$ ohms.

Les lampes Édison exigent une grande force électromotrice et un faible courant. Comme type opposé, nous citerons la lampe Bernstein, formée d'une tige de charbon rectiligne et qui fonctionne avec un courant de 10 ampères, sous une différence de potentiel aux bornes de 7 volts, ce qui donne 0,7 ohms pour la résistance de la lampe à chaud. Les lampes sont montées en série. Un calcul analogue au précédent montrerait que pour les faire marcher avec des éléments Bunsen, il faudrait, en travail maximum, prendre par lampe 8 éléments ayant chacun une résistance huit fois plus petite que celle d'une lampe.

L'emploi d'une pile n'est indiqué ici qu'à titre d'exercice. Dans la pratique, les lampes sont toujours alimentées par des dynamos. Considérons une installation de 1000 lampes. Avec les lampes à grande résistance de type Édison placées en dérivation, la dynamo devra donner 800 ampères sous une force électromotrice de 100 volts. Avec des lampes du type Berstein, placées en série, il faudrait 10 ampères avec 7000 volts. Comme aucune machine ne pouvant fonctionner pratiquement dans ces dernières conditions, on pourra distribuer les lampes en 5 séries parallèles de 200 chacune. Il suffira alors d'un courant de 50 ampères sous une force électromotrice de 1400 volts. Dans ces nombres, nous ne tenons pas compte de la résistance du circuit.

367. Arc voltaïque. — Davy ayant attaché deux tiges à charbon aux pôles d'une pile de 2 000 éléments et les ayant écartées doucement après les avoir mises en contact, vit jaillir entre les deux pointes une espèce de flamme à laquelle il donna le nom d'*arc électrique*. Le phénomène est tellement brillant qu'on ne peut l'observer qu'à travers un verre noirci; un procédé plus commode encore est de projeter sur un écran, au moyen d'une lentille, l'image de l'arc et des deux charbons. On reconnaît que l'arc a bien moins d'éclat que les pointes mêmes des charbons (*fig.* 298); que le charbon positif est plus lumineux et sur une plus grande longueur que le charbon négatif, ce qui est l'indice d'une température plus élevée ; que le charbon positif se creuse en forme de cratère, tandis que le charbon négatif se taille en pointe ; enfin que le charbon positif s'use plus vite que le charbon négatif. Dans le vide, à part l'action de l'air sur les charbons, les choses se passent de la même manière et on constate nettement qu'il y a transport de matière du charbon positif au charbon négatif.

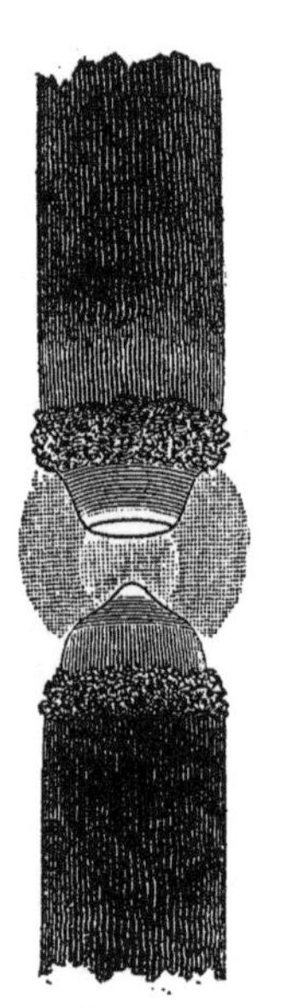
Fig. 298.

La température de l'arc est très élevée, et des matières très réfractaires, comme le platine, y fondent facilement. Aussi ne peut-on obtenir un arc durable qu'avec des tiges de charbon. Pour l'éclairage, il y a avantage à prendre le charbon supérieur comme charbon positif. Quand on veut employer la chaleur de l'arc pour fondre ou volatiliser un corps, on place, au contraire, le charbon positif en bas et on taille son extrémité supérieure en forme de coupe.

La lumière émise est très riche en rayons très réfrangibles et paraît bleue par rapport à celle du soleil. Au spectroscope, les charbons donnent un spectre continu s'étendant très loin vers le violet ; l'arc comme tous les gaz incandescents donne un spectre cannelé présentant les raies du carbone et celles des métaux qui peuvent se trouver dans les charbons.

Les expériences calorimétriques en vase transparent et en vase opaque, montrent que la fraction d'énergie convertie en rayons lumineux est environ le dixième de l'énergie totale dépensée dans l'arc.

L'arc obéit à l'action de l'aimant à la manière des courants mobiles.

368. Force électromotrice de l'arc. — Si on mesure, soit au moyen d'un électromètre, soit au moyen d'un galvanomètre à grande résistance, la différence de potentiel qui existe entre les deux charbons, on ne la trouve jamais inférieure à 30 volts. Elle varie de 30 à 70 volts. L'expérience montre que cette différence de potentiel, ou chute de potentiel, qui se produit naturellement dans le sens du courant, se compose de deux parties, l'une fixe, indépendante de l'intensité et de l'écart des charbons (**111**), qui se comporte par conséquent comme une véritable force électromotrice et qui est d'environ 30 volts, l'autre qui varie avec l'intensité du courant et l'écart des charbons et qui est due à la résistance du milieu interposé ; cette résistance augmente avec la distance des charbons et diminue quand l'intensité du courant augmente et par suite la température. Si E est la différence de potentiel observée, e la force électromotrice de l'arc, r sa résistance, on peut poser

$$E = e + Ir,$$

L'existence d'une chute fixe de potentiel jouant le rôle d'une force électromotrice inverse, explique comment on ne peut obtenir un arc avec une pile de force électromotrice trop faible, quelle que soit d'ailleurs l'intensité, et pourquoi, quand on dispose d'un grand nombre d'éléments, il est plus avantageux, à partir d'une certaine force électromotrice, de les grouper en séries parallèles plutôt qu'en série linéaire. L'expérience montre qu'avec 25 éléments Bunsen montés en série, l'arc peut apparaître quelques instants sans pouvoir se maintenir; d'autre part, qu'il est difficile d'entretenir un arc avec une intensité moindre que 5 ampères. Si on porte ces nombres dans la formule d'Ohm, on trouve

$$\frac{1,8 \times 25 - 30}{5} = 3 \text{ ohms}$$

pour la résistance totale du circuit, pile, arc et fils, ce qui est bien d'accord avec les faits.

369. Travail de l'arc. — Il en résulte qu'on peut prendre $30 \times 5 = 150$ watts comme le minimum de travail correspondant à un arc. Une belle lumière électrique d'une intensité de 100 carcels correspond à peu près à une intensité de 15 ampères et une différence de potentiel de 50 volts aux charbons, soit à un travail de 750 watts ou sensiblement un cheval. L'intensité lumineuse croît beaucoup plus vite que l'énergie dépensée; aussi, eu égard à la quantité de lumière fournie, les gros foyers sont beaucoup plus économiques que les petits.

370. Emploi des courants alternatifs. — Avec les courants alternatifs la lumière est aussi fixe qu'avec les courants continus, bien qu'elle donne lieu à un bourdonnement particulier dont la hauteur dépend du nombre des renversements du courant, lequel, avec les machines usuelles, est en général de 160 par seconde. Les charbons s'usent également. Il est facile, au moyen d'un espèce de phénakisticope, d'examiner et même de photographier leur état aux différentes phases de la période. L'arc disparaît au moment où le courant est nul; mais il se rétablit de lui-même à distance dans le gaz incandescent. L'éclat des deux charbons varie périodiquement et passe par des maxima et des minima; en outre, chacun des deux charbons devient à son tour plus lumineux quand il est positif.

Si on mesure pour chaque instant la différence de potentiel des deux charbons, on trouve qu'elle ne varie point, comme l'intensité du courant, suivant les ordonnées d'une sinusoïde : elle garde une valeur absolue presque constante qui change très rapidement de signe au moment de l'inversion du courant, résultat qui s'accorde bien avec l'existence d'une force électromotrice inverse.

371. Charbons. — Davy employait le charbon de bois. Foucault lui substitua le charbon de cornue, plus conducteur, plus dur et s'usant moins vite. On préfère aujourd'hui les charbons artificiels qui sont plus purs, plus homogènes et d'une forme plus régulière. Ces charbons sont ordinairement fabriqués avec une pâte formée de coke en poudre, de noir de fumée et d'un sirop de gomme et de sucre très épais. Le tout est bien mélangé, comprimé, passé à la filière, séché et durci à haute température. On donne ensuite au charbon plusieurs cuissons alternant avec des immersions prolongées dans le sirop bouillant. On emploie souvent maintenant pour le charbon positif, sous le nom de *charbon à mèche*, des charbons dont le centre présente une composition différente de celle du charbon lui-même. Ces charbons se *taillent* mieux et donnent un arc plus régulier, tel que celui de la figure 298. La pureté des charbons est un point très important; ils doivent être surtout exempts de silice.

372. Régulateurs. — Une nécessité de premier ordre à laquelle doit satisfaire tout système d'éclairage est la fixité de la lumière. Pour obtenir cette fixité avec l'arc, malgré l'usure des charbons et les variations accidentelles du courant, on emploie des *régulateurs*. Nous nous contenterons d'indiquer l'idée fondamentale des principales dispositions employées.

Deux mécanismes sont évidemment nécessaires, l'un qui rapproche les charbons quand le courant diminue et les ramène au contact quand il est nul, le rallumage à froid ne pouvant se faire qu'au contact; l'autre qui les écarte quand l'intensité tend à augmenter. Si l'on veut que le point lumineux soit fixe, les deux charbons doivent se mouvoir en même temps de quantités égales, si le courant est alternatif; le charbon positif d'une quantité double de charbon négatif, si le courant est constant. Autrement, il suffit qu'un des charbons soit mobile. Le plus souvent le charbon supérieur, qui doit toujours être le charbon positif, tend à descendre par son propre poids; le mécanisme a pour fonction de le soulever d'une quantité convenable. Ce mécanisme, quel qu'il soit, est commandé par une bobine fonctionnant par l'action du courant. Deux systèmes sont employés : dans l'un la bobine est traversée par le courant tout entier et le réglage se fait pour une intensité donnée du courant; dans l'autre, le fil de la bobine est un fil très fin formant une dérivation par rapport aux deux charbons; le réglage se fait pour une même intensité du courant dans la bobine; mais cette intensité ne dépendant que de la différence de potentiel aux extrémités de la dérivation, le réglage se fait en réalité pour une différence fixe de potentiel de l'arc. Le premier système agissant sur l'intensité totale ne peut être appliqué qu'aux lampes qui fonctionnent seules dans un circuit; quand plusieurs lampes sont en série dans le même circuit, il faut qu'un régulateur en équilibre ne soit pas influencé par le jeu d'un régulateur voisin; le second système satisfait suffisamment à cette condition.

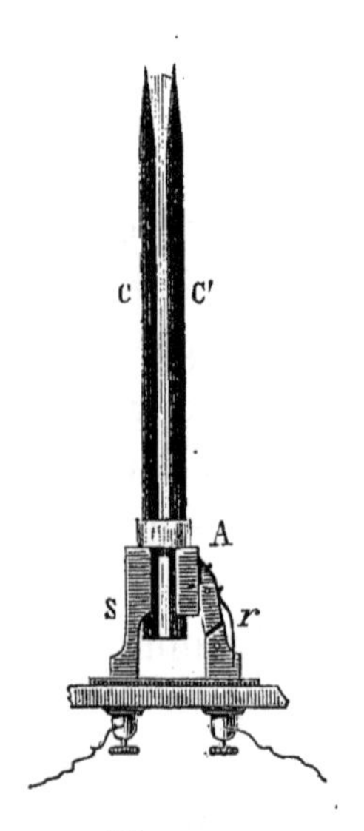

Fig. 299.

373. Bougies électriques. — Dans les bougies Jablochkoff tout mécanisme est supprimé; les deux charbons sont placés côte à côte et séparés par une lame isolante formée de plâtre et de sulfate de baryte à laquelle on a donné le nom de *colombin*. Les bougies marchent avec un courant alternatif pour que l'usure soit égale; la matière isolante se volatilise au fur et à mesure de l'usure des charbons. Les bougies à charbon de 4 millimètres de diamètre fonctionnent avec un courant moyen de 8 à 9 ampères sous une force électromotrice de 42 à 43 volts, et donnent une intensité d'environ 40 carcels. Elles n'ont pas la fixité des bons régulateurs; mais cet inconvénient est compensé dans beaucoup de cas, l'éclairage extérieur par exemple, par la simplicité de leur emploi. Leur invention a été le signal du grand développement pris par l'éclairage électrique dans ces dernières années.

374. Soudure électrique. — L'arc électrique est de tous les procédés de chauffage connus celui qui permet de concentrer la plus grande quantité de chaleur en un point donné. L'industrie commence à s'en servir pour la soudure autogène des métaux, du fer par exemple. Pour souder deux plaques de tôle, on les applique l'une sur l'autre, et les ayant mises en communication avec le pôle négatif d'une pile de 80 à 90 volts, on promène le long de l'arête le charbon positif; l'arc qui éclate entre le charbon et le fer fond le fer sur son passage et soude intimement les deux pièces sans interposition de tout métal étranger.

Un autre procédé tout différent pour souder les pièces bout à bout consiste à *aborder* les deux pièces convenablement travaillées en les pressant l'une contre l'autre et à faire passer un courant capable d'amener à la fusion la surface de contact. On a pu souder ainsi des barres d'acier de 20 millimètres de diamètre. Le courant, qui ne doit d'ailleurs durer qu'un temps très court, doit avoir une grande intensité et une très faible force électromotrice. Dans les expériences en question, il était produit au moyen d'un transformateur. L'appareil était disposé de manière qu'un courant moyen de 20 ampères et de 600 volts dans la bobine primaire donnât 1 volt et 12 000 ampères dans la bobine secondaire.

CHAPITRE XXXIII

GALVANOPLASTIE.

375. Applications de l'électrolyse. — On comprend sous le nom de galvanoplastie l'ensemble des procédés qui utilisent le courant électrique pour mettre en liberté le métal contenu dans une dissolution saline, soit qu'il s'agisse de recouvrir du métal la surface d'un objet, ou d'en prendre une empreinte métallique, soit qu'on ait simplement en vue l'extraction ou la purification de ce métal. Les premiers procédés constituent la *galvanoplastie* proprement dite et l'*électrotypie*, les seconds la *métallurgie électrique.*

Les seuls métaux qui donnent lieu à des applications industrielles importantes sont le nickel, l'argent, l'or et le cuivre. Les procédés varient évidemment d'un métal à l'autre ; dans chaque cas il y a à considérer : 1° la nature et la composition du bain ; 2° la force électromotrice nécessaire à l'opération et la densité du courant, c'est-à-dire l'intensité par unité de surface d'électrode ; 3° la préparation de l'objet avant et après son immersion dans le bain.

376. Électrodes. — L'objet à recouvrir forme l'électrode négative ou la *cathode;* sa surface doit être conductrice ; si elle ne l'est pas par elle-même, elle est rendue conductrice par une couche de plombagine, ou encore une couche de sulfure d'argent, qu'on obtient en trempant l'objet dans une dissolution de nitrate d'argent et en l'exposant ensuite à des émanations d'hydrogène sulfuré. La préparation de la surface est une des conditions importantes du succès de l'opération.

L'électrode positive ou l'*anode* est généralement une lame

du métal même qui forme la dissolution ; elle perd autant de métal que l'autre en gagne et le bain garde une composition moyenne constante. On rend cette composition uniforme en agitant de temps à autre la dissolution.

Quand le métal des deux électrodes est le même que celui du bain, la chute de potentiel est la même aux deux électrodes, elle donne lieu à des travaux égaux et de signes contraires. Il en résulte que le travail de l'électrolyse proprement dite est nul ou sensiblement nul : tout se réduit au travail de la résistance.

377. Travail chimique d'un ampère. — En partant de ce fait qu'un coulomb met en liberté 0,00001035 de l'équivalent du métal exprimé en grammes (**121**), on obtient le tableau suivant :

	Éq.	MÉTAL DÉPOSÉ PAR UN COURANT D'UN AMPÈRE EN 1 seconde.	1 minute.	1 heure.	NOMBRE DE COULOMBS pour 1 gr.
Argent..	108	0gr,001118	0gr,06707	4gr,024	895
Cuivre..	31,8	0 ,000330	0 ,01980	1 ,188	3030
Nickel...	29,5	0 ,000305	0 ,01802	1 ,100	3280

378. Nickelage. — On emploie comme bain une solution au dixième de sulfate double de nickel et d'ammonium (S^2O^6,NiO,AzH^4O+6HO). La solution doit être à très peu près neutre, plutôt acide qu'alcaline ; il est important que toutes les matières employées, sel, eau et métal, soient parfaitement pures. Il y a avantage, surtout avec le fer, à commencer par un courant un peu fort pour recouvrir rapidement l'objet et le soustraire à l'action du bain ; on diminue ensuite la densité du courant. On arrive facilement à déposer sur le fer 2 grammes de nickel par décimètre carré, ce qui représente une couche de $\frac{1}{40}$ de millimètre environ, couche parfaitement suffisante étant données la dureté et la solidité du nickel. La couche de nickel est d'autant plus brillante que la surface recouverte était elle-même mieux polie. On doit donc apporter beaucoup de soin dans la préparation de cette surface. L'objet, convenablement poli, est plongé dans un bain de potasse bouillante, lavé avec soin, plongé dans un bain de cyanure de potassium et lavé de nouveau, avant d'être introduit dans le bain de nickel. Retiré du bain, il est lavé, chauffé et séché à la sciure de bois. Le bain tend à devenir alcalin par l'usage; il se trouble, et le dépôt de nickel prend une teinte jaune; on ajoute alors au bain de l'acide citrique jusqu'à ce qu'il rougisse faiblement le papier de tournesol.

379. Argenture. — L'argenture constitue une industrie des plus importantes.

Le bain est généralement une dissolution de cyanure double d'argent et de potassium présentant la composition suivante :

Cyanure de potassium...............	500 grammes.
Cyanure d'argent.....................	250 —
Eau distillée..........................	10 litres.

Les pièces à argenter, généralement métalliques, subissent avant leur immersion quatre opérations successives :

1° *Dégraissage*, par immersion dans une solution bouillante de potasse au 10ᵉ, suivie d'un lavage à l'eau chaude;

2° *Dérochage*, dans un bain d'eau acidulée par l'acide sulfurique au 10ᵉ; lavage à l'eau froide;

3° *Décapage*, dans un bain formé d'un mélange d'acide nitrique, d'acide sulfurique et de sel marin, suivi d'un rinçage à grande eau;

4° *Amalgamation*, par immersion de quelques secondes dans un bain formé de 10 litres d'eau et de 100 grammes de bioxyde de mercure dissous par l'addition d'une quantité suffisante d'acide sulfurique. On lave une dernière fois à l'eau pure et on porte dans le bain.

La machine doit donner 2 ou 3 volts et un courant de 50 ampères au maximum par mètre carré. L'opération dure trois ou quatre heures. Une bonne argenture correspond à

300 grammes d'argent par mètre carré ; ce qui fait à peu près 80 à 100 grammes par douzaine de couverts. Au sortir du bain les objets sont plongés dans une dissolution de cyanure de potassium, lavés à l'eau bouillante et finalement séchés dans la sciure de bois.

Il est important que les électrodes solubles soient en argent pur. Les vieux bains donnent des dépôts plus brillants et plus adhérents que les bains neufs.

380. Dorure. — La dorure se fait également dans des bains de cyanure double d'or et de potassium. La couche déposée est toujours extrêmement mince ; elle n'en est pas moins d'un bon aspect et très résistante. Elle s'obtient en quelques minutes avec un courant qui ne doit pas dépasser 10 ampères par mètre et une force électromotrice de 1 volt au maximum. La préparation des objets est la même que pour l'argent. On modifie la teinte des ors en mêlant à la solution d'or une solution de cuivre ou d'argent qui se décompose en même temps. L'argent donne à l'or une teinte verte, le cuivre une teinte rouge.

381. Cuivrage. Galvanoplastie. — Le cuivre est le métal qui se dépose le plus facilement sous l'action du courant, et c'est lui qui a donné lieu aux premières applications (1839). Le bain le plus fréquemment employé est une dissolution un peu acide de sulfate de cuivre. On peut opérer de deux manières : prendre l'objet comme élément positif d'un couple Daniell qu'on ferme ensuite en court circuit, le cuivre se dépose sur la lame positive et on met la dissolution en contact avec des cristaux de cuivre pour l'empêcher de s'appauvrir ; ou bien on emploie comme à l'ordinaire un électromoteur extérieur, pile ou machine. Dans le premier cas, la dissolution la plus convenable est une dissolution presque saturée de sulfate de cuivre additionnée de 12 grammes d'acide sulfurique par litre ; dans le second, on verse dans 10 litres d'eau 825 grammes d'acide sulfurique et on sature l'eau acidulée de sulfate de cuivre.

On fait de l'objet que l'on veut reproduire, médaille, cliché, statuette, etc., un moule en gutta-percha, en gélatine, en plâtre rendu imperméable, etc., on métallise la surface du moule et on l'emploie comme électrode négative. Il faut commencer par un courant très faible dont on augmente ensuite peu à peu l'intensité. La densité du courant peut du reste varier dans des limites étendues; par exemple, de 20 à 200 ampères par mètre carré.

On donne de la dureté aux clichés destinés à l'impression en les *aciérant;* on nettoie le cliché, on le frotte avec de la potasse caustique et on le plonge en même temps qu'une plaque de fer pur, formant électrode positive, dans un bain de fer. Ce bain s'obtient en faisant passer le courant entre deux plaques de bon fer dans une dissolution de 12 kilogrammes de carbonate d'ammoniaqué dans 75 litres d'eau. On substitue ensuite le cliché à aciérer à la plaque négative. La force électromotrice doit être de 4 volts. On plonge le cliché à plusieurs reprises pendant quelques minutes; il est ensuite soigneusement lavé dans l'eau bouillante, puis dans l'eau froide et frotté avec de la benzine.

Une industrie devenue importante est celle du cuivrage des pièces de fonte, telles que statues, candélabres, etc. La difficulté est d'avoir une dissolution qui n'attaque pas le fer. Telle est celle qu'on obtient en dissolvant le sulfate de cuivre dans une dissolution de tartrate de potasse ou de cuivre alcalinisé par de la soude caustique. L'excès de soude rend soluble le tartrate de cuivre et l'empêche d'attaquer le fer. On peut employer un courant extérieur ou mettre simplement les objets en communication avec des lames de zinc contenues avec de la soude dans des vases poreux placés au milieu du bain.

382. Électrométallurgie. Métaux alcalins. — C'est par l'électrolyse que Davy a découvert les métaux alcalins et alcalino-terreux (**120**). Il employait comme électrode négative le mercure auquel vient s'unir le métal mis en liberté; il suffit ensuite de chauffer l'amalgame dans un gaz inerte pour volatiliser le mercure. Bunsen a obtenu des quantités de métal plus grandes en électrolysant les sels fondus, en particulier les chlorures, au moyen de deux électrodes de charbon. Dans le cas où le métal, plus léger que le liquide, tendrait à venir brûler à la surface, on pratique dans l'électrode négative des échancrures où il vient se loger. L'expérience est toujours difficile et ce procédé ne donne que de petites quantités de métal. On ne l'emploie que pour les métaux, tels que le calcium ou le baryum, qu'on n'a pu encore obtenir par les procédés chimiques.

383. Affinage du cuivre. — La seule application métallurgique qui ait pris une grande extension est l'affinage du cuivre. On traite le minerai par les procédés ordinaires jusqu'à obtenir des plaques renfermant au moins 95 p. 100 de cuivre. On prend ces plaques comme électrodes positives dans un bain de sulfate de cuivre et on transporte par le courant le métal pur sur des lames minces de cuivre pur formant l'électrode négative. Les matières étrangères, parmi lesquelles l'or et l'argent, tombent en boue au fond du bain.

On obtient ainsi des plaques d'un demi-mètre à un mètre de surface et de 1 à 2 centimètres d'épaisseur, d'un métal d'une grande pureté, très malléable et d'une très grande conductibilité.

L'électrolyse ayant lieu entre deux électrodes presque identiques, la force électromotrice à vaincre est presque nulle et tout le travail se réduit à vaincre la résistance des cuves. Soient W le travail disponible; N le nombre total des cuves disposées en p séries de n cuves, r la résistance d'une cuve, ρ celle du reste du circuit et R la résistance totale; on a

$$W = RI^2,$$

$$P = N\varpi \frac{I}{p} = n\varpi I,$$

ϖ désignant le poids de métal réduit par un coulomb et P le poids total obtenu par seconde. On en déduit

$$W = \left(\frac{\rho}{n^2} + \frac{r}{N}\right)\frac{P^2}{\varpi^2};$$

ce qui montre que pour un travail donné le poids de métal obtenu sera d'autant plus grand que n sera plus grand, par suite quand on aura $n = N$, c'est-à-dire quand toutes les cuves seront en séries; et que d'ailleurs ce poids croîtra indéfiniment avec le nombre des cuves. Mais la formule montre aussi que pour doubler la quantité de métal, il faut quadrupler le nombre des cuves. Il y a donc une limite au delà de laquelle les frais résultant de l'augmentation du matériel ne seraient plus compensés par l'augmentation du rendement.

384. Four électrique. — Une branche de l'électrométallurgie qui n'a plus un lien aussi étroit avec l'électrolyse est la fusion des minerais et des métaux au moyen de l'arc voltaïque. Les températures qu'on peut atteindre par les combustions sont nécessairement limitées par le fait de la dissociation, il n'en est pas de même pour l'arc électrique. Toutefois la question de température n'est pas seule à intervenir et dans beaucoup de cas les propriétés réductrices de l'électrode négative paraissent jouer un rôle important.

William Siemens a montré qu'on pouvait utiliser économiquement l'énergie électrique à fondre le fer et l'acier. Il emploie un creuset de plombagine de 20 centimètres environ entouré de poussier de charbon. Un charbon comme ceux qui servent à l'éclairage passe par le fond du creuset, c'est le charbon positif, le charbon négatif est maintenu au-dessus par une espèce de régulateur. Avec un courant de 36 ampères et une force motrice de 4 chevaux on fond un kilogramme d'acier en quinze minutes. On peut estimer que l'échauffement et la fusion d'un kilogramme d'acier demande 450 calories, soit un travail de $450 \times 4{,}170 = 1\,876\,500$ watts. Or 4 chevaux en quinze minutes fournissent $4 \times 725 \times 15$

$\times 60 = 2\,610\,000$ watts; le rendement serait donc de 0,66 environ.

385. Fabrication du bronze d'aluminium. — En opérant d'une manière analogue sur des minerais d'aluminium et du cuivre, MM. Cowles (Cleveland, Ohio) obtiennent du premier coup du bronze d'aluminium contenant 15 à 20 p. 100 de ce dernier métal et tout à fait exempt de fer. Le minerai employé est une espèce de corindon ou alumine cristallisée qu'on réduit en poudre et qu'on mélange avec du charbon concassé et le double de son poids de cuivre en grains très pur, tel que celui du lac Supérieur.

Le tout est placé entre deux électrodes formées de gros charbons comme ceux qui servent à l'éclairage et qui sont entourés d'une brasque de charbon préalablement trempé dans un lait de chaux pour éviter sa transformation en graphite sous l'action de la chaleur. L'aluminium réduit s'unit, comme on sait, avec une grande énergie au cuivre. L'opération s'effectue actuellement au moyen d'une dynamo donnant 5 000 ampères sous une force électromotrice de 60 volts et ayant par suite une puissance de 300 000 watts-seconde; elle s'exécute sur un poids de 35 kilogrammes de corindon et 70 kilogrammes de cuivre et donne environ 82 kilogrammes d'alliage; elle dure une heure et demie. Chaque kilogramme d'aluminium dans l'alliage correspond à un travail de 44 chevaux pendant une heure.

CHAPITRE XXXIV

TÉLÉGRAPHIE ÉLECTRIQUE

386. — Les applications qui forment l'objet des chapitres précédents utilisent l'énergie du courant électrique et la question qui prime toutes les autres est celle du rendement. La télégraphie fait partie de cette catégorie d'applications qui ne demandent au courant qu'un travail utile presque insignifiant, se réduisant la plupart du temps à mettre en jeu par une sorte de déclic d'autres forces mécaniques telles que l'action d'un poids ou d'un ressort; elle se préoccupe avant tout de la rapidité et de la sûreté des transmissions.

387. Communication électrique entre deux points. — L'expérience a montré que pour relier électriquement deux stations A et B, il suffit d'un seul fil, à la condition qu'à la station A le pôle de la pile qui n'est pas relié au fil de ligne, et à la station B l'extrémité du fil de ligne lui-même, communiquent à de larges plaques de cuivre enfouies dans un sol suffisamment conducteur. Les choses se passent *comme si* la terre servait de fil de *retour*. On trouve à cette disposition un double avantage : une économie d'argent, le fil de ligne étant toujours la partie coûteuse de l'installation et une réduction de moitié dans la résistance du circuit, une *bonne terre* ne présentant jamais qu'une résistance insignifiante.

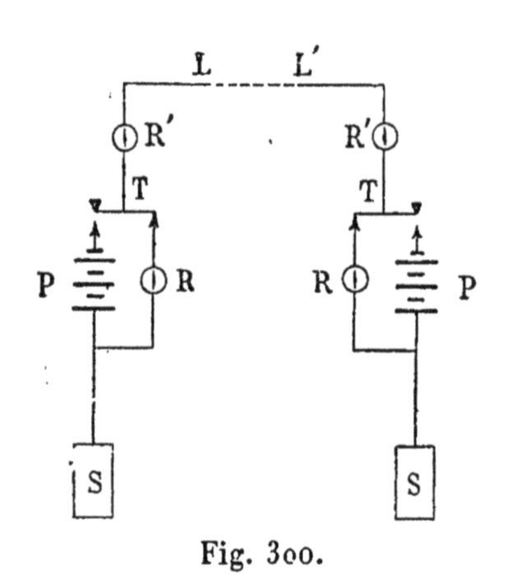

Fig. 300.

Un même fil suffit d'ailleurs aux transmissions dans les deux sens. Il suffit que chaque station ait sa pile P, son *transmetteur* T et son *récepteur* R (*fig.* 300). La figure s'explique d'elle-même. Le récepteur peut être placé en R ou en R'. Dans le second cas, les deux récepteurs fonctionnent toujours en même temps, ce qui donne au départ un contrôle permanent des signaux envoyés.

388. Méthode duplex. — On peut même faire que les deux postes communiquent *simultanément* par le même fil. Une des dispositions employées est celle que représente la figure 301. Le récepteur est placé sur le pont d'un parallélogramme de Wheatstone dont les deux côtés *a* et *a'* sont égaux et dont les deux autres côtés sont formés d'une part par la ligne et d'autre part par une résistance ρ en communication avec le sol. Si ces deux résistances sont égales, il est facile de voir qu'un courant émis par A ne passe pas par le récepteur de A, par suite de l'équilibre du pont, mais qu'il agit sur le récepteur de B et réciproquement. Trois cas peuvent se présenter : une seule clef est abaissée à la fois, l'appareil fonctionne comme il vient d'être dit; les deux clefs sont abaissées à la fois, les deux récepteurs donnent le même signal, sous l'influence d'un même courant si les deux piles sont montées en sens contraire, sous l'influence du courant local, si elles sont montées dans le même sens, c'est-à-dire de manière à opposer leurs forces électromotrices; enfin, une des clefs est abaissée tandis que l'autre est *en l'air* et ne communique ni à la pile ni au sol, le courant donne le signal voulu à la station réceptrice, mais il agit aussi sur le récepteur local; seulement pendant un temps si court qu'il n'en résulte pas

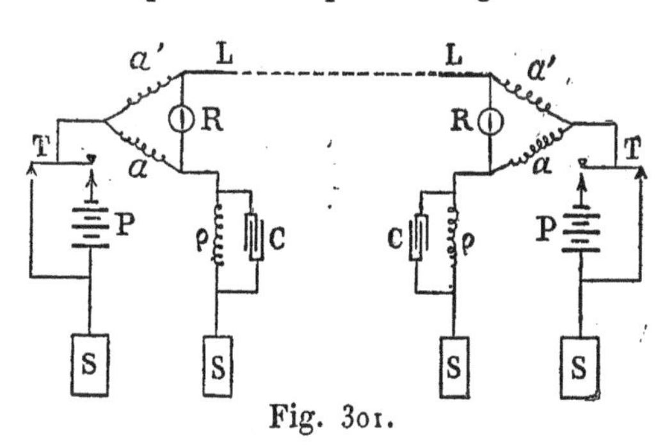

Fig. 301.

d'inconvénient grave; d'ailleurs on peut obvier à cette difficulté par une disposition un peu plus compliquée que nous nous dispenserons de décrire.

Les condensateurs C adjoints aux résistances ρ servent à équilibrer la ligne réelle et la ligne fictive au point de vue de la capacité comme elle l'est déjà au point de vue de la résistance.

389. Lignes avec condensateurs. — On trouve souvent avantageux d'isoler complètement le fil de ligne en interposant à ses extrémités des condensateurs C (*fig.* 302). Quand on abaisse la clef, la pile locale charge la première armature et la seconde s'électrisant par influence envoie dans la ligne un flux de même signe que celui qu'aurait donné la pile. Ce flux charge la première armature du second condensateur qui, par le même mécanisme, envoie un flux toujours de même signe à travers le récepteur d'arrivée. La ligne est ainsi soustraite à l'action des courants permanents qui en troublent parfois le fonctionnement.

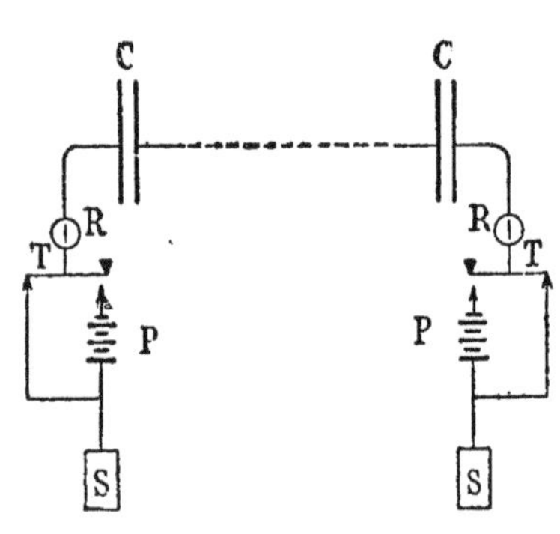

Fig. 302.

390. Lignes aériennes. — Le fil ordinairement employé pour les lignes aériennes est un fil de fer galvanisé de 4 millimètres de diamètre. Sa résistance est de 10 ohms environ et sa capacité électrostatique de 0,01 microfarad par kilomètre. Le cuivre avait été abandonné à cause de son peu de ténacité et de son prix élevé; mais on y revient depuis qu'on fabrique des fils de bronze d'une ténacité comparable à celle du fer et d'une conductibilité presque égale à celle du cuivre.

Comme le fil est dans un milieu absolument dépourvu de conductibilité (4), il suffit qu'il soit isolé aux points de suspension. On emploie généralement des isolateurs en porcelaine. Les supports donnent des pertes variables avec l'état de l'atmosphère, et dont on peut juger par la diminution de résistance de la ligne. Si on appelle ρ la résistance de la ligne entre deux poteaux et ρ_1 celle de la dérivation offerte par le poteau, il faut qu'on ait $\frac{\rho}{\rho_1} > 80\,000$ pour que la ligne puisse être considérée comme suffisamment isolée.

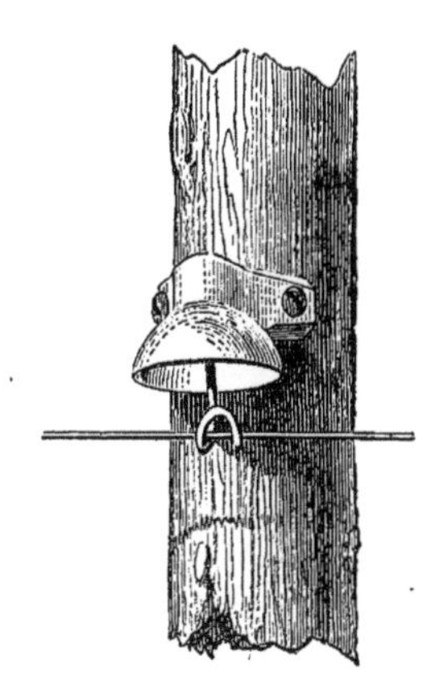

Fig. 303.

391. Lignes souterraines ou sous-marines. — Dans les lignes souterraines ou sous-marines, où le fil est en contact avec un milieu conducteur, une enveloppe isolante est nécessaire. Le fil conducteur, ou *âme* du câble, est formé d'un toron de sept fils de cuivre entouré de plusieurs couches de gutta-percha, puis d'une couche de jute et enfin d'une armature de fils de fer recouverts de chanvre (*fig.* 304). Le fil constitue ainsi dans son ensemble un condensateur dont la capacité est considérable. Celle du câble français qui va d'Islande à Terre-Neuve a une capacité de 0$^{\varphi}$,22 par kilomètre avec une résistance de 1$^{\omega}$,62 pour la même longueur[1].

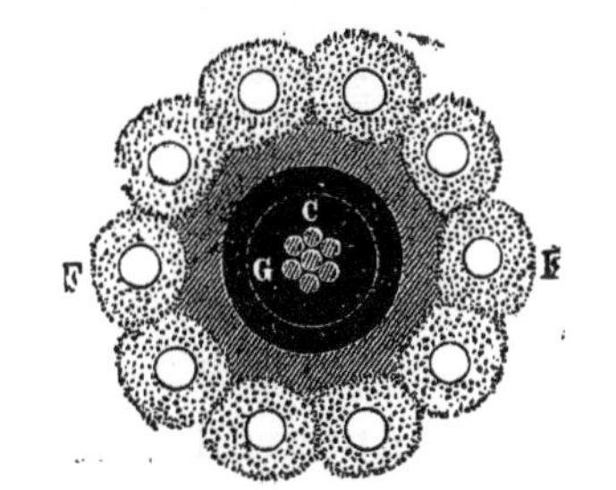

Fig. 304.

392. Appareils de transmission. Sonneries. — Nous ne décrirons, et seulement dans leurs traits essentiels, que quelques-uns des types les plus employés.

Un morceau de fer doux L (*fig.* 305) est maintenu par un ressort D devant un électro-aimant. Dans sa position de repos il appuie contre un contact *r*. Le circuit comprenant le fil de l'électro-aimant est ainsi fermé entre les deux bornes A et E. Si le courant passe, l'électro-aimant devenu un aimant attire

1. Le symbole ω représente des ohms, φ des microfarads.

la pièce de fer doux L qui cesse de toucher le contact r; mais alors le courant est interrompu, le contact se rétablit entre L et r et ainsi de suite. Cette disposition est connue

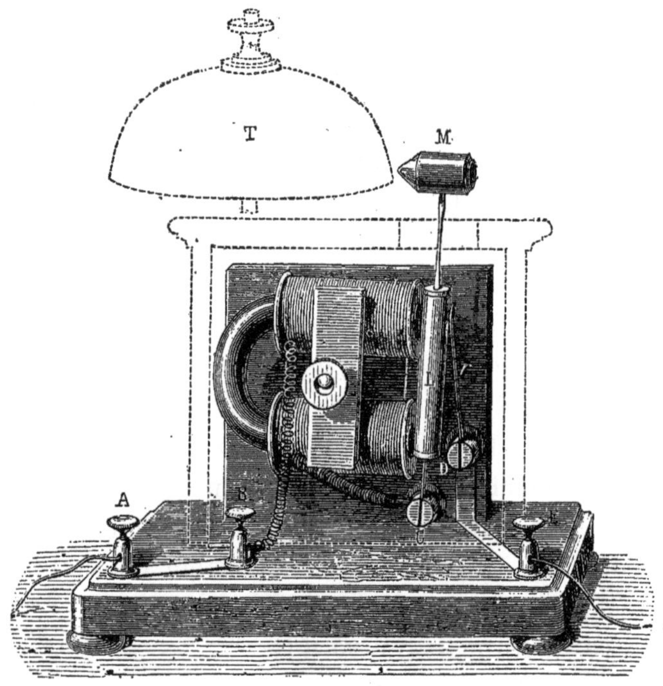

Fig. 305.

sous le nom de *trembleur*. On peut obtenir des trembleurs donnant plus de 1 000 vibrations par seconde.

393. Appareil Morse. — La pièce essentielle du récepteur Morse est un levier horizontal AB (*fig.* 306); l'extrémité A porte une pièce de fer doux soumise à l'action d'un électro-aimant en communication avec la ligne et qui l'attire chaque fois que le courant passe; l'extrémité B vient alors appuyer contre une bande de papier que déroule un mouvement

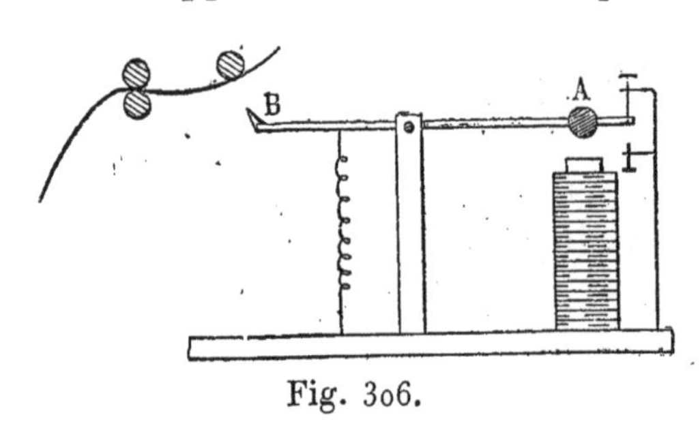

Fig. 306.

d'horlogerie et y trace des lignes ou des points suivant la durée de l'attraction. L'ensemble de l'appareil est repré-

Fig. 307.

senté par la figure 307. La caisse B renferme le mouvement d'horlogerie qui met en mouvement le cylindre a. Celui-ci forme avec le cylindre b un laminoir qui entraîne la feuille de papier. L'extrémité du levier appuie la bande contre une petite molette m couverte d'encre sur sa circonférence. Le manipulateur est une simple clef qui met la ligne en communication avec la pile, chaque fois qu'on l'abaisse (*fig.* 308). Les

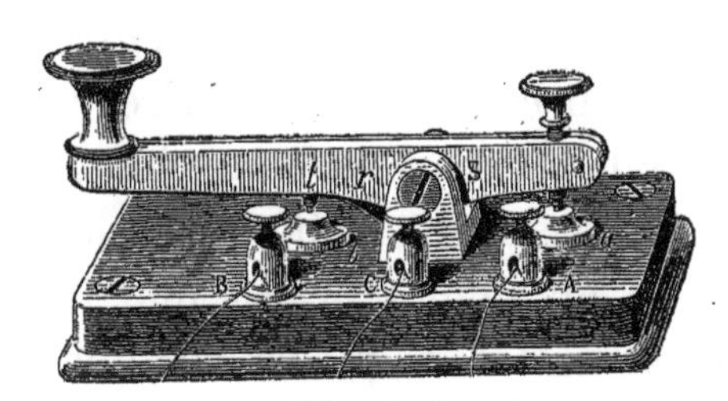

Fig. 308.

différentes lettres de l'alphabet sont représentées par des combinaisons de points et de lignes, le nombre des signes

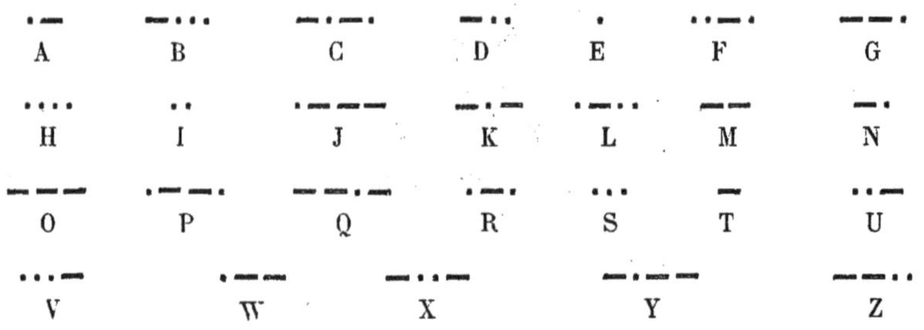

.—	—...	—.—.	—..	.	..—.	——.
A	B	C	D	E	F	G
....	..	.———	—.—	.—..	——	—.
H	I	J	K	L	M	N
———	.——.	——.—	.—.	...	—	..—
O	P	Q	R	S	T	U
...—	.——	—..—	—.——	——..		
V	W	X	Y	Z		

Fig. 309.

variant de 1 à 4 pour chaque lettre et étant en raison inverse de la fréquence de la lettre (*fig.* 309).

394. Appareil Hughes. — Dans le récepteur Hughes l'organe principal est une petite roue, appelée *roue des types*, sur le contour de laquelle sont gravées en relief les vingt-cinq lettres de l'alphabet; un espace vide est compris entre Z et A. Les lettres sont toujours imprégnées d'encre grasse.

La roue tourne autour de son axe d'un mouvement uniforme de manière à faire un ou deux tours par seconde. Chaque fois qu'un électro-aimant agit, une bande de papier vient s'appliquer vivement contre la lettre qui occupe la position inférieure et en prend l'empreinte sans l'arrêter; en retombant la feuille de papier avance de l'épaisseur d'une lettre, de manière que la lettre suivante s'imprime à la suite de la première. Pour écrire un mot, il suffit donc de faire agir l'électro-aimant aux instants convenables pour saisir, à leur passage, les différentes lettres qui le composent.

Le manipulateur est une table horizontale sur laquelle vingt-six trous, placés sur une circonférence et correspondant aux lettres de l'alphabet, peuvent livrer passage à de petites tiges verticales ou *goujons* qu'on soulève à volonté, légèrement au-dessus du plan, en appuyant sur la touche correspondante d'un clavier. Un chariot tourne d'un mouvement uniforme au-dessus des trous et chaque fois qu'il rencontre un goujon qui déborde, un courant est lancé dans la ligne et vient agir sur l'électro-aimant du récepteur. Il suffit donc, pour la transmission, qu'il y ait synchronisme parfait entre le chariot et la roue des types, autrement dit, que les deux appareils aient la même vitesse de rotation et la même phase, eu égard au temps de la transmission.

Si ce résultat est obtenu et qu'au manipulateur on frappe plusieurs fois consécutivement sur la lettre A par exemple, cette même lettre s'imprimera un nombre égal de fois au récepteur. Supposons qu'à l'arrivée au lieu de la lettre A on voie s'imprimer successivement les lettres M, N, O, P, Q, ...; la vitesse de rotation n'est pas la même, celle de la roue des types est trop grande de 1/26e; on modère sa vitesse jusqu'à ce qu'on reçoive toujours une même lettre R, par exemple. Il n'y a plus alors qu'à corriger la phase, de manière à recevoir la lettre A. Un mécanisme simple permet de faire ces deux corrections d'une manière indépendante.

La transmission est plus rapide qu'avec le Morse, puisqu'il suffit pour chaque lettre d'une seule émission de courant.

395. Télégraphes écrivants. — Ces appareils sont également fondés sur la synchronisation de deux mouvements aux points de départ et d'arrivée.

La dépêche est écrite avec une encre grasse isolante sur une feuille d'étain et un style fin formé d'un fil de platine parcourt la feuille transversalement à la manière d'un crayon qui servirait à la rayer en travers. Après chaque ligne, le style se déplace d'une quantité très petite et décrit une seconde ligne parallèle à la première et très rapprochée, et ainsi de suite. Tant que le fil appuie sur la surface métallique de l'étain, la pile est fermée sur elle-même,

Fig. 310.

mais chaque fois que le fil rencontre un trait d'encre, le courant est lancé sur la ligne.

A l'arrivée, un fil de fer frotte de la même manière contre une feuille de papier imprégnée de cyanure jaune et appliquée sur une lame conductrice. Chaque fois que le courant passe un trait bleu se produit sur la feuille de papier. Tous ces traits forment de petites lignes parallèles dont l'ensemble, si les deux mouvements sont bien d'accord, reproduit exactement les lignes tracées à l'encre grasse sur l'étain (*fig.* 310).

396. Vitesse de transmission. — Jusqu'ici nous n'avons tenu aucun compte de la propagation de l'électricité, nous avons même admis comme un principe fondamental, qu'à un instant donné, une section quelconque du circuit est traversée par une même quantité d'électricité. Cette supposition ne peut plus être admise quand il s'agit de circuits de grande longueur et surtout de grande capacité comme les câbles transatlantiques. Quand une extrémité du fil est mise en communication avec le pôle d'une pile à potentiel constant, le courant ne s'établit pas instantanément dans toute l'étendue de la ligne; il n'avance pas non plus dans le fil à la manière d'un boulet de canon, mais plutôt comme une masse d'eau qui sortirait d'un réservoir indéfini pour remplir un canal communiquant avec des bassins latéraux devant être remplis en même temps que le canal lui-même. L'*onde de front* va en s'inclinant progressivement et il s'écoule, entre la première arrivée de l'eau et l'établissement du niveau définitif, un temps d'autant plus long, qu'on considère une section plus éloignée de l'origine. Ainsi sur le câble transatlantique qui va d'Islande à Terre-Neuve, on n'a à Terre-Neuve aucune trace de courant 0^s2 après que la communication a été établie avec la pile en Islande; au bout de $0^s,4$ le circuit n'a encore que 0,07 de son intensité finale, la moitié au bout d'une seconde; ce n'est qu'au bout de 3 secondes qu'on peut le considérer comme ayant acquis sa valeur définitive. Il n'y a donc pas, pour la propagation des phénomènes électriques, de vitesse déterminée comme pour ceux de la lumière et du son. La vitesse apparente que l'on a cherché quelquefois à mesurer, dans l'hypothèse d'une propagation uniforme, en déterminant le temps nécessaire pour que l'électricité produise un effet déterminé à une certaine distance, dépend de la nature, de la forme, de la position du fil, et d'autre part, de la sensibilité des organes par lesquels on cherche à constater ces effets.

397. Théorie de sir W. Thomson. — Sir W. Thompson a donné la théorie de ces phénomènes et montré que si pour un fil donné et une distance donnée de l'origine, on construit une courbe (*fig.* 311), en prenant pour abscisses les temps comptés à partir de la mise de l'extrémité en commu-

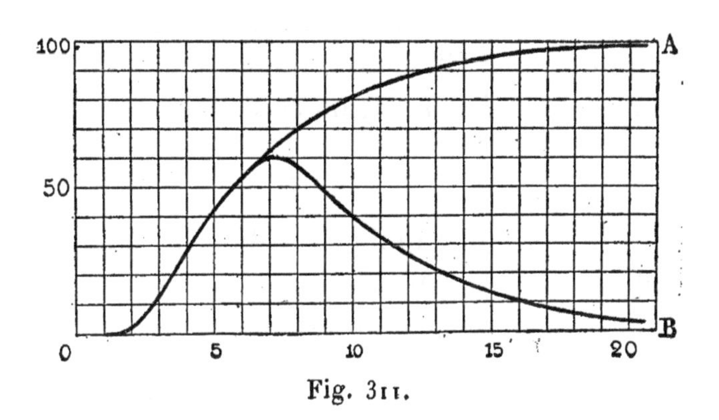

Fig. 311.

nication avec la pile, et pour ordonnées les intensités observées aux divers instants, l'intensité finale étant prise pour unité, cette même courbe peut servir pour tous les câbles et toutes les distances à la condition d'attribuer une valeur convenable à la durée que représente la longueur prise comme unité à temps. Soit α la durée qu'il faut prendre pour unité. Si on désigne par ρ la résistance en ohms et par γ la capacité en microforads de l'unité de longueur du câble, la valeur de α en un point M, situé à une distance l de l'origine O, est donnée par la formule

$$\alpha = 233.10^{-10}\gamma\,\rho\,l^2.$$

Soit R la résistance du câble de O en M, et C sa capacité, on a :

$$R = l\rho \quad C = l\gamma \text{ et } \gamma\rho l^2 = CR;$$

par suite,

$$\alpha = 233.10^{-10}CR;$$

il est à remarquer que la valeur de α est indépendante de l'unité de longueur choisie. Le produit CR représente un temps (**325**), et il peut être considéré comme la constante caractéristique du câble.

La formule montre d'ailleurs que la valeur de α croît proportionnellement au carré de la distance l.

Pour le câble transatlantique dont il a déjà été question, on a, en prenant le kilomètre comme unité de longueur, $\gamma = 0^{\varphi},22$ $\rho = 1^{\omega},62$, $l = 5000$; on en déduit

$$\alpha = 0^s,2.$$

Dans les lignes télégraphiques ordinaires en fil de fer de 4 millimètres, $\gamma = 0^{\varphi},01$ au maximum, $\rho = 10$ ohms. Pour la ligne de Paris à Bordeaux qui a près de 600 kilomètres, on trouve

$$\alpha = 0^s,0008,$$

ou $0^s,001$ en nombre rond, c'est-à-dire une durée 200 fois plus petite que la précédente.

L'examen de la courbe d'*arrivée* montre que le courant peut être considéré comme ayant atteint sa valeur normale après un temps égal à $20\,\alpha$; s'il est interrompu à l'origine au bout de ce temps, il mettra encore un temps $20\,\alpha$ pour disparaître. Si donc on veut que deux émissions de courants successives atteignent leur valeur maximum et produisent des signaux distincts n'empiétant pas l'un sur l'autre, elles ne doivent pas se succéder à des intervalles moindres que $40\,\alpha$.

398. Distributeur Baudot. — L'intervalle de $40\,\alpha$ pour la ligne de Paris à Bordeaux correspond à $0^s,04$, ce qui permet l'envoi de 25 signaux par seconde, l'envoi de 25 lettres, par exemple, par le télégraphe Hughes. L'appareil manœuvré par un bon employé n'en peut donner que 5 dans le même temps ; la ligne resterait donc *inoccupée* pendant les $\frac{4}{5}$ du temps. On y remédie par le *distributeur Baudot.* Cinq transmetteurs indépendants communiquent avec un distributeur qui leur livre successivement la ligne à tour de rôle pendant un temps très court, un dixième de seconde par exemple. Les cinq dépêches se suivent par tranches interposées le long de la ligne, et, à l'arrivée, un distributeur semblable au premier répartit entre un même nombre de récepteurs les portions respectives de chacune d'elles.

Pour le câble sous-marin, la durée 40α représente 8 secondes, ce qui avec le télégraphe Hugues correspondrait à un mot ou à un mot et demi par minute. Les difficultés que semble présenter cette lenteur des transmissions ont été surmontées de la manière la plus heureuse par sir W. Thomson.

399. Emploi des contacts alternatifs. — La courbe d'arrivée permet de se rendre compte de l'effet produit par une succession rapide de courants de même sens ou de sens contraires. Supposons, par exemple, qu'à l'origine du fil on interrompe le courant après l'avoir maintenu pendant un temps $n\alpha$; pour avoir l'effet à l'arrivée, il suffit de tracer une seconde courbe identique à la première, seulement transportée parallèlement à elle-même d'une quantité égale à $n\alpha$, et de construire une nouvelle courbe ayant pour ordonnées en chaque point la différence des ordonnées des deux premières. Supposons maintenant qu'après un nouvel intervalle $n'\alpha$, on établisse à l'origine un courant négatif de même intensité. On déplacera la courbe primitive parallèlement à elle-même de $(n + n')\alpha$ et on prendra la différence de ses ordonnées avec celles de la courbe B, et ainsi de suite. On obtient ainsi des courbes dentelées plus ou moins régulières, dont les ordonnées sont tantôt positives tantôt négatives, mais dans lesquelles l'effet de chaque émission positive ou négative est bien distinct, bien qu'il dépende des émissions antérieures, par exemple des 30 ou 40 précédentes si les émissions se suivent à des intervalles égaux à α.

400. Emploi du galvanomètre à miroir. — L'effet de ces émissions rapides, les unes positives, les autres négatives, se succédant à intervalles réguliers, est très visible dans un galvanomètre à miroir convenablement amorti. Toute émission positive donne au trait lumineux un mouvement brusque vers la droite par exemple, chaque émission négative vers la la gauche; peu importe que l'aiguille, par suite de ses mouvements antérieurs, se trouve à gauche ou à droite du zéro. L'alphabet admis est l'alphabet Morse avec cette convention que tout mouvement à droite représente un point, tout mouvement à gauche une ligne.

401. Siphon recorder. — Sir W. Thomson a remplacé le galvanomètre à miroir par un instrument inscripteur tout aussi rapide, auquel il a donné le nom de *Siphon recorder*. Il se compose d'un cadre rectangulaire très mobile s (*fig.* 312), placé dans le champ d'un fort électro-aimant AB; une masse de fer doux f occupe l'espace vide laissé au milieu du cadre et augmente l'intensité du champ dans la région occupée par le fil. Le cadre est soutenu par une suspension bifilaire; il tend à tourner dans un sens ou dans l'autre, suivant le sens du courant qui le traverse; ses mouvements sont très brusques

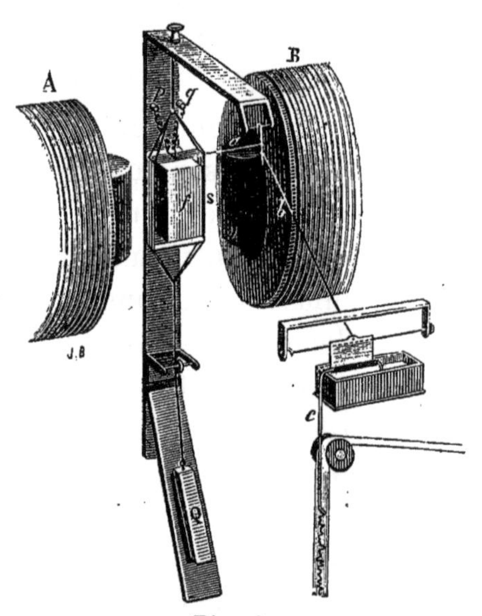

Fig. 312.

et très nets, l'amortissement étant considérable. Il entraîne avec lui un tube de verre très fin en forme de siphon *c*, dont une extrémité plonge dans un réservoir d'encre et dont l'autre est très voisine d'une bande de papier déroulée par un mouvement d'horlogerie. Pour éviter le frottement du siphon sur le papier, l'encre est électrisée par une petite machine électrique et crachée sur le papier par suite de la répulsion

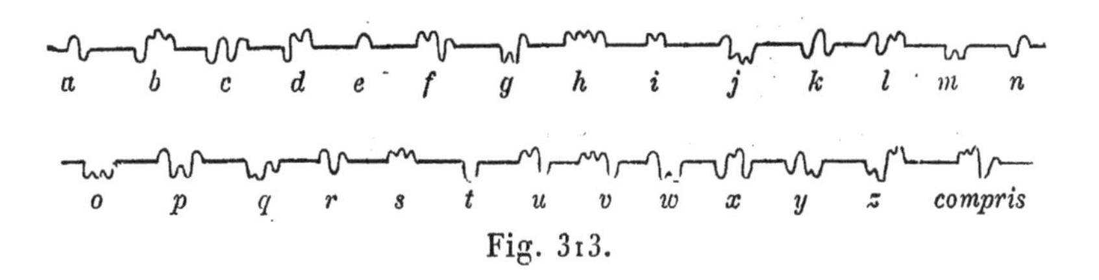

Fig. 313.

électrique. La figure 313, qui représente l'alphabet, donnera une idée de la manière dont fonctionne l'appareil.

402. Téléphone. Phonographe. — L'expérience de tous les jours montre que les vibrations sonores qui se propagent dans l'air peuvent se transmettre à un milieu solide et que celui-ci peut à son tour restituer à l'air, sous leur forme primitive, les vibrations qu'il a reçues. C'est ainsi que la parole peut être transmise très distinctement et sans altération à travers un mur.

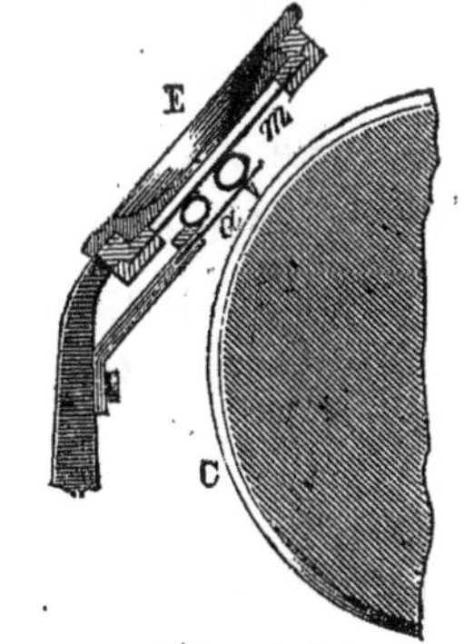

Fig. 314.

Quand le milieu solide a la forme d'une lame suffisamment mince, les vibrations produisent des déplacements très sensibles de la surface. C'est ce que met bien en évidence le phonographe d'Édison (*fig.* 314) : la plaque vibrante *m* porte un style, qui inscrit tous ses mouvements sur une feuille d'étain mobile; en faisant repasser l'extrémité du style par les mêmes traces, on force la lame à répéter tous ses mouvements antérieurs, et à rendre à l'air, à l'intensité près, les vibrations qui avaient produit ces mêmes mouvements.

403. Téléphone de Bell. — Dans le téléphone de Bell, une plaque mince en fer M (*fig.* 315) est placée à une petite distance en avant d'un barreau aimanté A dont l'extrémité est entourée d'une bobine de fil fin B. Tout mouvement de la plaque modifiant l'aimantation du barreau fait varier le flux

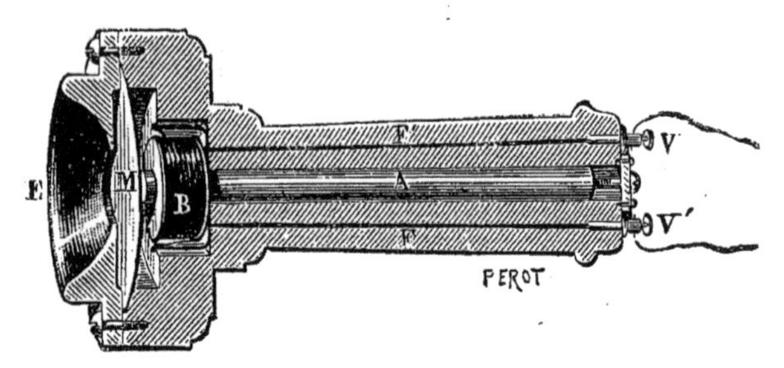

Fig. 315.

qui traverse la petite bobine; les courants induits qui en résultent vont passer dans la bobine d'un appareil identique au premier, modifient l'aimantation du barreau correspondant et déterminent dans la plaque des mouvements identiques, à l'intensité près, à ceux de la première.

Le système est parfaitement symétrique, par suite reversible. En réalité, les deux appareils transmetteur et récepteur constituent deux machines à courants alternatifs identiques dont la première fonctionne comme génératrice, la seconde comme réceptrice; la période varie d'un instant à l'autre, mais est identique pour les deux à chaque instant.

404. Microphone. — Les courants mis en jeu dans le téléphone de Bell sont extrêmement faibles, ils ne dépassent guère quelques cent-millièmes d'ampère. On a beaucoup amélioré la transmission en substituant aux courants induits le courant d'une pile. C'est ce qu'on réalise au moyen du microphone d'Hughes.

Un crayon de charbon A, taillé en pointe (*fig.* 316), est en contact avec deux pièces de charbon, C et C', fixées à une planchette MN. Le charbon fait partie d'un circuit formé par la pile V, le fil de ligne et le téléphone récepteur. Sous l'action du courant permanent, le téléphone ne parle pas, mais tout déplacement imprimé au charbon, changeant la résistance du circuit et modifiant l'intensité, entraîne un déplacement de la lame du téléphone. L'expérience montre qu'en parlant devant l'instrument, les vibrations communiquées à la planchette et par celle-ci au charbon sont transmises par le courant à la lame téléphonique de manière à reproduire la parole avec la plus grande netteté.

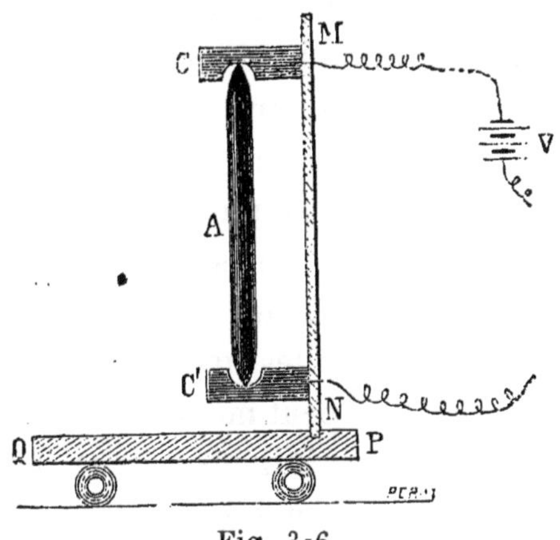

Fig. 316.

405. Transmissions téléphoniques. — Dans le téléphone, qui est un appareil à transmissions rapides, on devait s'attendre à une influence considérable des effets de propagation. En appliquant la théorie qui rend si bien compte de la transmission dans les câbles, on arrive à ce résultat, dans le cas d'un mouvement vibratoire, que l'effet électrique se propage dans le fil d'un mouvement uniforme avec une vitesse qui dépend de la durée de la période. Or, on sait que les mouvements complexes qui correspondent à la parole articulée peuvent être considérés comme résultant à chaque instant d'un certain nombre de mouvements sinusoïdaux simples de période différente ; si les effets électriques correspondants se propageaient avec une vitesse différente, ils subiraient une espèce de dispersion dans le fil et ne se superposeraient plus à l'arrivée. Le timbre et l'articulation seraient profondément modifiés. L'expérience montre qu'il n'en est pas ainsi. La cause en est probablement à la rapidité même des vibrations qui font entrer en jeu un élément qui n'avait pas à intervenir dans la transmission télégraphique relativement très lente, savoir les effets de self-induction, lesquels agissent en sens contraire de la capacité.

Quoi qu'il en soit, l'expérience montre que, dans des conditions convenables d'installation, la conversation peut s'établir d'une manière parfaite à de grandes distances, entre Paris et Marseille par exemple, à plus de 800 kilomètres. Ces conditions sont d'employer pour la ligne du cuivre et non du fer (**279**) et de ne pas se servir de la Terre, mais de deux fils, en ayant soin de les enrouler sous forme d'une double hélice pour annuler les actions inductrices extérieures. La ligne ainsi établie peut même être utilisée simultanément pour les transmissions téléphoniques et télégraphiques. A chaque extrémité, on met le récepteur téléphonique et le récepteur télégraphique en dérivation l'un par rapport à l'autre, et pour empêcher que les courants télégraphiques n'agissent sur le téléphone et que les courants téléphoniques ne se perdent en partie par la dérivation télégraphique, on insère des électro-aimants dans cette dernière et des condensateurs dans celle du téléphone, de manière à augmenter la self-induction de l'une et la capacité de l'autre. On ralentit ainsi et on *émousse* pour ainsi dire les signaux télégraphiques au point que les mouvements qu'ils impriment à la membrane du téléphone ne puissent plus donner de son ; et quant aux courants téléphoniques, la dérivation télégraphique leur oppose, par les effets de self-induction, une résistance fictive telle qu'ils passent tout entiers dans leur propre dérivatiom.

CHAPITRE XXXV

ÉLECTRICITÉ ATMOSPHÉRIQUE

406. Potentiel en un point de l'air. — L'expérience montre que dans un lieu découvert le potentiel en un point de l'air diffère toujours de celui du sol environnant. Deux procédés peuvent être employés pour déterminer la valeur de ce potentiel.

Plaçons au point considéré une petite sphère isolée de rayon r et mettons-la un instant en communication avec le sol par un fil très fin. Si V est la valeur du potentiel dû aux masses extérieures, la sphère se chargera d'une quantité m d'électricité telle que le potentiel intérieur soit nul comme celui du sol. Le potentiel au centre étant $V+\frac{m}{r}$, on aura $V+\frac{m}{r}=0$. Portant ensuite la balle dans une enceinte fermée en communication avec le sol, on pourra mesurer sa charge m, et on en déduira

$$V=-\frac{m}{r}.$$

Mais le procédé le plus simple consiste à placer au point considéré une pointe faisant partie d'un conducteur isolé. En supposant la pointe *parfaite*, l'équilibre ne peut exister tant que la pointe et, par suite, le conducteur dont elle fait partie, sont à un potentiel différent de celui de l'air au voisinage de la pointe (**79**).

Saussure employait un petit électroscope à pailles muni d'une pointe (*fig.* 317). Si la cage est au potentiel du sol, la divergence des feuilles d'or varie avec le potentiel de l'air à l'extrémité de la pointe; mais la pointe n'agit que d'une manière trop imparfaite pour qu'on puisse considérer l'équilibre comme atteint.

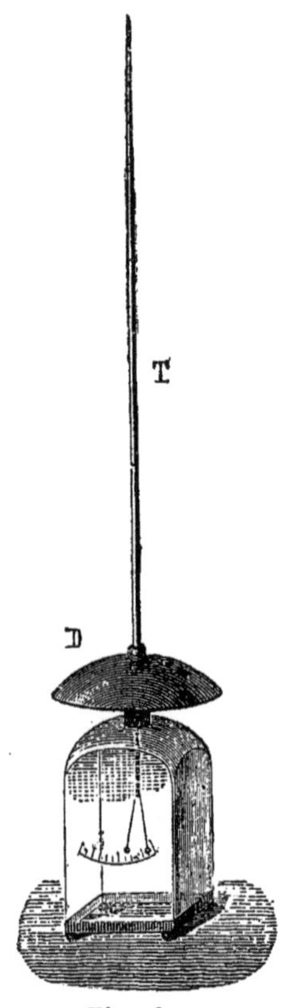

Fig. 317.

Nous avons vu comment un appareil à écoulement (**79**) permet de réaliser une pointe parfaite, et prend rapidement le potentiel du point où s'effectue la séparation entre le conducteur et les particules qui s'en détachent.

L'appareil à écoulement d'eau (*fig.* 318) est préférable à une mèche à cause de la petite différence de potentiel, pouvant s'élever parfois à la moitié d'un volt, que donne par elle-même la combustion.

Le réservoir isolé est mis en communication avec un électromètre dont la déviation donne la mesure du potentiel au point A. En employant un appareil à miroir et faisant tomber l'image sur un papier photographique qui se déroule d'une manière régulière, on obtient l'enregistrement continu des indications de l'instrument.

On trouve ainsi que, par un temps *serein*, le potentiel en un point quelconque de l'air extérieur est toujours *positif;* que sa valeur augmente avec la hauteur du point au-dessus du sol et à peu près proportionnellement, mais qu'en un même point il se produit des variations brusques et parfois considérables d'un instant à l'autre.

Les résultats sont tellement variables qu'il est difficile de donner des nombres. Dans un lieu découvert, en plaine par exemple, la variation du potentiel avec la hauteur est le plus souvent comprise entre 10 et 1000 volts par mètre; mais elle est parfois beaucoup plus grande.

Si au lieu d'isoler la pointe ou le système qui en tient lieu, on la met en communication avec le sol, l'équilibre ne peut s'établir et un flux continu d'électricité parcourt le conducteur. Ce flux est évidemment égal au débit de la pointe. Toutes choses égales d'ailleurs, il augmente avec la différence de potentiel, mais ne pourrait servir à la mesurer. Ce débit est toujours extrêmement faible et on ne saurait songer à utiliser les courants ainsi obtenus.

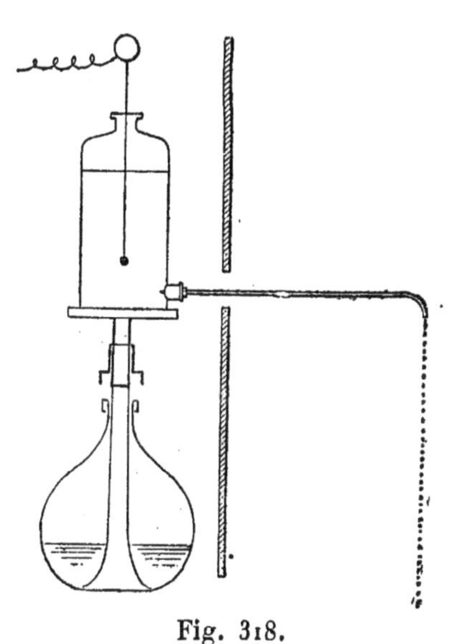

Fig. 318.

Si on produit une petite interruption dans le fil conducteur, la différence de potentiel peut être assez grande pour donner au point d'interruption une série continue d'étincelles. Des étincelles peuvent se produire dans les mêmes conditions entre l'aiguille et les quadrants de l'électromètre.

407. Distribution du potentiel. — Quand on cherche à tracer, pour un instant donné, les surfaces de niveau correspondant à des valeurs égales et équidistantes du potentiel, ces surfaces de niveau au-dessus d'une plaine découverte sont des plans horizontaux équidistants. Si la surface du sol est irrégulière, les surfaces de niveau les plus voisines en suivent les ondulations, en se rapprochant les unes des autres dans les parties proéminentes et d'autant plus que celles-ci sont plus élevées et ont une forme plus aiguë. Autour d'une maison dont toutes les parties peuvent être considérées comme communiquant avec le sol et par conséquent comme étant au potentiel zéro, les surfaces de niveau sont verticales au voisinage des murs, suivent les contours de la toiture en se rapprochant les unes des autres sur le faîte; elles s'écartent au contraire beaucoup dans une cour entourée de murs élevés, dans une rue. Les surfaces de niveau tendant à devenir parallèles à la surface du sol à mesure qu'elles s'en rapprochent, la force électrique est en chaque point normale à la surface; et comme par un temps serein la valeur du potentiel va en augmentant quand on s'en éloigne, il en résulte qu'elle est dirigée vers le sol; son intensité en chaque point varie d'ailleurs en raison inverse de la distance de deux surfaces de niveau consécutives (**36**).

408. Électrisation négative du sol. — Les choses se passent donc comme au voisinage d'un conducteur électrisé en équilibre et électrisé négativement. Il résulte du théorème Coulomb (**44**), que si F est la valeur de la force au voisinage du conducteur, la densité électrique σ au point correspondant de la surface est donnée par l'équation

$$\sigma = \frac{F}{4\pi}.$$

Supposons les surfaces de niveau horizontales et admettons que le potentiel augmente d'un volt par centimètre, soit en unités électrostatiques C.G.S de $\frac{10^8}{3.10^{10}} = \frac{1}{300}$;

on en déduit, pour la valeur de F en dynes, $F = \frac{1}{300}$ et, pour la densité, $\sigma = \frac{1}{1200\pi}$. C'est la charge d'un centimètre carré; exprimée en unités pratiques, c'est-à-dire en coulombs, elle est de

$$\frac{10}{1200\pi.\ 3.10^{10}} = \frac{10}{36\pi.\ 10^{11}} = 10^{-13} \text{ environ.}$$

Cette charge, quelque faible qu'elle soit, pourrait être mise en évidence par une méthode analogue à celle du plan d'épreuve : un disque comme celui de l'électrophore, appliqué sur le sol dans un lieu découvert et emporté par un manche isolant dans une enceinte fermée, manifesterait son électricité négative par son action sur un électroscope sensible.

La mesure de sa charge donnerait la valeur de σ, par suite celle de F. On en déduirait pour la valeur du potentiel à une distance h du sol (**36**)

$$V = Fh.$$

Le potentiel de l'air n'est cependant pas toujours positif, et par suite, l'électrisation du sol négative; par les temps couverts, surtout par la pluie, et quelquefois, mais très rarement, par un ciel très pur, on trouve le potentiel de l'air négatif et, par suite, le sol positif. Mais ce fait peut être considéré comme exceptionnel; il y a lieu de croire que si, à un moment donné, le hasard voulait que le temps fût serein sur toute la surface du globe, cette surface serait entièrement négative.

409. Situation des masses agissantes. — La mesure du potentiel en un point de l'air voisin du sol ne nous apprend rien sur la situation des masses électriques agissantes. Un exemple le fera facilement comprendre. Que dans une salle fermée, on dispose un appareil à écoulement et qu'on y introduise ensuite une sphère chargée d'électricité positive, l'électromètre indiquera immédiatement un potentiel positif. Au lieu d'apporter un corps électrisé, qu'on fasse écouler par une pointe la charge positive d'une bouteille de Leyde, la masse de l'air se chargera positivement, et l'électromètre donnera encore une indication positive, la même si l'on veut que dans le premier cas, bien que les masses électriques soient distribuées d'une tout autre manière. En réalité toutes les observations faites dans le voisinage du sol ne donnent rien autre chose que l'état électrique du sol lui-même; elles font connaître, comme on l'a vu plus haut, la densité de la couche superficielle, sans indiquer si cette couche est le résultat d'une charge propre, ou d'une influence extérieure, celle de l'air par exemple, qui serait électrisé positivement.

On peut remarquer cependant que si l'électrisation appartient uniquement au sol, le potentiel au-dessus d'une plaine étendue doit varier rigoureusement comme la distance, autrement dit la force électrique doit être constante. Au contraire si la masse d'air est elle-même électrisée, la force doit varier avec la hauteur, aller en diminuant si l'air est positif, en augmentant s'il est négatif. Mais nous n'avons aucune donnée sur la loi de variation de la force.

L'expérience semble montrer que la masse de l'air est positive: deux appareils à écoulement installés l'un à découvert, l'autre sous une cage métallique à larges mailles, complétement fermée et en communication avec le sol, donnent en général des indications proportionnelles. Pour le second appareil, les masses extérieures sont sans action; le potentiel est dû uniquement à l'électricité de la masse d'air, qui est comprise dans la cage et qu'on peut considérer à chaque instant comme un échantillon de l'air extérieur.

Dans le cas où l'air lui-même aurait réellement une charge propre, les variations incessantes du potentiel en un point donné s'expliqueraient par les déplacements de masses d'air plus ou moins électrisées, et on pourrait juger de l'éloignement plus ou moins grand de ces masses par l'étendue de la surface du sol pour laquelle les variations du potentiel à un même instant resteraient proportionnelles.

410. Origine de l'électricité atmosphérique. — Une question s'offre naturellement à l'esprit; quelle est l'origine de l'électricité du sol et de l'air? Une hypothèse séduisante est de voir dans l'évaporation de l'eau la source de l'électricité: la vapeur emporterait l'électricité positive, l'eau et par suite le sol garderait l'électricité négative. Malheureusement, de toutes les expériences entreprises pour vérifier cette manière de voir, aucune n'a donné de résultat démonstratif; bien plus, le fait que la pluie est généralement négative paraît en contradiction directe avec elle.

On a essayé aussi de chercher l'origine de l'électricité atmosphérique dans les courants d'induction que le mouvement de la terre pourrait développer dans les couches supérieures de l'atmosphère que l'on peut considérer comme conductrices (**71**). Supposons un arc conducteur AB (*fig.* 319), immobile, de forme quelconque, allant du pôle à l'équateur. Le flux magnétique coupé par l'arc dans le mouvement de l'ouest à l'est y développe une force électromotrice d'induction, dirigée de l'équateur au pôle, quel que soit l'hémisphère. Si l'arc est en communication avec le globe par des contacts glissants en N et en E et le circuit fermé, l'induction produit un courant continu ; s'il est isolé, une accumulation d'électricité positive au pôle et d'électricité négative à l'équateur, et ce serait cette accumulation qui donnerait lieu d'une part aux aurores polaires, d'autre part aux orages journaliers des régions équatoriales.

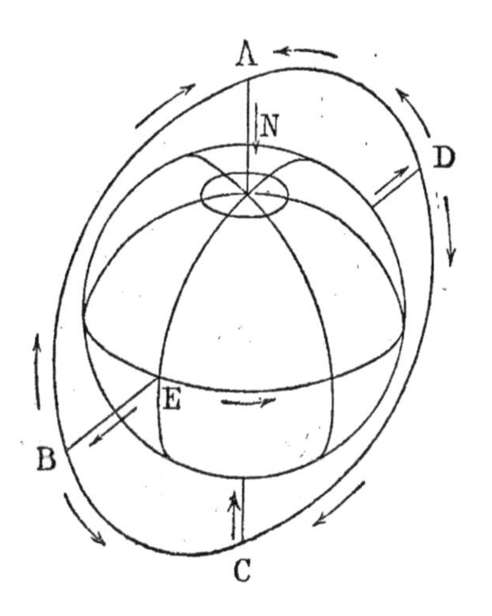

Fig. 319.

411. Aurores polaires. — Nous ne nous arrêterons pas sur le phénomène des aurores polaires dont on sait d'ailleurs si peu de chose. Il est certain que l'aurore polaire est un phénomène électrique. C'est une décharge dans l'air raréfié, tout à fait analogue à celle qui se produit dans les tubes de Geissler (**70**). Il est difficile de dire dans quel sens la décharge a lieu ; elle paraît cependant se faire des régions supérieures vers la surface. Ce phénomène se produit d'ailleurs à des distances très variables : on a observé des aurores qui ne s'élevaient pas à plus de 2 kilomètres, d'autres qui dépassaient 150. La lumière est due, comme dans les tubes, aux substances gazeuses rendues incandescentes par la décharge.

Outre les raies qu'on voit ordinairement dans les tubes où le vide a été fait sur l'air, l'analyse spectrale y montre une raie spéciale située entre le jaune et le vert ($\lambda = 5570$) et qui n'a pas été retrouvée dans les expériences de laboratoire.

412. Courants telluriques. — Tous les potentiels sont rapportés à celui du sol pris comme zéro; s'il y avait équilibre, le potentiel du sol serait le même pour tous les points de la surface; l'expérience montre qu'il en est rarement ainsi. Les lignes télégraphiques dont les deux extrémités sont à la terre sont généralement parcourues par des courants très variables et parfois assez intenses pour arrêter complètement le service. On y remédie dans certains cas par l'emploi des condensateurs (**389**). L'expérience montre d'ailleurs que ces courants sont les mêmes pour deux fils, l'un aérien, l'autre souterrain, ayant les mêmes extrémités; qu'ils présentent sensiblement les mêmes phases sur deux lignes de même direction, mais de longueur différente, et que la force électromotrice est simplement proportionnelle à la distance des points extrêmes. L'étude simultanée des courants sur deux lignes de directions différentes, par exemple, l'une parallèle au méridien, l'autre perpendiculaire, permet de trouver la direction qui correspond au maximum. Cette direction se rapproche toujours plus ou moins de la direction nord-sud.

La comparaison des courbes d'intensité avec les courbes simultanées des variations magnétiques montre qu'il existe un rapport intime entre les deux ordres de phénomènes; la relation est évidente entre les variations d'intensité parallèlement au méridien et celles de la déclinaison d'une part, et d'autre part, entre les variations perpendiculaires au méridien et celles de la composante horizontale; mais avec cette circonstance remarquable que les phases ne coïncident pas et que les maxima des unes correspondent aux zéros des autres; ce qui ne peut s'expliquer qu'en admettant que le même courant, qui exerçait une action électromagnétique sur les aiguilles, agissait par induction sur les lignes. Les courants telluriques ne seraient dès lors que des courants indirects, et la comparaison du sens de ces courants avec le sens des déviations de l'aiguille montre que les courants inducteurs, cause directe des deux phénomènes, auraient leur siège dans les régions supérieures de l'atmosphère.

413. Nuages orageux. Orages. — C'est à Franklin que l'on doit d'avoir démontré d'une manière irrécusable, par l'emploi des conducteurs isolés armés de pointes, que les orages sont des phénomènes purement électriques ; que les nuages orageux se comportent comme des conducteurs électrisés, les uns positivement, les autres négativement ; que l'éclair n'est qu'une étincelle électrique partant entre deux nuages chargés d'électricités contraires, enfin que la foudre n'est qu'un éclair éclatant entre un nuage et le sol.

On peut dire qu'on ne sait rien sur l'origine ni sur la constitution des nuages orageux ; on conçoit bien que la condensation d'une masse de vapeur au milieu d'une masse d'air électrisée positivement puisse donner un nuage positif ; mais on peut seulement émettre des conjectures sur la manière dont peuvent se produire les nuages négatifs. D'autre part, les nuages orageux doivent-ils être considérés comme des conducteurs chargés d'électricité à la surface seulement, ou comme des agglomérations de masses isolées et ayant chacune leur charge propre ? Comment expliquer la durée de certains orages et la multitude d'éclairs auxquels ils donnent lieu ? Peut-être y aurait-il lieu de faire intervenir des actions analogues à celles qui se produisent dans la machine de Holtz et d'attribuer la production de ces quantités énormes d'électricité à un phénomène d'influence due au déplacement relatif de deux couches de nuages dont la couche supérieure représenterait l'armature de la machine.

414. Diverses espèces d'éclairs. — Arago, dans sa célèbre *Notice sur le tonnerre*, distingue les éclairs en trois classes, les éclairs en zig-zag, les éclairs vagues, les éclairs en boule. Les premiers sont constitués par un trait de feu nettement limité et tout à fait semblables, aux dimensions près, aux étincelles électriques; ils sont accompagnés d'un bruit plus ou moins prolongé qu'on appelle le *tonnerre*. Les seconds sont des lueurs qui illuminent subitement les nuages sans être accompagnées d'aucun bruit; ils sont dus soit à des éclairs ordinaires cachés à l'observateur ou plutôt à des décharges partielles s'effectuant entre les nuages. Enfin, les éclairs en boule sont des phénomènes actuellement inexplicables, et dont l'existence même serait tout à fait douteuse, si M. Planté n'avait obtenu, au moyen de piles à très haut potentiel, des décharges prenant à certains instants la forme d'une sphère lumineuse.

415. Durée de l'éclair. — La durée de l'éclair est extrêmement courte, probablement plus courte que celle des étincelles données par les batteries et ne présentant pas le même caractère oscillant. Leur durée n'atteint peut-être pas un cent-millième de seconde. On peut se rendre compte de cette durée en recevant pendant la nuit la lumière de l'éclair sur une roue formée de rayons blancs sur fond noir et tournant d'un mouvement rapide. Supposons le nombre de rayons égal à 100 et la vitesse de 100 tours par seconde. Il suffit d'un dix-millième de seconde pour qu'un rayon vienne prendre la place du précédent. Si la durée de l'éclair est égale ou supérieure à un dix-millième de seconde, la roue, en vertu de la persistance des impressions lumineuses, apparaîtra comme un disque éclairé uniformément. Mais si la durée de l'éclair est seulement la moitié, le tiers ou le quart d'un dix-millième de seconde, elle paraîtra formée de secteurs alternativement brillants et obscurs, les secteurs brillants ayant une largeur égale à la moitié, au tiers ou au quart des secteurs obscurs. Si, comme l'affirme Arago, les rayons apparaissent avec la même netteté que si la roue était immobile, la durée de l'éclair n'est pas une fraction appréciable d'un dix-millième de seconde. Mais les données précises manquent et de nouvelles expériences seraient nécessaires.

416. Effets de la foudre. — Les effets de la foudre sont, toute proportion gardée, ceux de l'étincelle électrique : elle échauffe les conducteurs au point de les fondre et de les volatiliser, brise et disperse les corps mauvais conducteurs, tue ou paralyse les êtres vivants. L'intensité des effets varie naturellement avec la quantité d'électricité mise en jeu, la différence de potentiel des points entre lesquels part l'étincelle, et aussi de la durée de la décharge.

Supposons la surface du nuage orageux parallèle à celle du sol : la densité a la même valeur absolue sur les deux surfaces en regard (**46**). Cette densité est de 10^{-13} coulombs quand le potentiel croît d'un volt par centimètre (**408**) ; si on suppose que, par un violent orage, il croisse de 1000 volts par centimètre, ce qui est certainement exagéré, la charge sera de 10^{-10} par centimètre et par suite d'un coulomb par kilomètre carré. Il paraît peu vraisemblable, d'après ces nombres, que la quantité d'électricité mise en jeu dans un coup de foudre puisse jamais atteindre un coulomb.

En supposant le nuage à 1000 mètres, son potentiel par rapport au sol sera de 10^8 volts ; la décharge complète du nuage sur le sol correspondrait à un travail (**65**) de $\frac{1}{2}\,10^8$ watts ou à peu près $\frac{1}{2}\,10^7$ kilogrammètres, c'est-à-dire le travail donné par la chute d'une masse de 5000 kilogrammes tombant de la hauteur du nuage.

Si la décharge dure un cent-millième de seconde, elle produit pendant ce même temps, dans un conducteur qu'elle traverse, un courant de 100000 ampères. En employant les notations des §§ **65** et **66** et désignant par θ la durée de la décharge, on a

$$JQ = RI^2\theta = R\frac{M^2}{\theta}.$$

On a d'ailleurs

$$Q = sldct, \quad R = \frac{l\rho}{s}.$$

Il vient par suite

$$Js^2 \frac{cd}{\rho} t = \frac{M^2}{\theta}.$$

La quantité $\frac{cd}{\rho}$ est une constante caractéristique pour chaque métal : si on la désigne par A, on aura, pour une même décharge,

$$s^2 A t = C^{te}.$$

Autrement dit, pour que deux conducteurs soient portés à la même température, il faut que les sections soient en raison inverse de la racine carrée de A. En unités C.G.S., la valeur de A est 92.10^{-6} pour le fer et 520.10^{-6} pour le cuivre. Si on remplace t par la température de fusion du métal considéré, les sections des conducteurs fondus par une même décharge seront entre elles en raison inverse des racines carrées du produit At.

On admet comme acquis que jamais la foudre n'a fondu, ni même porté au rouge, un conducteur de fer de 1 centimètre carré de section.

Pour porter une pareille barre à 100°, il faudrait avoir

$$4,17.10^7.92.10^{-6}.100 = \frac{M^2}{\theta},$$

ou, en nombres ronds,

$$4.10^5 = \frac{M^2}{\theta};$$

ce qui montre que si M = 1 coulomb ou 10^{-1}, θ est égal à un quarante-millionième de seconde, ou que si θ est un cent-millième de seconde, M doit être égal à 40 coulombs.

On suppose dans ces calculs que la décharge s'effectue uniformément par toute la masse du conducteur. Il est plus probable qu'elle n'intéresse que les couches superficielles (**356**).

La durée très courte de la décharge donne en outre une importance énorme aux effets de self-induction et aux accroissements apparents de résistance qui en sont la conséquence (**279**). Telle doit être l'explication des effets bizarres produits souvent par la foudre qu'on voit quitter un bon conducteur pour franchir, à travers l'air ou un corps mauvais conducteur, un espace ayant en réalité une résistance incomparablement plus grande. A cause de l'aimantation circulaire (**254**), les effets d'induction semblent devoir être, toutes choses égales d'ailleurs, beaucoup plus grands dans le fer que dans le cuivre.

417. Paratonnerres. — Aussitôt après la découverte du pouvoir des pointes, Franklin songea à les utiliser pour préserver les édifices des effets de la foudre. Le paratonnerre de Franklin se compose essentiellement d'une longue tige de métal, terminée en pointe à la partie supérieure, qui surmonte l'édifice qu'on veut protéger et qui communique avec le sol par une suite non interrompue de bons conducteurs. La pointe telle qu'on la fait aujourd'hui est ou une pointe fine en platine ou une pointe plus épaisse en cuivre rouge (*fig.* 320 et 321). Franklin attribue au paratonnerre un effet préventif et un effet préservatif. Sous l'influence du nuage la pointe laisse échapper l'électricité de signe contraire, qui, portée par les molécules d'air, vient neutraliser silencieusement l'électricité du nuage ; c'est l'*effet préventif*. Si le coup de foudre éclate malgré la pointe, il frappe la tige de préférence aux autres parties de l'édifice placées dans son rayon de protection et le conducteur conduit l'électricité dans le sol sans aucun dommage : c'est l'*effet préservatif*.

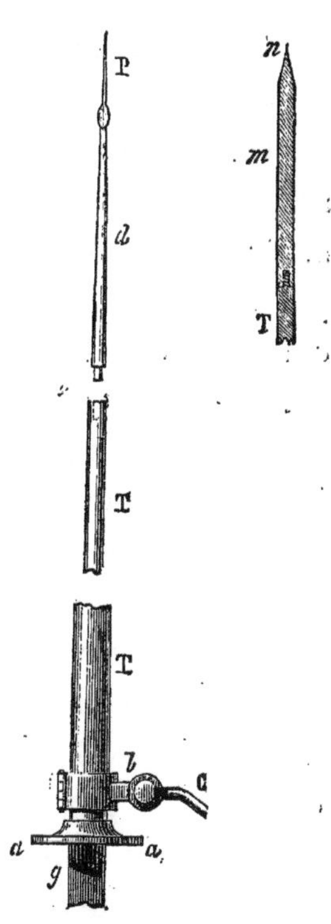

Fig. 320 et 321.

418. Action préservative. — Si on cherche, d'après la théorie, les conditions pour qu'une enceinte et tout ce qu'elle renferme soient à l'abri des dommages de la foudre, on arrive à cette conclusion que la surface de cette enceinte doit constituer un conducteur fermé et isolé. Quelles que soient les actions extérieures, le potentiel, à l'état d'équilibre, sera constant pour tous les points de l'enceinte et des corps qu'elle renferme; il n'y aura trace d'électricité sur aucun d'eux. Au moment des ruptures d'équilibre, dans un coup de foudre, par exemple, des phénomènes d'influence et des courants d'induction pourront se produire dans les conducteurs renfermés dans l'enceinte. Ces courants pourront être assez intenses; mais il est tout à fait improbable que les effets d'induction puissent donner lieu à des différences de potentiel capables de produire des étincelles appréciables entre des conducteurs voisins.

Nous avons vu que pour réaliser une surface conductrice à potentiel constant, il n'est pas nécessaire que la surface métallique soit continue, et que les conditions sont encore réalisées par un réseau à mailles très larges. La condition essentielle est qu'il ne pénètre dans l'intérieur aucun conducteur pouvant avoir un potentiel propre différent de celui de l'enceinte et formant une espèce d'électrode capable de donner des étincelles. Telles seraient, par exemple, des conduites d'eau ou de gaz.

De pareils conducteurs doivent être mis en communication avec l'enceinte conductrice et le tout en communication avec le sol. Le potentiel est alors nul, et il n'y a d'étincelles possibles, dans l'état d'équilibre, ni pour les corps intérieurs, ni pour les corps extérieurs *également en communication avec le sol.* Mais il est certain, toutes choses égales d'ailleurs, que les effets dus aux ruptures d'équilibre seront plus intenses dans le cas de la communication avec le sol que dans le cas de l'isolation, de plus grandes quantités d'électricité étant nécessairement mises en jeu.

419. Action préventive. — Supposons maintenant l'enceinte armée de pointes : l'équilibre ne pourra s'établir; la charge développée par influence sur la surface extérieure sera modifiée d'une manière plus ou moins sensible, et un flux d'électricité s'échappera de la pointe sous forme d'aigrette et de vent électrique. S'il est vrai qu'on ait vu parfois des pointes de platine donner des traces de fusion et même se résoudre en gouttelettes par suite de l'échauffement produit par ce flux, la quantité d'électricité mise ainsi en mouvement pourra être incomparablement plus grande que celle qui constitue la charge totale de l'enceinte.

D'après les idées généralement admises, l'électricité versée par la pointe irait neutraliser celle du nuage. Par un temps calme la chose n'est pas impossible; mais elle paraît difficile même avec un vent modéré, si l'on réfléchit au temps nécessaire à l'air électrisé pour atteindre le nuage.

Il semble plus rationnel d'attribuer l'action préventive au fait même de l'électrisation de l'air, lequel forme une espèce de nuage électrisé donnant, pour tous les points qui sont au-dessous, un potentiel de sens contraire à celui du nuage et pouvant par suite annuler son influence.

Si ce nuage restait flottant au-dessus de l'enceinte à protéger, l'équilibre serait atteint rapidement; l'enceinte aurait une charge nulle et la pointe elle-même cesserait de fonctionner. Dans ces conditions la possibilité d'un coup de foudre n'est plus admissible.

420. Conclusions pratiques. — En résumé et comme conclusion pratique, le moyen le plus sûr de préserver un édifice des dommages de la foudre consiste à l'envelopper d'un réseau métallique en communication parfaite avec le sol. Toutes les parties métalliques extérieures, toitures, chéneaux, gouttières, doivent faire partie du réseau. Il sera bon d'y rattacher toutes les masses métalliques importantes de l'intérieur de l'édifice, telles que les charpentes en fer, et *indispensable* de le mettre en communication avec les conduites d'eau et de gaz. La communication devra se faire avec la nappe aquifère souterraine, par l'intermédiaire de plaques à large surface plongeant dans l'eau d'un puits creusé dans cette nappe et assez profondément pour que, par les basses eaux, la plaque n'émerge jamais complètement. L'édifice ainsi protégé pourra être frappé de la foudre, mais n'aura rien à redouter de ses effets.

Peut-être lui épargnera-t-on quelques coups de foudre, d'ailleurs inoffensifs, en l'armant de pointes ; mais dans cette vue, on doit chercher à l'envelopper d'une atmosphère électrisée et on y réussira d'autant mieux que les pointes seront plus multipliées et disséminées dans toutes les parties. On est ainsi conduit au système de paratonnerre préconisé par M. Melsens.

La question capitale, et trop souvent négligée surtout dans les installations anciennes, c'est la communication avec le sol. Un système de paratonnerre en mauvaise communication avec le sol n'est pas seulement inutile, il est dangereux.

TABLEAUX NUMÉRIQUES

RÉSISTANCE DES MÉTAUX ET ALLIAGES

NATURE DU MÉTAL.	RÉSISTANCE EN OHMS d'une longueur de 10 mètres		COEFFICIENT de variation pour 1° a (2)
	Section de 1mm carré (1)	Diamètre de 1mm.	
Argent recuit......	0,1492	0,1900	0,00380
— écroui.....	0,1620	0,2062	
Cuivre recuit......	0,1584	0,2017	0,00388
— écroui.....	0,1620	0,2063	
Or recuit.........	0,2041	0,2599	0.00365
— écroui.........	0,2077	0.2645	
Aluminium........	0,2889	0,3679	0,00390
Platine............	0,8982	1,1435	0,00247
Fer...............	0,9638	1,227	0,00463
Nickel............	1,2360	1,573	
Mercure...........	9,4340	12,012	0,00088
2 or + 1 argent....	1,0780	1,372	0,00065
9 plat. + 1 irid....	2,1630	2,754	0,00133
2 plat. + 1 arg.....	2,4190	3,080	0,00025
Maillechort........	2,0760	2,643	0,00040

(1) Il suffit de supprimer la virgule dans les nombres de cette colonne pour avoir la *résistance spécifique* exprimée en unités C. G. S.

(2) $R_t = R_0 (1 + at)$.

FORCE ÉLECTROMOTRICE DES COUPLES USUELS

Couple	Éléments	Force électromotrice
Volta	Zinc; Eau ordinaire; Cuivre	1 environ.
Leclanché	Zinc amalgamé; Solution de sel ammoniac; Bioxyde de manganèse et charbon.	1,46
Poggendorff	Zinc amalgamé; 12 bichr. de potasse + 25 ac. sulf. + 100 eau; Charbon	2,01
Daniell	Zinc amalgamé; 1 acide sulfurique + 4 eau; Solution saturée de sulfate de cuiv.; Cuivre	1,07
Bunsen	Zinc amalgamé; 1 acide sulfurique + 12 eau; Acide azotique ordinaire; Charbon	1,87
Latimer Clark (Étalon).	Zinc; Sulfate de zinc fondu; Sulfate de mercure pâteux; Mercure	1,435

FIN.

INDEX

Les numéros renvoient aux paragraphes.

A

B

C

D

144-88. — Corbeil. Imprimerie Crété.

Lightning Source UK Ltd.
Milton Keynes UK
UKHW010304220119
335963UK00013B/1006/P

9 781332 556884